职业院校机电类"十三五"
微课版创新教材

边做边学
CAXA 2013
制造工程师立体化实例教程

孙万龙 宋红／主编
张勇 邵博 刘颖莉／副主编

人民邮电出版社
北京

图书在版编目（CIP）数据

边做边学CAXA 2013制造工程师立体化实例教程 / 孙万龙，宋红主编. -- 北京 : 人民邮电出版社，2017.1（2023.8重印）
职业院校机电类“十三五”微课版创新教材
ISBN 978-7-115-43346-6

Ⅰ. ①边… Ⅱ. ①孙… ②宋… Ⅲ. ①绘图软件一应用软件一高等职业教育一教材 Ⅳ. ①TP391.411

中国版本图书馆CIP数据核字(2016)第193183号

内容提要

本书以项目开发流程和教师讲课的逻辑思路为主线，全面系统地介绍了CAXA制造工程师2013的基本使用方法和应用技巧。

全书共分18章，内容包括CAXA制造工程师2013基本操作界面、文件管理、点的输入、草图、坐标系、实体造型、曲面造型、零件加工等基本操作方法。每章都安排了相关的课堂实例、课后演练、知识点讲解及相关范例解析，能够使学生在理解工具命令的基础上，达到边学边练的目的。每章的最后都精心安排了课后作业，以帮助学生巩固并检验本章所学的知识。

本书适合作为高等职业学校“CAXA制造工程师”课程的教材，也可以作为机械零件造型设计、数控自动编程等领域的培训教材。

◆ 主　　编　孙万龙　宋　红
副 主 编　张　勇　邵　博　刘颖莉
责任编辑　刘　佳
责任印制　焦志炜

◆ 人民邮电出版社出版发行　北京市丰台区成寿寺路11号
邮编　100164　电子邮件　315@ptpress.com.cn
网址　http://www.ptpress.com.cn
北京七彩京通数码快印有限公司印刷

◆ 开本：787×1092　1/16
印张：17.75　2017年1月第1版
字数：409千字　2023年8月北京第9次印刷

定价：45.00元

读者服务热线：(010)81055256　印装质量热线：(010)81055316
反盗版热线：(010)81055315

前言 FOREWORD

本书针对高职学校教学环境编写而成，从体例设计到内容编写，都进行了精心的策划。

本书编写体例依据教师课堂的教学组织形式而构建：课堂实训案例→软件功能介绍→课堂实战演练→课后综合演练。

- 课堂实训案例：通过课堂实训案例，系统简洁地介绍每章涉及的主要知识点，让学生对软件的操作命令有大致的了解。
- 软件功能介绍：结合知识点，对每章出现的软件功能进行详细、全面地介绍，巩固所学知识。
- 课堂实战演练：在软件功能介绍结束后，给出供学生在课堂上练习的题目，通过实战演练，加深对操作命令的理解。
- 课后综合演练：精选一些练习题目供学生课后练习，以巩固所学的知识，达到举一反三的目的。

本书所选案例是作者多年教学实践经验的积累，案例由浅入深，层层递进。全书按照学生的认知规律组织知识点，讲练结合，充分调动学生的学习积极性，提高学习兴趣。

为了方便教师教学，本书配备了内容丰富的教学资源包，包括所有案例的素材、重点案例的演示视频、PPT 电子课件等。教师可登录人民邮电出版社教学服务与资源网（www.ryjiaoyu.com）免费下载使用。

本课程的教学学时数为 120 学时，各章的参考课时见下表。

章序号	课程内容	课时分配
第 1 章	CAXA 制造工程师基础知识	4
第 2 章	构建双头扳手模型	4
第 3 章	构建线框造型	4
第 4 章	构建圆弧线框	4
第 5 章	构建轴座模型	6
第 6 章	构建立座模型	6
第 7 章	构建凿子模型	6
第 8 章	构建花键轴模型	6
第 9 章	构建螺钉模型	6
第 10 章	构建电源插头模型	6
第 11 章	构建电话机座模型	6
第 12 章	构建矿泉水瓶模型	8
第 13 章	构建洗洁精瓶模型	8
第 14 章	构建塑料按钮模型	8
第 15 章	构建风扇模型	6
第 16 章	构建台灯座模型	8
第 17 章	加工凸台	12
第 18 章	加工花瓶凸模	12
课时总计		120

本书由孙万龙、宋红担任主编，张勇、邵博、刘颖莉担任副主编。

由于编者水平有限，书中难免存在错误和不妥之处，恳切希望广大读者批评指正。

编者

2016年5月

目录 CONTENTS

Chapter

1

第1章 CAXA 制造工程师基础知识

认识 CAXA 制造工程师 2013 的用户界面是正确使用该设计软件的基础，CAXA 制造工程师 2013 的各种应用功能通过菜单、工具条驱动等方式实现，其用户界面如图 1-1 所示。

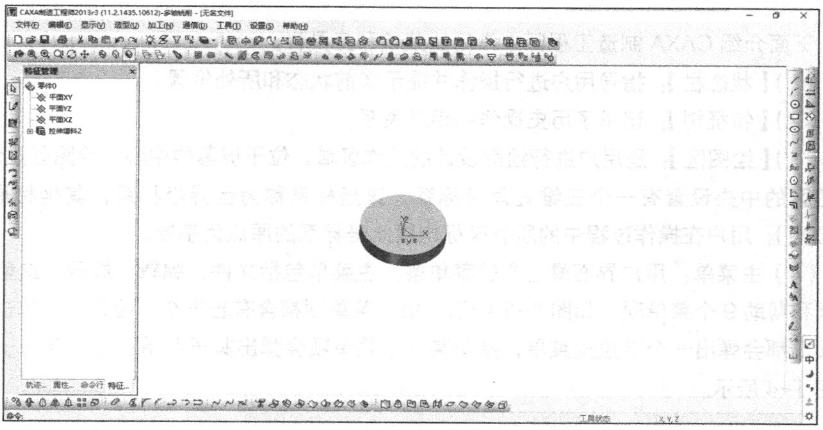

图 1-1　用户界面

【学习目标】

- 熟悉 CAXA 制造工程师 2013 的用户界面和主要菜单组成。
- 掌握点（一般点、工具点）和常用键的输入方式。
- 掌握文件管理的一般方法。

1.1 课堂实训案例

认识操作界面和了解菜单操作方法是学习软件的基础，也是认识软件的第一步，如图 1-2 所示。

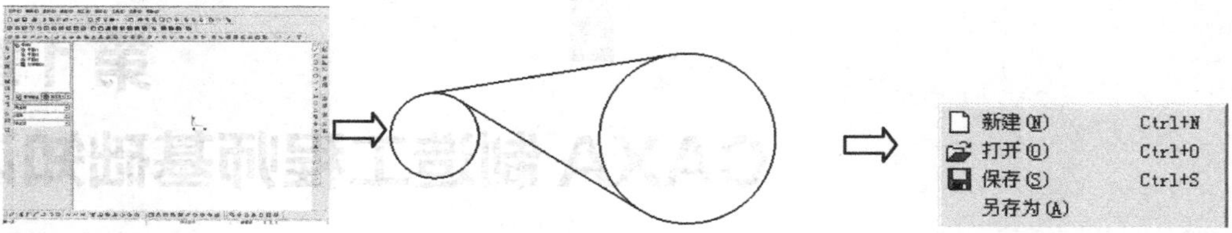

1. 操作界面　　2. 点的输入　　3. 文件管理

图 1-2　基本知识

1.1.1 认识 CAXA 制造工程师的操作界面

下面介绍 CAXA 制造工程师中常用的菜单和工具栏。

（1）【状态栏】：指导用户进行操作并提示当前状态和所处位置。

（2）【特征树】：记录了历史操作和相互关系。

（3）【绘图区】：是用户进行绘图设计的工作区域，位于屏幕的中心，绘图区显示各种功能操作的结果。绘图区的中央设置有一个三维直角坐标系，该坐标系称为世界坐标系，其坐标原点为（0.0000,0.0000,0.0000）。用户在操作过程中的所有坐标均以此坐标系的原点为基准。

（4）主菜单：用户界面最上方的菜单条，主菜单包括文件、编辑、显示、造型、加工、通信、工具、设置和帮助 9 个菜单项，如图 1-3 所示，每个菜单项都含有若干个下拉菜单。单击菜单条中的任意一个菜单项，都会弹出一个下拉式菜单，指向某一个菜单项会弹出其子菜单。菜单条与子菜单构成了下拉菜单，如图 1-4 所示。

图 1-3　主菜单栏

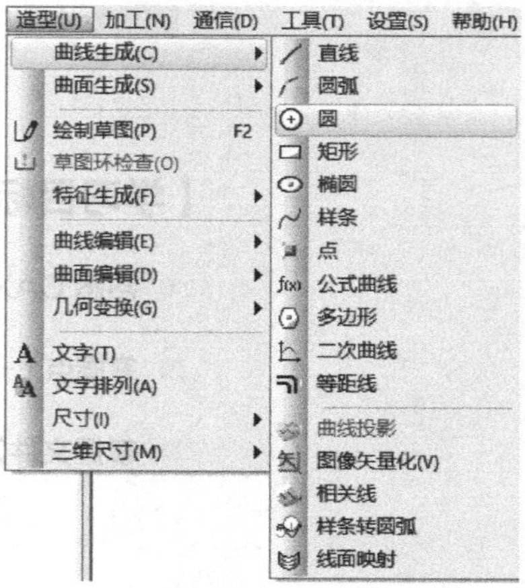

图 1-4　菜单的下拉菜单

（5）立即菜单：描述了当前命令执行的各种情况和使用条件。用户根据作图需要，正确地设置选项，便可以快速方便地完成绘图任务。图 1-5 所示为典型的立即菜单和其中的选项。

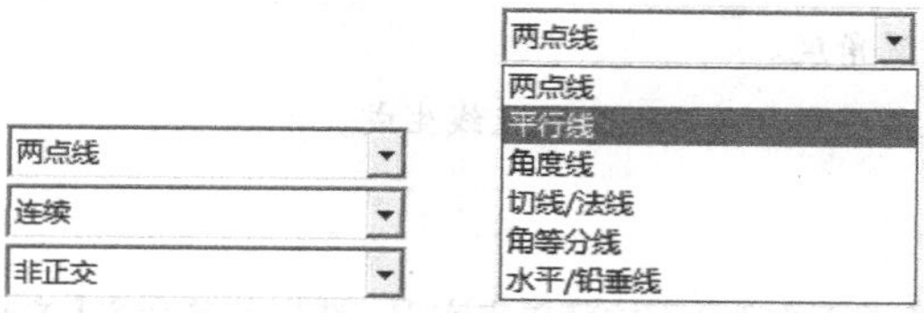

图1-5 立即菜单

（6）工具栏：在工具栏中，各应用功能通过在相应的按钮上单击鼠标左键进行操作。各项工具栏可以自定义，界面上包括标准工具、显示工具、状态工具、曲线工具、几何变换、线面编辑、曲面工具、特征工具等常用的工具栏。工具栏中每一个按钮都对应一个菜单命令，单击按钮和选择菜单命令效果是完全一样的。图1-6所示为两个常用工具栏：

视频1
界面和菜单使用

图1-6 曲线生成栏和特征生成栏

1.1.2 菜单命令的应用

下面通过应用曲线生成菜单中的直线命令来熟悉菜单命令的使用。直线命令如图1-7所示。

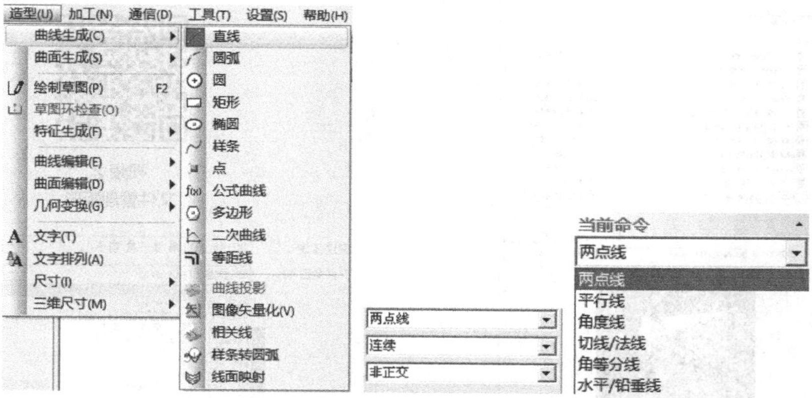

图1-7 直线命令

【步骤解析】

① 选择【造型】/【曲线生成】/【直线】命令，或在曲线生成栏中单击 按钮，在绘图区左侧出现直线命令的立即菜单，如图1-7所示。

② 设置立即菜单中相应选项的内容。

③ 开始使用该命令绘制或者编辑图形。

如果学生已经掌握了这些知识内容，可以在老师的指导下，利用直线命令的角度线绘制图1-8所示的图形。

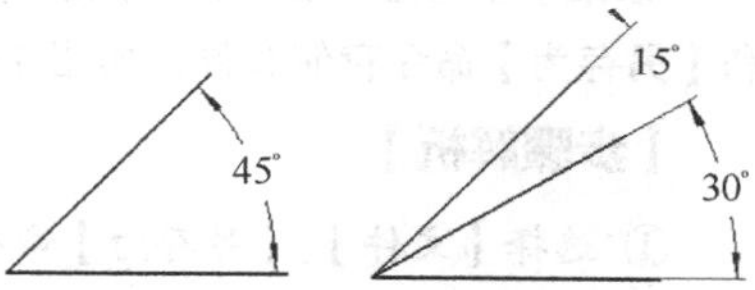

图1-8 角度线框练习

④ 单击╱按钮，在立即菜单中选择“两点线”“角度线”选项，根据需要设置【X 轴夹角】、【Y 轴夹角】或【直线夹角】，同时设置角度。

⑤ 按状态栏提示，输入第一点和第二点，两点线生成。

1.1.3 文件管理

文件管理功能通过菜单命令【文件】下拉菜单来实现。选择菜单命令【文件】，系统弹出一个下拉菜单，如图 1-9 所示。选取相应的菜单项，即可实现对文件的管理操作。文件管理主要包括新建、打开、保存、另存为等命令操作。

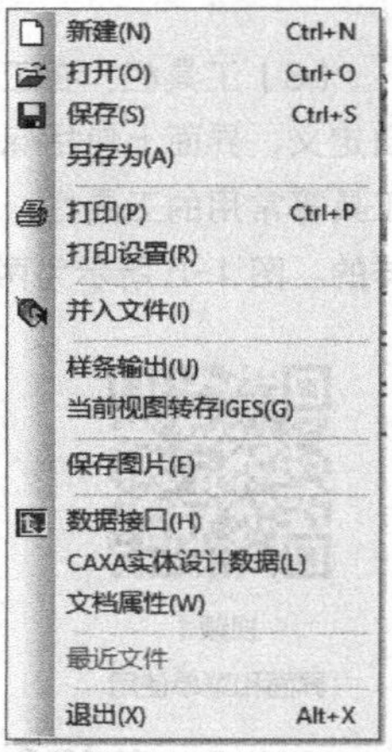

图 1-9 文件管理下拉菜单

1.【新建】和【打开】

（1）【新建】：选择【文件】/【新建】命令，或者单击🗋按钮，可创建新的图形文件。

（2）【打开】：能够打开一个已有的制造工程师存储的数据文件，并为非制造工程师的数据文件格式提供相应接口，使得在其他软件上生成的文件也可以通过此接口转换成制造工程师的文件格式，并进行处理。

【步骤解析】

① 选择【文件】/【打开】命令，或者单击📂按钮，弹出【打开文件】对话框，如图 1-10 所示。

② 选择相应的文件类型并选中要打开的文件名，单击 打开(O) 按钮，即可打开该文件，在【文件类型】选项中可以选择打开的文件类型，如图 1-11 所示。

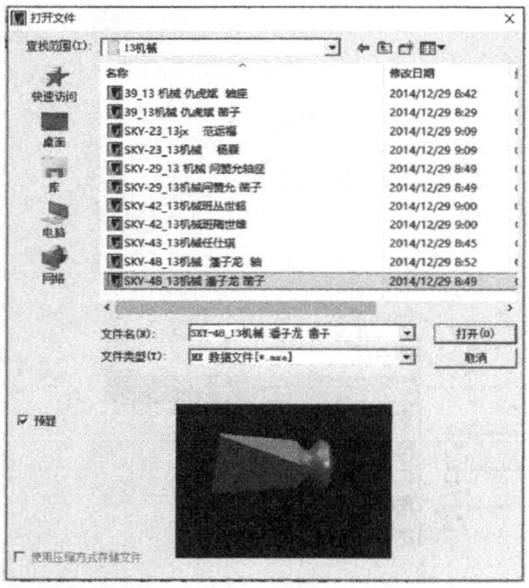

图 1-10 【打开文件】对话框

视频 2
文件管理矩形

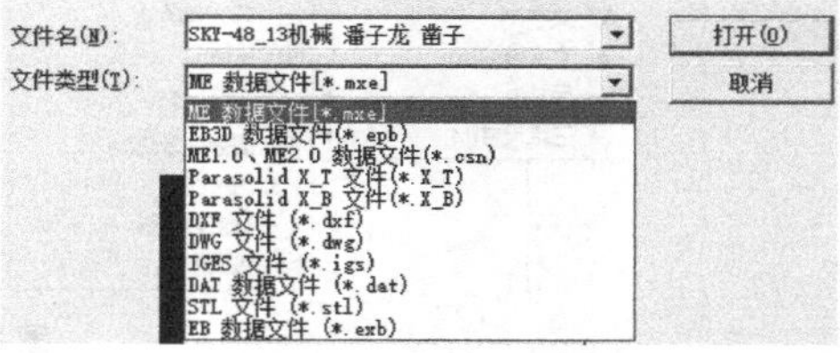

图 1-11 打开文件类型

2.【保存】和【另存为】

如果学生已经掌握了这些知识内容，可以在老师的指导下，先创建一个新文件，然后分别利用【保存】和【另存为】命令存储文件，如图 1-12 所示。

【步骤解析】

① 选择【文件】/【另存为】命令，系统弹出【文件存储】对话框。

② 在【文件名】文本框中输入一个文件名，单击 保存(S) 按钮，系统将以该文件名另存文件。

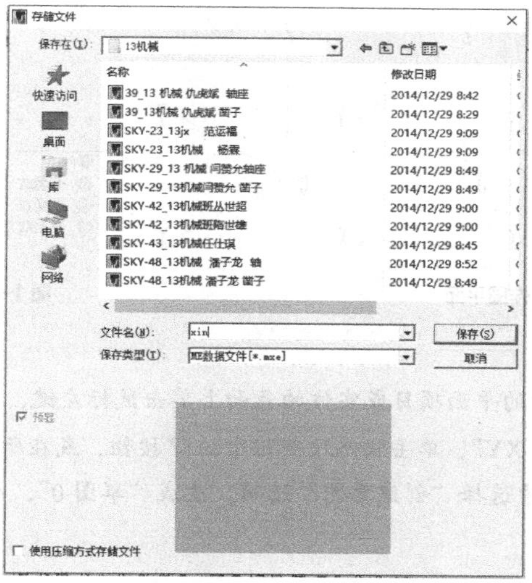

图 1–12　存储文件

1.1.4 点的输入方法

1. 点的输入

点的输入是绘制图形的基本操作，能准确地输入点，才能正确地绘制图形。

应用直线命令输入绝对坐标，绘制经过（10,20）、（70,20）、（70,60）、（10,60）4 个点的矩形，如图 1–13 所示。

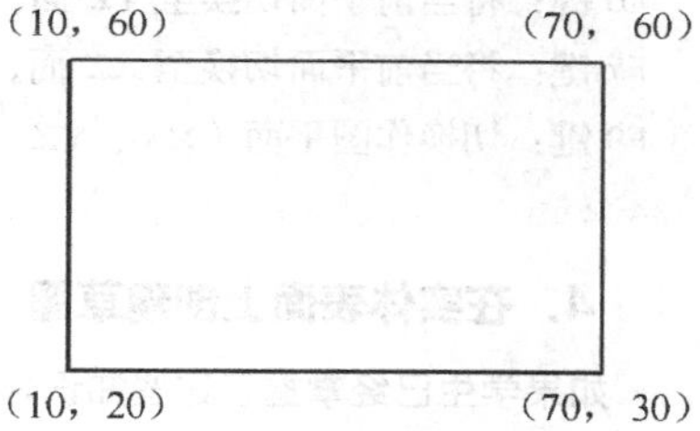

图 1–13　矩形

【步骤解析】

① 将绘图平面切换到 XY 平面。

② 选择直线命令，在立即菜单中选择“两点线”“连续”“非正交”选项。

③ 输入坐标（10,20），按 Enter 键，确定矩形第 1 点。

④ 输入坐标（70,20），按 Enter 键，确定矩形第 2 点。

⑤ 输入坐标（70,60），按 Enter 键，确定矩形第 3 点。

⑥ 输入坐标（10,60），按 Enter 键，确定矩形第 4 点。

⑦ 输入坐标（10,20），按 Enter 键，回到矩形第 1 点。

2. 切换作图平面

应用 F9 键切换作图平面（XY、XZ、YZ）。

视频 3
切换平面草图

【步骤解析】

① 打开 CAXA 制造工程师 2013，默认平面为 XY 平面。

② 按 F9 键，将绘图平面切换到 YZ 平面。

③ 按 F9 键，将绘图平面切换到 XZ 平面，如图 1-14 所示，斜线所在平面即为作图平面。

3. 创建草图

在平面 XY 内创建草图，创建草图前后的特征树如图 1–15 所示。

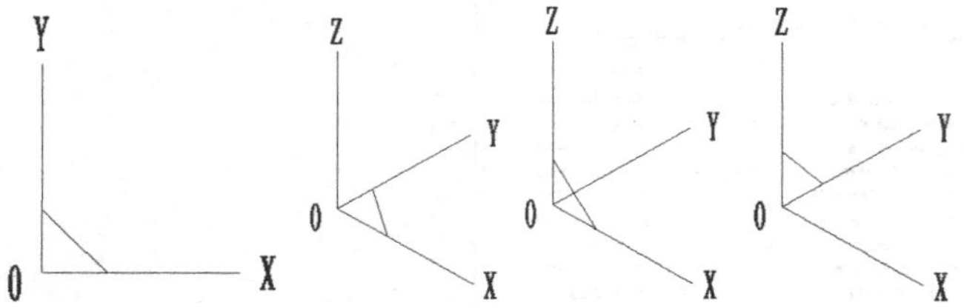

图 1-14　作图平面

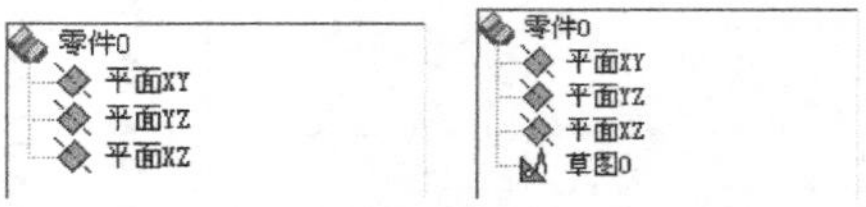

图 1-15　创建草图前后的特征树

【步骤解析】

① 确定基准面。在特征树的平面项目或实体的表面上单击鼠标左键，确定绘图基准平面。

② 激活草图。选择“平面 XY”，单击状态控制栏中的按钮，或在所选择的“平面 XY”上单击鼠标右键，然后在弹出的快捷菜单中选择“创建草图”选项，生成“草图 0”，如图 1-15 右图所示。

③ 开始绘制草图。

要点提示

与草图有关的热键如下。

F2 键：草图器。用于绘制草图状态与非绘制草图状态的切换。

F5 键：将当前平面切换至 XY 面，将图形投影到 XY 面进行显示。

F6 键：将当前平面切换至 YZ 面，将图形投影到 YZ 面进行显示。

F7 键：将当前平面切换至 XZ 面，将图形投影到 XZ 面进行显示。

F9 键：切换作图平面（XY、YZ、XZ）。

4. 在实体表面上创建草图

如果学生已经掌握了这些知识内容，可以在老师的指导下，在图 1-16 所示长方体的表面上练习创建草图。要求如下。

（1）在长方体的上表面创建草图。

（2）进入草图状态，在草图内绘制任意图形。

【步骤解析】

① 选择实体的表面，单击鼠标右键，在弹出的快捷菜单中选择【创建草图】命令。

② 使用曲线绘制命令绘制任意图形。

5. 创建、激活、隐藏、显示、删除坐标系

应用创建坐标系命令创建图 1-17 所示的坐标系，并应用激活、隐藏、删除等命令对所创建的坐标系进行操作。

视频 4
坐标系管理的一般方法

【步骤解析】

① 创建坐标系。选择【工具】/【坐标系】/【创建坐标系】命令，或单击坐标系工具栏中的按钮，然后在立即菜单中选择创建方式，如图 1-18 所示，根据命令提示操作即可完成坐标系的创建。

② 激活坐标系。选择【工具】/【坐标系】/【激活坐标系】命令，或单击坐标系工具栏中的按钮，弹出【激活坐标系】对话框，如图 1-19 所示，在【激活坐标系】对话框中选择需要激活的坐标系，然后根

据需要单击右侧3个按钮。

图1-16 选择实体表面创建草图

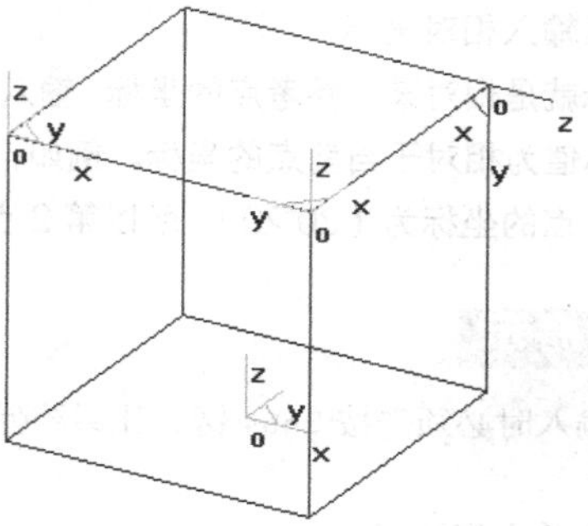

图1-17 创建坐标系

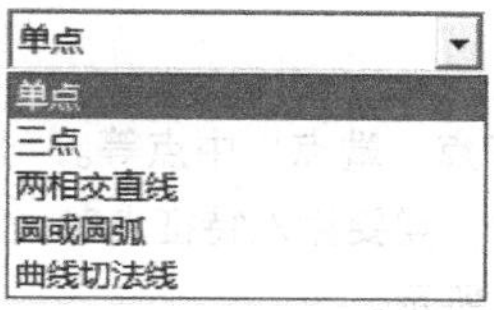

图1-18 创建坐标系立即菜单

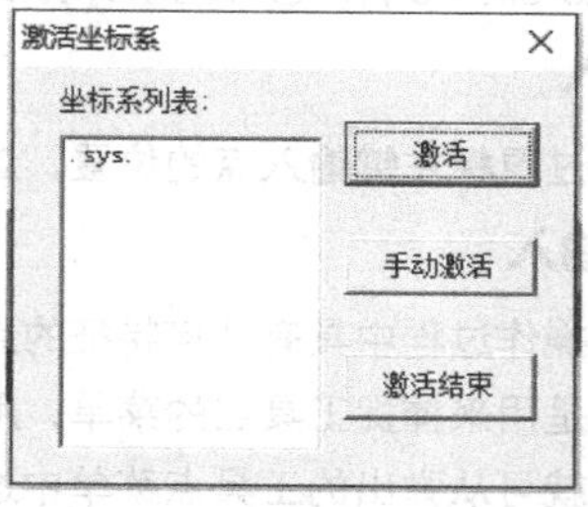

图1-19 【激活坐标系】对话框

③ 隐藏坐标系。选择【工具】/【坐标系】/【隐藏坐标系】命令，或单击坐标系工具栏中的按钮，然后直接选择需要隐藏的坐标系即可。

④ 显示所有坐标系。选择【工具】/【坐标系】/【显示所有坐标系】命令，或单击坐标系工具栏中的按钮，然后直接选择需要显示的坐标系即可。

⑤ 删除坐标系。选择【工具】/【坐标系】/【删除坐标系】，或单击坐标系工具栏中的按钮，弹出【坐标系编辑】对话框，如图1-20所示，然后选择需要删除的坐标系即可。

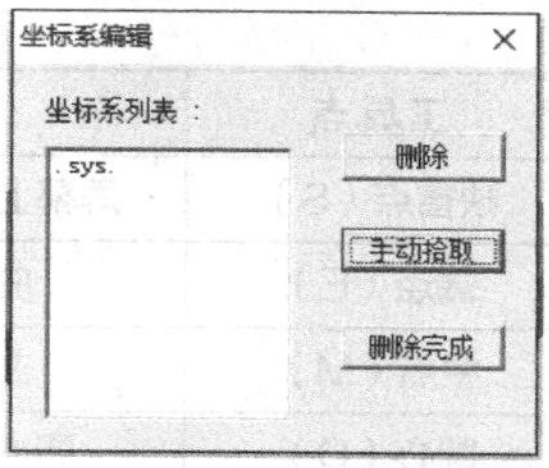

图1-20 【坐标系编辑】对话框

1.2 软件功能介绍

点的输入方式有3种：键盘输入、鼠标输入和工具点输入。

1. 键盘输入

键盘输入又分为键盘输入绝对坐标、键盘输入相对坐标和键盘输入表达式。

（1）键盘输入绝对坐标

由键盘直接输入点的坐标：使用CAXA制造工程师2013绘制两点线或其他需要输入点的情况时，有两种方法可以由键盘输入点的坐标。

一种为先按键盘上的Enter键，系统在屏幕中弹出数据输入框，此时，直接输入坐标值，然后按Enter键确定。

另一种为先输入坐标值，而后系统在屏幕中弹出数据输入框。这种方法虽然省略了 Enter 键的操作，但其不适合所有的数据输入。例如，当输入数据的第一位使用省略方式或按相对坐标输入时，此方法无效。

（2）键盘输入相对坐标

相对坐标就是相对某一参考点的坐标。输入相对坐标需要在坐标数据前加“@”符号，该符号的含义是：所输入的坐标值为相对于当前点的坐标。例如，第 1 点坐标为（10,20），第 2 点坐标为（40,40），则第 2 点相对于第 1 点的坐标为（30,20），所以第 2 点应输入（@30,20）。

要点提示

相对坐标输入时必须先按 Enter 键，让系统弹出数据输入框，然后再按规定输入。

（3）键盘输入表达式

CAXA 制造工程师 2013 提供了以表达式形式输入点坐标的方式。例如，如果输入坐标（60/2,10*3,20*sin（0）），它等同于计算后的坐标（30,30,0）。

2. 鼠标输入

鼠标输入即通过鼠标左键输入点的位置，这时点的位置由鼠标左键确定。

3. 工具点输入

工具点就是在操作过程中具有几何特征的点，如圆心点、切点、端点、中点等。

工具点菜单就是用来捕捉工具点的菜单，用户进入操作命令，需要输入特征点时，只要按下空格键，就可从弹出的工具点菜单中选择，如图 1-21 所示。

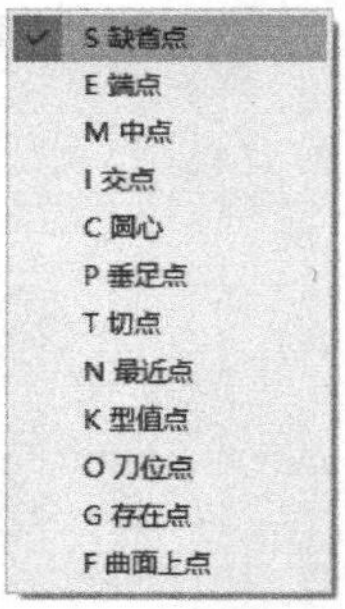

图 1-21 工具点菜单

工具点菜单中所列工具点的含义如表 1-1 所示。

表 1-1 工具点的含义

工具点	含义	工具点	含义
缺省点（S）	屏幕上的任意位置点	切点（T）	曲线的切点
端点（E）	曲线的端点	最近点（N）	曲线上距离捕捉光标最近的点
中点（M）	曲线的中点	型值点（K）	样条的特征点
圆心（C）	圆或圆弧的圆心	存在点（G）	用曲线生成栏中的点工具生成的点
交点（I）	两曲线的交点	曲面上点（F）	用曲线生成栏中的点命令生成的在曲面上的点
垂足点（P）	曲线的垂足点		

4. 常用键的操作方法

常用键包括鼠标键、空格键、Enter 键、热键等。

鼠标键、空格键、Enter 键和热键的操作比较简单，下面做简单介绍。

（1）鼠标键

鼠标左键可以用来激活菜单、确定位置点、拾取元素等；鼠标右键可以用来确认拾取、结束操作和终止命令等。

例如，运行绘制直线命令，要先把鼠标指针移动到曲线生成栏中的 ⁄ 按钮上，然后单击鼠标左键，激活绘制直线命令，这时，在命令提示区出现下一步操作的提示：第 1 点；把光标移动到绘图区内，单击鼠标左键，输入一个位置点，再根据提示输入第 2 个位置点，就生成了一条直线。又如，在删除几何元素时，当拾取完要删除的元素后，单击鼠标右键就可以结束拾取，拾取到的元素就被删除掉了。

（2）空格键

当系统要求输入点、输入矢量方向或选择拾取方式时，按空格键可以弹出对应菜单，便于查找选择。例如，在系统要求输入点时，按空格键可以弹出工具点菜单。

（3）Enter 键和数值键

Enter 键和数值键在系统要求输入点时，可以激活一个坐标输入框，在输入框中可以输入坐标值。如果坐标值以@开始，表示一个相对于前一个输入点的相对坐标。在某些情况下也可以输入字符串。

（4）热键

软件为用户提供了功能丰富的热键，使用热键可极大地提高工作效率。用户还可以根据需要自定义热键。

软件中设置了以下热键。

- F1 键：请求系统帮助。
- F2 键：草图器。用于绘制草图状态与非绘制草图状态的切换。
- F3 键：显示全部。
- F4 键：重画。
- F5 键：将当前平面切换至 XOY 面。同时将显示平面设置为 XOY 面，将图形投影到 XOY 面进行显示。
- F6 键：将当前平面切换至 YOZ 面。同时将显示平面设置为 YOZ 面，将图形投影到 YOZ 面进行显示。
- F7 键：将当前平面切换至 XOZ 面。同时将显示平面设置为 XOZ 面，将图形投影到 XOZ 面进行显示。
- F8 键：显示立体图。
- F9 键：切换作图平面（XY、YZ、XZ）。
- 方向键（←、↑、→、↓）：显示平移。
- Shift+方向键（←、↑、→、↓）：显示旋转。
- Ctrl+↑:显示放大。
- Ctrl+↓:显示缩小。
- Shift+鼠标左键：显示旋转。
- Shift+鼠标右键：显示缩放。
- Shift+鼠标左键+鼠标右键：显示平移。

5. 草图

草图也就是轮廓，是在草图绘制环境下绘制的并用于实体造型的二维平面图。

草图是为生成三维实体特征而准备的一个封闭的平面曲线图形，是实体造型的基础。草图必须是二维的，草图轮廓的绘制必须是完整的封闭环，并且不允许有重复线条。绘制草图后会在特征树中生成一次记录。

绘制一个草图的步骤如下。

【步骤解析】

① 确定草图基准面。

② 激活草图绘制功能，进入草图绘制状态。

③ 草图绘制。

④ 草图的编辑与参数化修改（如果在绘制草图时，采用的是精确且确定的尺寸，该步不需要）。

确定基准平面就是确定草图的作图平面，是绘制草图的第一步，也是最重要的一步。确定基准平面，单击特征树中 3 个平面（“平面 XY”“平面 YZ”“平面 XZ”）中的任何一个，或者直接用鼠标单击已生成实体的某个平面。在三维作图中，“基准面”（作图平面）不只是“平面 XY”“平面 YZ”“平面 XZ”3 个平面，还可以是特征树中已有的坐标平面，也可以是构造实体后实体的某个平面，还可以是通过某个特征构造出的面（基准面功能构造的平面）。

选择一个基准平面后，选择【造型】/【绘制草图】命令，或者单击状态控制栏中的按钮，或者按 F2 键，在特征树中可以看到添加了一个草图项，表示已进入草图绘制状态，开始了一个新草图。

草图绘制完成之后，单击按钮，或者按 F2 键，按钮弹起，则退出了草图绘制模式。

草图绘制完成后，如要立即进行特征实体造型，可以不退出草图绘制模式，直接单击特征实体造型功能按钮，进行特征造型。

6. 坐标系

坐标系是创建模型时的参考。

工作坐标系是创建模型时的参考坐标系。系统默认的坐标系叫作“绝对坐标系”。用户作图时自定义的坐标系叫作“工作坐标系”，也称“用户坐标系”。

系统允许同时存在多个坐标系，其中正在使用的坐标系叫作“当前坐标系”，其坐标架为红色，其他坐标架为白色。

（1）创建坐标系

为作图方便，用户可以根据自己的实际需要，创建新的坐标系，在特定的坐标系下操作。

选择【工具】/【坐标系】命令，在其右侧弹出下一级菜单选择项，如图 1-22 所示，选择“创建坐标系”命令即可创建新的坐标系。

（2）激活坐标系

当系统存在多个坐标系时，激活某一坐标系就是将这一坐标系设为当前坐标系。

【步骤解析】

① 选择【工具】/【坐标系】/【激活坐标系】命令，弹出【激活坐标系】对话框，如图 1-23 所示。

② 拾取坐标系列表中的某一坐标系，单击 激活 按钮，可见该坐标系已激活，变为红色。单击 激活结束 按钮，对话框关闭。

③ 单击 手动激活 按钮，对话框关闭，拾取要激活的坐标系，该坐标系变为红色，表明已激活。

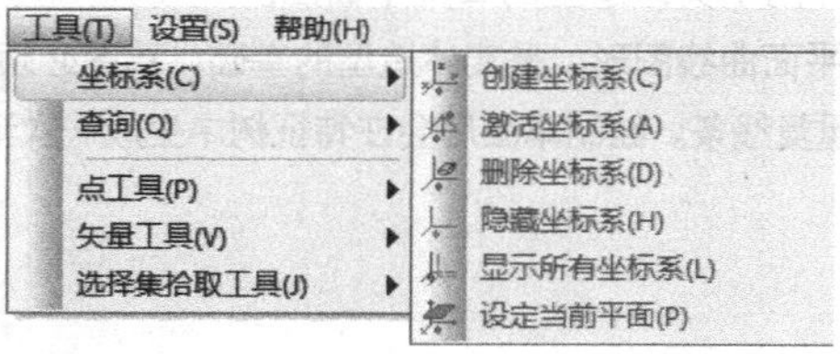

图 1-22 坐标系菜单

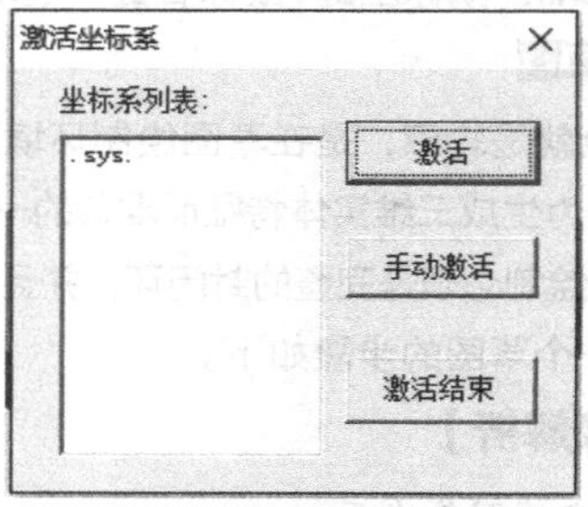

图 1-23 【激活坐标系】对话框

（3）删除坐标系

删除用户创建的坐标系。

【步骤解析】

① 选择【工具】/【坐标系】/【删除坐标系】命令，弹出【坐标系编辑】对话框，如图1-24所示。

② 拾取坐标系列表中的某一坐标系，单击删除按钮，该坐标系消失。单击删除完成按钮，对话框关闭。

③ 单击手动拾取按钮，对话框关闭，拾取要删除的坐标系，该坐标系消失。

④ 当前坐标系和世界坐标系不能被删除。

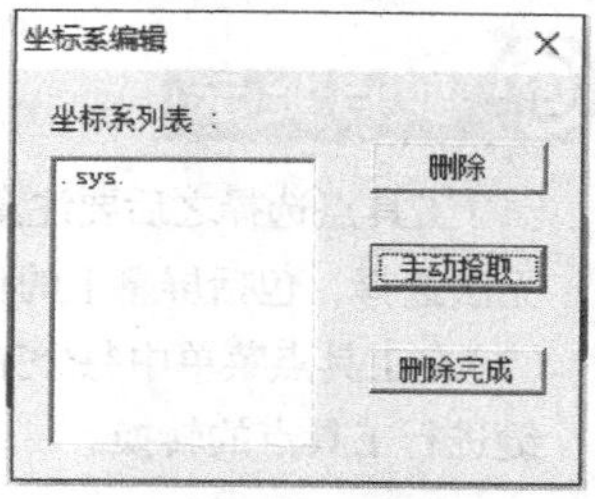

图1-24　【坐标系编辑】对话框

（4）隐藏坐标系

使坐标系不可见。

【步骤解析】

① 选择【工具】/【坐标系】/【隐藏坐标系】命令。

② 拾取工作坐标系，单击坐标系，即可将坐标系隐藏。

（5）显示所有坐标系

使所有坐标系都可见。

【步骤解析】

选择【工具】/【坐标系】/【显示所有坐标系】命令，系统中的所有坐标系都可见。

1.3 课后综合演练

1.3.1 绘制公切线

已知两个圆，要求绘制其内公切线和外公切线各一条，如图1-25所示。

【步骤解析】

① 单击╱按钮，在立即菜单中选择"两点线""单个""非正交"选项。

② 按空格键调出工具点菜单，选择"T切点"，选择第1个圆，捕捉到第1个圆的切点。

③ 按空格键调出工具点菜单，选择"T切点"，选择第2个圆，捕捉到第2个圆的切点，完成第1条公切线的绘制。

④ 按步骤2、3绘制第2条公切线。

如果学生已经掌握了这些知识内容，可以在老师的指导下，调出工具点菜单，绘制图1-26所示的图形。

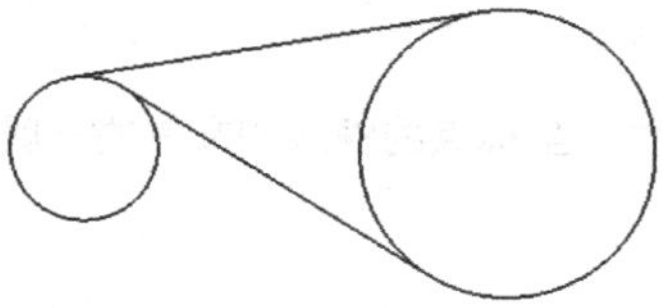

图1-25　圆的公切线

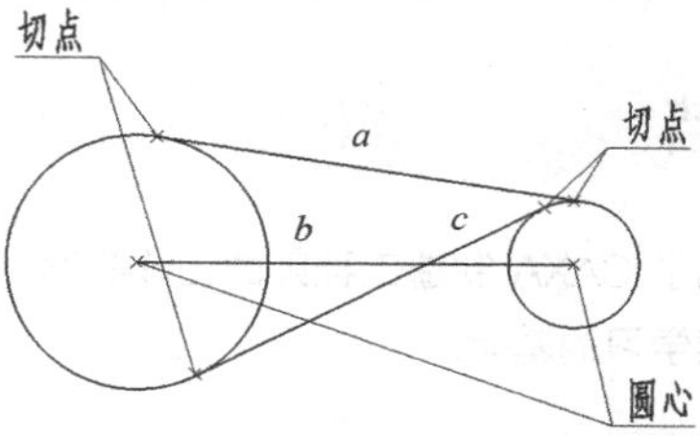

图1-26　利用工具点绘制直线

【步骤解析】

① 单击曲线生成栏中的╱按钮，在立即菜单中选择"两点线""单个""非正交"选项。

② 按空格键，调出工具点菜单，选择"T切点"，然后选择左侧大圆，捕捉到大圆的切点。

③ 按空格键，调出工具点菜单，选择“T 切点”，选择右侧小圆上半部分任意一点，捕捉到切点，与大圆和小圆都相切的直线 a 绘制完成。

④ 应用工具点捕捉作出直线 b 和直线 c。

要点提示

(1)工具点选择之后要注意点的转换，如选择了“T 切点”，之后的操作只能选择切点，其他的点都将无法选择，包括屏幕上的任意点。

(2)在工具点菜单中每个工具点的前面都有一个字母，这是快捷操作按键，操作者可以通过按这些字母键进行工具点的转换。

1.3.2 编辑坐标系

已知长方体和在长方体底面中心处的坐标系，要求在长方体的上表面的两个角点上创建两个坐标系，并对新创建的坐标系进行隐藏、显示、激活、删除等编辑操作，如图 1-27 所示。

【步骤解析】

① 创建坐标系。选择【工具】/【坐标系】/【创建坐标系】命令，或单击按钮，然后在立即菜单中选择创建方式，根据命令提示操作即可完成坐标系的创建。

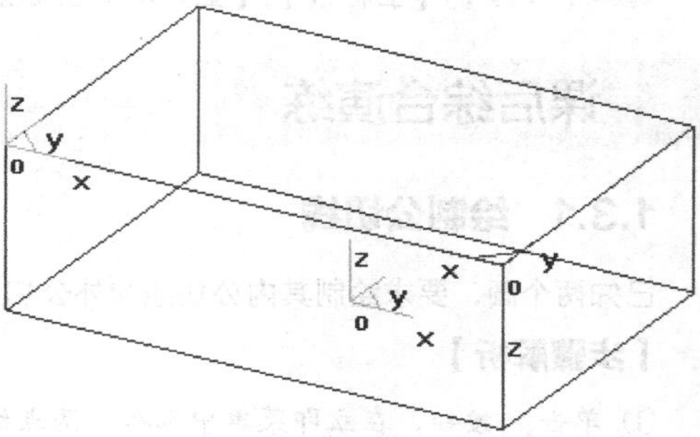

图 1-27 创建坐标系

② 激活坐标系。选择【工具】/【坐标系】/【激活坐标系】命令，或单击按钮，然后在【激活坐标系】对话框中选择需要激活的坐标系即可。

③ 隐藏坐标系。选择【工具】/【坐标系】/【隐藏坐标系】命令，或单击按钮，然后直接选择需要隐藏的坐标系即可。

④ 显示所有坐标系。选择【工具】/【坐标系】/【显示所有坐标系】命令，或单击按钮，然后直接选择需要显示的坐标系即可。

⑤ 删除坐标系。选择【工具】/【坐标系】/【删除坐标系】命令，或单击按钮，在弹出的【坐标系编辑】对话框中选择需要删除的坐标系即可。

1.4 小结

本章介绍了 CAXA 制造工程师的工作界面、基本命令操作、坐标点的输入和文件的一般管理方法，本章内容是后续学习的基础。

1.5 习题

1. 选择“平面 XY”，创建草图，在草图平面内绘制过（5,8）、（55,8）、（55,98）、（5,98）4 个点的矩形，并应用工具点捕捉连接矩形的顶点和边的中点，如图 1-28 所示，绘制完成之后将文件以“作业一”

为文件名保存。

2. 打开文件名为“作业一”的文件，在连接矩形顶点和边中点的连线上，绘制一大一小两个圆，半径分别为 20 和 10，然后作这两个圆的一条内公切线和一条外公切线，如图 1-29 所示，绘制完成之后将文件以“作业二”为文件名保存。

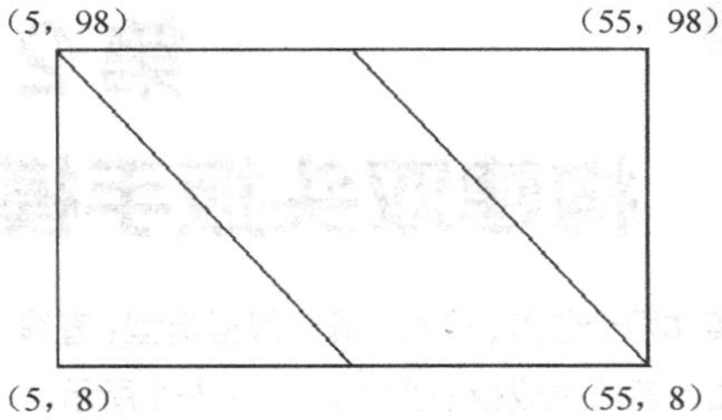

图 1-28 矩形

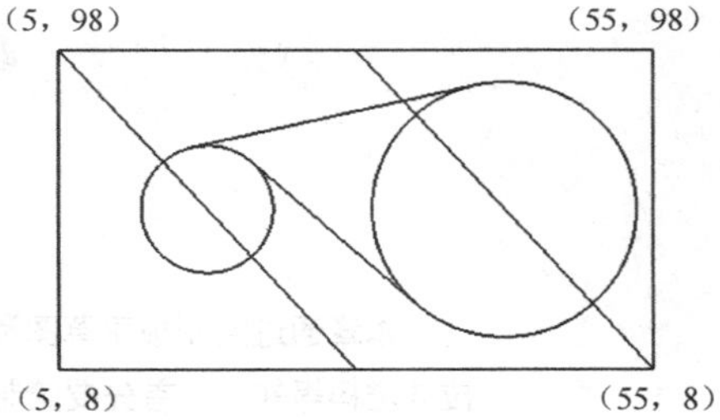

图 1-29 作圆和切线

3. 切换绘图平面绘制空间图形，如图 1-30 所示，底面边长为 80，高度为 40，绘制完成之后将文件以“作业三”为文件名保存。

4. 利用所学命令绘制如下图形。

要求：在空间状态下，切换绘图平面，按照尺寸绘制图形，如图 1-31 所示，3 条边长分别为 120、80、60，绘制完成之后将各个端点连接起来，如图 1-32 所示。将文件以“作业四”为文件名保存。

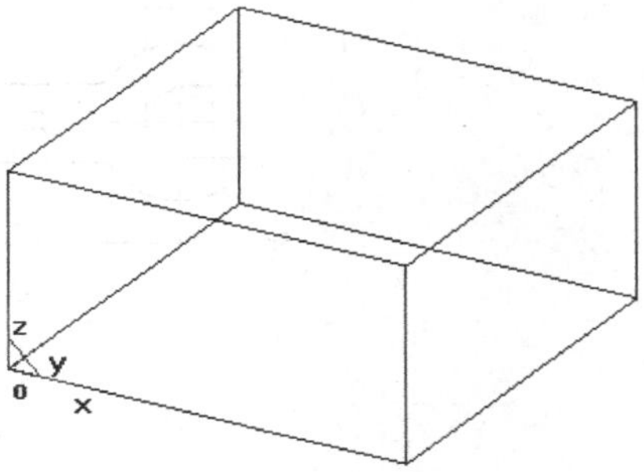

图 1-30 空间图形

5. 新建一个文件，创建一个新的坐标系，并选择“平面 XZ”为绘图平面，绘制一个线框造型并保存。

6. 文件管理都有哪些方法?

7. 常用键的操作方法和点的输入方法有哪些?

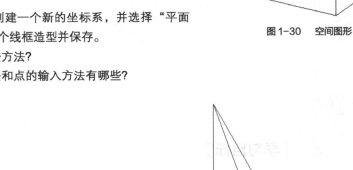

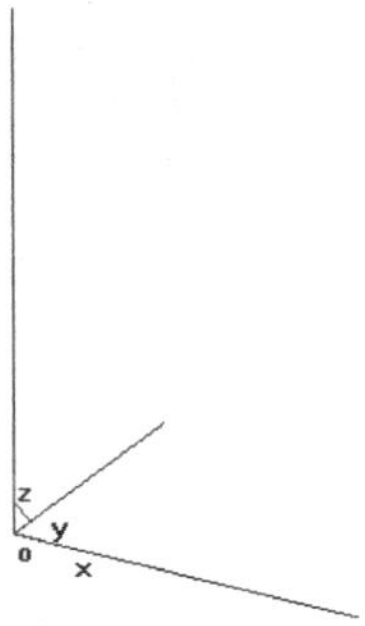

图 1-31 线框尺寸

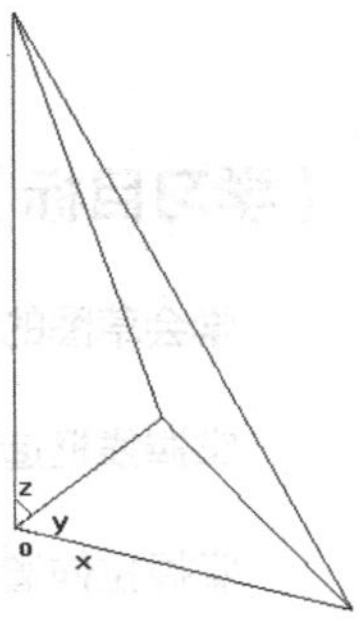

图 1-32 连接端点

8. 怎样创建草图?

9. 坐标平面如何切换?

10. 如何对坐标系进行创建、删除、隐藏等编辑操作?

Chapter

2

第 2 章 构建双头扳手模型

本章通过绘制扳手草图和成型扳手实体两个任务，介绍草图、线框造型（直线、圆）、拉伸增料等知识。首先要绘制扳手的草图，然后生成扳手实体，如图 2–1 所示。

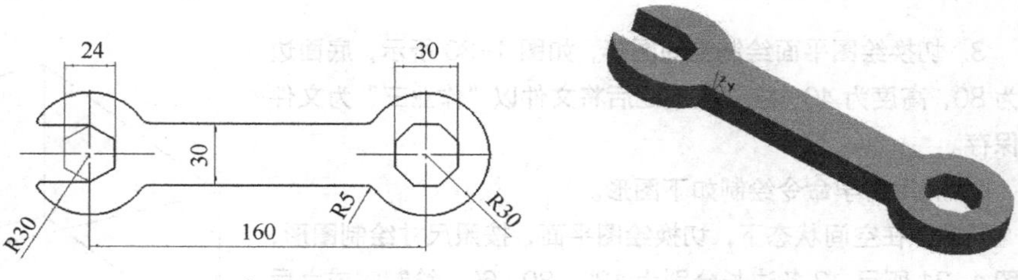

（a）　　　　　　　　（b）

图 2–1　扳手的草图尺寸和实体造型

【学习目标】

- 学会草图的创建方法。
- 掌握线框造型的基本命令。
- 掌握拉伸增料命令和拉伸除料命令。

2.1 课堂实训案例

扳手是我们生活中常见的实体造型，本节选取了基本的双头扳手。构建扳手造型的基本步骤如图 2-2 所示。

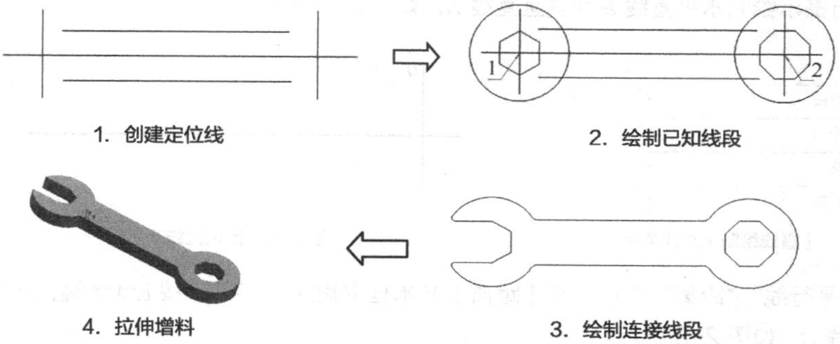

图 2-2　构建扳手造型的基本步骤

2.1.1 绘制扳手草图

草图绘制是造型的一个基础环节，只有将草图绘制出来，才能进行下一步的造型，本项目的草图绘制涉及直线、圆、多边形等多个命令，以下分两个步骤进行讲解。具体绘图过程如图 2-3 所示。

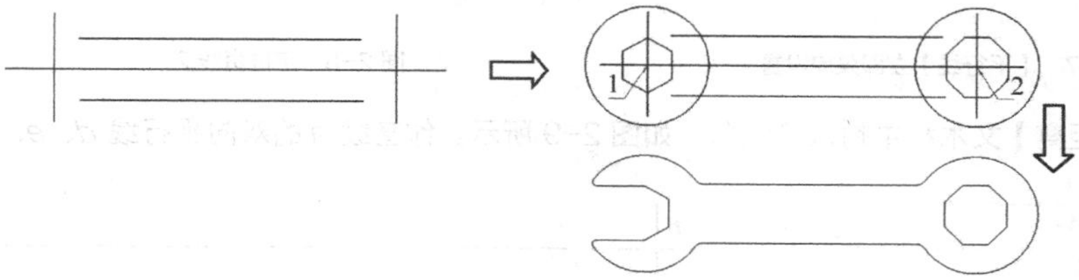

图 2-3　绘图过程

1. 创建草图

草图也就是轮廓，是在草图绘制环境下绘制的并用于实体造型的二维平面图，是为生成三维实体特征而准备的一个封闭的平面曲线图形，是实体造型的基础。草图必须是二维的，草图轮廓的绘制必须是完整的封闭环，并且不允许有重复线条。

视频 5
双头扳手草图 1

【步骤解析】

① 确定基准面。

用鼠标单击特征树中的平面项目或实体的表面，确定绘图基准平面。

② 激活草图。

选择“平面 XY”，单击状态控制栏中的按钮或在所选择的“平面 XY”上单击鼠标右键，然后在快捷菜单中选择“创建草图”命令，生成“草图 0”，如图 2-4 所示。

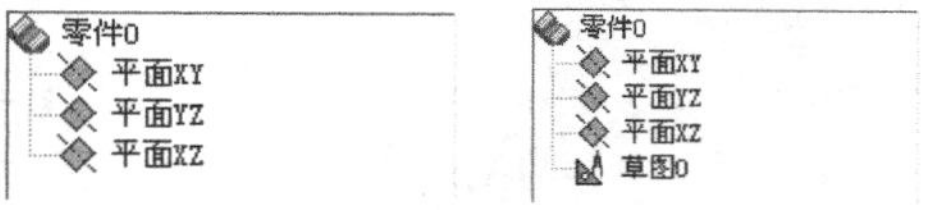

图 2-4　创建草图前后的特征树

③ 绘制草图。

2. 绘制扳手线框草图

线框造型的主要功能为曲线绘制和曲线编辑修改。本节主要通过线框造型的两点线、平行线、圆、正多边形等命令来绘制扳手的线框造型。

（1）绘制定位直线。

① 选择【造型】/【曲线生成】/【直线】命令，或者单击按钮。在特征树下方出现的立即菜单中依次选择“两点线”“单个”和“正交”选项，如图 2-5 所示。

根据命令行提示绘制水平直线 *a* 和垂直直线 *b*，如图 2-6 所示。

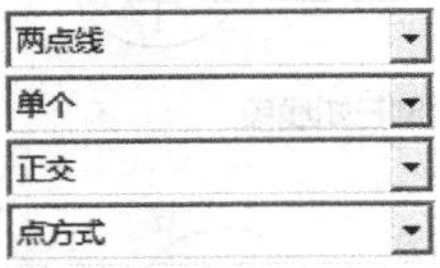

图 2-5 【直线绘制】立即菜单

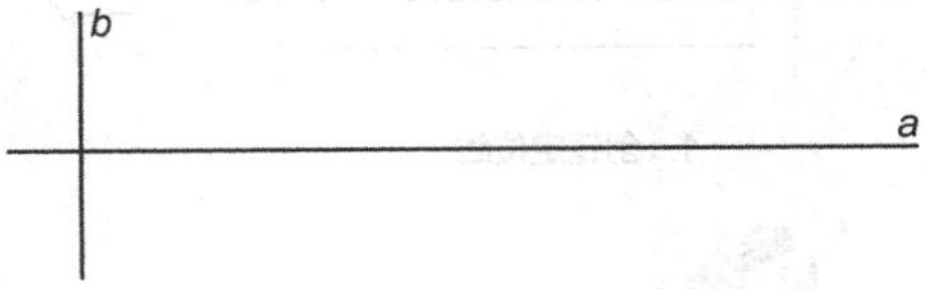

图 2-6 定位直线 1

② 选择“平行线”“距离”选项，在【距离】文本框中输入“160”，按 Enter 键，如图 2-7 所示，作直线 *b* 的平行线 *c*，如图 2-8 所示。

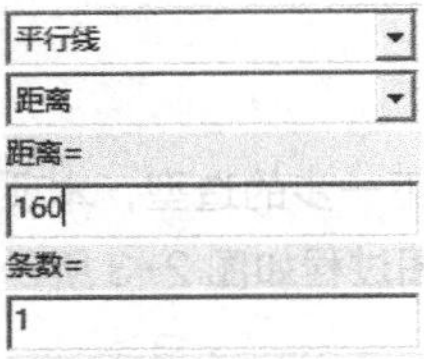

图 2-7 【平行线】立即菜单设置

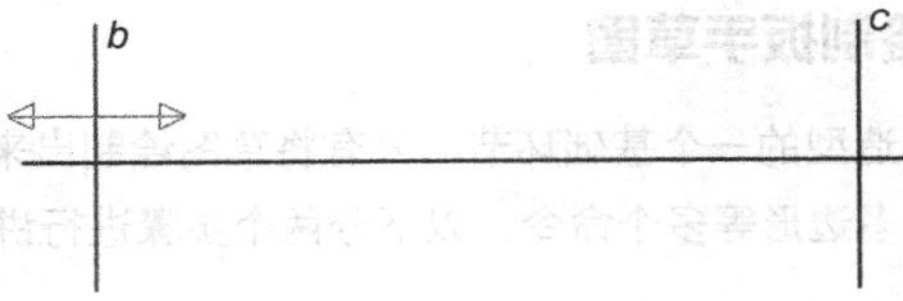

图 2-8 定位直线 2

③ 在【距离】文本框中输入“15”， 如图 2-9 所示。作直线 *a* 的双向平行线 *d*、*e*，如图 2-10 所示。

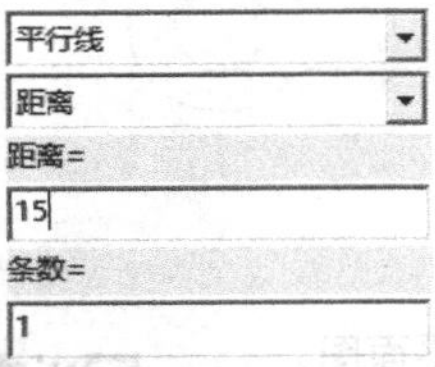

图 2-9 【平行线】的立即菜单

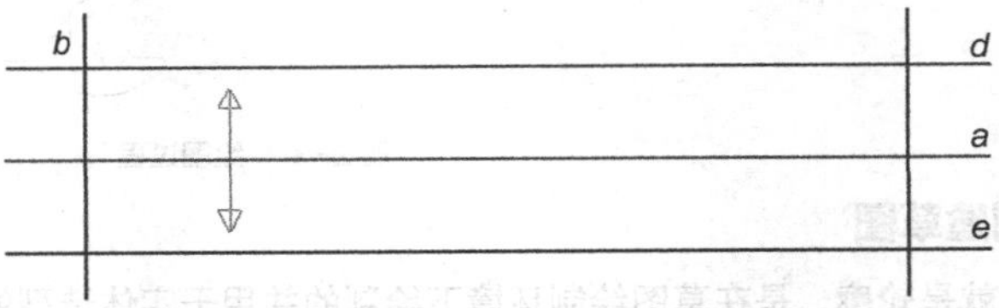

图 2-10 定位直线 3

（2）绘制圆。

选择【造型】/【曲线生成】/【圆】命令，或者单击按钮，在立即菜单中选择“圆心_半径”选项，如图 2-11 所示。以 1、2 两个交点为圆心分别作半径为 30 的圆，如图 2-12 所示。

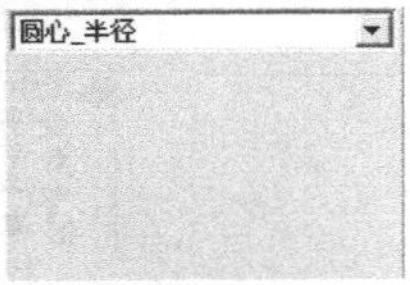

图 2-11 【圆】立即菜单

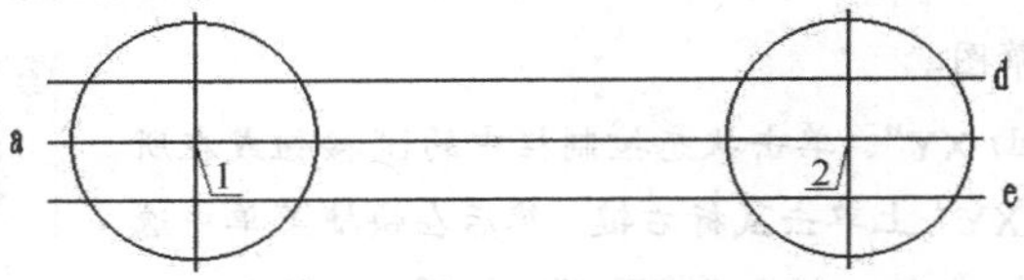

图 2-12 绘制圆

（3）绘制已知正多边形。

① 作直线 *b* 的平行线，距离为 12，与直线 *a* 有一交点，如图 2-13 所示。

② 选择【造型】/【曲线生成】/【正多边形】命令，或者单击按钮，立即菜单设置如图 2-14 所示。

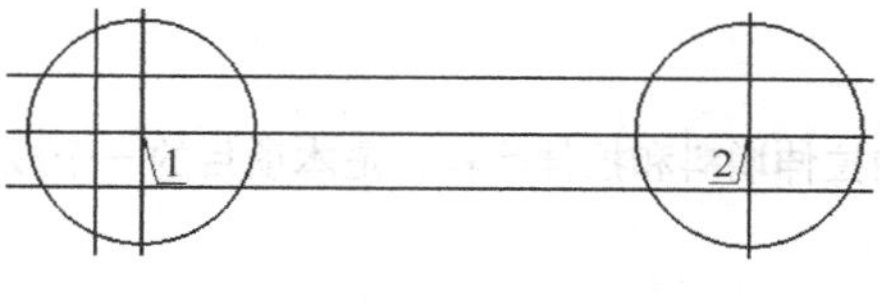

图 2-13 绘制 *b* 的平行线

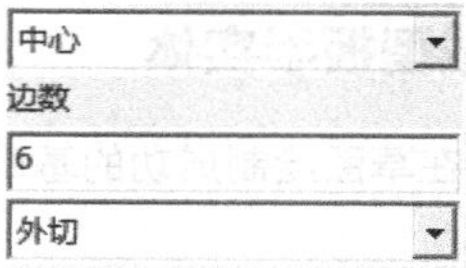

图 2-14 【正多边形】立即菜单设置

③ 选择交点 1 为中心点，单击鼠标左键，拖动鼠标到直线 *b* 的平行线与直线 *a* 的交点位置，如图 2-15 所示，单击鼠标左键完成正六边形绘制，如图 2-16 所示。

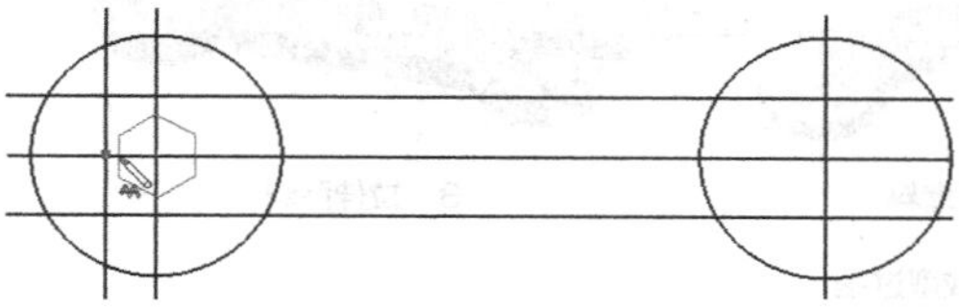

图 2-15 绘制正多边形的过程

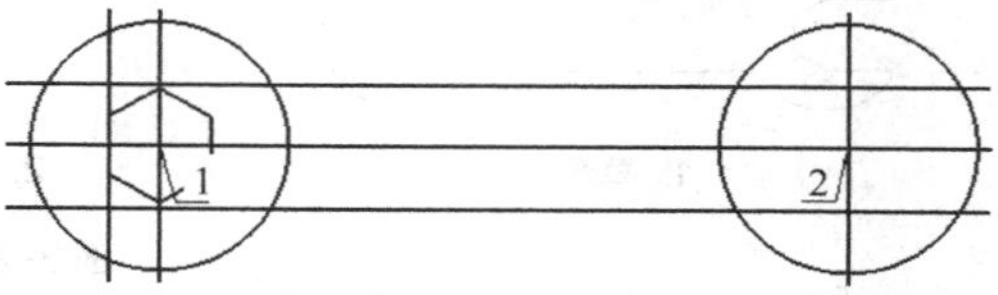

图 2-16 绘制正多边形结果

④ 单击按钮，在立即菜单中选择“圆弧过渡”选项，设置裁剪边，对直线与圆弧连接的位置进行过渡操作，如图 2-17 所示。

⑤ 单击按钮，在立即菜单中选择“两点线”“单个”“正交”和“点方式”选项，以正六边形的上下两个顶点为第一点，分别向左作两条水平线，如图 2-18 所示。

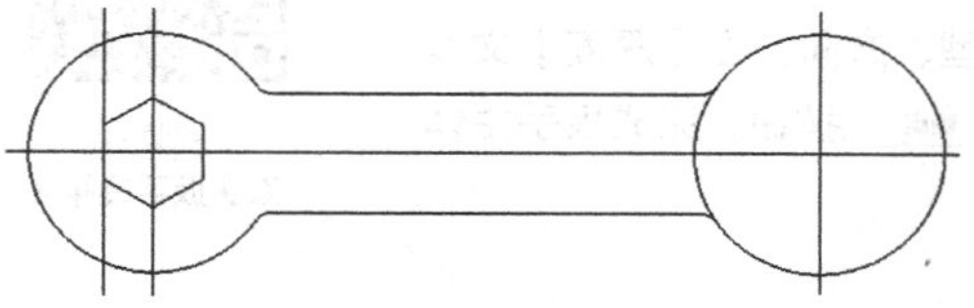

图 2-17 圆弧过渡

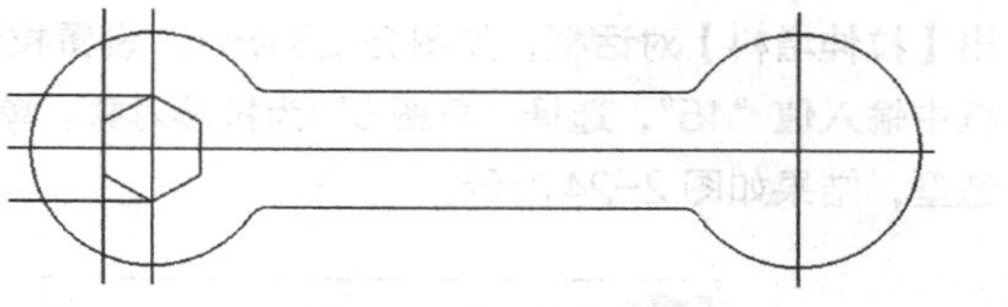

图 2-18 作水平线

⑥ 单击按钮，删除多余曲线，结果如图 2-19 所示。

⑦ 修剪完成图形。

在曲面生成栏中单击按钮，裁剪掉多余的曲线，完成草图的绘制，如图 2-20 所示。

⑧ 存盘。

单击按钮，以“双头扳手”为文件名将文件保存到磁盘，如图 2-21 所示。

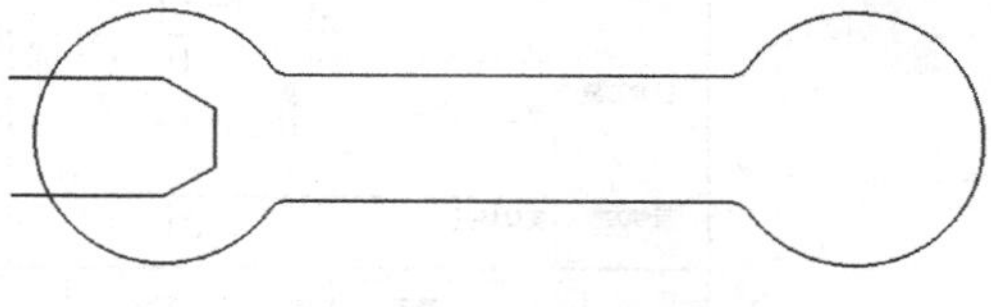

图 2-19 删除多余曲线

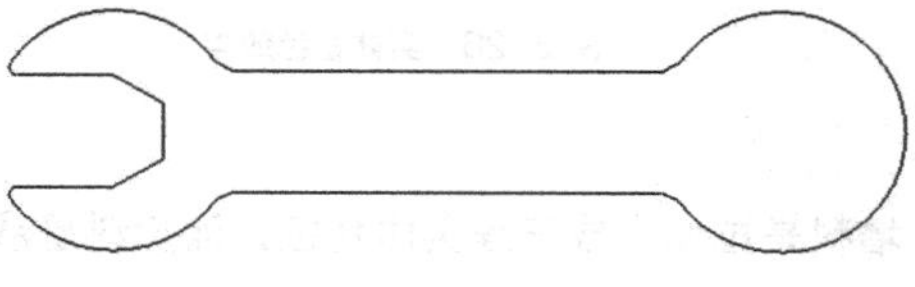

图 2-20 完成草图绘制

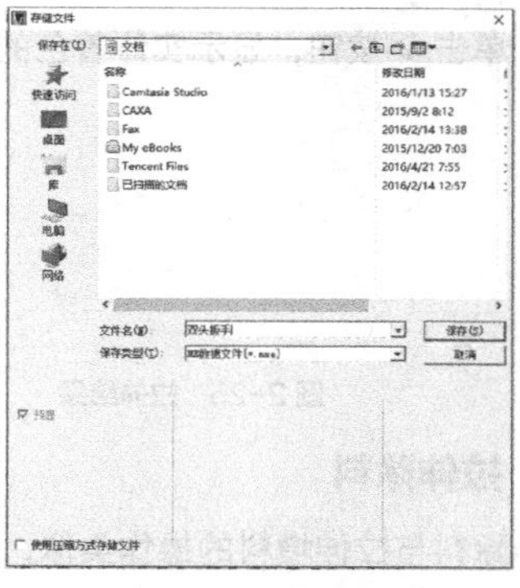

图 2-21 保存文件

2.1.2 成型扳手实体

这个环节是在草图绘制成功的基础上进行的拉伸增料和拉伸除料，是本项目的一个成型环节，可以分两步进行。

扳手成型过程如图 2-22 所示。

1. 草图　　2. 拉伸增料　　3. 拉伸除料

图 2-22 成型过程

1. 拉伸增料

拉伸增料是将草图轮廓曲线根据指定的距离或方式进行拉伸操作，生成一个增加材料的特征。将 2.1.1 中绘制的草图进行拉伸增料形成三维实体特征。

（1）打开存盘文件。单击按钮，在磁盘中找到“双头扳手”文件，双击打开。

（2）选择【造型】/【特征生成】/【增料】/【拉伸】命令，或单击按钮，弹出【拉伸增料】对话框，如图 2-23 所示。设置拉伸类型、方向，在【深度】文本框中输入值“15”，选择“草图 0”为拉伸对象。单击确定按钮，完成扳手主体造型，结果如图 2-24 所示。

视频 6
双头扳手拉伸 2

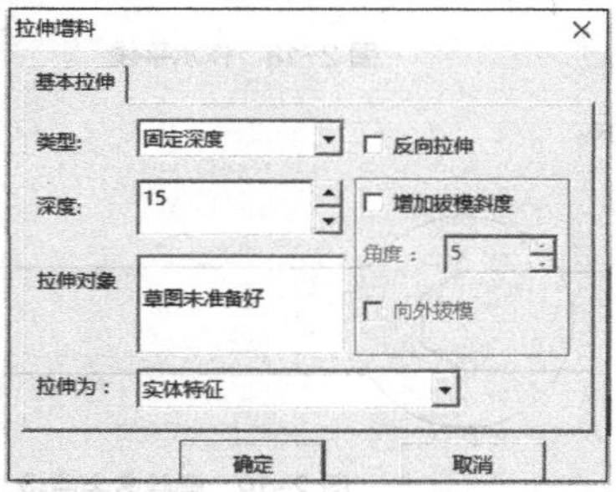

图 2-23 设置拉伸增料参数

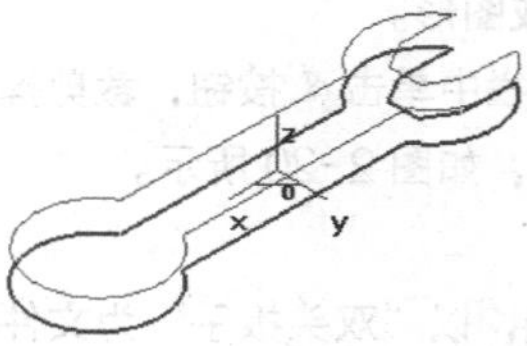

图 2-24 拉伸效果

（3）单击按钮，显示实体着色的效果，前后对比如图 2-25 和图 2-26 所示。

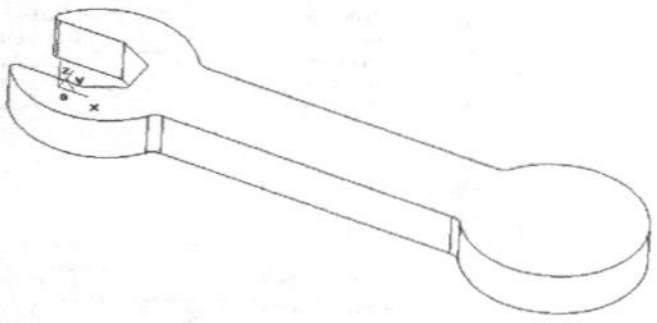

图 2-25 拉伸结果

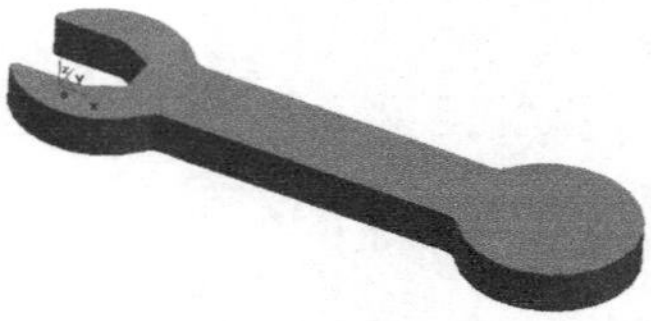

图 2-26 实体着色效果

2. 拉伸除料

拉伸除料与拉伸增料的操作类似，但结果相反，增料是拉伸生成三维实体特征，而除料是从三维实体特征中减除与拉伸特征相交的部分。

（1）选择扳手的一个表面，然后单击状态控制栏中的按钮，或在所选择的平面上单击鼠标右键，在弹出的快捷菜单中选择“创建草图”命令，如图2-27所示，进入草图绘制状态，此时在特征树中生成“草图1”，如图2-28所示。

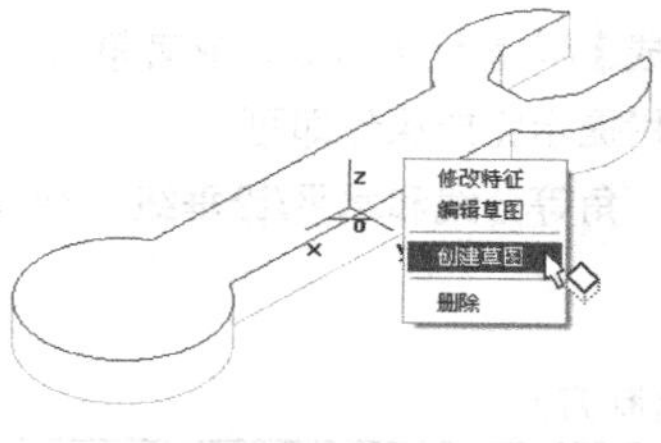

图2-27 选择面作为草绘平面

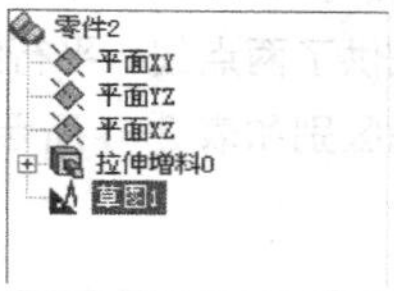

图2-28 创建“草图1”

（2）在“草图1”中单击按钮，设置立即菜单，如图2-29所示，按空格键，在弹出的工具点菜单中设置捕捉点为【圆心】，如图2-30所示，选择扳手的右侧圆心。按Enter键，在弹出的文本框中输入“@15,0”，如图2-31（a）所示，按Enter键确定，完成正多边形绘制，如图2-31（b）所示。

图2-29 设置多边形参数

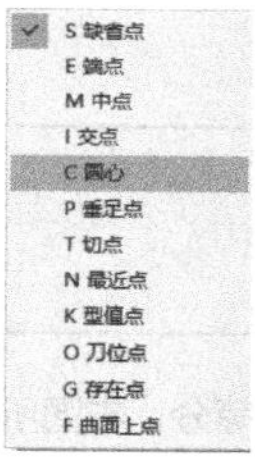

图2-30 设置捕捉点

（a）

（b）

图2-31 拉伸除料草图绘制

（3）选择【造型】/【特征生成】/【除料】/【拉伸】命令，或单击按钮，在弹出的【拉伸除料】对话框中，将【类型】设置为“贯穿”，【拉伸对象】选择“草图1”，如图2-32所示，单击确定按钮，生成多边形孔，如图2-33所示。

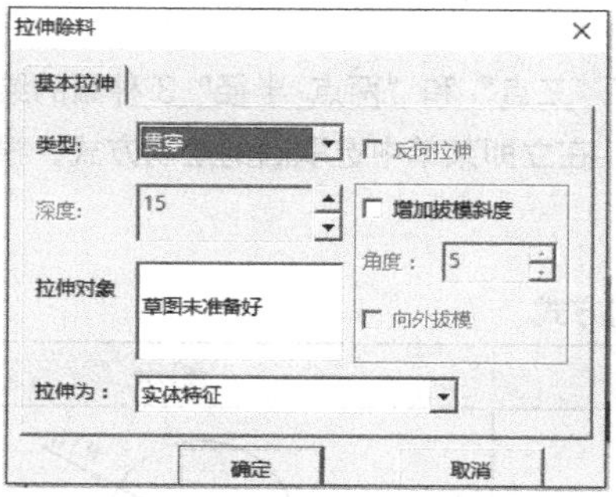

图2-32 设置拉伸除料参数

图2-33 拉伸除料的结果

（4）单击按钮将扳手实体造型保存，完成扳手实体造型的创建操作。

2.2 软件功能介绍

1. 直线

直线是图形构成的基本要素。选择【造型】/【曲线生成】/【直线】命令，或者单击 按钮，就可以激活直线绘制功能。在立即菜单中选取画线方式，根据状态栏提示完成操作即可。

直线功能提供了两点线、平行线、角度线、切线/法线、角等分线和水平/铅垂线 6 种直线绘制方式，这几种绘制方式的区别如表 2-1 所示。

表 2-1　直线的绘制方式

方法	说明	图示
两点线	用确定直线两个端点的方式绘制	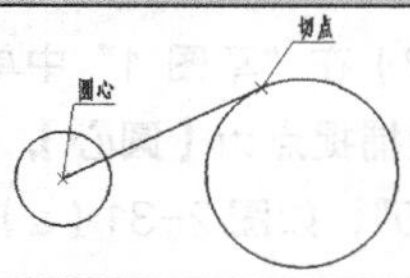
平行线	绘制与已知直线平行且长度相等的平行线。该平行线的位置可由键盘输入数据或由鼠标控制。平行线可以是单条，也可以是多条	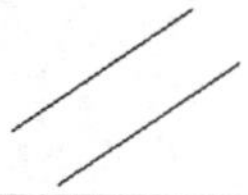
角度线	生成与坐标轴或直线成一定夹角的直线	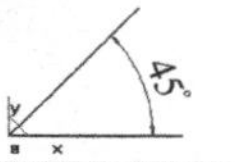
切线/法线	过给定点作已知曲线的切线或法线	
角等分线	按给定等分份数、给定长度画直线段将一个角等分。右图所示为角的 6 等分线	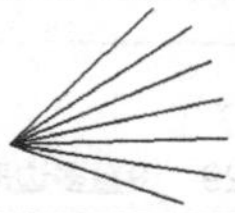
水平/铅垂线	生成平行或垂直于当前平面坐标轴的给定长度的直线	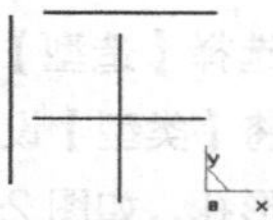

2. 圆

圆是图形构成的基本要素，CAXA 提供了“圆心_半径”“三点”和“两点_半径”3 种圆的绘制方式。选择【造型】/【曲线生成】/【圆】命令，或者单击 按钮，在立即菜单中选取圆的绘制方式，根据状态栏提示完成操作即可。这 3 种绘制方式的区别如表 2-2 所示。

表 2-2　圆的绘制方式

方法	说明	图示
圆心_半径	已知圆心和半径画圆	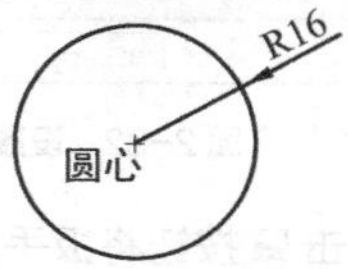

续表

方法	说明	图示
三点	过已知三点画圆	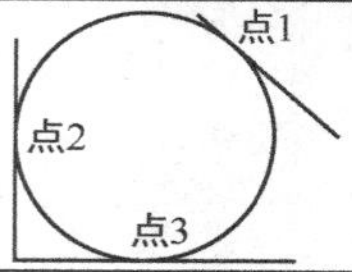
两点_半径	已知圆上两点和半径画圆	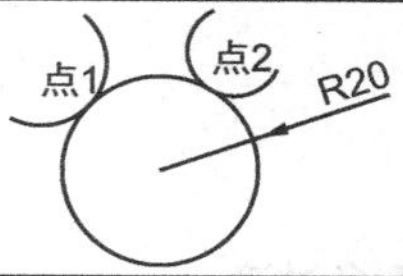

3. 圆弧过渡

圆弧过渡用于在两条曲线之间进行给定半径的圆弧光滑过渡。圆弧在两条曲线的哪个侧边生成，取决于两条曲线上的拾取位置。可利用立即菜单控制是否对两条曲线进行裁剪，此处裁剪是用生成的圆弧对曲线进行裁剪。系统约定只生成劣弧（圆心角小于 180° 的圆弧），如图 2-34 所示。选择【造型】/【曲线编辑】/【曲线过渡】命令，或单击按钮，在立即菜单中选择“圆弧过渡”，在【半径】文本框中输入半径值，选择是否裁剪曲线 1 和曲线 2，如图 2-35 所示。拾取第一条曲线和第二条曲线，圆弧过渡完成。

图 2-34 圆弧过渡

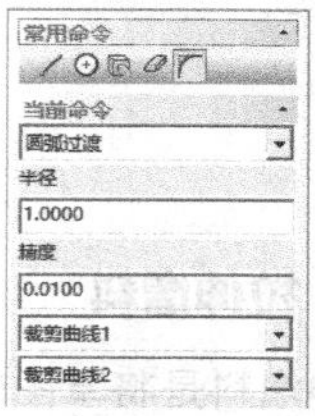

图 2-35 过渡菜单

4. 正多边形

正多边形是工程设计中比较常用的一种曲线，如六角螺母的外形轮廓。选择【造型】/【曲线生成】/【多边形】命令，或者直接单击曲线生成栏中的按钮，都可以启动正多边形创建命令。

CAXA 提供了以下两种绘制正多边形的方式，能够方便准确地绘制出给定条件的正多边形。

- 边：通过确定正多边形一条边的参数绘制正多边形，如图 2-36 所示。
- 中心：以输入点为中心，绘制圆的外切或内接正多边形，如图 2-37 所示。

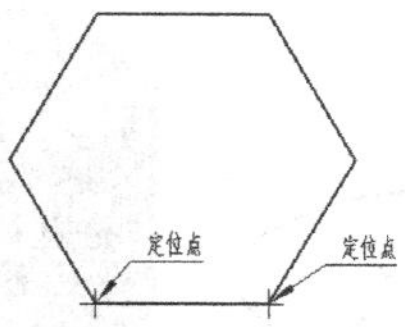

图 2-36 通过“边”方式绘制正多边形

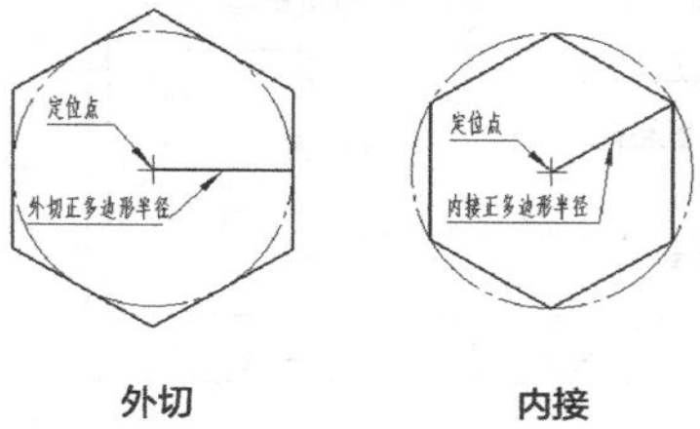

图 2-37 通过“中心”方式绘制正多边形

5. 曲线过渡

（1）尖角过渡

用于在给定的两条曲线之间进行过渡，过渡后在两曲线的交点处呈尖角。尖角过渡后，一根曲线被另一根曲线裁剪，如图 2-38 所示。单击 按钮，在立即菜单中选择“尖角裁剪”选项。根据系统提示拾取第 1 条曲线、第 2 条曲线，尖角过渡完成。

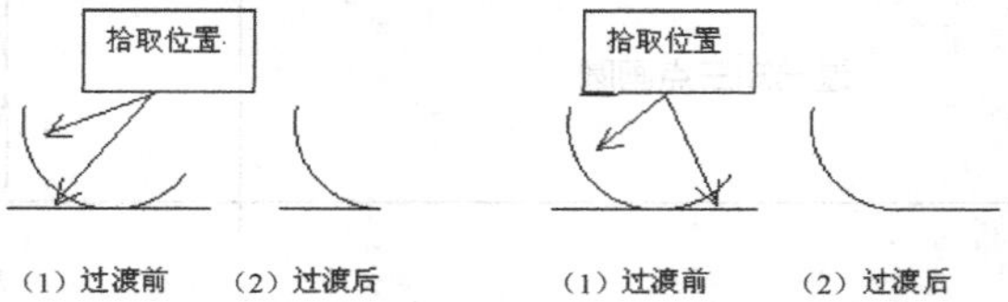

图 2-38 尖角过渡

（2）倒角过渡

用于在给定的两直线之间进行过渡，过渡后在两直线之间有一条按给定角度和长度绘制的直线。单击 按钮，在立即菜单中选择“倒角裁剪”选项，输入角度值和距离值，选择是否裁剪曲线 1 和曲线 2，如图 2-39 所示。拾取第 1 条曲线、第 2 条曲线，倒角过渡完成。

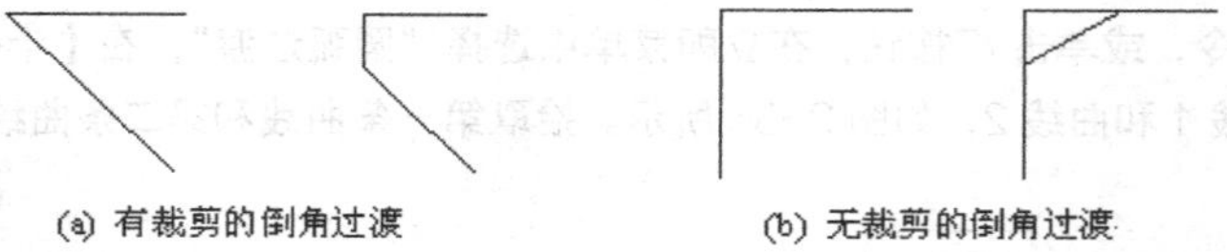

图 2-39 倒角过渡

6. 拉伸增料

拉伸增料是将草图轮廓曲线根据指定的距离或方式进行拉伸操作，生成一个增加材料的三维实体特征。选择【造型】/【特征生成】/【增料】/【拉伸】命令，或单击 按钮，弹出【拉伸增料】对话框，如图 2-40 所示。选择拉伸草图，根据结构的特点选择不同的类型、方向和斜度，完成拉伸操作，如图 2-41 所示。

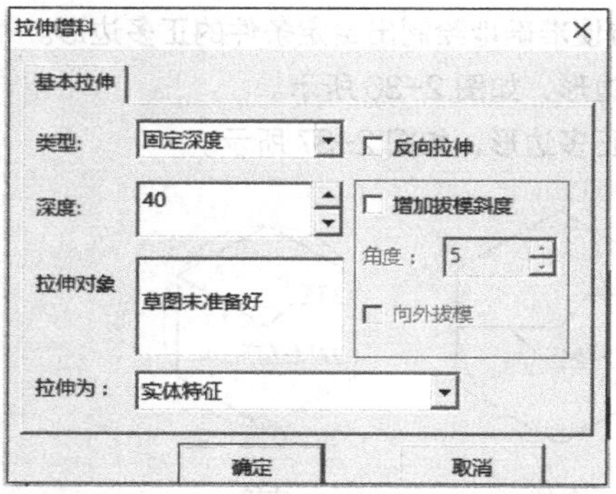

图 2-40 【拉伸增料】对话框

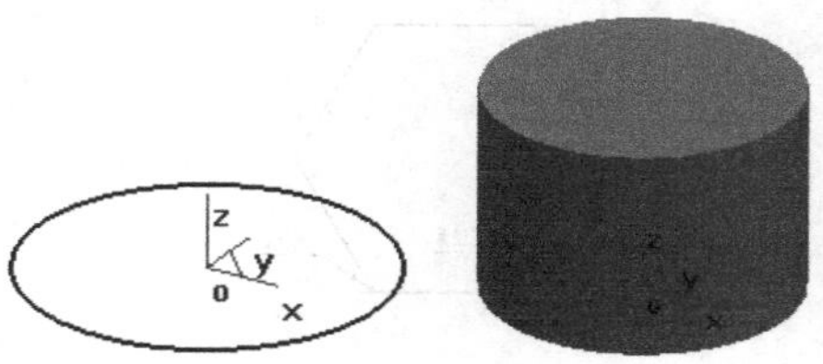

图 2-41 拉伸成型

7. 拉伸除料

与拉伸增料的功能相反，拉伸除料是一个将草图轮廓曲线根据指定的距离或方式进行拉伸操作，生成一个减去材料的特征。选择【造型】/【特征生成】/【除料】/【拉伸】命令，或单击 按钮，弹出【拉伸除料】对话框，如图 2–42 所示。选择拉伸草图，根据实体结构的特点选择不同的类型、方向和斜度，单击【确定】按钮完成操作，如图 2–43 所示。

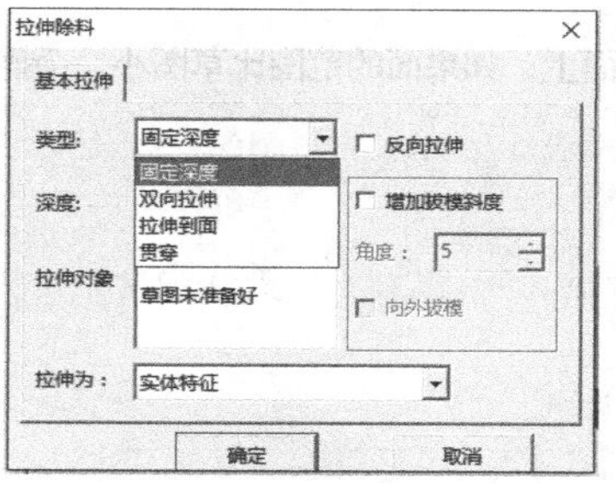

图 2–42　【拉伸除料】对话框

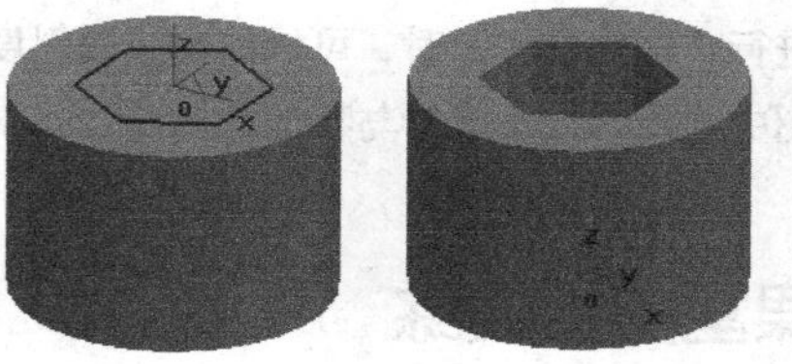
图 2–43　拉伸除料

【拉伸增料】与【拉伸除料】对话框基本相似，拉伸类型如表 2–3 所示。

表 2-3　拉伸类型

拉伸类型	类型说明	图例
固定深度	按照给定的深度数值进行单向的拉伸	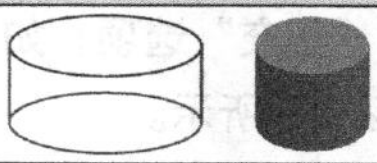
双向拉伸	以草图为中心，向相反的两个方向进行拉伸，深度值以草图为中心平分，可以生成右图所示实体	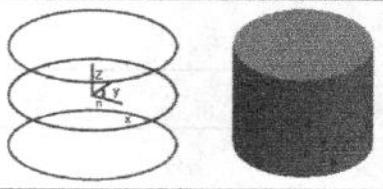
拉伸到面	拉伸位置以指定的曲面为结束点进行拉伸，需要选择要拉伸的草图和拉伸到的曲面	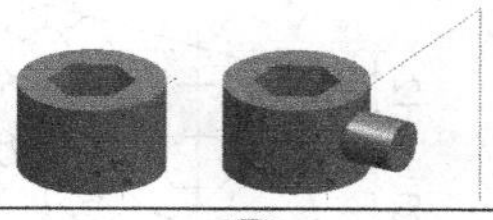
贯穿	将整个零件穿透，在拉伸除料命令中才有	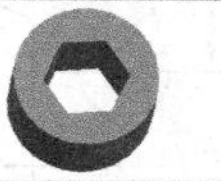

【拉伸除料】对话框中的其余选项意义如下。

- 深度：拉伸的尺寸值，可以直接输入所需数值，也可以通过按钮调节。
- 拉伸对象：对需要拉伸的草图的选取。
- 反向拉伸：与默认方向相反的方向进行拉伸。
- 增加拔模斜度：使拉伸的实体带有锥度，如图 2–44 所示。
- 角度：拔模时母线与中心线的夹角。
- 向外拔模：与默认方向相反的方向进行操作，如图 2–45 所示。

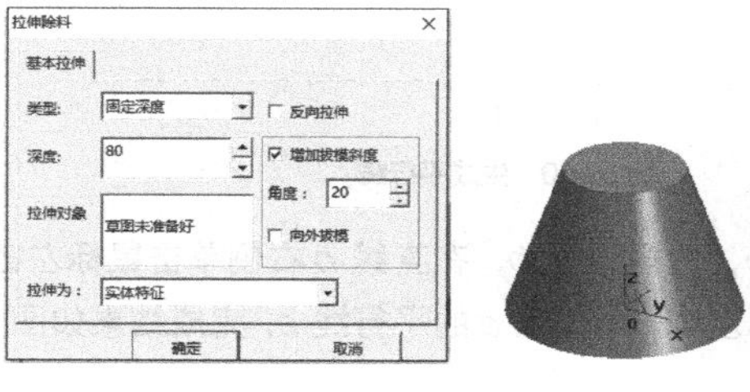
图 2–44　增加拔模斜度

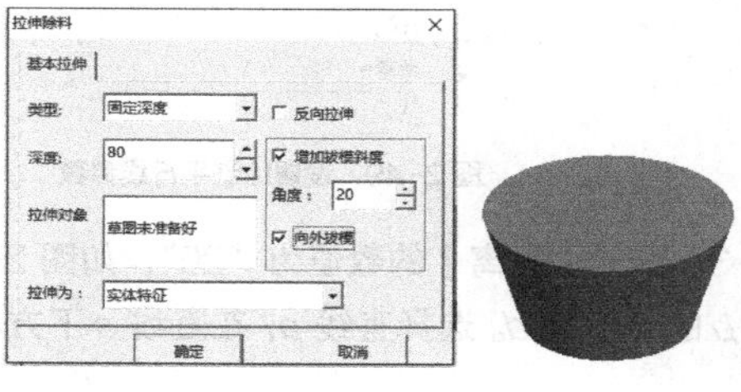
图 2–45　向外拔模

要点提示

（1）在进行“双面拉伸”时，拔模斜度不可用。

（2）在进行“拉伸到面”时，要使草图能够完全投影到这个面上，如果面的范围比草图小，会操作失败。

（3）在进行“拉伸到面”时，深度和反向拉伸不可用。

（4）在进行“拉伸到面”时，可以给定拔模斜度。

（5）草图中隐藏的线不能参与特征拉伸。

2.3 课堂实战演练

综合运用直线、圆、正多边形、拉伸增料命令（圆弧过渡将连板的实体和孔同时生成），构造实体造型，尺寸如图 2-46 所示。

1. 运用直线命令绘制定位线。

（1）选择【造型】/【曲线生成】/【直线】命令，或者单击按钮。在立即菜单中依次选择“两点线”“单个”和“正交”选项，如图 2-47 所示，绘制相交的水平线 *a* 和垂直线 *b* 作为连板中间正多边形的中心线，如图 2-48 所示。

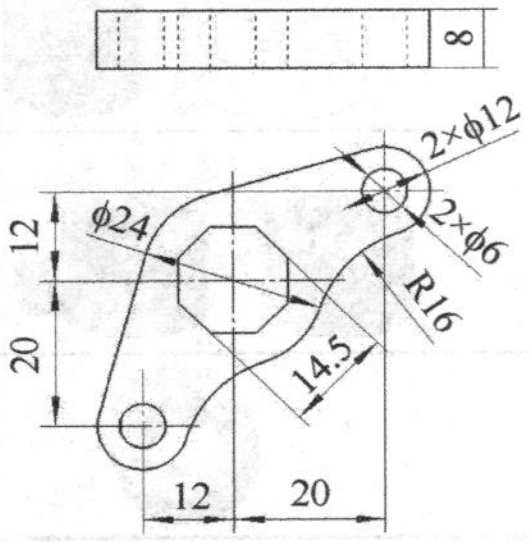

图 2-46 连板

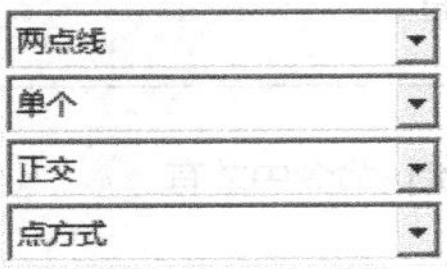

图 2-47 设置绘制直线参数

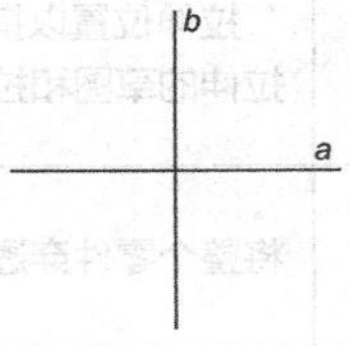

图 2-48 定位直线

（2）选择“平行线”“距离”选项，在【距离】文本框中输入数值“12”，如图 2-49 所示，选择直线 *b*，在直线 *b* 左侧单击生成直线 *f*。选择直线 *a*，在上方单击生成直线 *c*，如图 2-50 所示。

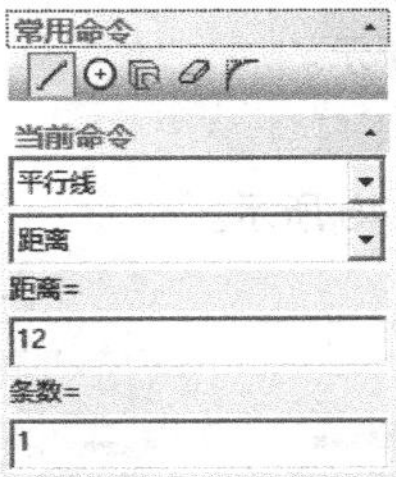

图 2-49 设置绘制平行线参数

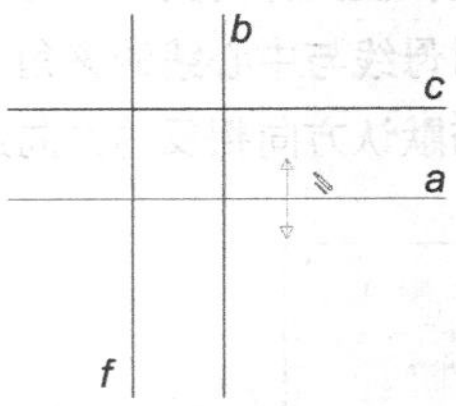

图 2-50 生成平行线

（3）设置【距离】的数值为“20”，如图 2-51 所示，选择直线 *b*，在直线 *b* 右侧单击鼠标左键，作直线 *b* 的平行线 *d*。选择直线 *a*，在直线 *a* 下方单击鼠标左键，作直线 *a* 的平行线 *e*，完成结果如图 2-52 所示。

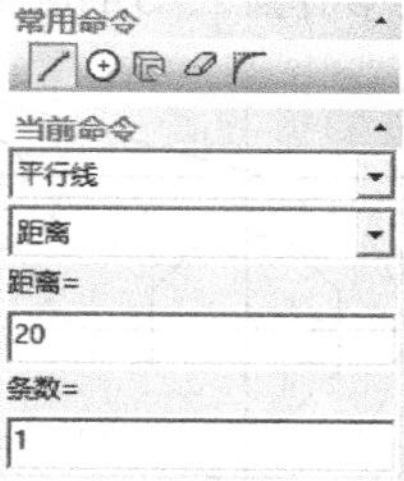

图 2-51 设置绘制平行线参数

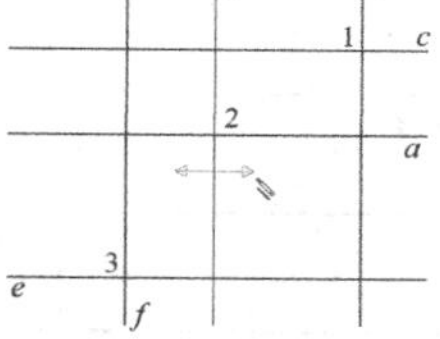

图 2-52 绘制平行线结果

2. 单击按钮，在立即菜单中选择“圆心_半径”选项。选择定位线的交点 1、2、3 为圆心，分别作直径为 6、12、24 的圆，如图 2-53 所示。

3. 单击按钮，在立即菜单设置边数为“8”，“外切”方式。选择交点 2 为中心点单击鼠标左键。在系统要求输入边的中点时按 Enter 键，弹出坐标输入框，输入边中点相对坐标“@7.25,0”后按 Enter 键，作出一个正八边形，如图 2-54 所示。

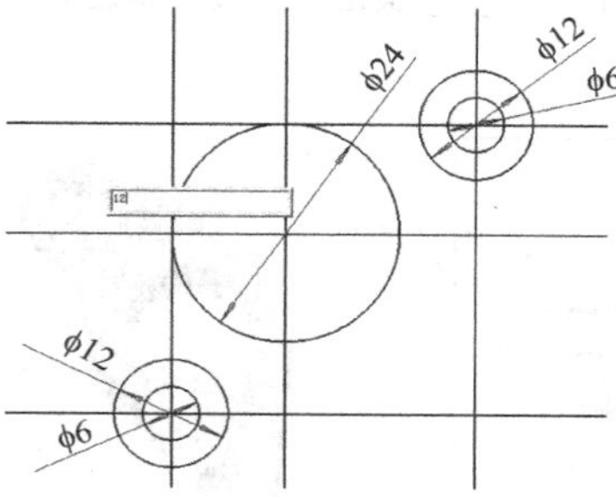

图 2-53 绘制圆形

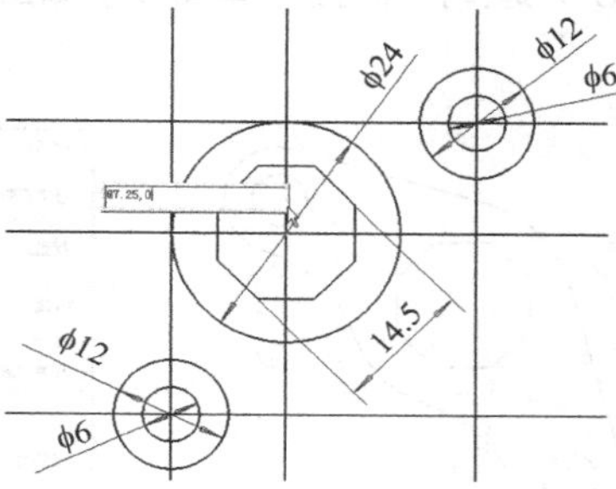

图 2-54 绘制正多边形

4. 运用两点线命令绘制圆的切线。

单击按钮。在立即菜单中依次选择“两点线”“单个”和“非正交”选项，如图 2-55 所示。按空格键弹出工具点菜单，选择“T 切点”选项，如图 2-56 所示，依次选择与直线相切的圆，作出两条与圆相切的直线，如图 2-57 所示。

图 2-55 绘制直线设置

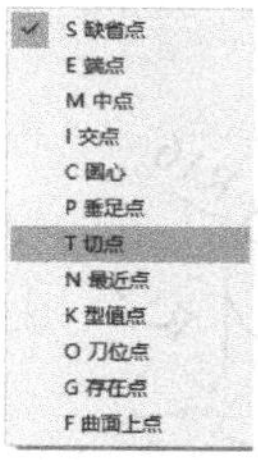

图 2-56 【工具点】菜单

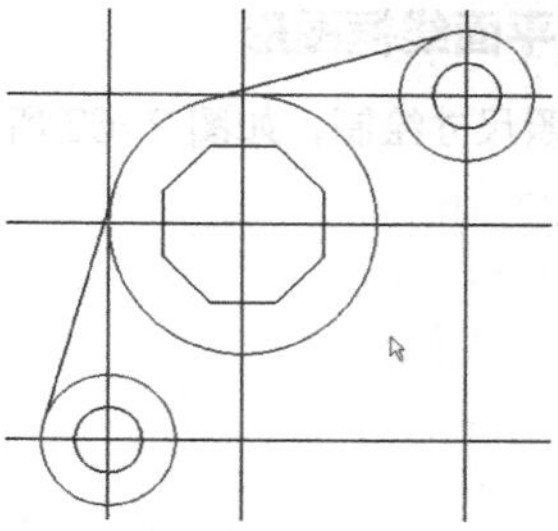

图 2-57 相切直线

5. 作圆弧过渡。

（1）选择【造型】/【曲线编辑】/【曲线过渡】命令，或者单击按钮，立即菜单参数设置【半径】为“16”，选择“不裁剪曲线 1”和“不裁剪曲线 2”，如图 2-58 所示。

（2）依次选择圆 1、2 作圆 1、2 的连接圆弧。依次选择圆 2、3 作圆 2、3 的连接圆弧，如图 2-59 所示。

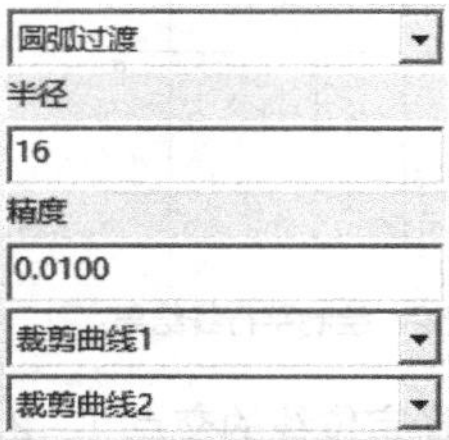

图 2-58　设置曲线过渡参数

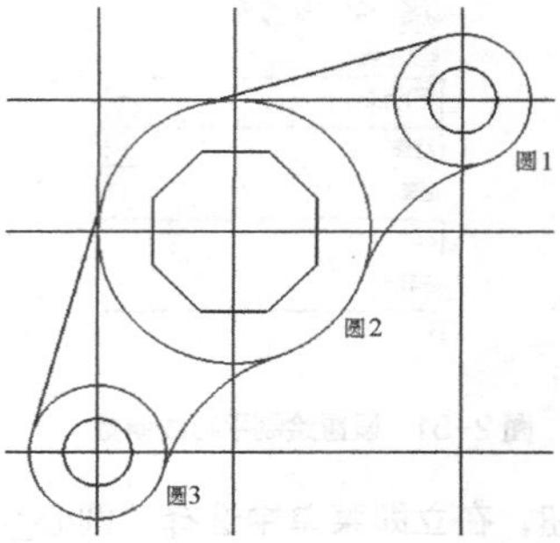

图 2-59　连接圆弧

6. 单击按钮，将多余的线条裁减掉。

7. 单击按钮，删除定位线，完成草图，结果如图 2-60 所示。

8. 单击按钮，在弹出的【拉伸增料】对话框中设置【类型】为“固定深度”，在【深度】文本框中输入数值“8”，选择拉伸对象“草图 0”，如图 2-61 所示，单击 确定 按钮，完成实体拉伸，如图 2-62 所示。

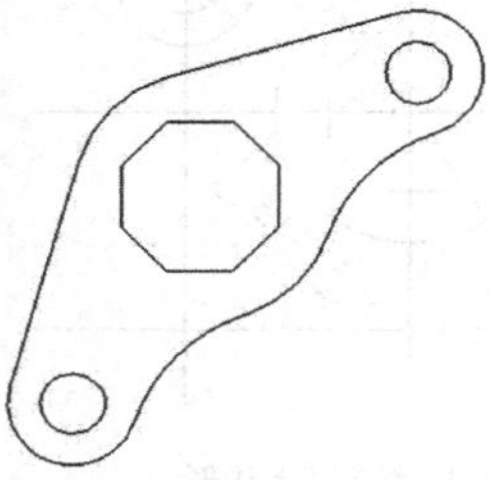

图 2-60　完成的草图

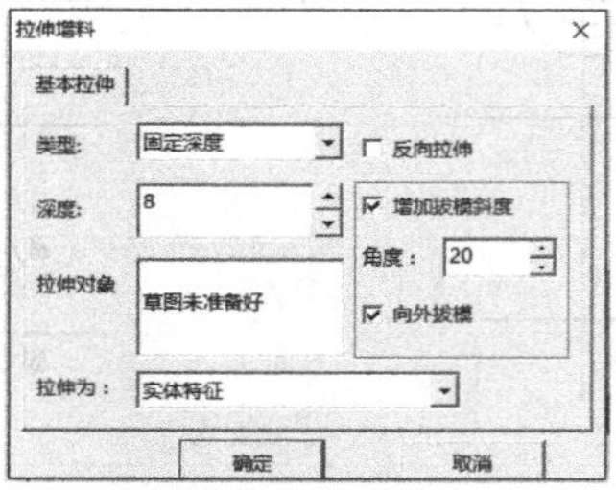

图 2-61　设置拉伸增料参数

图 2-62　拉伸实体

2.4 课后综合演练

用直线、圆、拉伸增料等命令构造线框造型及实体造型。

1. 绘制平面线框图形

要求：按照尺寸绘制，如图 2-63 所示。

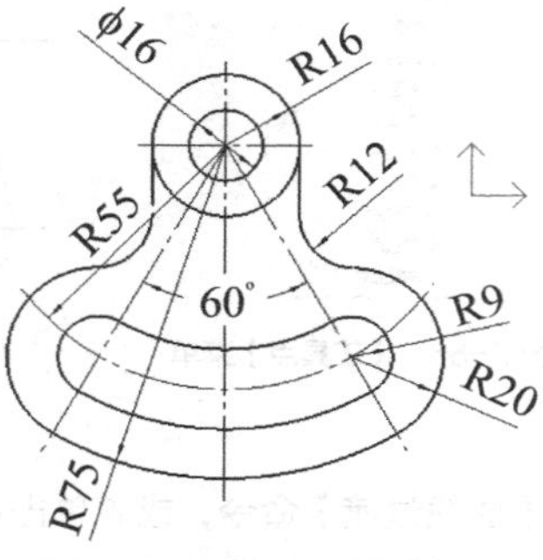

图 2-63　平面线框图形

【步骤解析】

主要绘图步骤如图 2-64 所示。

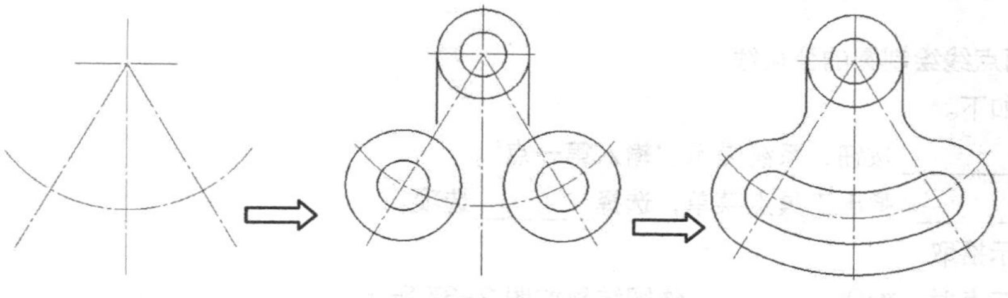

图 2-64 绘制步骤

2. 绘制单头扳手

要求：按照尺寸要求，运用拉伸增料命令构造造型，如图 2-65 所示。

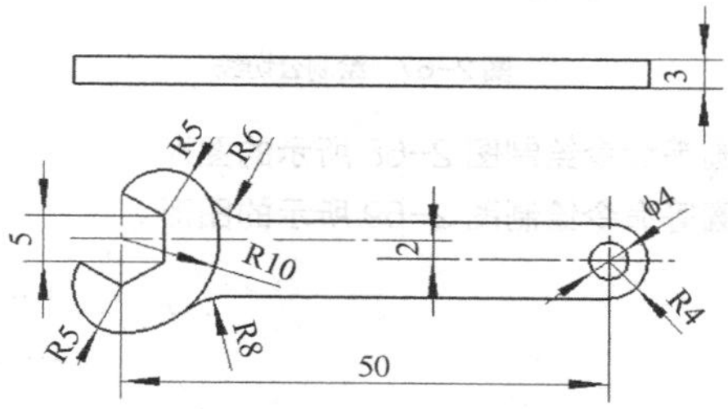

图 2-65 单头扳手

【步骤解析】

主要绘图步骤如图 2-66 所示。

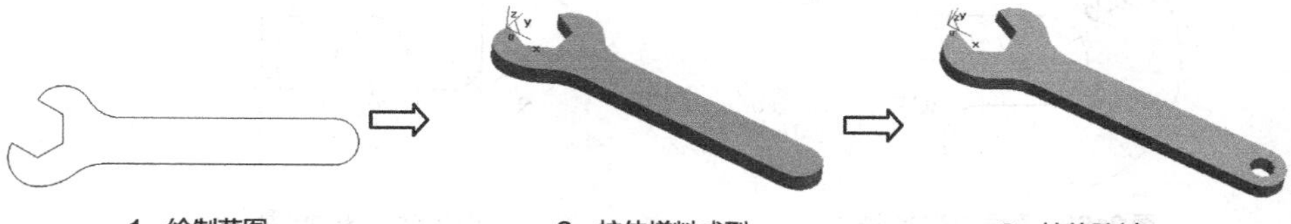

图 2-66 绘制步骤

2.5 小结

本章通过构造双头扳手造型重点介绍了线框造型的圆、正多边形等基本命令。线框造型的主要功能为曲线绘制和曲线编辑修改。线框造型是特征造型、曲面造型和零件加工的基础。拉伸增料也是本项目的一个重点内容，拉伸增料是将草图轮廓曲线根据制定的距离或方式进行拉伸操作，生成一个增加材料的特征。与拉伸增料的功能相反，拉伸除料是生成一个减去材料的特征。拉伸增料和拉伸除料命令是实体造型的基础。

2.6 习题

1. 利用两点线绘制圆的公切线。

操作步骤如下。

（1）单击________按钮，系统提示“输入第一点”。

（2）单击________弹出工具点菜单，选择________选项。

然后按提示拾取________。

在输入第二点时，拾取________，作图结果如图 2-67 所示。

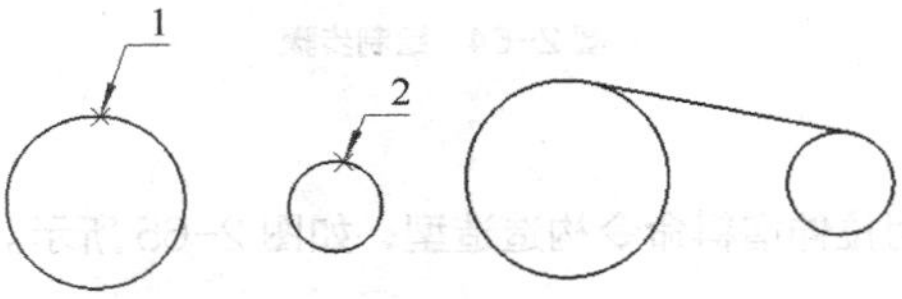

操作前　　　操作后

图 2-67　绘制公切线

2. 运用线框造型的直线、圆等命令绘制图 2-68 所示的图形。

3. 运用线框造型的直线、圆等命令绘制图 2-69 所示的图形。

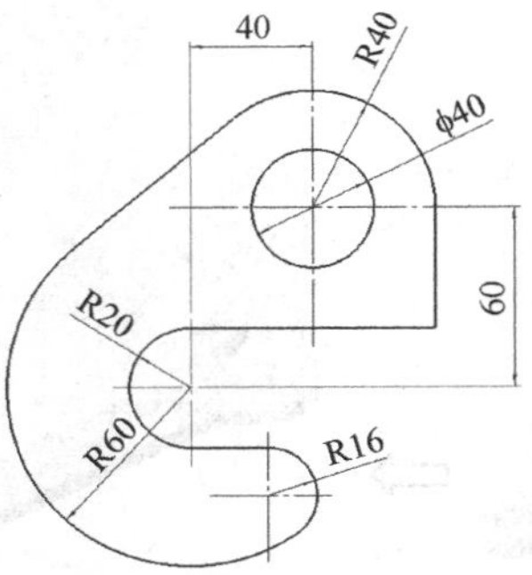

图 2-68　直线与圆的造型

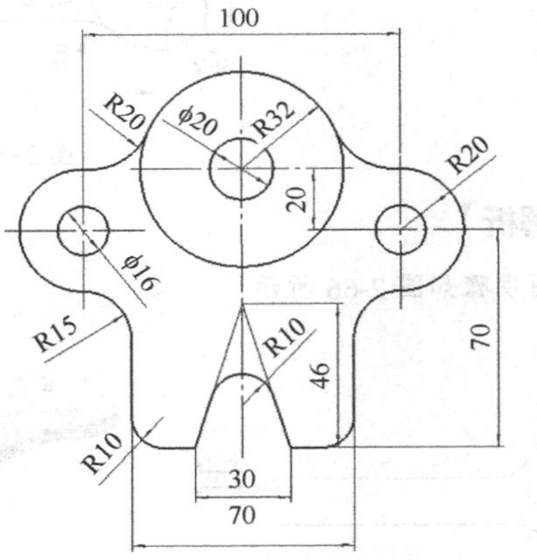

图 2-69　平面造型

4. 运用拉伸增料和拉伸除料命令将图 2-68 所示的图形进行实体造型。

Chapter

3

第 3 章
构建线框造型

线框造型的主要功能为曲线绘制和曲线编辑修改。线框造型是特征造型、曲面造型和零件加工的基础。创建实体特征造型需要先创建草图，在草图状态下完成线框造型之后再进行特征操作，而创建曲面造型一般需要在空间状态下绘制线框造型。图 3-1 所示为线框造型实例，构建于 CAXA 制造工程师草图平面内。

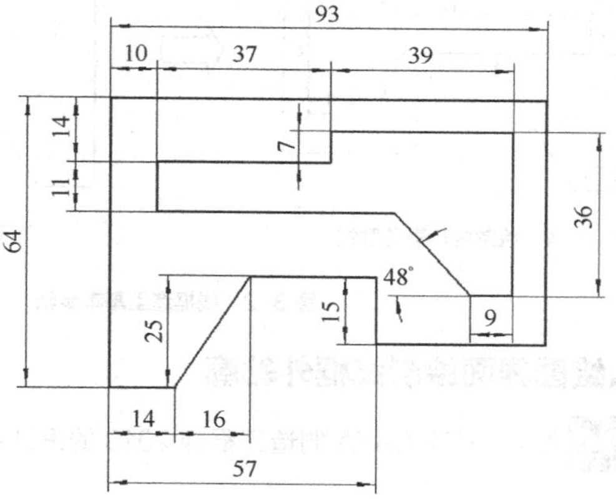

图 3-1　线框造型尺寸图

【学习目标】

- 熟练掌握直线的绘制方法。
- 掌握线段裁剪的一般方法。

3.1 课堂实训案例

线框的绘制是造型的基础，线框绘制涉及曲线绘制、曲线编辑等命令。创建线框造型的基本步骤如图 3-2 所示。

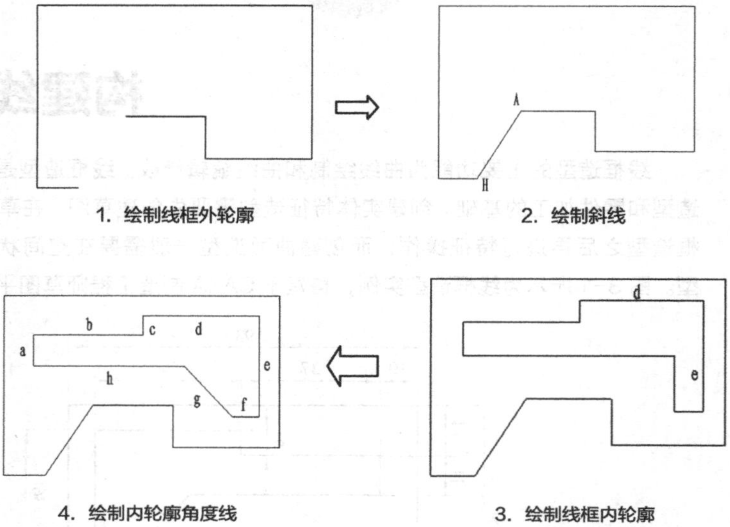

图 3-2 线框造型基本步骤

3.1.1 进入绘图界面绘制线框外轮廓

双击桌面上的图标，打开 CAXA 制造工程师 2013 的设计界面。选择适当的绘图平面，绘制图 3-3 所示的线框外轮廓。

【步骤解析】

① 确定基准面激活草图。选择“平面 XY”，单击状态控制栏中的按钮或在所选择的“平面 XY”上单击鼠标右键，在弹出的快捷菜单中选择【创建草图】命令，此时在特征树中添加了“草图 0”，表示系统已经处于绘制草图状态。

构建线框外轮廓 1

② 绘制草图。选择【造型】/【曲线生成】/【直线】命令，或者单击按钮，在特征树下方出现图 3-4（a）所示的立即菜单，在立即菜单中依次选择“两点线”“连续”“正交”和“长度方式”选项，如图 3-4（b）所示。

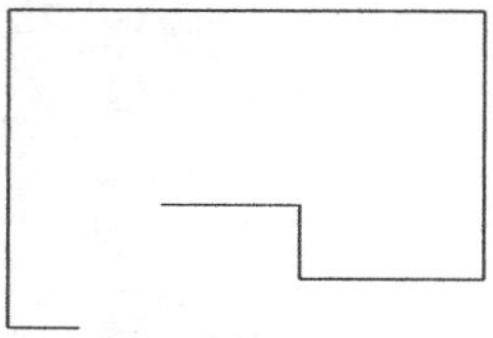

图 3-3 绘制线框外轮廓

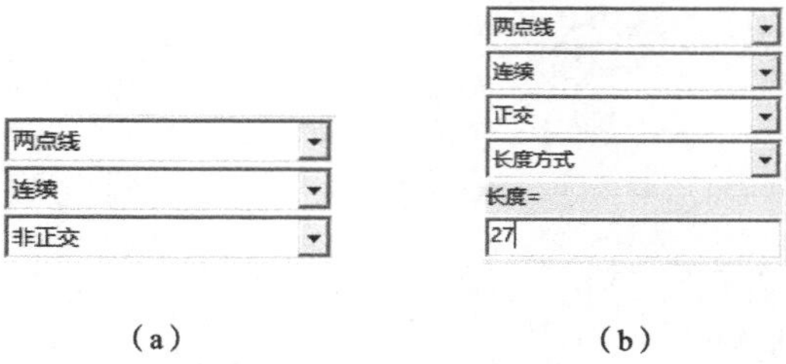

图 3-4 立即菜单选项

③ 在屏幕的任意位置单击鼠标左键，确定第 1 条线段的起点 *A*。

- 将光标移到 *A* 点右侧，在【长度】文本框中输入数值“27”，按 Enter 键，完成线段 *AB* 的绘制，如图 3-5 所示。
- 将光标移到 *B* 点下方，在【长度】文本框中输入数值“15”，按 Enter 键，完成线段 *BC* 的绘制，如图 3-5 所示。
- 将光标移到 *C* 点右侧，在【长度】文本框中输入数值“36”，按 Enter 键，完成线段 *CD* 的绘制，如图 3-6 所示。
- 将光标移到 *D* 点上方，在【长度】文本框中输入数值“54”，按 Enter 键，完成线段 *DE* 的绘制，如图 3-7 所示。

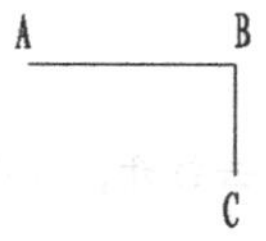

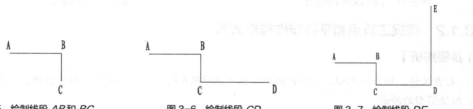

图 3-5 绘制线段 *AB* 和 *BC*

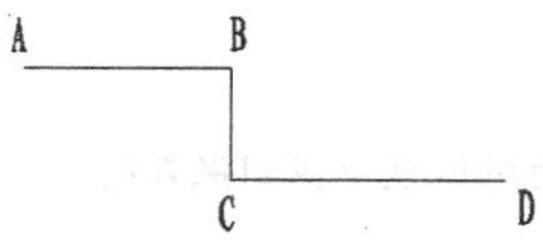

图 3-6 绘制线段 *CD*

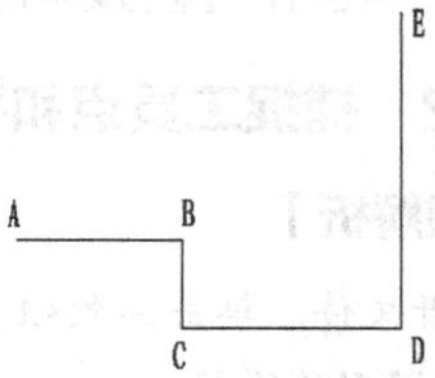

图 3-7 绘制线段 *DE*

- 将光标移到 *E* 点左侧，在【长度】文本框中输入数值“93”，按 Enter 键，完成线段 *EF* 的绘制，如图 3-8 所示。
- 将光标移到 *F* 点下方，在【长度】文本框中输入数值“64”，按 Enter 键，完成线段 *FG* 的绘制，如图 3-9 所示。

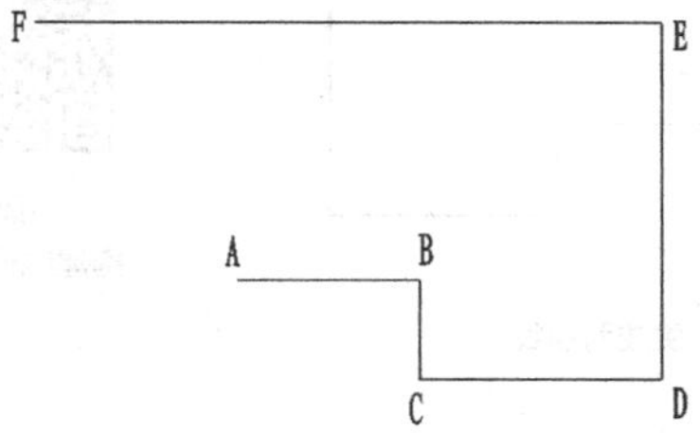

图 3-8 绘制线段 *EF*

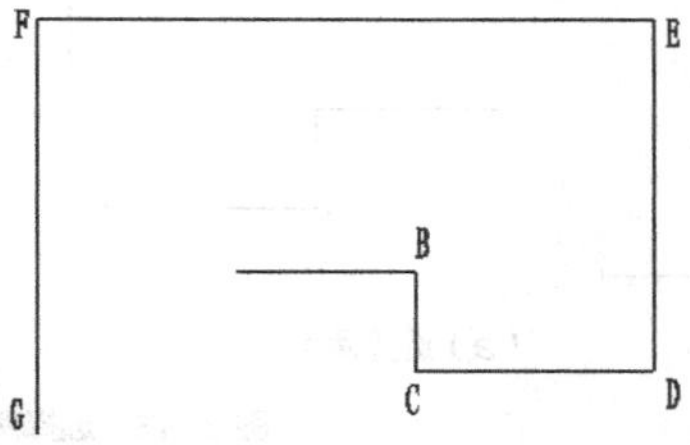

图 3-9 绘制线段 *FG*

- 将光标移到 *G* 点右侧，在【长度】文本框中输入数值“14”，按 Enter 键，完成直线 *GH* 的绘制，如图 3-10 所示，单击鼠标右键结束直线绘制命令。
- 选择【文件】/【保存】命令，或者直接单击标准工具栏中的 按钮，如果是第一次保存文件，则弹出【存储文件】对话框，如图 3-11 所示。
- 在对话框的【文件名】文本框中输入文件名“线框 1”，单击 保存(S) 按钮，系统即按所给文件名存盘。文件类型可以选用“ME 数据文件”“EB3D 数据文件”“ParasolidX_T 文件”“ParasolidX_B 文件”“dxf 文件”“IGES 文件”“STL 数据文件”等，如图 3-12 所示。

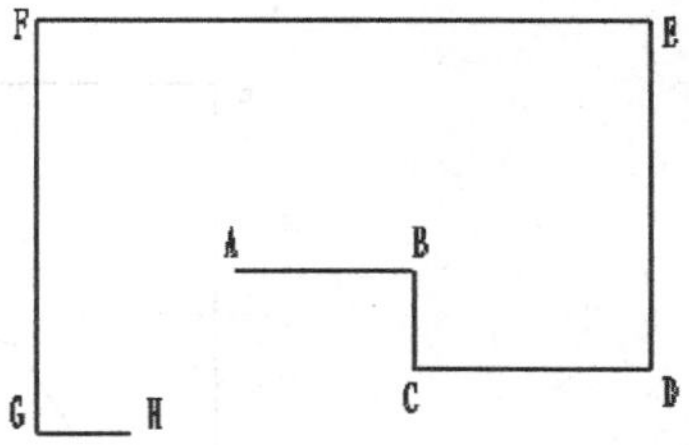

图 3-10 绘制线段 *GH*

图 3-11 【存储文件】对话框

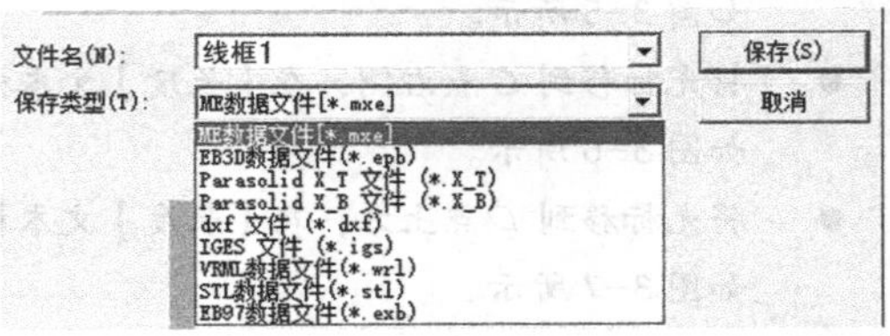

图 3-12 保存类型

3.1.2 捕捉工具点和平行线作线框造型

【步骤解析】

① 打开文件。单击按钮，在弹出的对话框中找到保存的文件“线框 1”，双击打开，如图 3-13（a）所示，继续图形的绘制。

② 单击按钮，在立即菜单中选择“两点线”“单个”和“非正交”选项，按空格键弹出工具点菜单，在工具点菜单中选择“E 端点”选项，依次选择图 3-13（a）所示的两点，此时生成连接两点的线段，如图 3-13（b）所示。

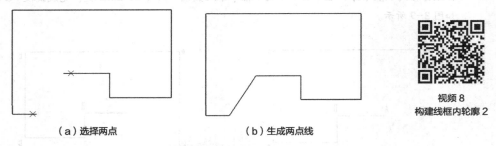

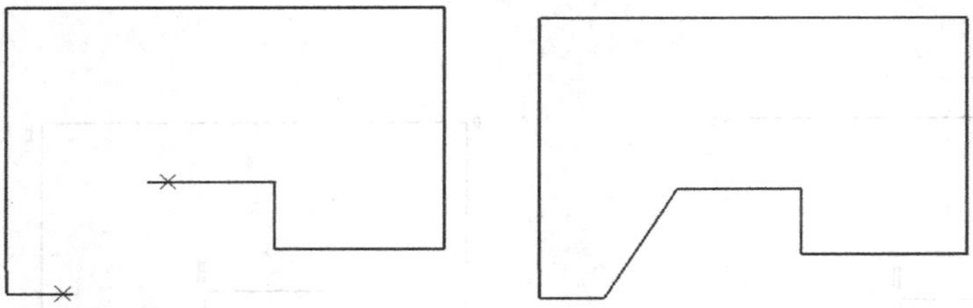

（a）选择两点　　（b）生成两点线

图 3-13 选择两点生成两点线

视频 8
构建线框内轮廓 2

③ 单击按钮，在立即菜单中选择“平行线”“距离”选项，在【距离】文本框中输入数值“10”，在状态栏“拾取直线”的提示下，选择线段 *FG*，这时状态栏提示“选择等距方向”，如图 3-14（a）所示，选择平行线所在的一侧，完成平行线的绘制，如图 3-14（b）所示。

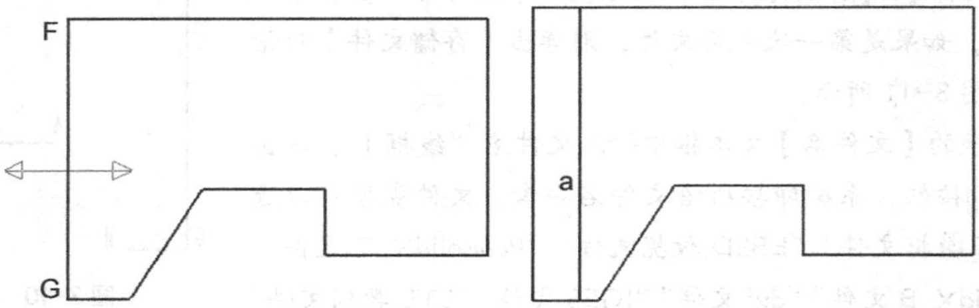

（a）选择方向　　（b）生成平行线

图 3-14 作 *FG* 的平行线 *a*

④ 在【距离】文本框中输入数值“14”，作 EF 的平行线 b。

在【距离】文本框中输入数值“11”，作 b 的平行线 h，如图 3-15 所示。

⑤ 单击按钮，在立即菜单中选择“快速裁剪”“正常裁剪”，将多余线段裁剪掉，如图 3-16 所示。

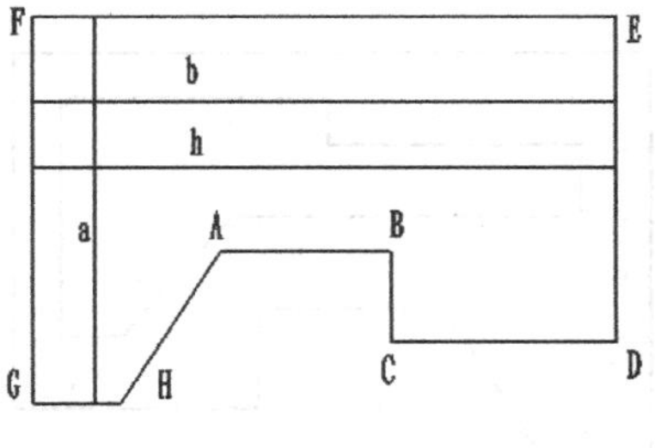

图 3-15 作平行线 b 和 h

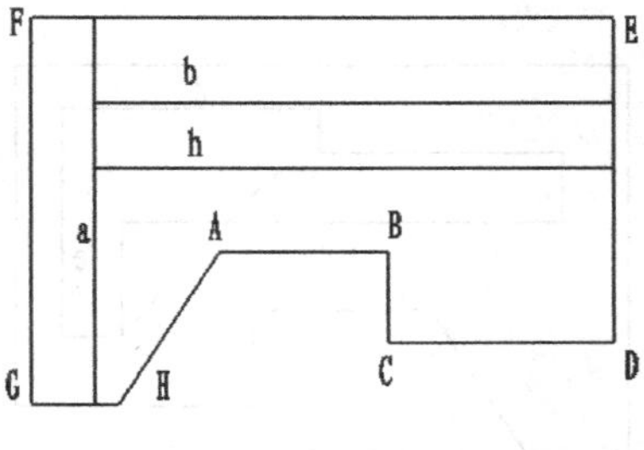

图 3-16 裁剪多余线段

⑥ 选择“平行线”选项。

- 在【距离】文本框中输入数值“37”，作 a 的平行线 c。
- 在【距离】文本框中输入数值“39”，作 c 的平行线 e。
- 在【距离】文本框中输入数值“7”，作 b 的平行线 d，结果如图 3-17 所示。

⑦ 单击按钮，裁剪多余线段，结果如图 3-18 所示。

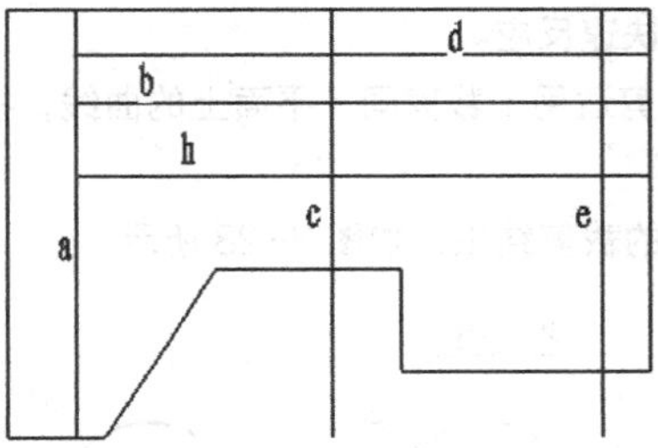

图 3-17 作平行线

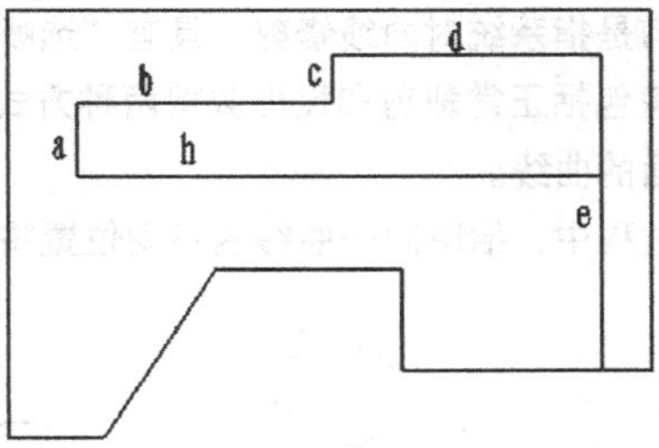

图 3-18 裁剪多余线段

⑧ 选择“平行线”选项。

- 在【距离】文本框中输入数值“9”，作 e 的平行线。
- 在【距离】文本框中输入数值“36”，作 d 的平行线，如图 3-19 所示。

⑨ 单击按钮，裁剪多余线段，裁剪结果如图 3-20 所示。

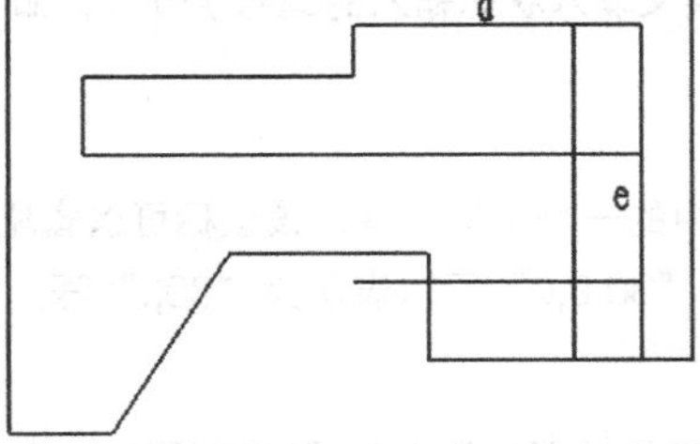

图 3-19 作 d 和 e 的平行线

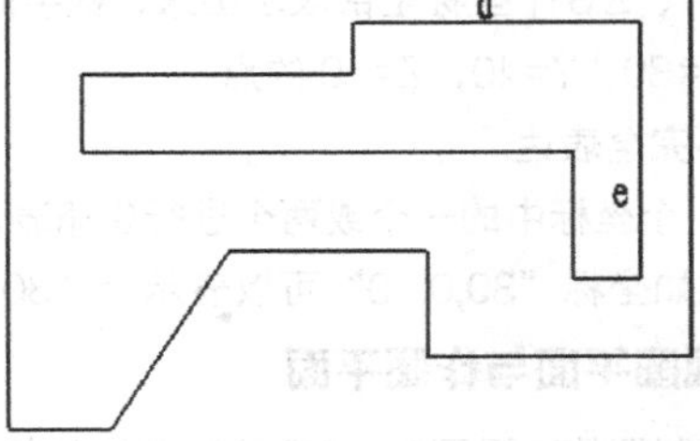

图 3-20 裁剪多余线段

⑩ 单击按钮，在立即菜单中选择“角度线”“X 轴夹角”选项，在【角度】文本框中输入数值“-48”，在状态栏“第一点”的提示下，选择图 3-21 所示“1”点，在状态栏“第二点或长度”的提示下，选择第二点，如图 3-21 所示。

⑪ 单击按钮，裁剪多余的线段，完成线框的造型，如图 3-22 所示。

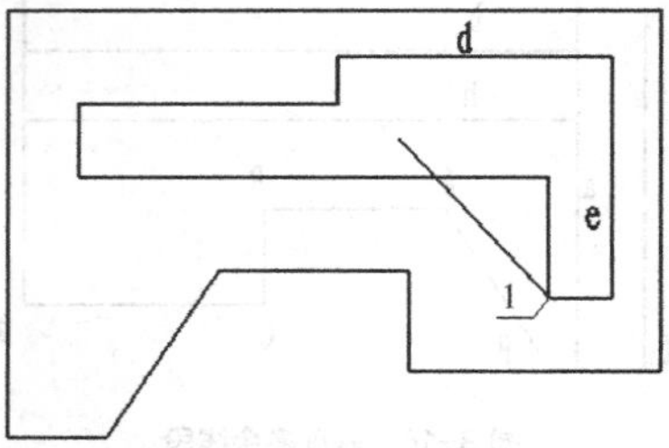

图 3-21 作角度线

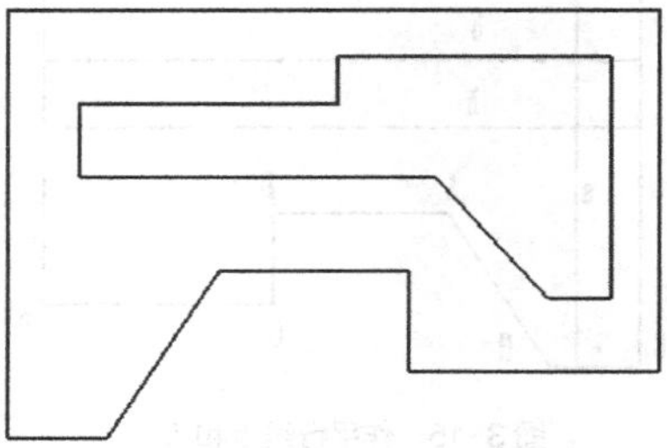
图 3-22 完成线框造型

⑫ 单击按钮，将完成的图形保存。

3.2 软件功能介绍

1. 快速裁剪

快速裁剪是指系统对曲线修剪，具有“选哪裁哪”的快速反应。

快速裁剪包括正常裁剪和投影裁剪两种方式。正常裁剪适用于裁剪同一平面上的曲线，投影裁剪适用于裁剪不共面的曲线。

在操作过程中，拾取同一曲线的不同位置将产生不同的裁剪结果，如图 3-23 所示。

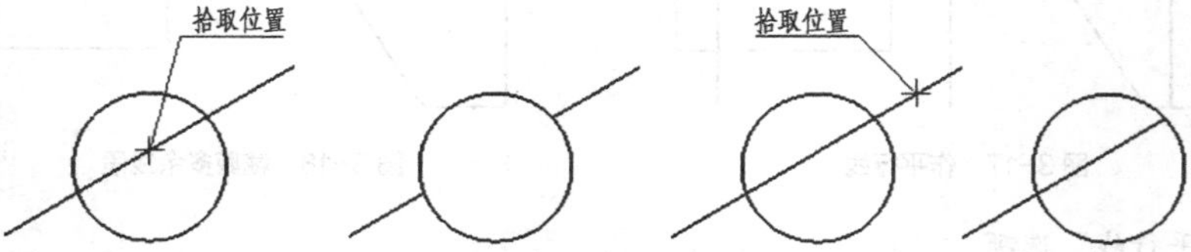

图 3-23 快速裁剪

2. 坐标的表达式

坐标的表达式分为完全表达和不完全表达两种方式。

（1）完全表达

将 X、Y、Z 3 个坐标全部表示出来，数字间用逗号（英文输入状态输入的逗号）分开，如“30,40,50”表示坐标 X=30，Y=40，Z=50 的点。

（2）不完全表达

只用 3 个坐标中的一个或两个进行省略表达，如果其中的一个坐标为零，该坐标可以省略，其间用逗号隔开。例如坐标“30,0,70”可以表示为“30,,70”，坐标“30,0,0”可以表示为“30,,”等。

3. 视图平面与作图平面

在机械制图的三视图中，“主视”是指从前向后看，在三维绘图中称之为“XOZ 平面”或“平面 XZ”。“俯视”是指从上向下看，称之为“XOY 平面”或“平面 XY”。“左视”是指从左向右看，称之为“YOZ 平面”或“平面 YZ”。在这 3 个平面中作图，可共同表达出零件的形状，即零件的三维图形。所谓确定“视图平面”，就是决定向哪个平面看图，而确定“作图平面”，就是决定在哪个平面上画图。在二维平面上绘图时，视图平面和作图平面是统一的。在三维绘图中，视图平面和作图平面可以不一致，例如，可以在轴测图中看图，而在其他平面中作图。

4. 当前面

当前面是指当前工作坐标系下的 3 个坐标平面中（“平面 XY”“平面 YZ”“平面 XZ”）的一个，用来作为当前操作中所依赖的平面。“当前面”就是在“当前工作坐标系”下的“作图平面”。在几个元素生成时，若需要定义平面，则缺省定义为当前面，缺省点也是当前面。

当前面在当前坐标系中用红色斜线标识。作图时，可以通过按 F9 键，在当前工作坐标系下任意设置当前面，如图 3-24 所示。

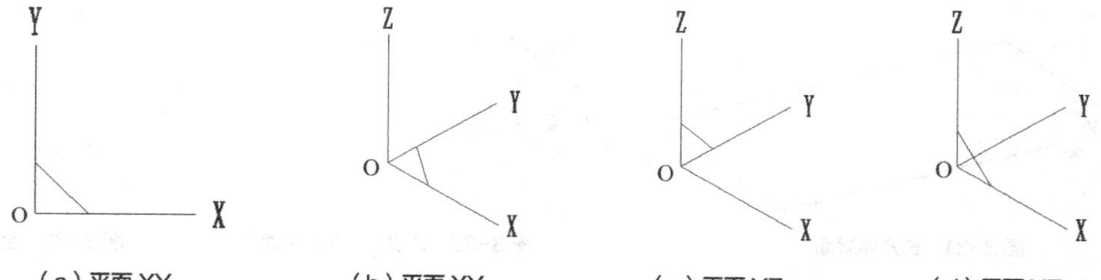

（a）平面 XY　（b）平面 XY　（c）平面 YZ　（d）平面 XZ

图 3-24　设置当前面

3.3 课堂实战演练

如果学生已经掌握了这些知识内容，可以在老师的指导下，应用切换绘图平面操作，绘制图 3-25 所示的长方体，此长方体长为 100、宽为 60、高为 20。

【步骤解析】

① 运行 CAXA 制造工程师 2013，进入制造工程师的设计环境。

② 按 F8 键切换为立体图状态，按 F9 键将绘图平面切换到 XY 平面，如图 3-26 所示。

图 3-25　空间长方体造型

③ 单击曲线生成栏中的按钮，在立即菜单中选择“两点线”“连续”“正交”和“长度”选项，在【长度】文本框中输入数值“100”，如图 3-27 所示，起点选择坐标原点，向右作正交直线，如图 3-28 所示。

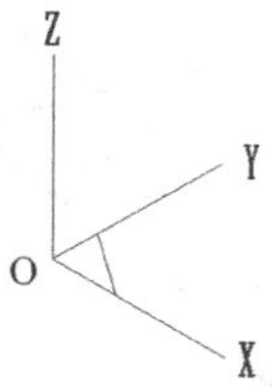

图 3-26　切换到 XY 平面

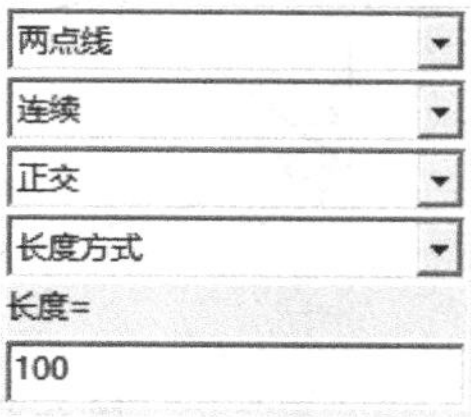

图 3-27　立即菜单

图 3-28　在“XY 平面”绘制线框

④ 在立即菜单【长度】文本框中输入“60”，作一条长度为 60 的正交直线，如图 3-29 所示。

⑤ 在立即菜单【长度】文本框中输入“100”，再作一条长度为 100 的正交直线，如图 3-30 所示。

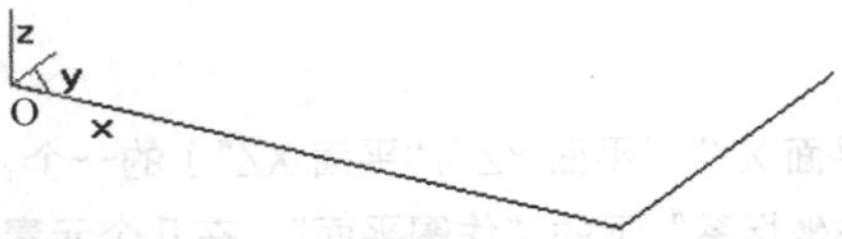

图 3-29　绘制长为 60 的直线

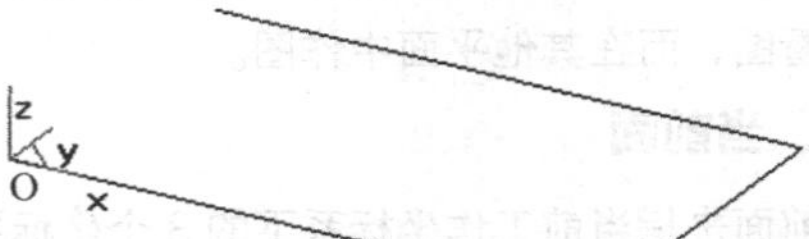

图 3-30　绘制长为 100 的直线

⑥ 在立即菜单中接着输入“60”，完成平面 XOY 上长方体底面的绘制，如图 3-31 所示。

⑦ 按 F9 键，将绘图平面切换到“YZ 平面”，如图 3-32 所示，坐标系放大显示如图 3-33 所示。

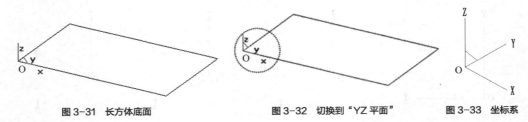

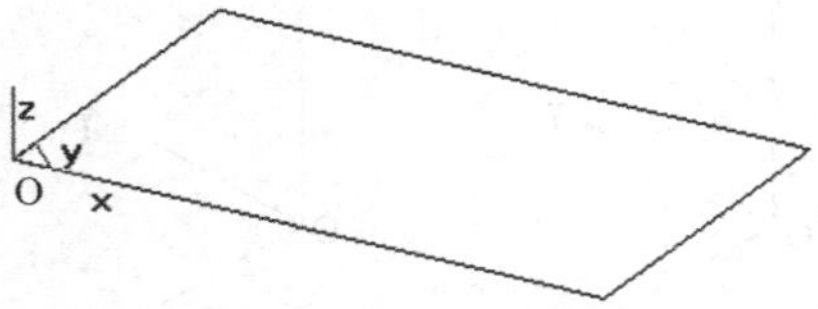

图 3-31　长方体底面

图 3-32　切换到“YZ 平面”

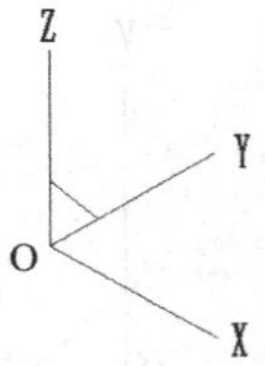

图 3-33　坐标系

⑧ 在【长度】文本框中输入“20”，绘制长方体高度方向上的一条边线，如图 3-34 所示。

⑨ 在【长度】文本框中输入“60”，绘制长方体顶面、宽度方向上的一条边线，如图 3-35 所示。

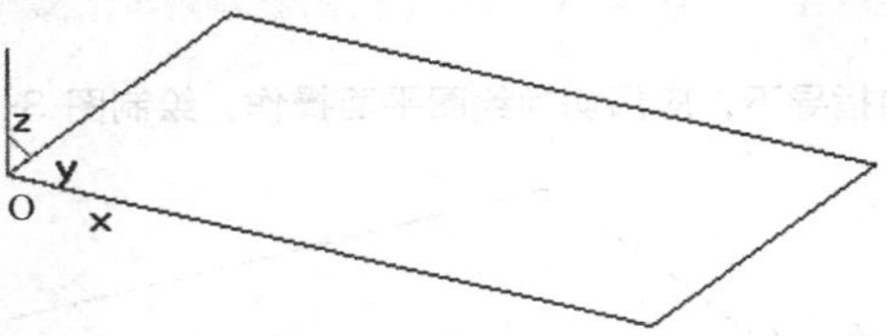

图 3-34　高度方向上的边线

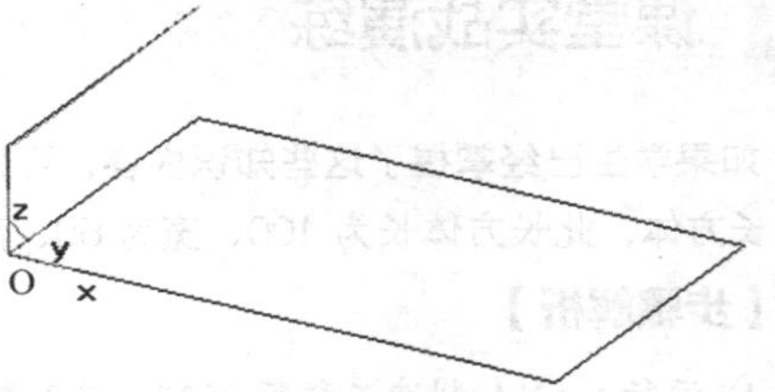

图 3-35　顶面的一条边线

⑩ 在【长度】文本框中输入“20”，作长方体后面高度方向上的边线，完成高度方向上的一个面，如图 3-36 所示。

⑪ 在所完成矩形的对面作一个相同的矩形，如图 3-37 所示。

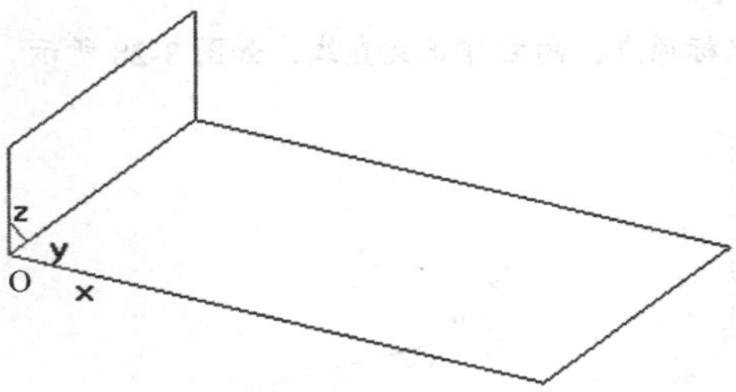

图 3-36　完成高度方向上的面

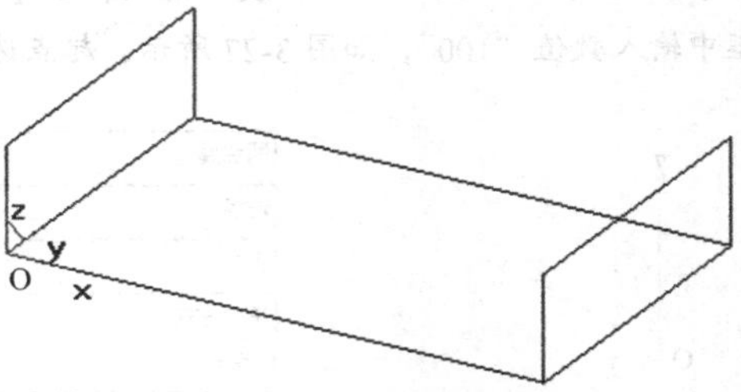

图 3-37　相对的一个面

⑫ 按 F9 键，将绘图平面切换到“XZ 平面”，如图 3-38 所示。坐标系放大显示如图 3-39 所示。

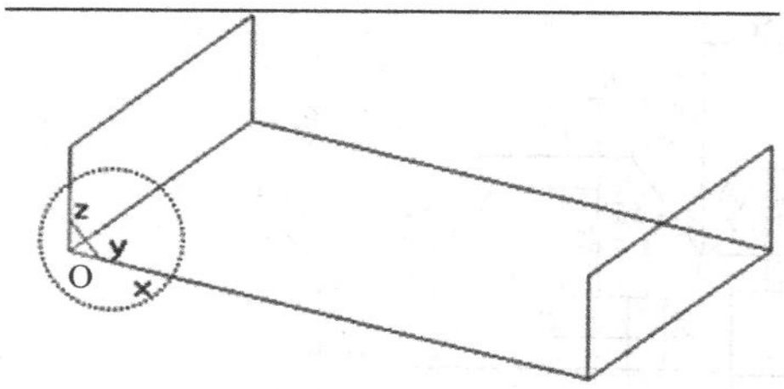

图 3-38 切换为"XZ 平面"

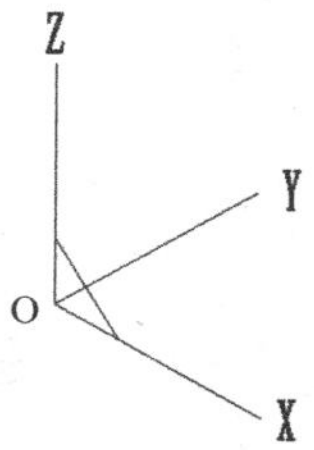

图 3-39 放大显示

⑬ 在立即菜单【长度】文本框中输入"100"，绘制长方体顶面一条长边，如图 3-40 所示，接着绘制长方体的另一条长边，完成长方体造型的创建，如图 3-41 所示。

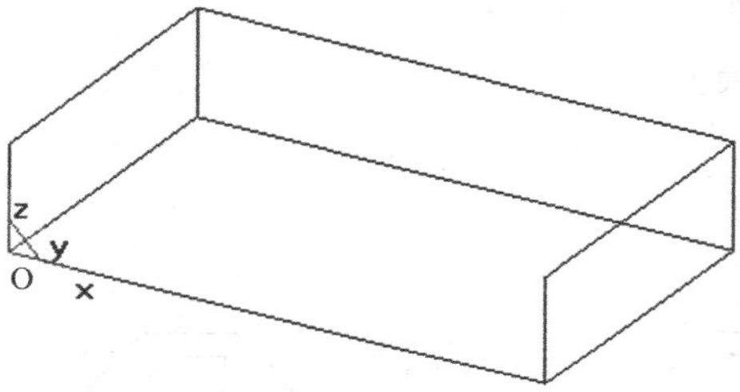

图 3-40 绘制长方体一条长边

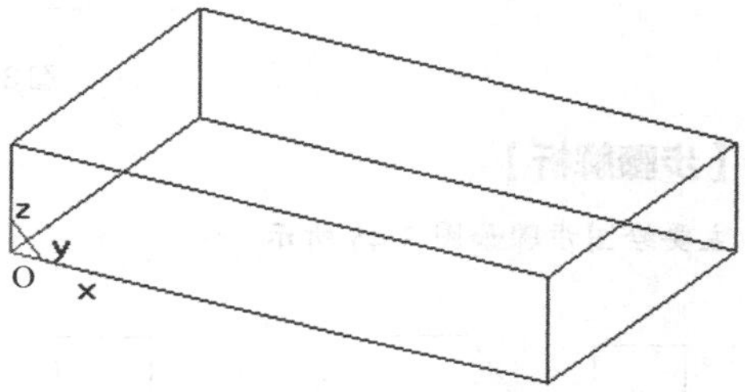

图 3-41 绘制另一条长边

⑭ 单击标准工具栏中的按钮，以"课堂练习 1"为文件名将图形保存到磁盘。

3.4 课后综合演练

1. 切换绘图平面绘制图形

切换绘图平面，应用直线命令在空间中绘制空间线框造型，线框为立方体，边长为 100，如图 3-42 所示。

主要造型步骤如图 3-43 所示。

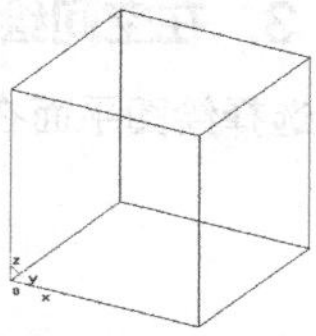

图 3-42 空间线框造型

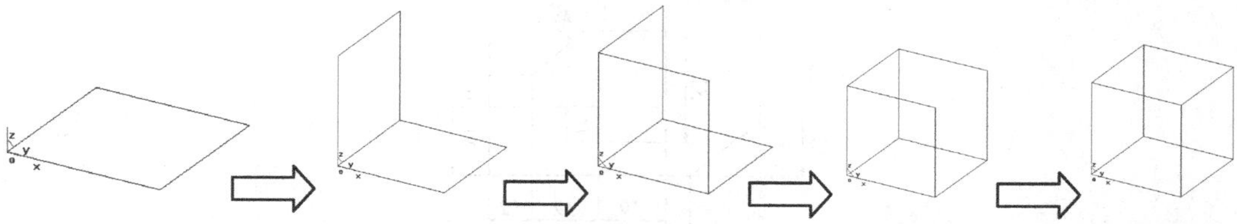

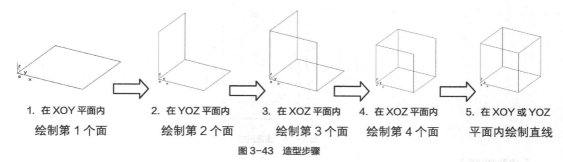

1. 在 XOY 平面内绘制第 1 个面
2. 在 YOZ 平面内绘制第 2 个面
3. 在 XOZ 平面内绘制第 3 个面
4. 在 XOZ 平面内绘制第 4 个面
5. 在 XOY 或 YOZ 平面内绘制直线

图 3-43 造型步骤

2. 按照尺寸绘制图形

选择草图平面，在草图状态下，按照尺寸绘制图形，如图 3-44 所示。

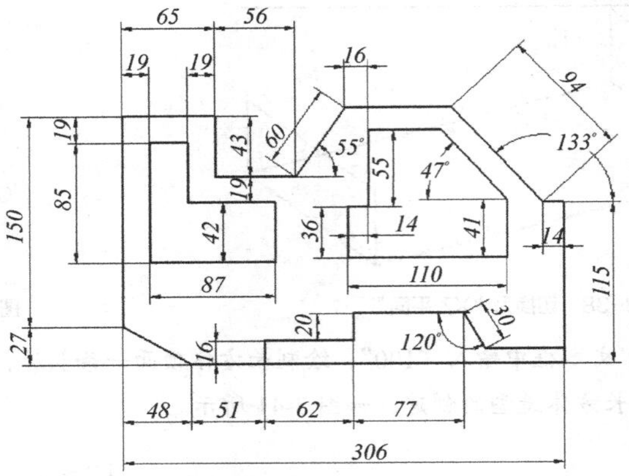

图 3-44 线框尺寸

【步骤解析】

主要绘图步骤如图 3-45 所示。

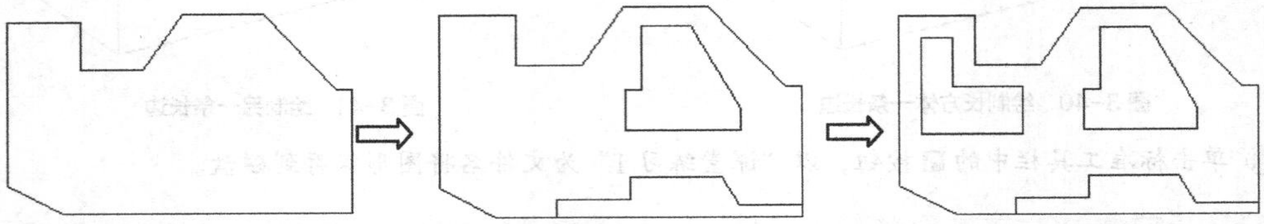

1. 绘制外线框　　2. 绘制第 1 个内线框　　3. 绘制第 2 个内线框

图 3-45 绘制步骤

3. 在空间绘制平面图形

选择绘图平面在空间绘制平面图形（非草图线），如图 3-46 所示。

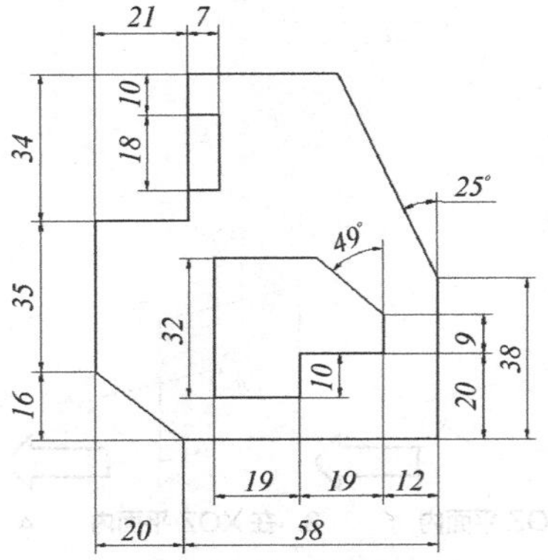

图 3-46 线框尺寸

【步骤解析】

主要绘图步骤如图 3-47 所示。

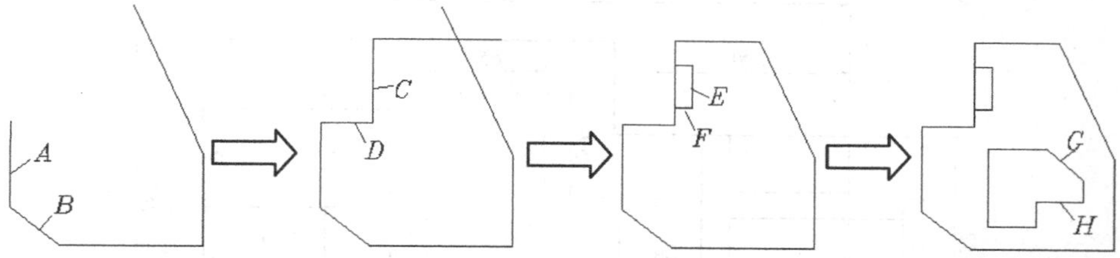

1. 绘制线段 *A*、*B* 等　2. 绘制线段 *C*、*D* 等　3. 绘制线段 *E*、*F* 等　4. 绘制线段 *G*、*H* 等

图 3-47 绘图步骤

3.5 小结

本章通过构造线框造型，介绍了 CAXA 制造工程师 2013 的基本操作界面和一些常用键的操作方法。其中，草图线和非草图线应注意区分：草图线主要是为实体造型做准备，非草图线主要用于曲面造型和某些加工轨迹的基础线条。

草图线要先选择画草图的平面，再用曲线工具绘制；非草图线可以直接应用曲线工具绘制。

本章的重点是线框造型的直线命令，而直线命令的重点是两点线、平行线和角度线，应重点掌握。

3.6 习题

1. 操作题，选择一个草图平面，在草图状态下绘制平面图形，如图 3-48 所示。
2. 切换到“平面 XY”，绘制非草图线线框图形，如图 3-49 所示。

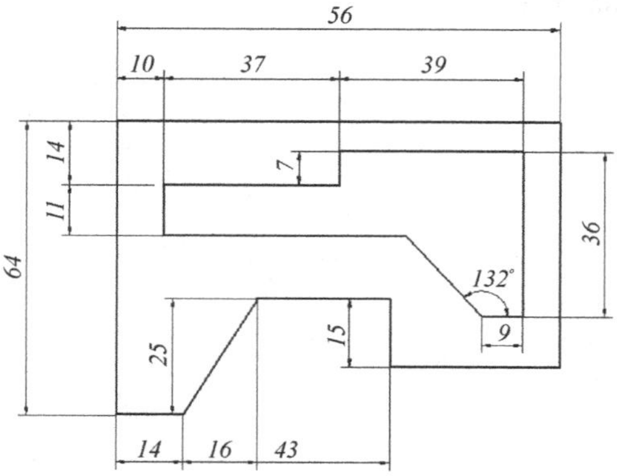

图 3-48 草图状态绘图

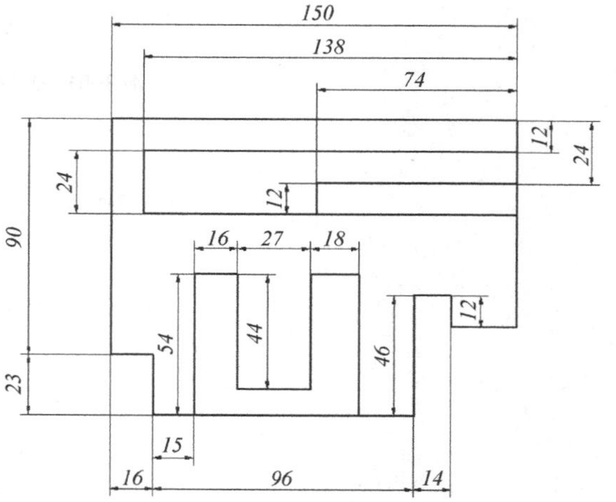

图 3-49 在“平面 XY”绘图

3. 切换到“平面 YZ”，绘制非草图线线框图形，如图 3-50 所示。
4. 切换到“平面 XZ”，绘制非草图线线框图形，如图 3-51 所示。

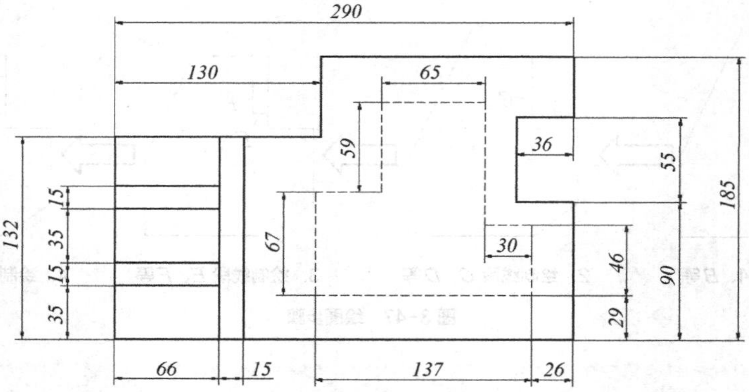

图 3-50 在“平面 YZ”绘图

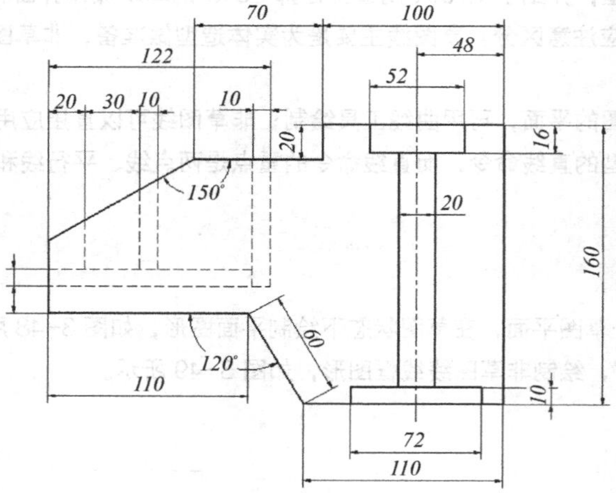

图 3-51 在“平面 XZ”绘图

Chapter

4

第 4 章 构建圆弧线框

圆和圆弧都是图形构成的基本要素，CAXA 制造工程师 2013 提供了“圆心_半径”“三点”“两点_半径”等圆和圆弧的绘制方式。

综合应用圆和圆弧命令，绘制平面图形，如图 4-1 所示。

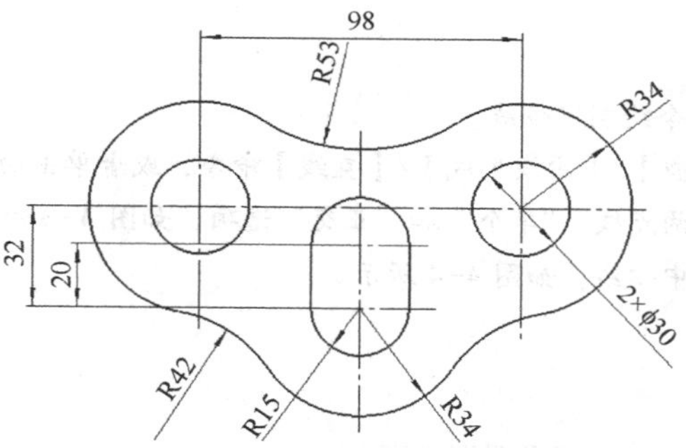

图 4-1 连板

【学习目标】

- 掌握圆的绘制命令。
- 学会圆弧的绘制方法。
- 掌握圆弧连接的方法。
- 掌握平面图形的绘制步骤。

4.1 课堂实训案例

下面我们来创建连板。创建连板造型的基本步骤如图 4-2 所示。

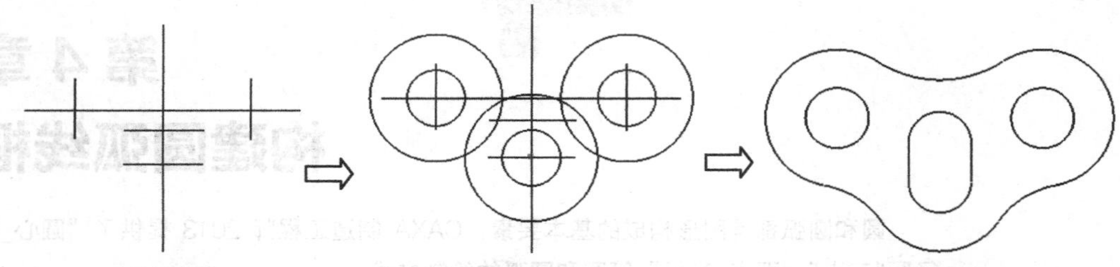

1. 绘制定位线　　2. 绘制已知线段　　3. 绘制连接线段

图 4-2　创建连板造型的基本步骤

【步骤解析】

① 应用直线命令绘制定位线。

- 选择【造型】/【曲线生成】/【直线】命令，或者单击曲线生成栏中的按钮。在立即菜单中依次选择“两点线”“单个”和“正交”选项，如图 4-3 所示，绘制相交的水平线 *a* 和垂直线 *b* 作为连板的中心线，如图 4-4 所示。

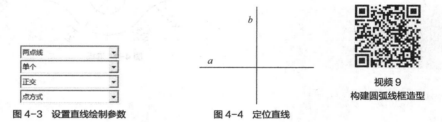

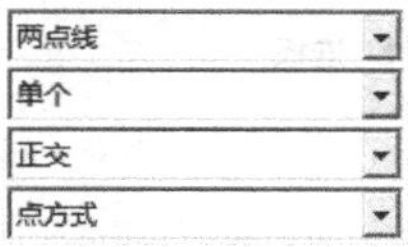

图 4-3　设置直线绘制参数

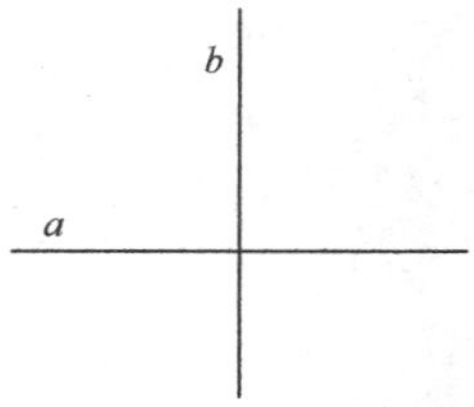

图 4-4　定位直线

视频 9
构建圆弧线框造型

- 选择“平行线”“距离”选项，在【距离】文本框中输入数值“20”，如图 4-5 所示，选择直线 *a*，在直线 *a* 的上方单击鼠标左键生成 *a* 的第 1 条平行线，如图 4-6 所示。

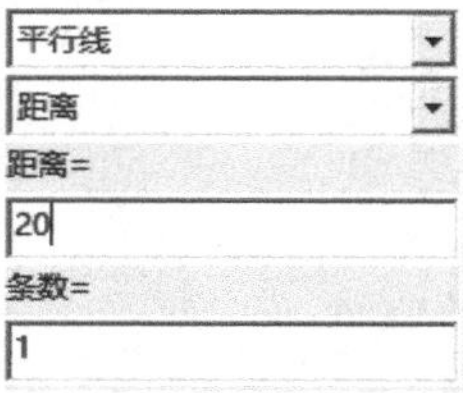

图 4-5　设置绘制平行线参数

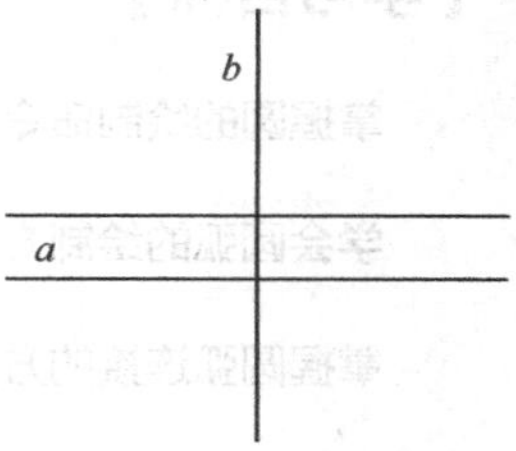

图 4-6　生成平行线

- 设置【距离】的数值为“32”，如图 4-7 所示，选择直线 *a*，在直线 *a* 的上方单击鼠标左键，生成直线 *a* 的第 2 条平行线。完成结果如图 4-8 所示。
- 设置【距离】的数值为“49”，选择直线 *b*，在直线 *b* 的左侧单击鼠标左键，生成直线 *b* 的第 1 条平行线。

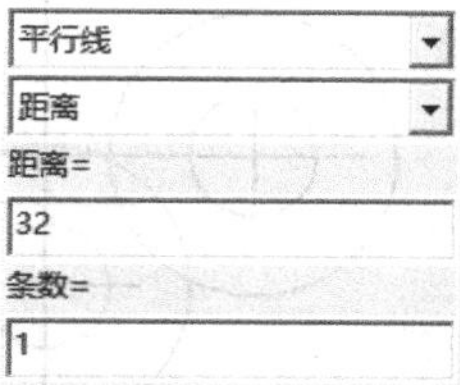

图 4-7 设置绘制平行线参数

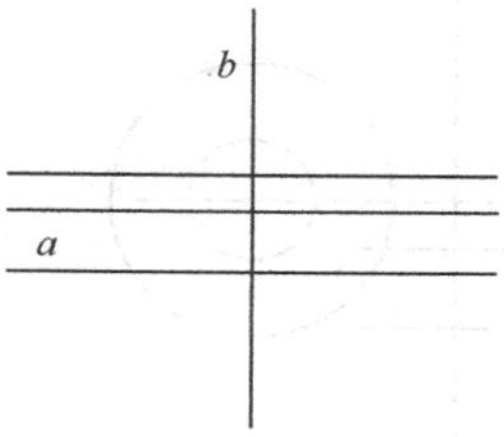

图 4-8 绘制平行线结果

- 选择直线 *b*，在直线 *b* 的右侧单击鼠标左键，生成直线 *b* 的第 2 条平行线，完成结果如图 4-9 所示。
- 为便于看图和后续绘图，单击线面编辑栏中的按钮，对定位线进行曲线拉伸操作，调整直线的长度，如图 4-10 所示。

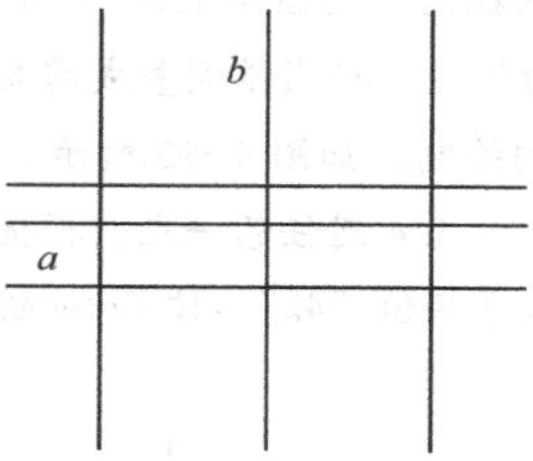

图 4-9 绘制 *b* 的平行线

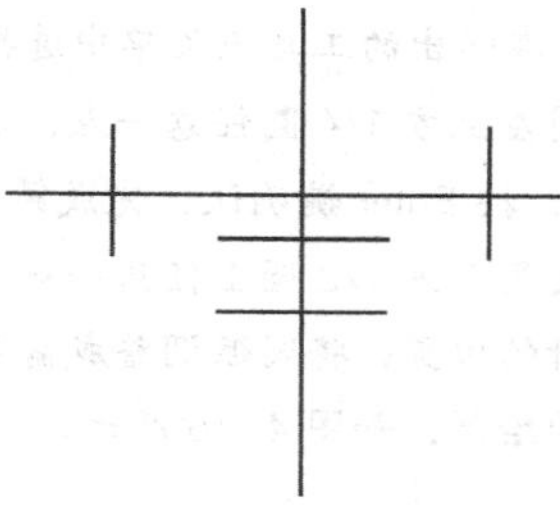

图 4-10 调整直线长度

② 应用圆命令绘制已知线段。

- 单击按钮，在立即菜单中选择"圆心_半径"选项。根据状态栏提示，选择定位线的左侧交点为圆心，通过键盘输入半径值"15"，按 Enter 键，完成直径为 30 的圆的绘制，如图 4-11 所示。
- 通过键盘输入半径值"34"，按 Enter 键，完成半径为 34 的圆的绘制，单击鼠标右键确定，如图 4-12 所示。

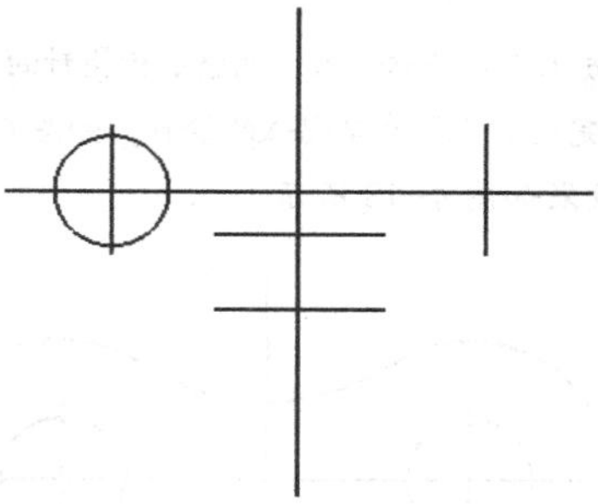

图 4-11 绘制直径为 30 的圆

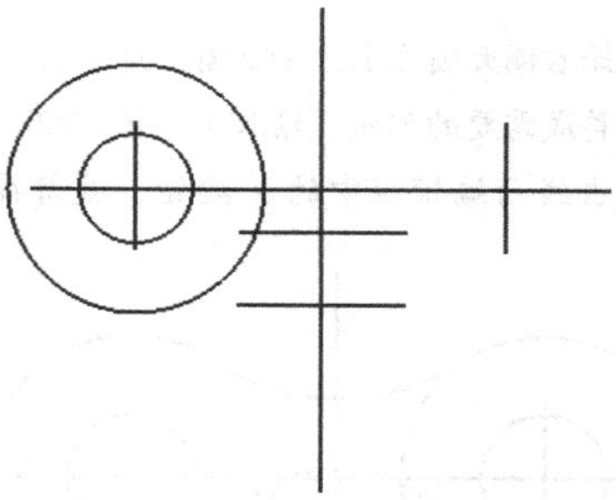

图 4-12 绘制半径为 34 的圆

- 选择定位线右侧交点为圆心，通过键盘输入半径值"15"，按 Enter 键，完成直径为 30 的圆的绘制，继续通过键盘输入半径值"34"，按 Enter 键，完成半径为 34 的圆的绘制，如图 4-13 所示。
- 选择定位线下方交点为圆心，通过键盘输入半径值"15"，按 Enter 键，继续通过键盘输入半径值"34"，按 Enter 键，完成下方交点处已知圆的绘制，如图 4-14 所示。

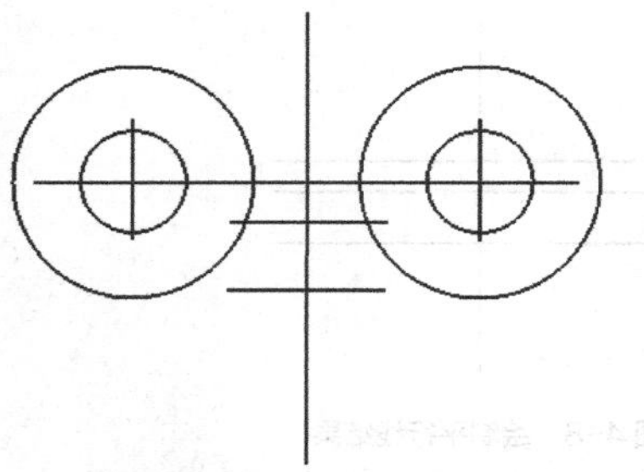
图 4-13　右侧交点的已知圆

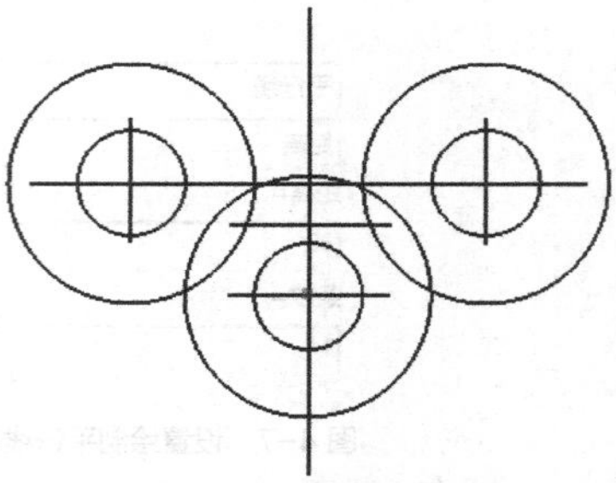
图 4-14　下方交点的已知圆

③ 应用圆弧连接绘制连接线段。

- 选择【造型】/【曲线生成】/【圆弧】命令，或者单击曲线生成栏中的按钮，在立即菜单中选择“两点_半径”选项。
- 按空格键，在弹出的工具点菜单中选择“T 切点”，选择左侧大圆右上方 1/4 圆任意一点，然后选择右侧大圆左上方 1/4 圆任意一点，调整鼠标指针的位置，将圆弧调整成需要的形状，然后输入半径“53”，按 Enter 键确认，完成第 1 段连接圆弧的绘制，如图 4-15 所示。
- 选择左侧大圆下方 1/2 圆上任意一点，下面大圆左下方 1/4 圆任意一点，捕捉到它们的切点，调整鼠标指针的位置，将圆弧调整成需要的形状，输入半径值“42”，按 Enter 键确认，完成第 2 段连接圆弧的绘制，如图 4-16 所示。

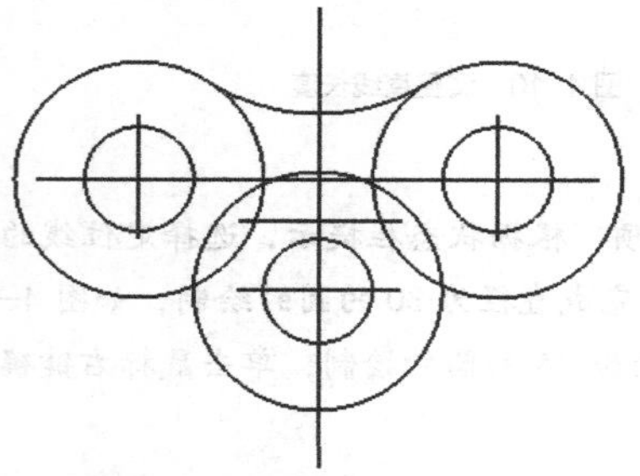
图 4-15　第 1 段连接圆弧

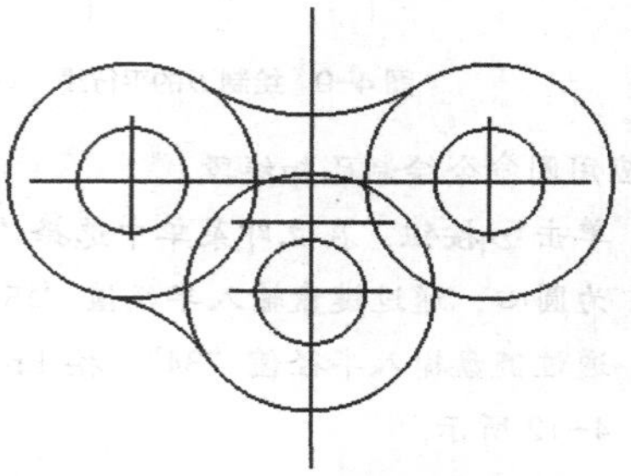
图 4-16　第 2 段连接圆弧

- 选择右侧大圆左上方 1/2 圆任意一点，下方大圆右下方 1/4 圆任意一点，调整鼠标指针的位置，将圆弧调整成需要的形状，输入半径值“42”，按 Enter 键，完成第 3 段连接圆弧的绘制，如图 4-17 所示。
- 单击线面编辑栏中的按钮，裁剪掉多余线条，效果如图 4-18 所示。

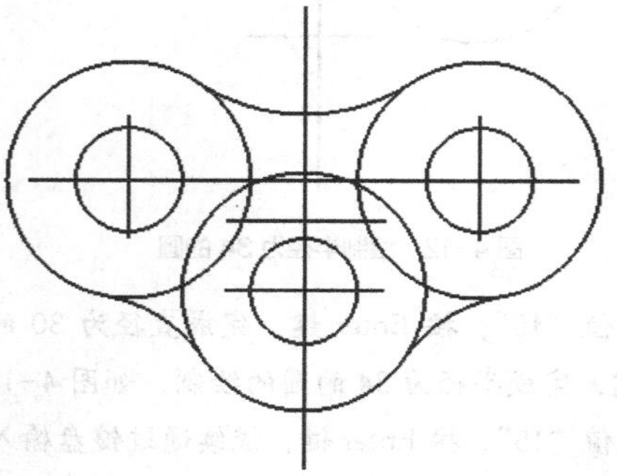
图 4-17　第 3 段连接圆弧

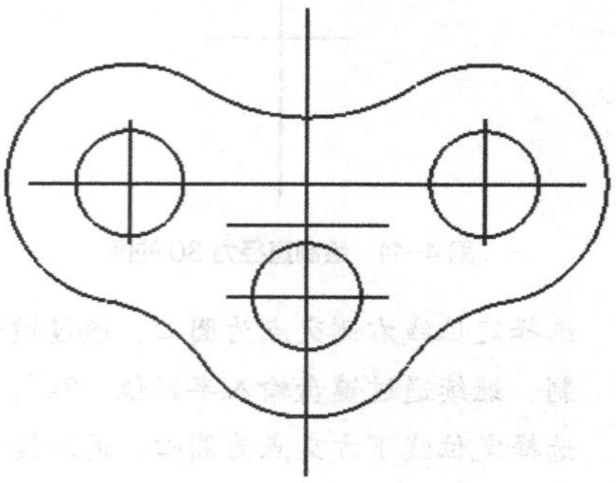
图 4-18　裁剪

- 单击曲面生成栏中的⊙按钮，在立即菜单中选择“圆心_半径”选项。在中间交点处绘制一个半径为 15 的圆，如图 4-19 所示。
- 单击曲线生成栏中的╱按钮，在立即菜单中选择“平行线”“距离”选项，在【距离】文本框中输入数值“15”，选择图形中间的竖直线，在直线左侧单击鼠标左键，完成第 1 条平行线；再选择中间竖直线，在直线右侧单击鼠标左键，完成第 2 条平行线的绘制，如图 4-20 所示。

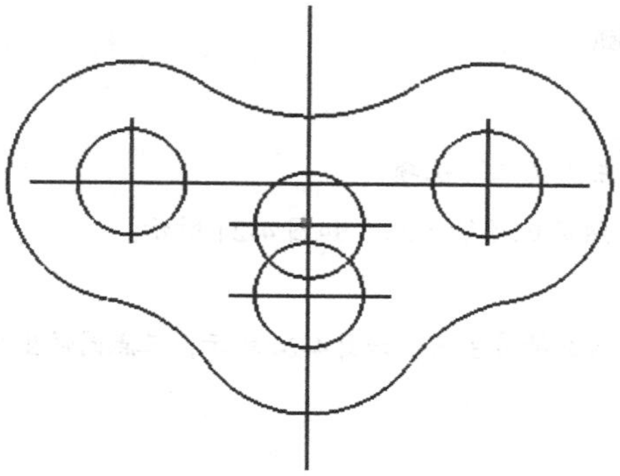
图 4-19 绘制中间小圆

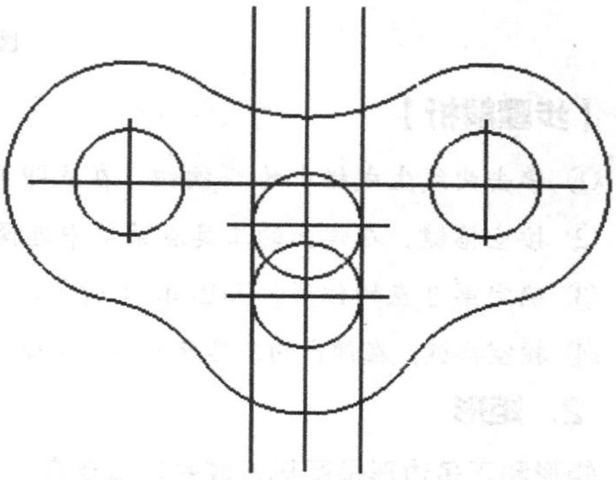
图 4-20 双向平行线

- 单击线面编辑栏中的按钮，裁剪掉多余线条，如图 4-21 所示。

④ 单击线面编辑栏中的按钮，将多余曲线删除（选择要删除的线条，然后单击鼠标右键），如图 4-22 所示。

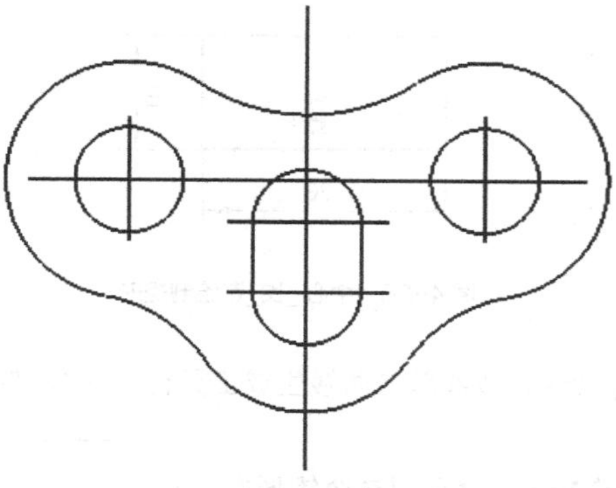
图 4-21 裁剪曲线

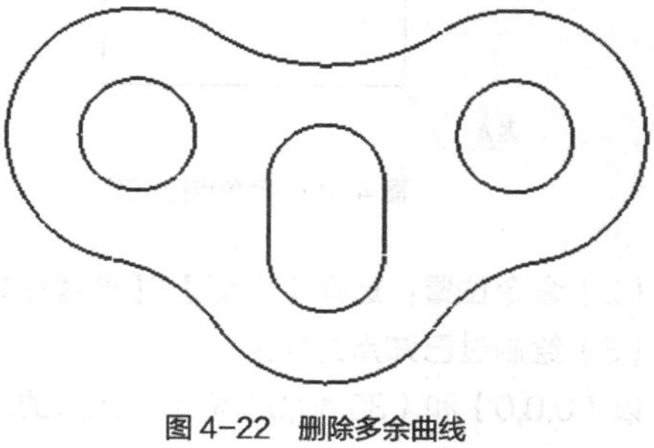
图 4-22 删除多余曲线

⑤ 单击标准工具栏中的按钮，将图形以“连板”为文件名保存。

4.2 软件功能介绍

1. 圆弧

（1）圆弧是图形构成的基本要素，如图 4-23 所示，为了适应各种情况下圆弧的绘制。圆弧功能提供了 6 种方式：“三点圆弧”“圆心_起点_圆心角”“圆心_半径_起终角”“两点_半径”“起点_终点_圆心角”和“起点_半径_起终角”，实际绘图中可根据不同的需要选择不同的方法。

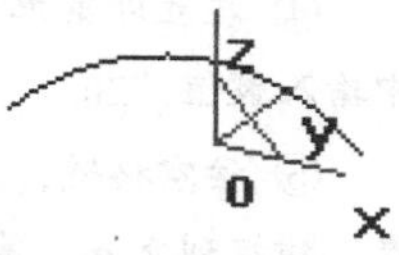

图 4-23 圆弧

（2）命令位置：选择【造型】/【曲线生成】/【圆弧】命令，或者单击曲线生成工具栏上的按钮。

（3）应用圆弧命令可构造与两个圆弧相切的圆弧，如图 4-24 所示。

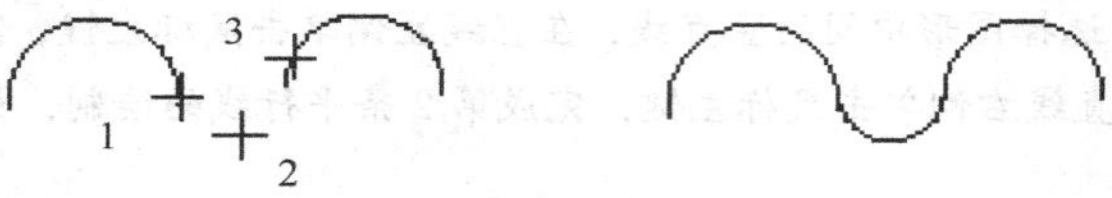

图 4-24 绘制圆弧

【步骤解析】

① 单击曲线生成栏中的按钮，在立即菜单中选择“三点圆弧”选项。

② 按空格键，在弹出的工具点菜单中选择“T 切点”，然后选择第 1 点，如图 4-24 所示。

③ 确定第 2 点的位置，如图 4-24 所示。

④ 按空格键，在弹出的工具点菜单中选择“T 切点”，然后选择第 3 点，如图 4-24 所示，三点圆弧生成。

2. 矩形

矩形和正多边形是图形构成的基本要素。

（1）生成矩形有“两点矩形”和“中心_长_宽”两种方式。

- 两点矩形：给定对角线上两点绘制矩形，如图 4-25 所示。
- 中心_长_宽：给定长度和宽度尺寸值来绘制矩形且以中心定位，如图 4-26 所示。

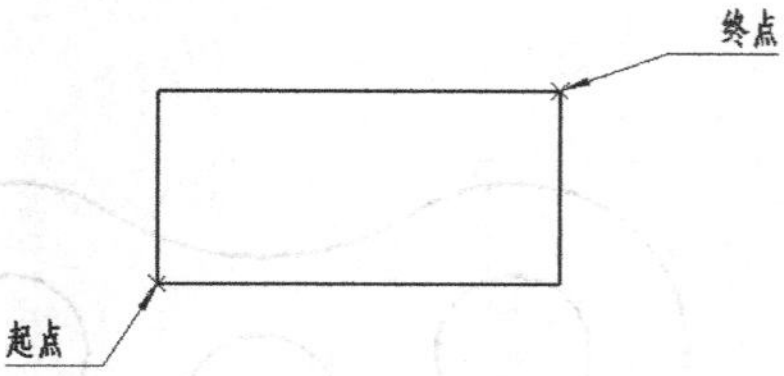

图 4-25 两角点画矩形

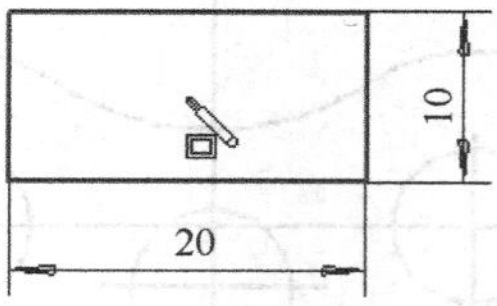

图 4-26 中心_长_宽绘制矩形

（2）命令位置：选择【造型】/【曲线生成】/【矩形】命令，或者单击曲线生成工具栏上的按钮。

（3）绘制过已知点的矩形。

以（0,0,0）和（30,40,0）两点为矩形的对角点绘制一个矩形，然后以这个矩形右下角点为中心，绘制一个长为 10，宽为 20 的矩形，如图 4-27 所示。

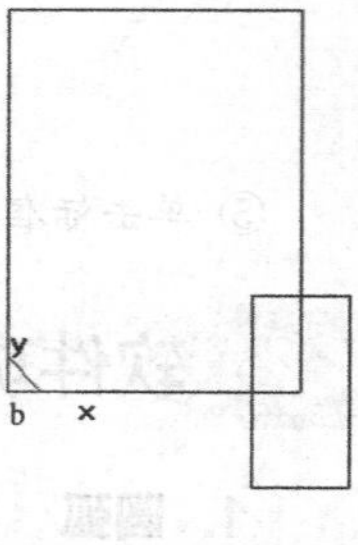

图 4-27 绘制矩形

【步骤解析】

① 单击按钮，在立即菜单中选择“两点矩形”选项。

② 按 Enter 键，在弹出的文本输入框中输入第 1 个点的坐标（0,0,0），按 Enter 键。

③ 按 Enter 键，在弹出的文本输入框中输入第 2 个点的坐标（30,40,0），按 Enter 键，完成第 1 个矩形的绘制。

④ 在立即菜单中选择“中心_长_宽”选项，在【长度】文本框中输入数值“10”，在【宽度】文本框中输入数值“20”。

⑤ 按空格键，在弹出的工具点菜单中选择“I 交点”选项，用鼠标指针选择第 1 个矩形右下角点的位置，捕捉到交点，第 2 个矩形完成。

3. 镜像

镜像命令用于对称图形的绘制。

（1）对拾取到的曲线或曲面以某一条直线为对称轴，进行同一平面上的对称镜像或对称拷贝。

平面镜像有拷贝和平移两种方式，如图 4-28 所示。

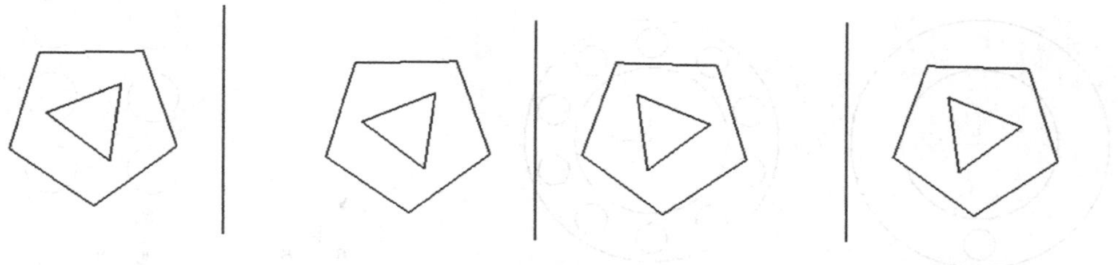

（a）镜像前　（b）拷贝镜像后　（c）移动镜像后

图 4-28 镜像

（2）命令位置：选择【造型】/【几何变换】/【平面镜像】命令，或者单击几何变换工具栏中的按钮。

（3）拷贝镜像。

应用拷贝平面镜像命令构造线框造型，如图 4-29 所示。

（a）镜像前　（b）拷贝平面镜像后

图 4-29 拷贝镜像

【步骤解析】

① 单击几何变换栏中的按钮，在立即菜单中选择“拷贝”选项。

② 按状态栏提示，选择镜像轴首点、选择镜像轴末点，然后选择要镜像的元素，单击鼠标右键确定，平面镜像完成。

4. 阵列

用曲线阵列命令绘制均匀分布的图形非常方便。

（1）对拾取到的曲线或曲面，按圆形或矩形方式进行阵列拷贝。

① 圆形阵列：对拾取到的曲线或曲面，按圆形方式进行阵列拷贝。

② 矩形阵列：对拾取到的曲线或曲面，按矩形方式进行阵列拷贝。

（2）命令位置：选择【造型】/【几何变换】/【阵列】命令，或者单击几何变换栏中的按钮。

（3）构造圆形阵列。

构造圆形阵列，如图 4-30 所示。

【步骤解析】

① 单击几何变换栏中的按钮，在立即菜单中选择“圆形”“夹角”或“均布”选项。若选择“夹角”，

给出邻角和填角值，若选择“均布”，给出份数。

② 拾取需阵列的元素，单击鼠标右键确认，输入中心点，阵列完成。

（4）构造矩形阵列。

构造矩形阵列，如图 4-31 所示。

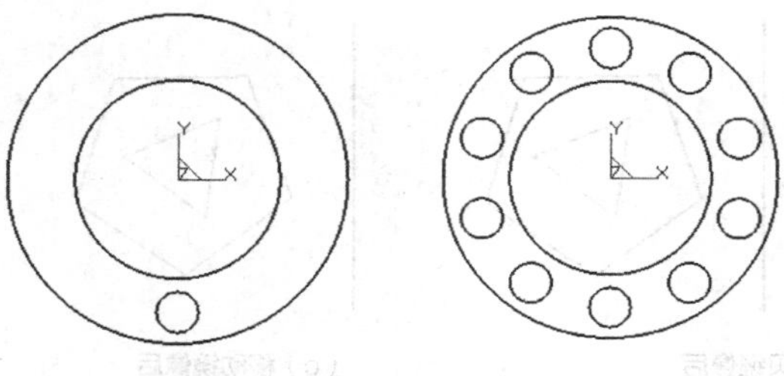

（a）阵列前　（b）圆形阵列后

图 4-30　圆形阵列

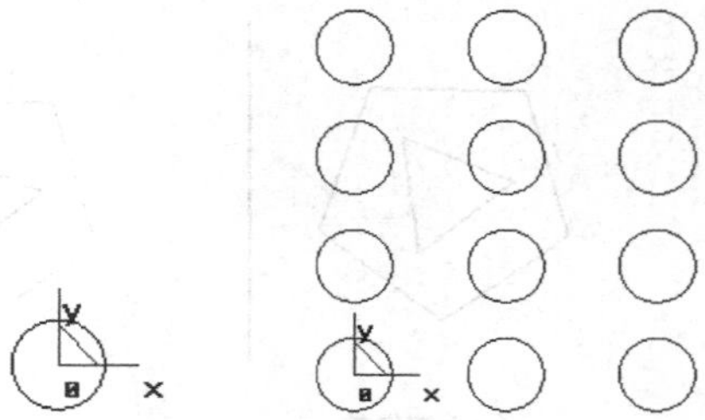

（a）阵列前　（b）阵列后

图 4-31　矩形阵列

【步骤解析】

① 单击几何变换栏中的按钮，在立即菜单中选择“矩形”选项，输入行数、行距、列数和列距 4 个值。

② 拾取需阵列的元素，单击鼠标右键确认，阵列完成。

5. 曲线裁剪

使用曲线作为剪刀，裁掉曲线上不需要的部分，即利用一个或多个几何元素（曲线或点，称为剪刀）对给定曲线（称为被裁剪线）进行修整，删除不需要的部分，得到新的曲线。

曲线裁剪共有“快速裁剪”“线裁剪”“点裁剪”和“修剪”4 种方式。其中比较常用的是“快速裁剪”。

命令位置：选择【造型】/【曲线编辑】/【曲线裁剪】命令，或者单击曲线编辑工具栏上的按钮，然后根据需要选择裁剪方式。

（1）快速裁剪

快速裁剪是指系统对曲线修剪，具有指哪裁哪快速反应的功能。快速裁剪有正常裁剪和投影裁剪两种方式。正常裁剪适用于裁剪同一平面上的曲线，投影裁剪适用于裁剪不共面的曲线。在操作过程中，拾取同一曲线的不同位置将产生不同的裁剪结果。

（2）线裁剪

以一条曲线作为剪刀，对其他曲线进行裁剪。线裁剪也有正常裁剪和投影裁剪两种。正常裁剪的功能是以选取的剪刀线为参照，对其他曲线进行裁剪；投影裁剪的功能是曲线在当前坐标平面上施行投影后，进行求交裁剪。

线裁剪具有曲线延伸功能。如果剪刀线和被裁剪曲线之间没有实际交点，系统在分别自动延长被裁剪线和剪刀线后进行求交，在得到的交点处进行裁剪。延伸的规则是：直线和样条线按端点切线方向延伸，圆弧按整圆处理。利用延伸功能可以实现对曲线的延伸。

在拾取了剪刀线之后，可拾取多条被裁剪曲线。系统约定拾取的段是裁剪后保留的段，因而可实现多根曲线在剪刀线处齐边的效果。

（3）点裁剪

应用点（通常是屏幕点）作为剪刀，对曲线进行裁剪。点裁剪具有曲线延伸功能，用户可以利用本功能实现曲线的延伸。

（4）快速裁剪应用

应用快速裁剪命令操作，绘制图4-32所示图形。

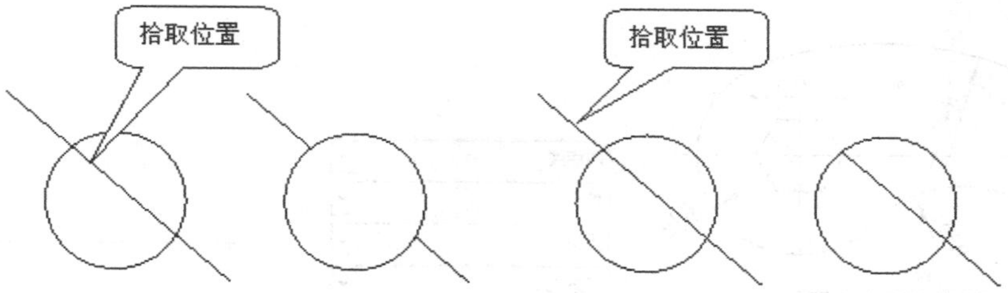

（a）裁剪前　（b）裁剪后　（c）裁剪前　（d）裁剪后

图4-32　快速裁剪

【步骤解析】

① 单击线面编辑栏中的按钮，在立即菜单中选择“快速裁剪”和“正常裁剪”（或“投影裁剪”）选项。

② 拾取被裁剪线（选取被裁掉的段），快速裁剪完成。

6. 线裁剪应用

应用线裁剪命令裁剪图形，如图4-33所示。

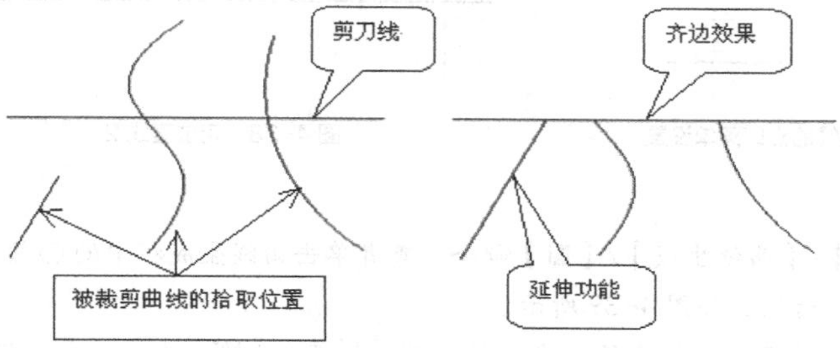

（a）裁剪前　（b）裁剪后

图4-33　线裁剪

【步骤解析】

① 单击线面编辑栏中的按钮，在立即菜单中选择“线裁剪”和“正常裁剪”（或“投影裁剪”）选项。

② 拾取作为剪刀的曲线，该曲线变红。

③ 拾取被裁剪的线（选取保留的段），线裁剪完成。

4.3 课堂实战演练

应用直线、圆、圆弧和正多边形命令操作，绘制图4-34所示的连板图形。

【步骤解析】

① 按F9键，将绘图平面切换到XY平面，在平面XY内绘制图形。

② 绘制定位直线。

③ 选择【造型】/【曲线生成】/【直线】命令，或者单击曲线生成栏中的按钮。在特征树下方出现的立即菜单中依次选择“两点线”“单个”和“正交”选项，如图 4-35 所示。

④ 根据命令行提示绘制水平直线 a 和垂直直线 b，如图 4-36 所示。

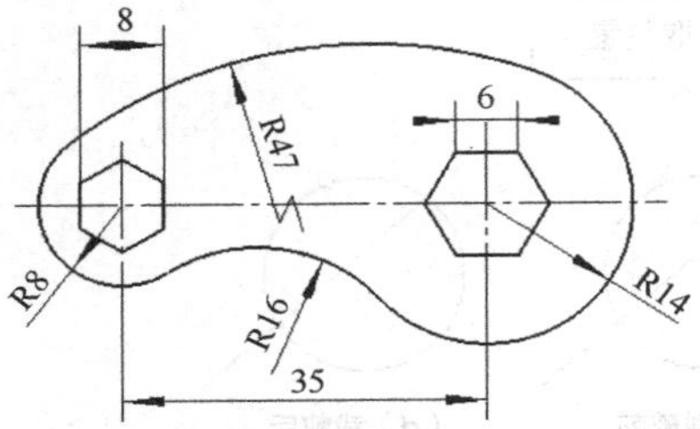

图 4-34　连板

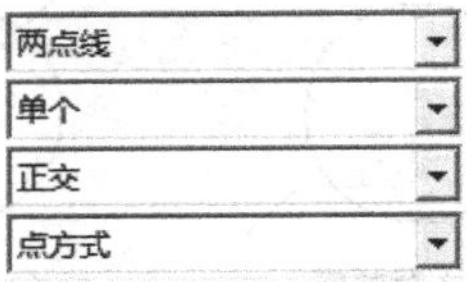

图 4-35　直线绘制立即菜单

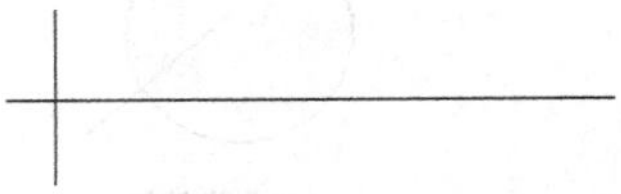
图 4-36　定位直线 1

⑤ 选择“平行线”选项，选择“距离”方式，在“距离”文本框中输入“35”，按 Enter 键，如图 4-37 所示。

⑥ 选择竖直直线，方向选择右侧，作竖直线的一条平行线，如图 4-38 所示。

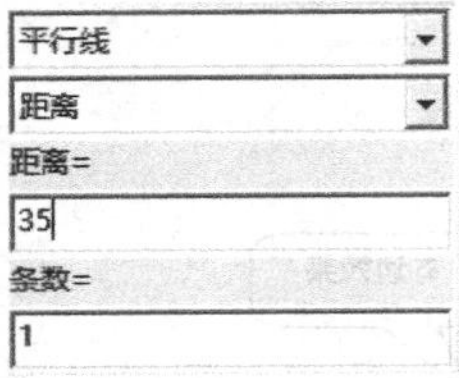

图 4-37　平行线的立即菜单设置

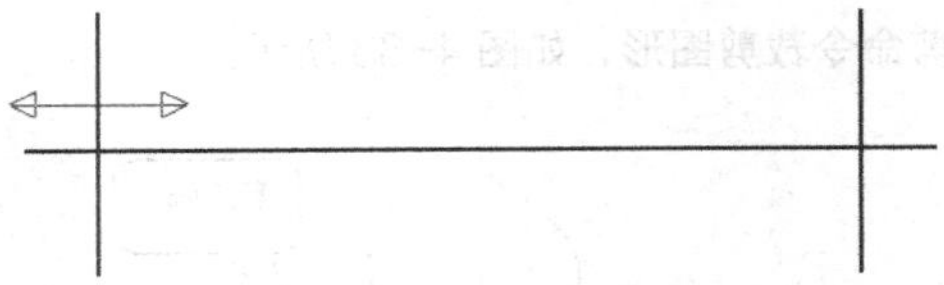
图 4-38　定位直线 2

⑦ 绘制圆。

- 选择【造型】/【曲线生成】/【圆】命令，或者单击曲线生成栏中的按钮，在立即菜单中选择“圆心_半径”选项，如图 4–39 所示。
- 选择左侧交点为圆心，键盘输入半径值“8”，按 Enter 键，绘制一个半径为 8 的圆，如图 4–40 所示。

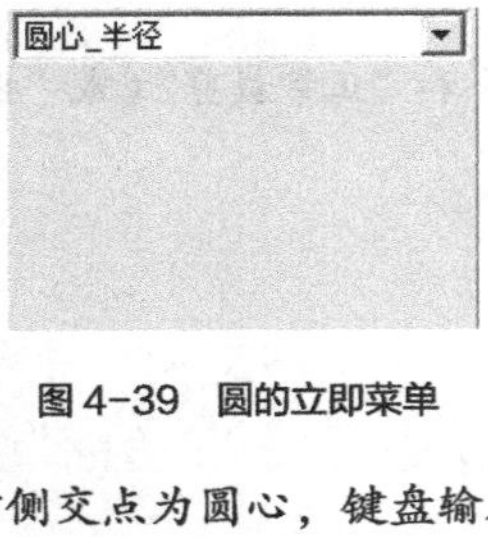

图 4-39　圆的立即菜单

图 4-40　半径为 8 的圆

- 选择右侧交点为圆心，键盘输入半径值“14”，按 Enter 键，绘制一个半径为 14 的圆，如图 4–41 所示。

⑧ 绘制已知正多边形。

- 选择【造型】/【曲线生成】/【正多边形】命令，或者单击曲线生成栏中的按钮，立即菜单设置为“中心”，在【边数】文本框中输入“6”，选择“外切”，如图 4–42 所示。

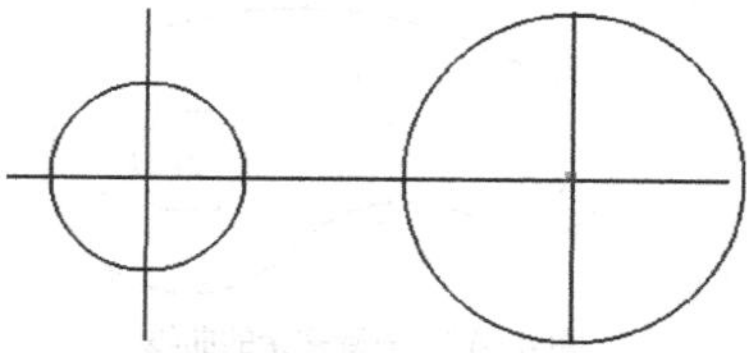

图 4-41　半径为 14 的圆

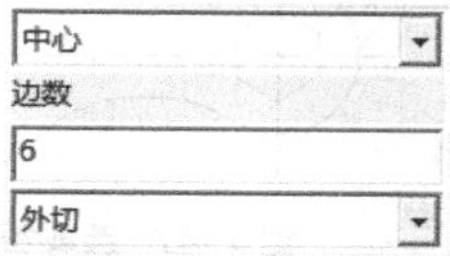

图 4-42　正多边形立即菜单

- 选择定位线左侧交点为正多边形的中心，输入正多边形边的中点坐标值（4,0,0），按 Enter 键确定，完成第 1 个正多边形的绘制，如图 4-43 所示。
- 在立即菜单中将“外切”换为“内接”。
- 选择定位线右侧交点为正多边形的中心，输入正多边形顶点坐标值（6,0,0），按 Enter 键，完成第 2 个正多边形的绘制，如图 4-44 所示。

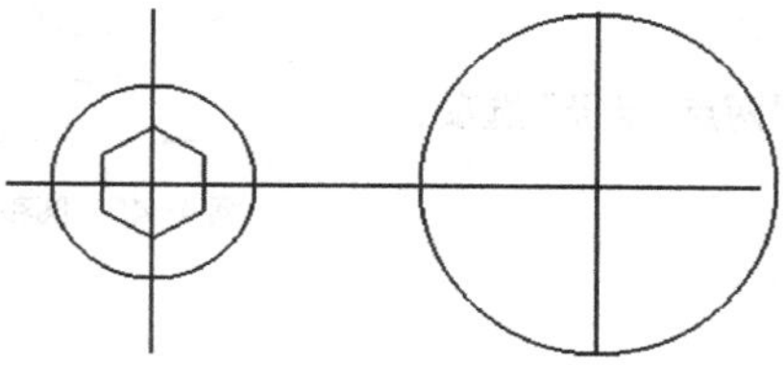

图 4-43　绘制第 1 个正多边形

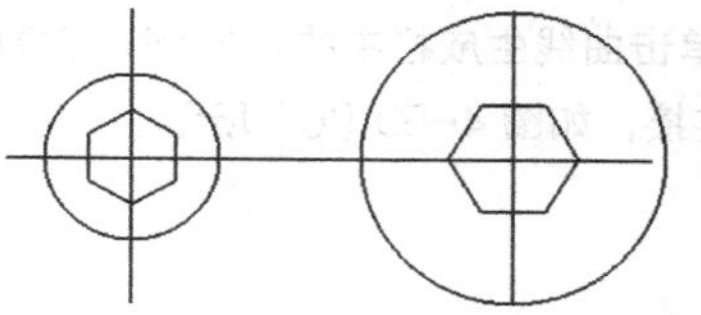

图 4-44　绘制第 2 个正多边形

⑨ 绘制连接圆弧。

- 单击曲线生成栏中的按钮，在立即菜单中选择“两点_半径”选项，按空格键，在弹出的工具点菜单中选择“T 切点”。
- 选择左侧圆的左上方 1/4 圆任意一点，然后选择右侧圆的右上方 1/4 圆任意一点，调整鼠标指针的位置，将圆弧调整成需要的形状，输入半径值“47”，按 Enter 键，完成第 1 段连接圆弧的绘制，如图 4-45 所示。
- 选择左侧圆的右下方 1/4 圆任意一点，然后选择右侧圆的左下方 1/4 圆任意一点，调整鼠标指针的位置，将圆弧调整成需要的形状，输入半径值“16”，按 Enter 键，完成第 2 段连接圆弧的绘制，如图 4-46 所示。

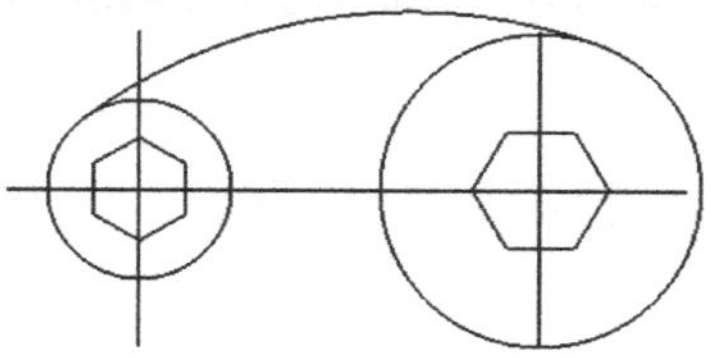

图 4-45　绘制第 1 段连接圆弧

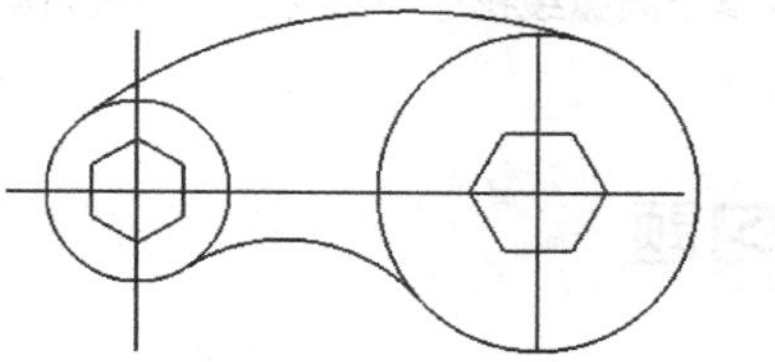

图 4-46　绘制第 2 段连接圆弧

⑩ 裁剪删除多余曲线。

- 在曲面生成栏中单击按钮，裁剪掉多余的曲线，如图 4-47 所示。
- 单击线面编辑栏中的按钮，删除多余曲线，结果如图 4-48 所示。

⑪ 单击标准工具栏中的按钮，以“连板”为文件名将文件保存。

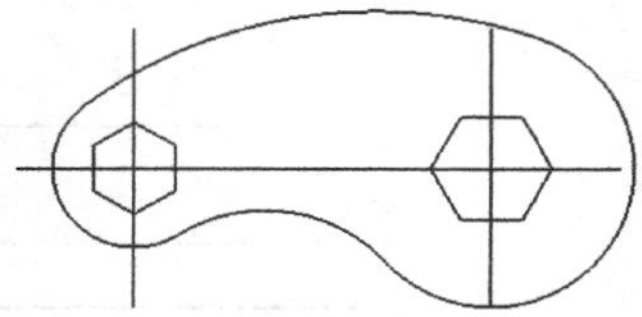

图 4-47　裁剪多余的曲线

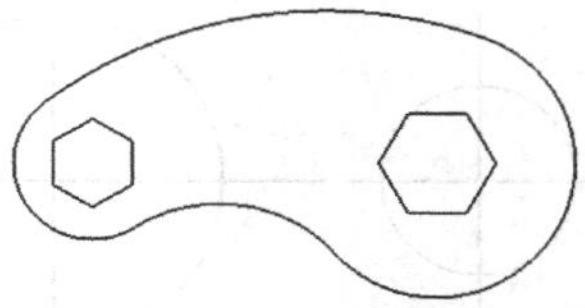

图 4-48　删除多余的曲线

4.4 课后综合演练

应用圆弧和圆的命令操作，绘制图 4-49 所示图形。

1. 单击曲线生成栏中的按钮，在立即菜单中选择“两点线”“单个”和“正交”选项，作定位线，如图 4-50（a）所示。

2. 单击曲线生成栏中的按钮，在立即菜单中选择“圆心_半径”选项，在已知定位点上作相应的已知圆，如图 4-50（b）所示。

3. 单击曲线生成栏中的按钮，在立即菜单中选择“两点_半径”选项，做光滑连接，如图 4-50（c）所示。

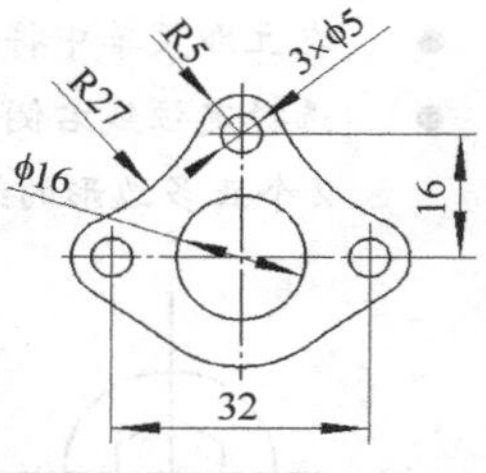

图 4-49　圆和圆弧

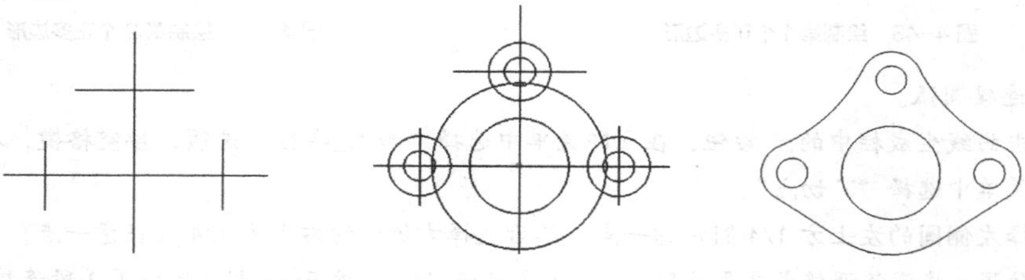

图 4-50　圆和圆弧

4.5 小结

本章属于圆弧线框造型的内容，通过对圆弧连接、阵列、修剪等基本命令的介绍帮助学生理解掌握相关知识。

4.6 习题

1. 应用阵列等命令绘制图 4-51 所示图形。
2. 应用镜像等命令绘制图 4-52 所示图形。
3. 应用线框造型命令和曲线编辑命令完成图 4-53 所示图形。
4. 应用线框造型命令绘制图 4-54 所示图形。
5. 综合应用所学命令绘制图 4-55 所示图形。
6. 根据尺寸绘制图 4-56 所示吊钩造型。

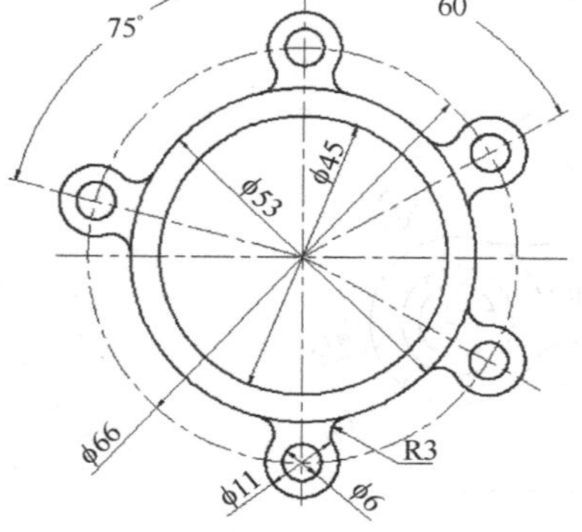

图 4-51 阵列图形

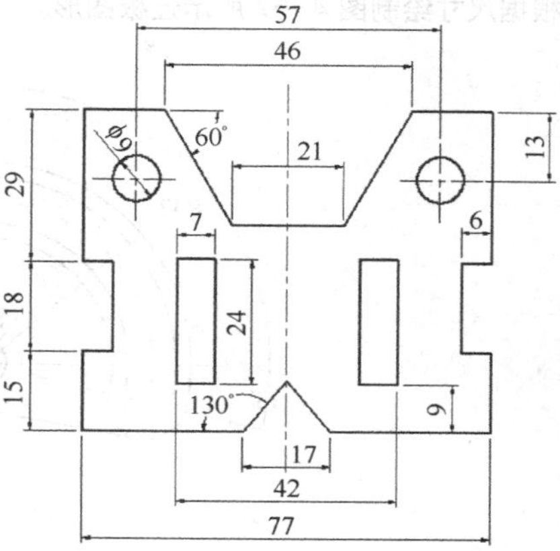

图 4-52 对称图形

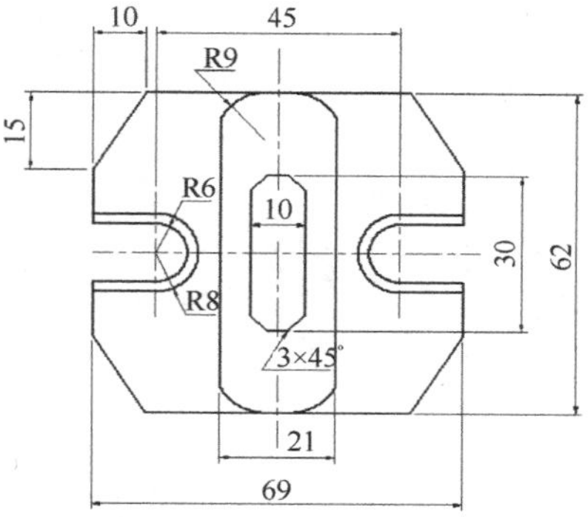

图 4-53 对称图形

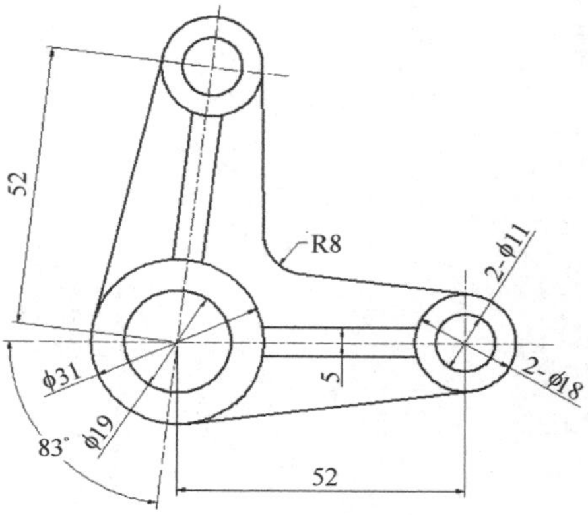

图 4-54 线框造型

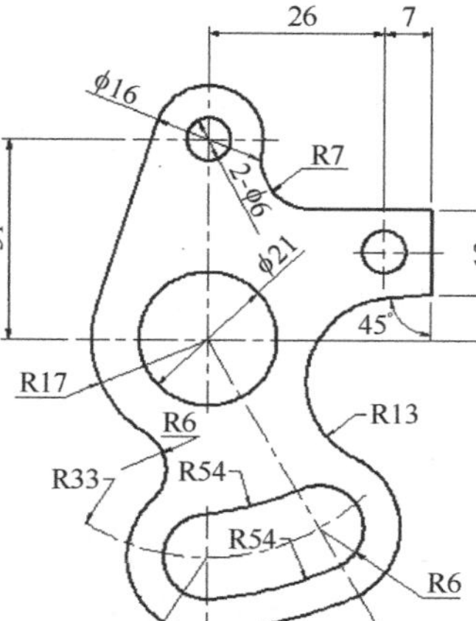

图 4-55 综合图形

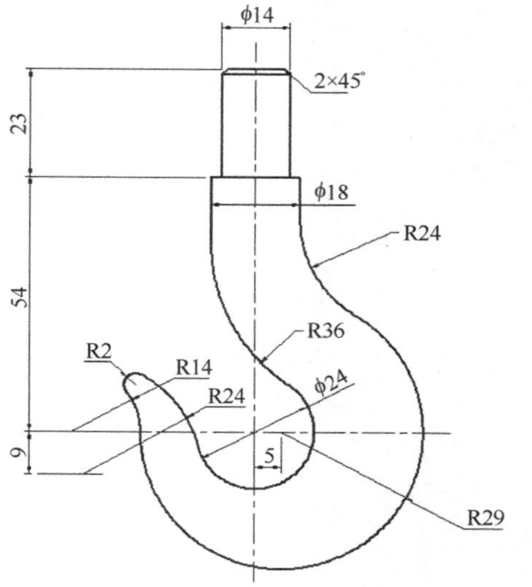

图 4-56 吊钩

7. 根据尺寸绘制图 4-57 所示连板图形。

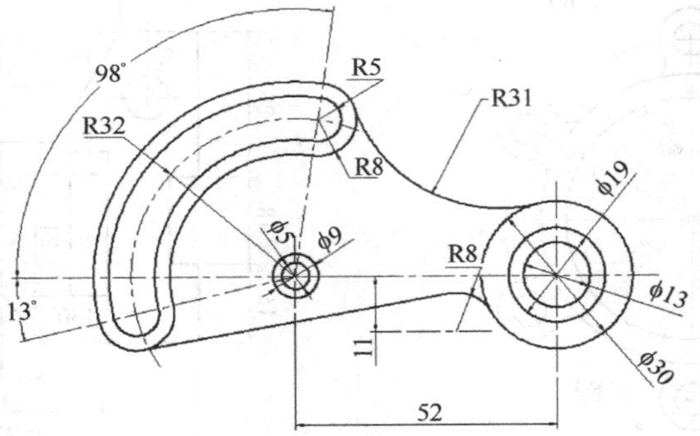

图 4-57 连板

Chapter

5

第 5 章 构建轴座模型

轴座是一个组合形体，根据特征造型概念，其形体主要由底板、柱体、通孔、凸台、筋板等特征要素组成，这些特征要素的建立需要应用拉伸增料、拉伸除料和筋板等造型方法。

轴座零件图如图 5-1 所示。

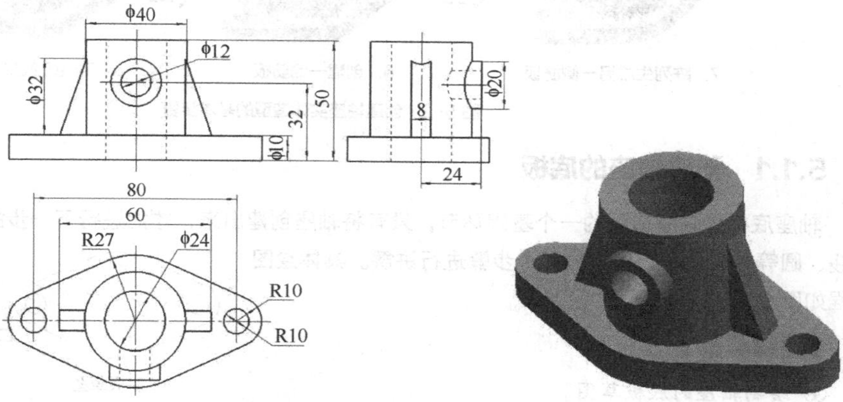

图 5-1　轴座的草图尺寸和实体造型

【学习目标】

- 巩固对拉伸增料和拉伸除料命令的掌握。
- 学会等距面的创建方法。
- 掌握筋板造型的基本命令。
- 掌握孔命令和阵列命令的操作方式。

5.1 课堂实训案例

轴座是机械应用中常见的零件，也是一个比较综合的零件，需要应用拉伸增料、拉伸除料、筋板等造型方法。创建轴座实体造型的基本步骤如图 5-2 所示。

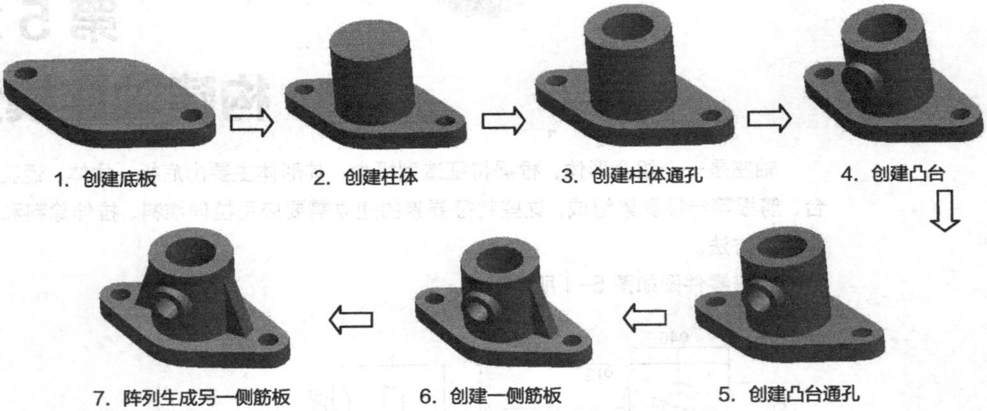

图 5-2　创建轴座实体造型的基本步骤

5.1.1　创建轴座的底板

轴座底板是轴座造型的一个基础环节，只有将轴座创建出来，才能进行下一步的造型，草图绘制涉及直线、圆等多个命令，以下分两个步骤进行讲解。具体绘图过程如图 5-3 所示。

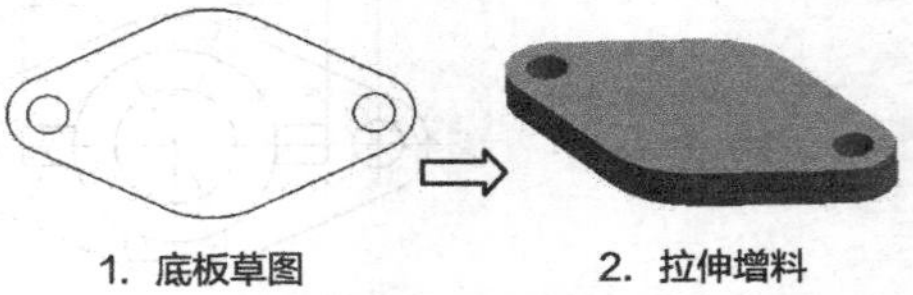

图 5-3　轴座底板成型过程

【步骤解析】

① 绘制轴座的底板草图。

轴座底板草图是在草图绘制环境下绘制的并用于实体造型的二维平面图，是为生成实体特征而准备的一个封闭的平面曲线图形，是实体造型的基础。

② 选择特征树中的“平面 XY”，然后单击按钮，或按 F2 键进入草图状态。

在特征树中出现项目“草图 0”，如图 5-4 所示。

③ 绘制草图。应用线框造型的直线、圆和曲线编辑等命令绘制底板草图。底板草图尺寸如图 5-5 所示。

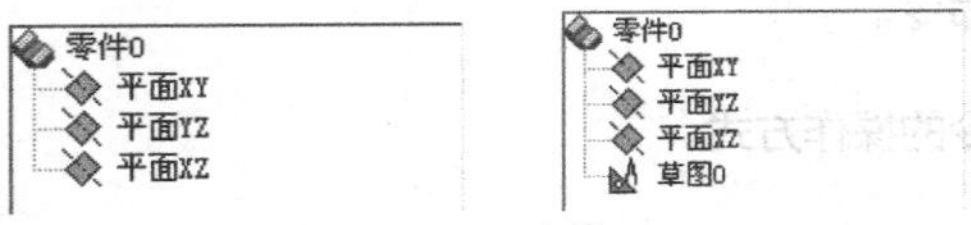

图 5-4　创建草图前后的特征树

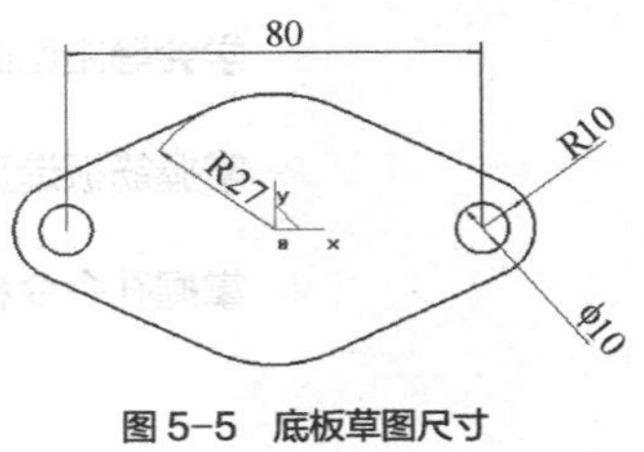

图 5-5　底板草图尺寸

④ 拉伸草图生成轴座底板。

底板草图完成之后应用拉伸增料命令生成底板实体。

⑤ 单击按钮，弹出【拉伸增料】对话框，如图5-6所示。

⑥ 按图5-6所示设置拉伸类型、方向，输入深度值为“10”，选择“草图0”为拉伸对象，单击确定按钮，完成轴座底板的造型，如图5-7所示。

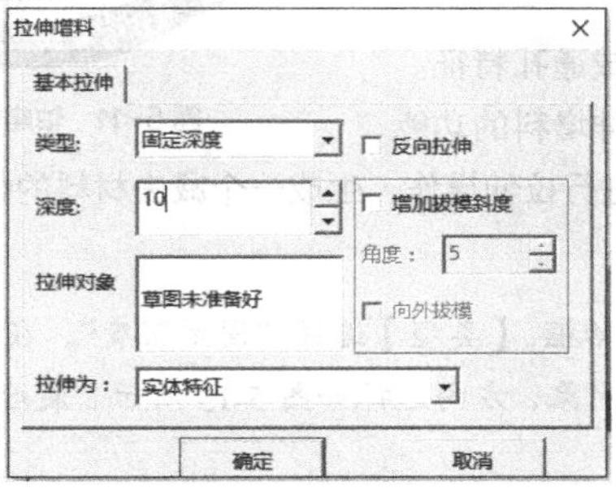

图5-6 【拉伸增料】对话框

视频10
构建轴座模型1

图5-7 底板实体

5.1.2 创建轴座的主体

这个环节是在底板绘制成功的基础上，在底板面上进行拉伸增料和拉伸除料操作，是本章的一个成型环节，可以分4步进行，如图5-8所示。

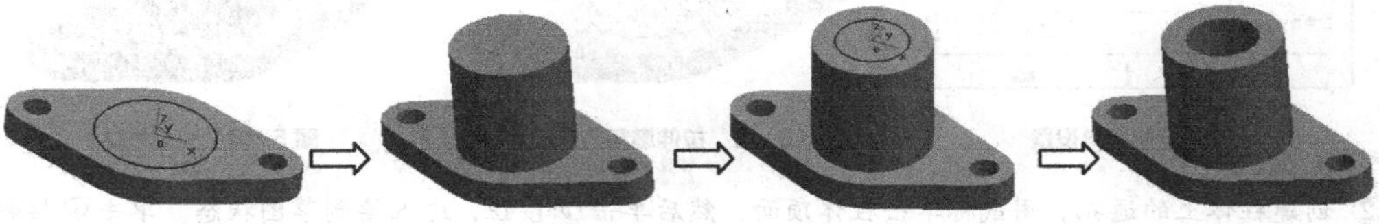

1. 柱体草图　2. 拉伸增料　3. 通孔草图　4. 拉伸除料

图5-8 轴座主体成型过程

1. 绘制柱体草图

拉伸增料是将草图轮廓曲线根据指定的距离或方式进行拉伸操作，生成一个增加材料的特征。

【步骤解析】

① 用鼠标单击底板的上面，然后单击鼠标右键，在弹出的快捷菜单中选择“创建草图”命令，这是进入绘制草图状态的另一种方法，如图5-9所示。

② 进入草图状态后，单击按钮，然后单击空格键，在弹出的工具点菜单中选择“C 圆心”选项，如图5-10所示。

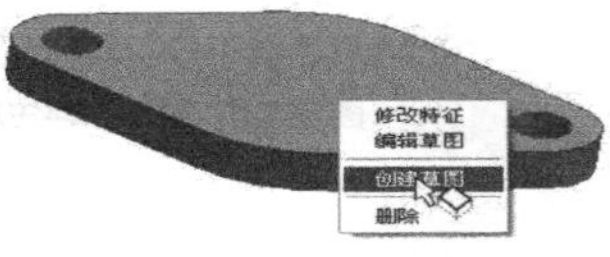

图5-9 创建草图

图5-10 工具点菜单

③ 选择底板上半径为 27 的圆弧边，捕捉此圆弧的圆心，此时出现一个与半径为 27 的圆弧同心的圆，按 Enter 键弹出输入条框，输入半径“20”，按 Enter 键完成图 5-11 所示的轴座柱体的草图。

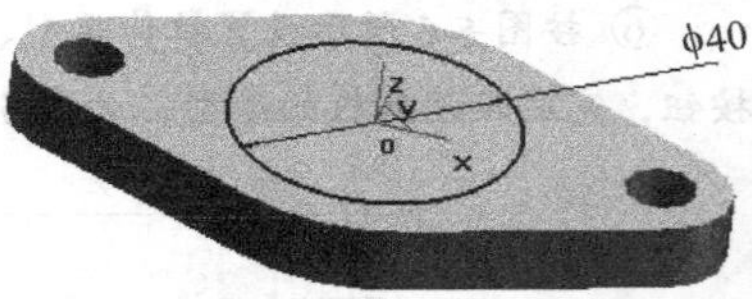

图 5-11 轴座柱体草图

2. 拉伸生成柱体并创建通孔

先运用拉伸增料命令生成柱体，然后在柱体上生成通孔特征。拉伸增料是生成一个增加材料的特征，拉伸除料与拉伸增料的功能相反，是将一个草图轮廓曲线根据指定的距离或方式进行拉伸操作，生成一个减去材料的特征。

【步骤解析】

① 退出草图，单击按钮，弹出【拉伸增料】对话框，【类型】选择“固定深度”，在【深度】数值框中输入“40”，如图 5-12 所示。选择柱体草图作为拉伸对象，方向选择如图 5-13 所示。最后单击 确定 按钮，完成柱体的造型，如图 5-14 所示。

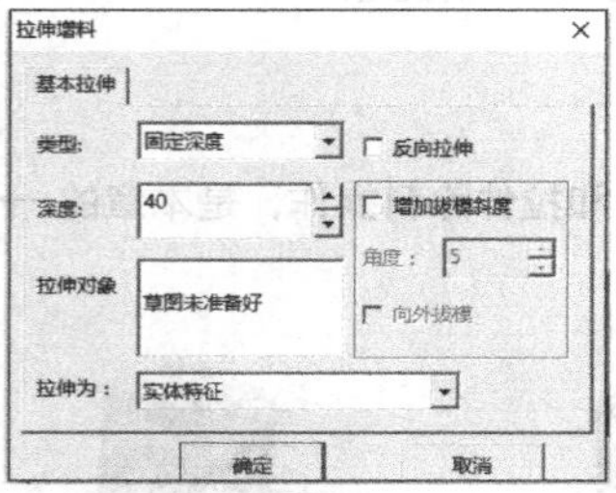

图 5-12 拉伸增料设置

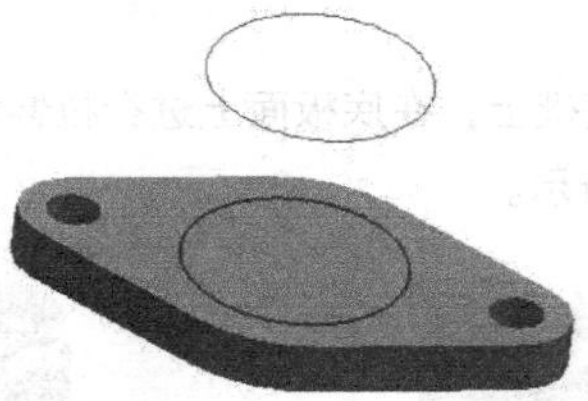

图 5-13 拉伸增料方向设置

图 5-14 生成柱体

② 创建柱体上的通孔。用鼠标单击柱体顶面，然后单击按钮，进入绘制草图状态。单击按钮，在立即菜单中选择“圆心_半径”选项，按空格键在弹出的工具点菜单中选择“C 圆心”选项，如图 5-15（a）所示。选择圆柱边线，捕捉圆心，此时出现一个与圆柱同心的圆，然后输入半径为“12”，完成柱体通孔草图，如图 5-15（b）所示。

③ 选择【造型】/【特征生成】/【除料】/【拉伸】命令，或单击按钮，弹出【拉伸除料】对话框，【类型】选择“贯穿”，如图 5-16（a）所示。拉伸对象为通孔草图，单击 确定 按钮，完成通孔造型，如图 5-16（b）所示。

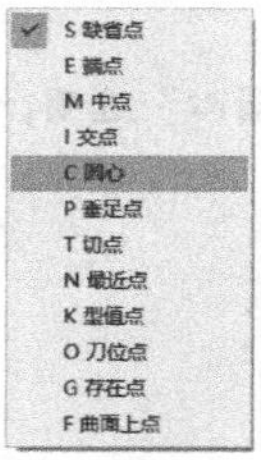

（a）工具点菜单

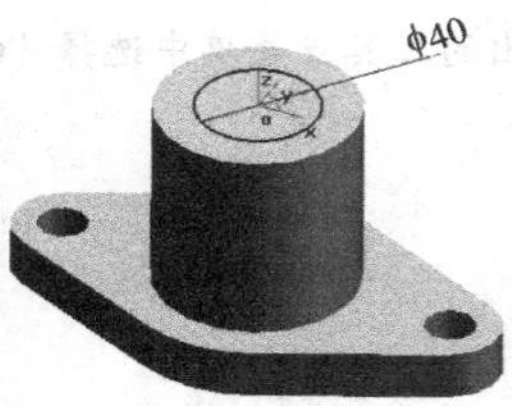

（b）草图

图 5-15 通孔草图

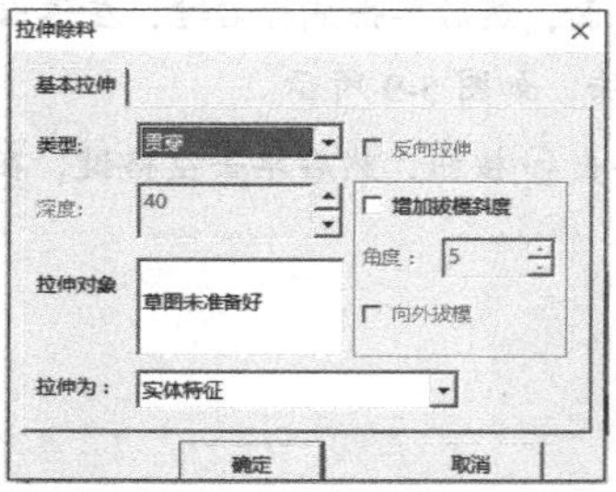

（a）

（b）

图 5-16 拉伸除料生成通孔

5.1.3 构造基准面绘制凸台草图

创建凸台要先绘制凸台的草图，而凸台草图又不在 3 个基准平面上，所以需要我们首先创建一个绘制凸台的基准平面。

1. 构造基准面——等距面

【步骤解析】

① 单击特征工具栏中的按钮，或选择【造型】/【特征生成】/【基准面】命令，弹出【构造基准面】对话框，如图 5-17（a）所示。

- 用鼠标单击【构造基准面】对话框中的第一种构造方法，即“等距平面确定基准平面”方法（构造一个与选定平面平行的基准面），设置【距离】为“24”。【构造条件】为“平面 XZ”（用鼠标单击特征树中的“平面 XZ”即可）。【向相反方向】是指与默认方向相反，可根据造型的需要选择。
- 单击 确定 按钮完成基准面的创建，如图 5-17（b）所示，此时特征树中将会出现项目“平面 1”，如图 5-17（c）所示。

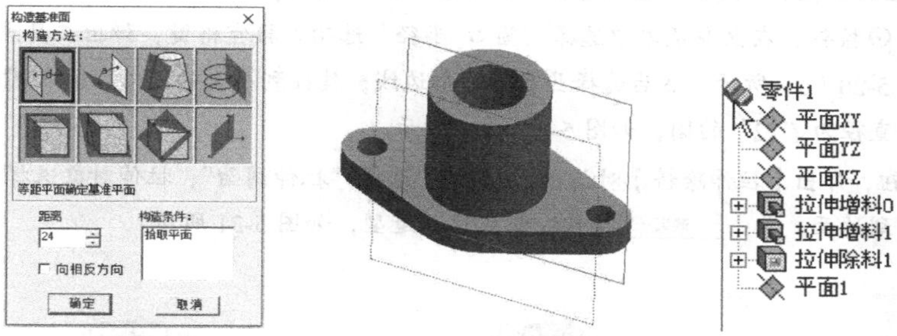

图 5-17 构造基准面

② 绘制凸台草图。

用鼠标选择特征树中新创建的“平面 1”，然后单击按钮，以“平面 1”为草图平面进入绘制草图状态。

- 单击按钮，在“平面 1”内绘制凸台草图，草图尺寸和位置如图 5-18 所示。

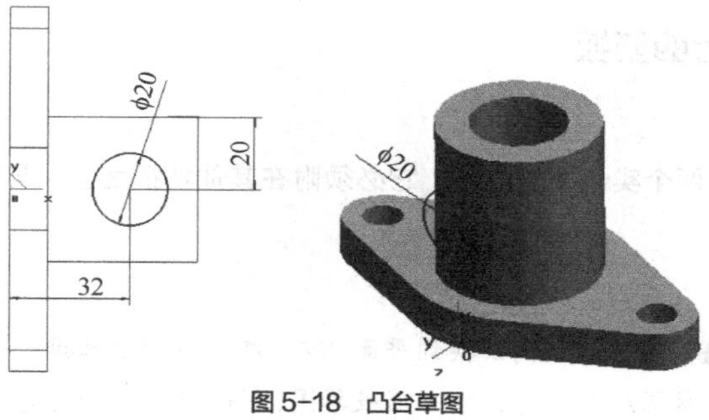

图 5-18 凸台草图

2. 拉伸凸台并创建凸台上的通孔

凸台草图完成之后，应用拉伸增料的拉伸到面命令创建凸台实体，并在凸台上创建通孔。

【步骤解析】

① 拉伸生成凸台。用鼠标单击按钮，在弹出的【拉伸增料】对话框的【类型】下拉列表中选择“拉伸到面”选项，根据命令提示，选择柱体圆柱面作结束点，如图 5-19（a）所示，最后单击 确定 按钮，

完成凸台的造型，如图 5-19（b）所示。

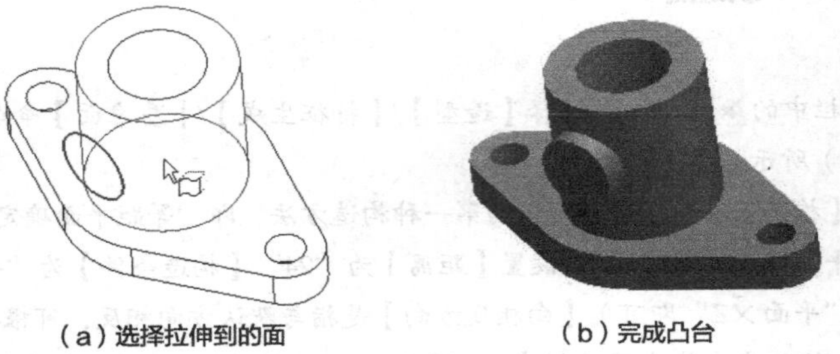

（a）选择拉伸到的面　　（b）完成凸台

图 5-19　凸台造型

视频 11
构建轴座模型 2

② 创建凸台上的通孔。用鼠标单击凸台前面，然后单击按钮，以凸台的前面作为草图平面，进入绘制草图状态。单击按钮，在立即菜单中选择“圆心_半径”选项。按空格键，弹出工具点菜单，选择“C 圆心”选项，如图 5-20（a）所示。然后选择凸台的圆形边线，捕捉到凸台的圆心，输入圆的半径“6”，在凸台前面绘制一个直径为“12”的圆，如图 5-20（b）所示。

③ 单击按钮，弹出【拉伸除料】对话框，【类型】选择“拉伸到面”，拉伸对象选择通孔草图，选择主体通孔作为拉伸到的面，单击确定按钮，完成通孔造型，如图 5-21 所示。

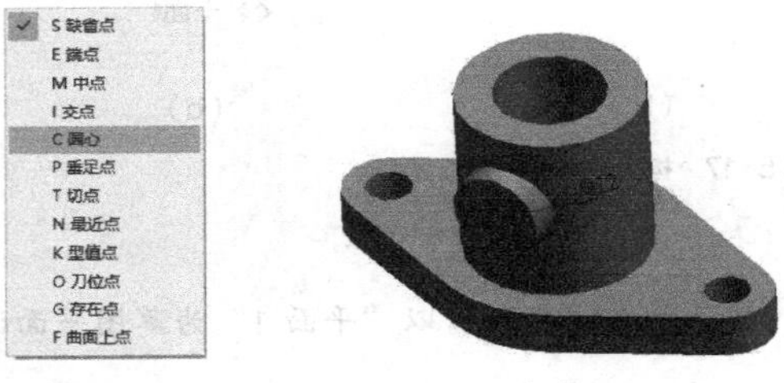

（a）　　（b）

图 5-20　凸台通孔草图

图 5-21　凸台通孔

5.1.4　创建轴座上的筋板

1. 创建筋板特征

筋板的主要作用是加强两个实体间的连接，它必须附在其他特征之上。与其他特征不同的是筋板的草图是开曲线。

【步骤解析】

① 绘制筋板草图。按 F9 键，将视向切换到平面 XZ，在特征树中选择“平面 XZ”，单击按钮，以“平面 XY”为草图平面进入草图绘制状态，绘制筋板草图，筋板尺寸如图 5-22 所示。

② 创建筋板特征。退出草图状态，选择【造型】/【特征生成】/【筋板】命令，或单击按钮，弹出【筋板特征】对话框，如图 5-23 所示。

③ 选取筋板加厚方式为【双向加厚】，在【厚度】数值框中输入数值“8”。拾取筋板草图，加固方向如图 5-24（a）所示。单击确定按钮，完成筋板造型，如图 5-24（b）所示。

2. 阵列生成另一侧筋板

绕一基准轴旋转特征阵列为多个特征，构成环形阵列。注意：基准轴是空间直线。

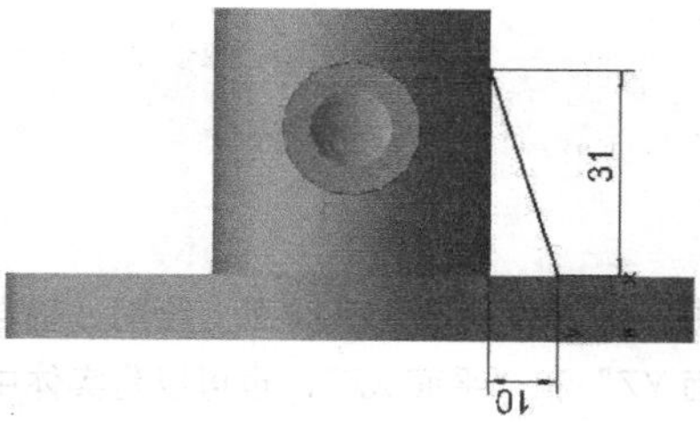

图 5-22 筋板草图

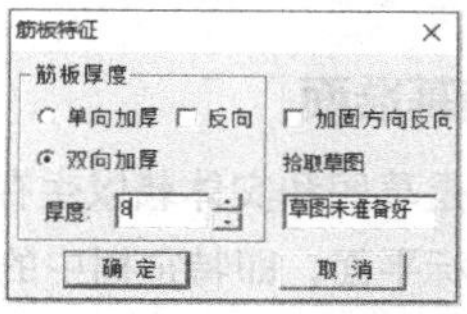

图 5-23 【筋板特征】对话框

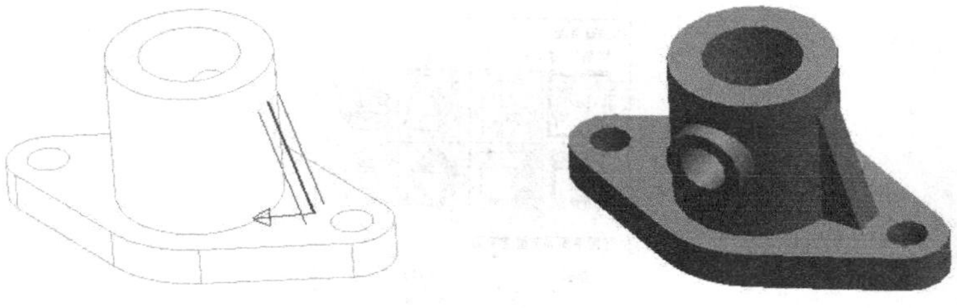

（a） （b）

图 5-24 生成筋板实体

【步骤解析】

① 在空间状态下，单击按钮，在立即菜单中选择“两点线”“单个”和“非正交”选项。按空格键，在弹出的工具点菜单中选择“C 圆心”选项，捕捉轴座柱体上下两个端面的圆心作一条空间直线（此直线为阵列功能的基准轴），如图 5-25 所示。

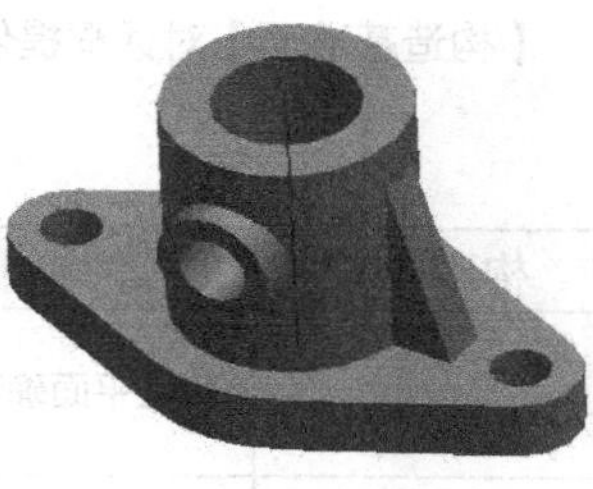

图 5-25 基准轴

② 单击按钮，弹出【环形阵列】对话框，如图 5-26（a）所示。选择筋板为阵列对象，前面所绘制的空间直线为基准轴，在【角度】数值框中输入“180”，【数目】数值框中输入“2”，其余参数设置如图 5-26（a）所示。最后单击 确定 按钮，完成筋板造型，如图 5-26（b）所示。至此，零件轴座的造型设计全部完成。

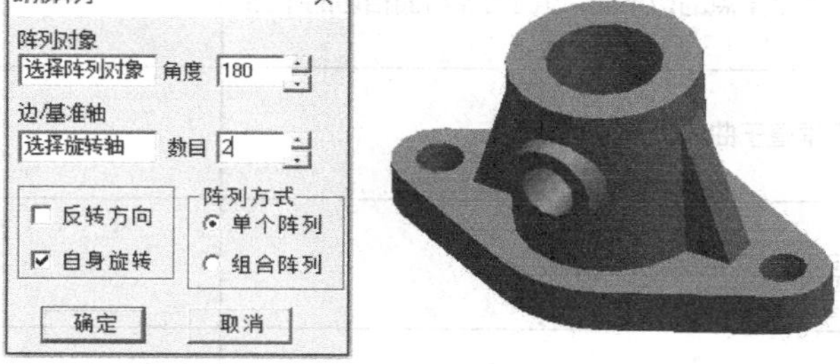

（a）【环形阵列】对话框 （b）阵列生成筋板

图 5-26 阵列生成筋板

要点提示

（1）阵列的数目为阵列完成后特征的总数，包含原特征，如图 5-26 所示。

（2）阵列角度为相邻阵列对象的夹角。

5.2 软件功能介绍

1. 构造基准面

基准平面是草图和实体赖以生存的面，它的作用是确定草图在哪个基准面上绘制。基准面可以是特征树中已有的坐标平面，即特征树中的“平面 XY”“平面 YZ”和“平面 XZ”，也可以是实体中生成的某个平面，还可以是通过某特征构造出的平面。【构造基准面】对话框如图 5-27 所示。

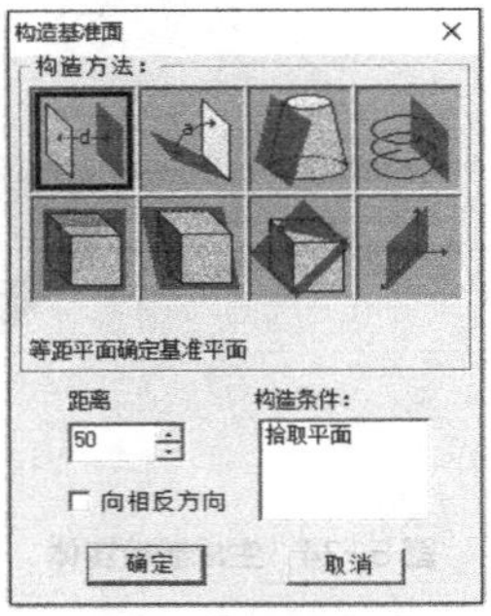

图 5-27 【构造基准面】对话框

【构造基准面】对话框提供了 8 种构造基准面的方法，如表 5-1 所示。

表 5-1 构造基准面的方法

构造方法	说明	对应条件
	等距平面确定基准平面，与已知平面平行	距离 50 向相反方向 构造条件： 拾取平面
	过直线与平面成夹角确定基准平面	角度= 50 向相反方向 构造条件： 拾取平面 拾取直线
	生成曲面上某点的切平面，过面上点与面相切的平面	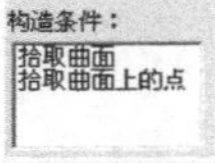构造条件： 拾取曲面 拾取曲面上的点
	过点且垂直于曲线确定基准平面	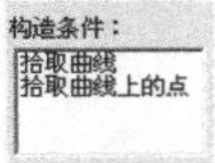构造条件： 拾取曲线 拾取曲线上的点
	过点且平行于平面确定基准平面	构造条件： 拾取平面 拾取点
	过点和直线确定基准平面	构造条件： 拾取直线 拾取点
	三点确定基准平面	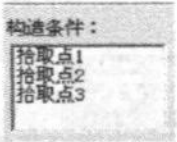构造条件： 拾取点1 拾取点2 拾取点3
	根据当前坐标系构造基准面	距离 50 向相反方向 构造条件： XOY平面 YOZ平面 ZOX平面

2. 环形阵列

绕某基准轴旋转将特征阵列为多个特征，构成环形阵列。注意：基准轴是空间直线。

【步骤解析】

① 选择【造型】/【特征生成】/【环形阵列】命令，或者直接单击特征工具栏中的按钮，弹出【环形阵列】对话框，如图5-28所示。

② 设置【阵列对象】、【边/基准轴】、【角度】和【数目】，单击 确定 按钮完成操作，如图5-29所示。

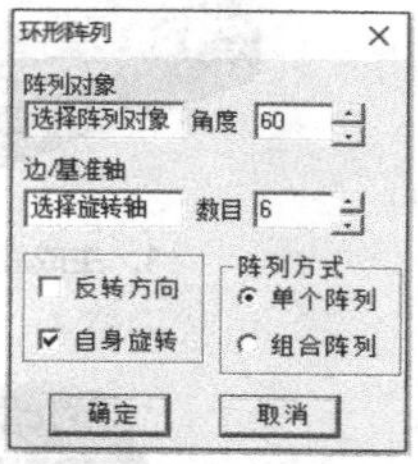

图5-28 【环形阵列】对话框

【环形阵列】对话框中有以下几个重要参数。

- 阵列对象：要进行阵列的特征。
- 边/基准轴：阵列绕指定方向进行旋转的边或者基准轴。
- 角度：阵列对象所夹的角度值，可以直接输入所需数值，也可以单击按钮来调整数值。
- 数目：阵列对象的个数，可以直接输入所需数值，也可通过按钮来调整数值。
- 反转方向：与默认方向相反的方向进行阵列。

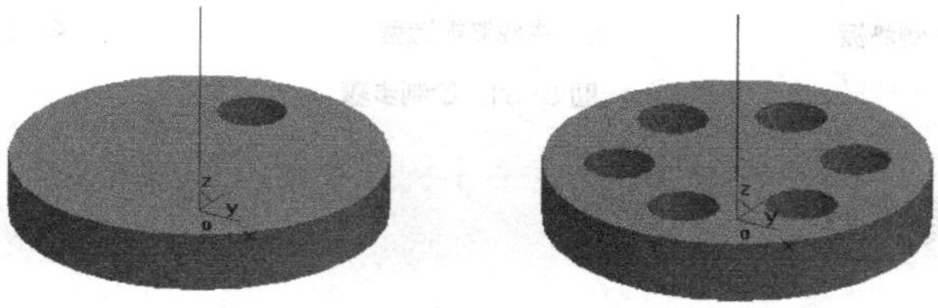

（a）阵列对象和基准轴　　（b）完成阵列

图5-29 阵列

5.3 课堂实战演练

要求：按照尺寸生成实体，如图5-30所示。

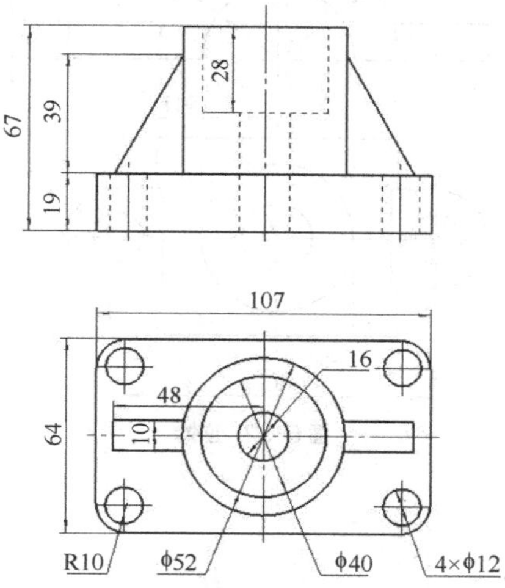

图5-30 成型座体零件

【步骤解析】

主要绘图步骤如图 5-31 所示。

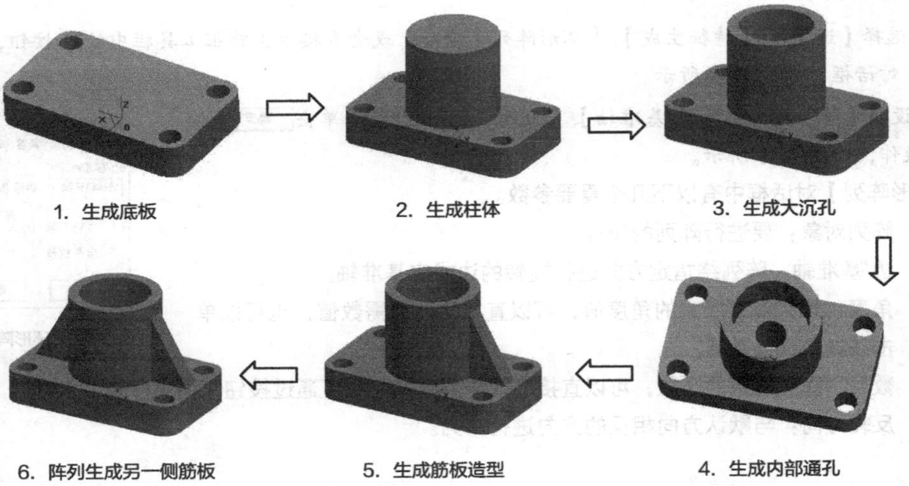

图 5-31　绘制步骤

5.4 课后综合演练

要求：按照尺寸，应用拉伸增料、拉伸除料、阵列、基准面创建等命令创建实体造型，如图 5-32 所示。

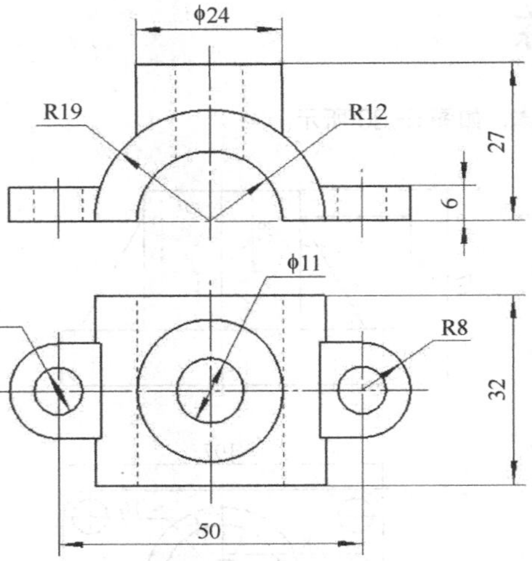

图 5-32　座体

【步骤解析】

主要绘图步骤如图 5-33 所示。

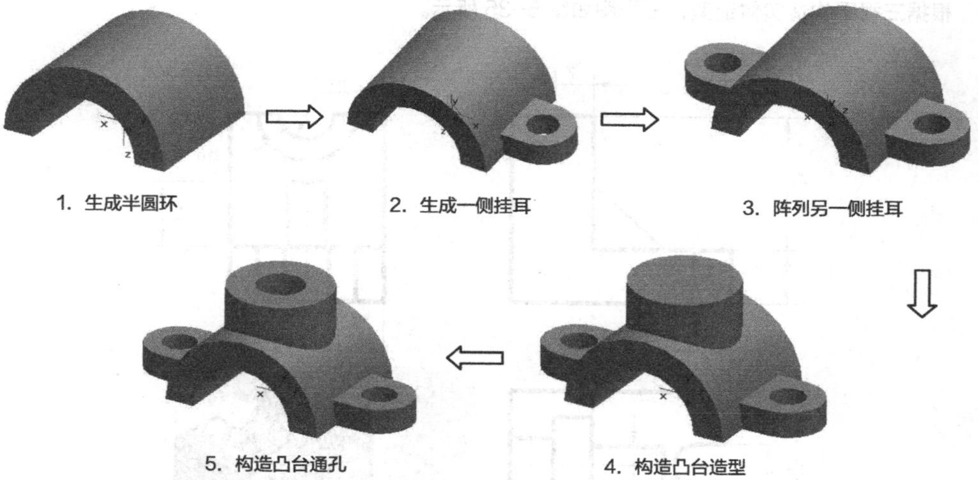

图 5-33 绘制步骤

5.5 小结

本章所述内容属于实体造型的范畴，通过轴座的造型重点介绍筋板、阵列、构造基准面等基本命令。实体造型也称特征造型，特征是指可以用来组合生成零件的各种形状，包括孔、型腔、凸台、圆柱体等。采用实体特征造型技术，可以使零件的设计过程直观、简单、准确。

5.6 习题

1. 根据三视图构造实体造型，三视图如图 5-34 所示。

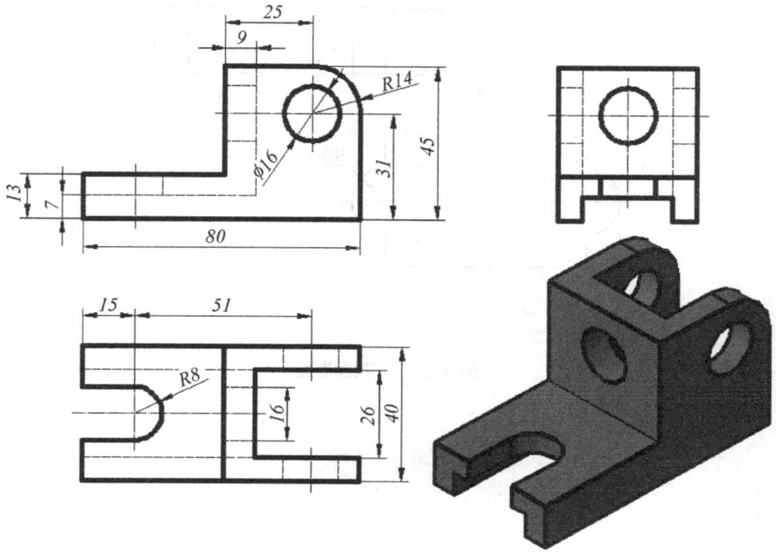

图 5-34 三视图造型

2. 根据三视图构造实体造型，三视图如图 5-35 所示。

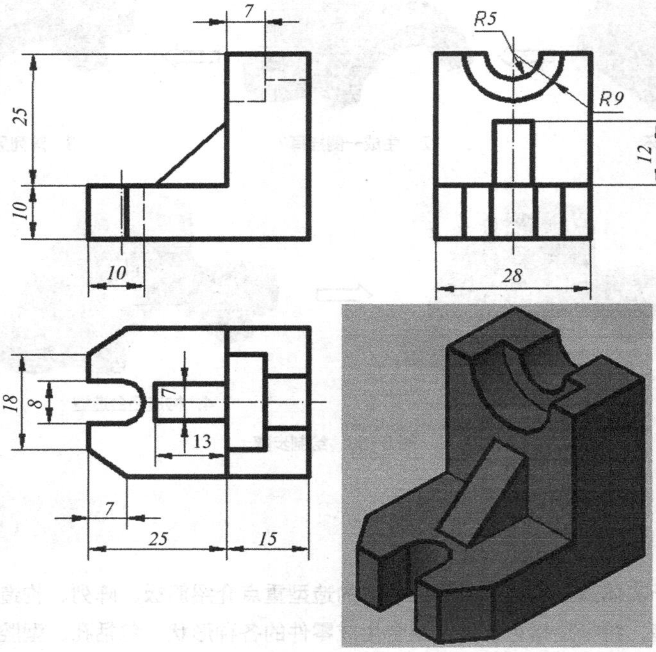

图 5-35 三视图造型

3. 根据三视图构造实体造型，三视图如图 5-36 所示。

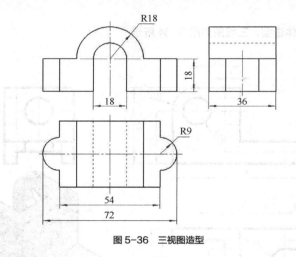

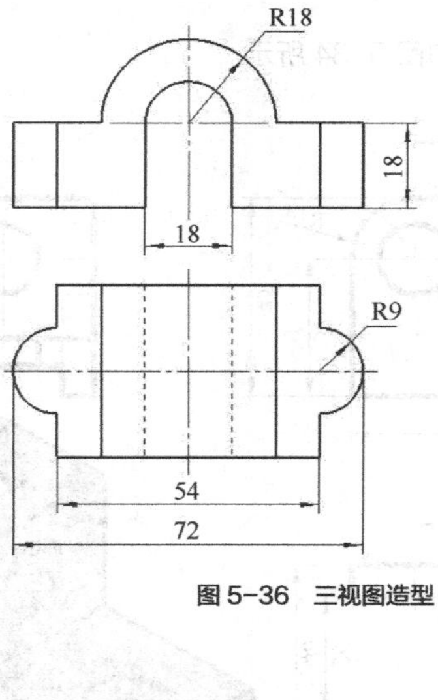

图 5-36 三视图造型

Chapter 6

第 6 章 构建立座模型

综合应用拉伸增料、拉伸除料、筋板、环形阵列和曲线投影命令，构造图 6-1（b）所示的实体模型。轴座零件图如图 6-1（a）所示。

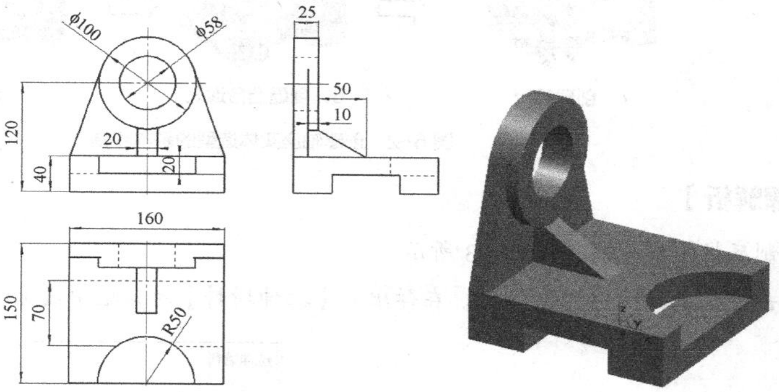

（a）　　　　　　　　　　　　（b）

图 6-1　轴座的草图尺寸和实体造型

【学习目标】

- 巩固对拉伸增料和拉伸除料命令的掌握。
- 掌握筋板造型的基本命令。
- 掌握孔命令的操作方式。

6.1 课堂实训案例

创建轴座实体造型的基本步骤如图 6-2 所示。

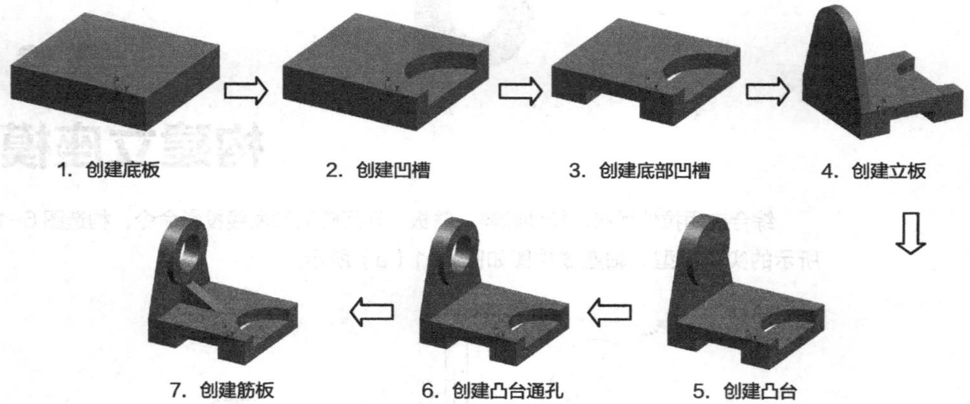

图 6-2 创建轴座实体造型的基本步骤

【步骤解析】

① 绘制底板轮廓草图，如图 6-3 所示。

② 单击特征工具栏中的按钮，在弹出的【拉伸增料】对话框中设置拉伸深度为 40，如图 6-4 所示。

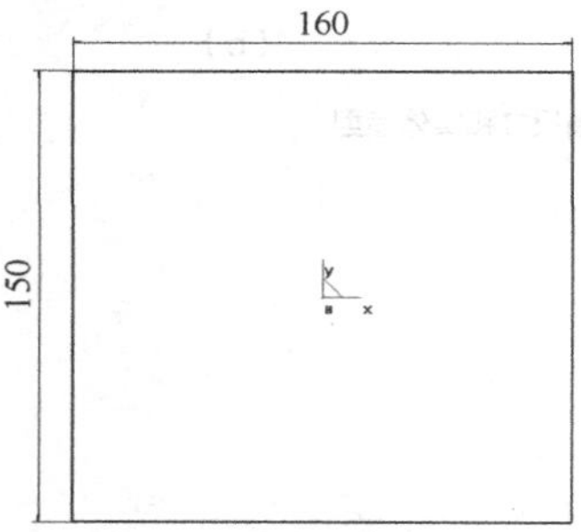

图 6-3 底板轮廓草图

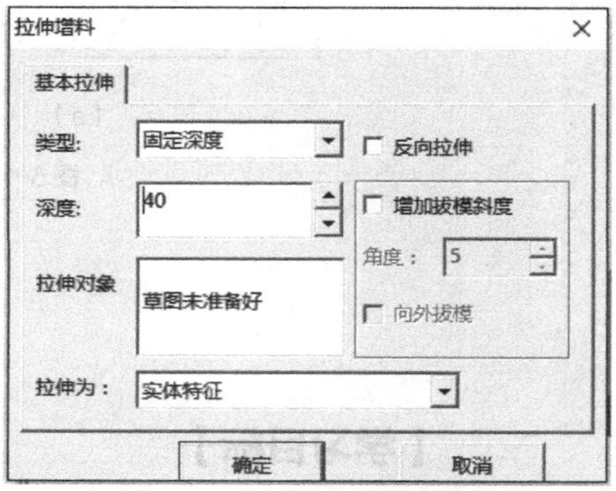

图 6-4 【拉伸增料】对话框

③ 选择好拉伸方向，单击 确定 按钮完成拉伸操作，如图 6-5 所示。

④ 选择底板上表面，单击鼠标右键，在弹出的快捷菜单中选择“创建草图”，如图 6-6 所示。

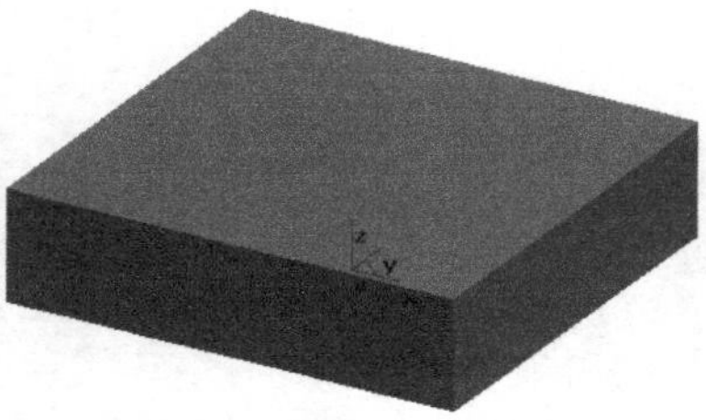

图 6-5 拉伸增料生成底板

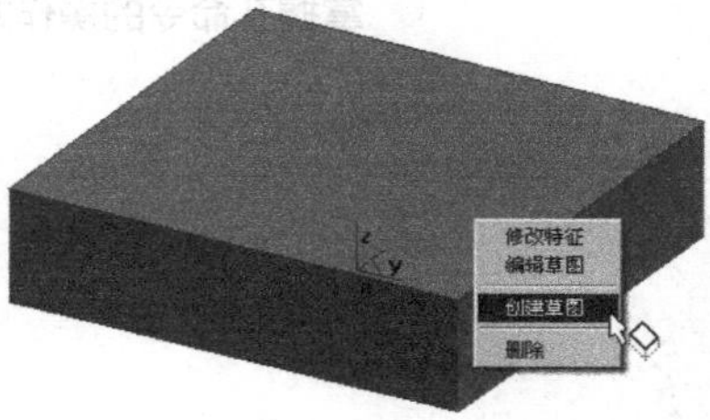

图 6-6 选择底板上表面

⑤ 在草图平面内绘制草图，如图 6-7 所示。

⑥ 绘制完成之后，单击特征工具栏中的按钮，在弹出的【拉伸除料】对话框中设置拉伸深度为“20”，如图 6-8 所示。

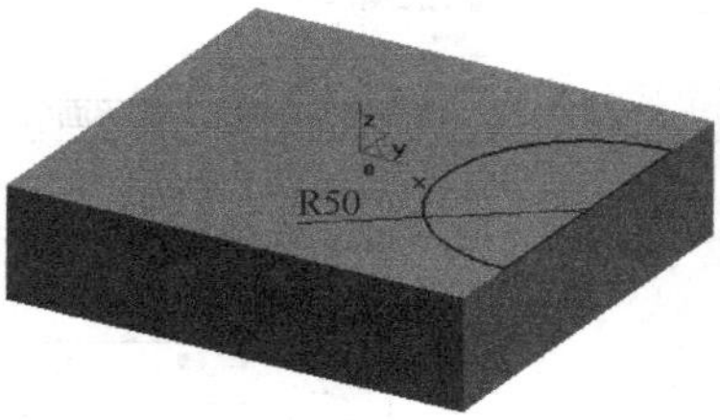

图 6-7 绘制凹槽草图

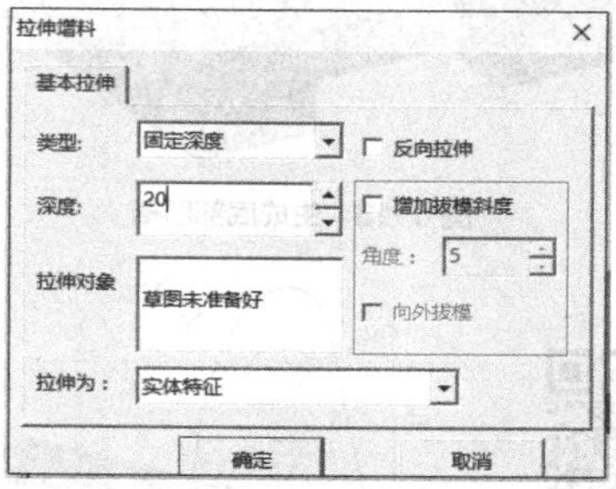

图 6-8 【拉伸除料】对话框

⑦ 选择好拉伸除料的方向，单击 确定 按钮完成拉伸操作，如图 6-9 所示。

⑧ 选择底板侧面，单击鼠标右键，在弹出的快捷菜单中选择“创建草图”，如图 6-10 所示。

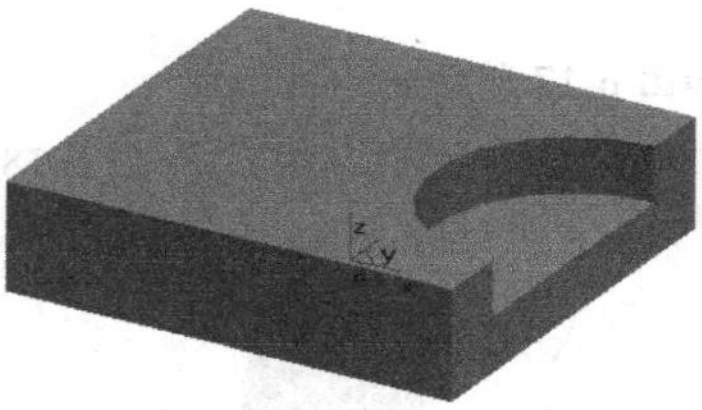

图 6-9 拉伸除料生成凹槽

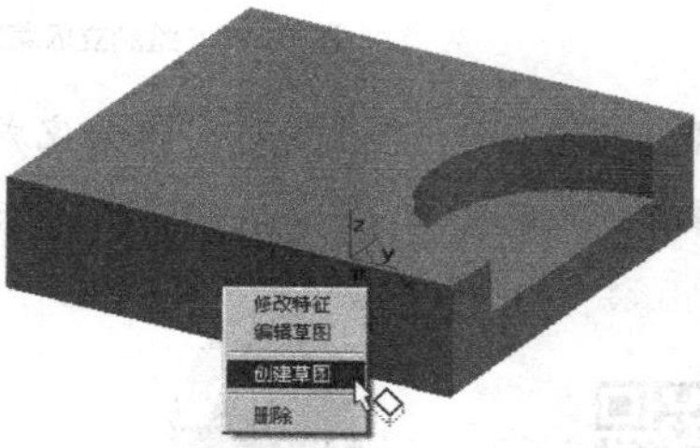

图 6-10 选择底板侧面为草图平面

⑨ 在草图平面内绘制底部凹槽草图，如图 6-11 所示。

⑩ 单击特征工具栏中的按钮，在弹出的【拉伸除料】对话框中选择拉伸类型为“贯穿”，如图 6-12 所示。

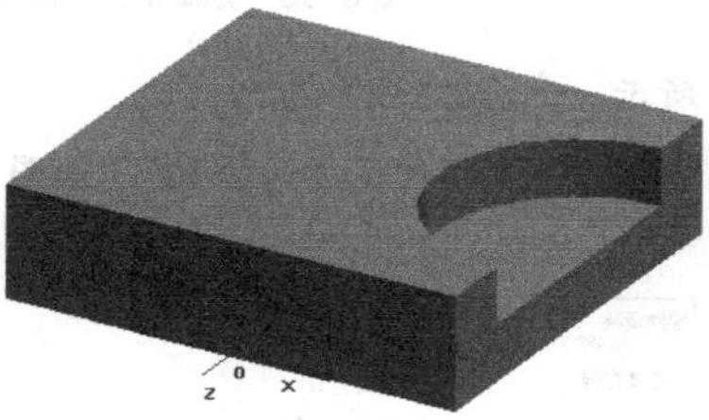

图 6-11 底部凹槽草图

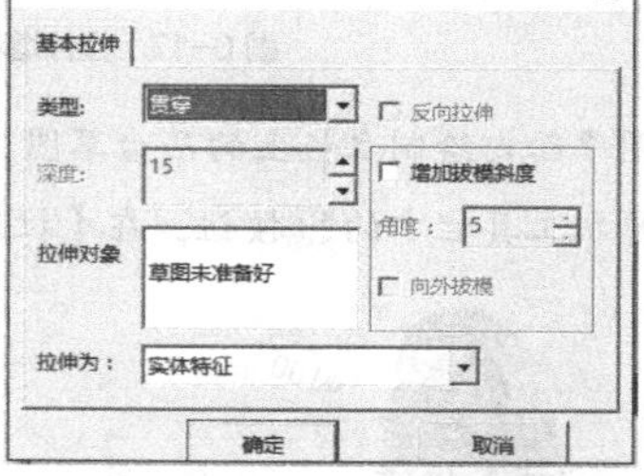

图 6-12 【拉伸除料】对话框

⑪ 单击 确定 按钮完成拉伸操作，如图 6-13 所示。

⑫ 选择底板的后表面，单击鼠标右键，在弹出的快捷菜单中选择“创建草图”，如图 6-14 所示。

⑬ 在草图平面内绘制立板草图，如图 6-15 所示。

⑭ 草图完成之后，单击曲线工具栏中的按钮，检查草图是否存在开口，若无开口，单击特征工具栏中的按钮，在【拉伸增料】对话框中设置拉伸深度为“15”，如图 6-16 所示。

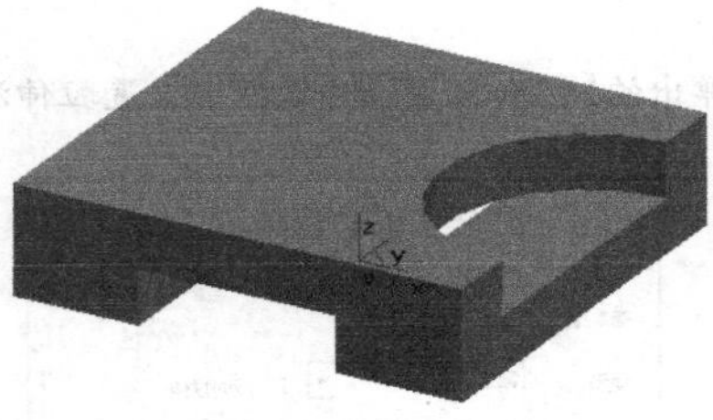

图 6-13　生成底部凹槽

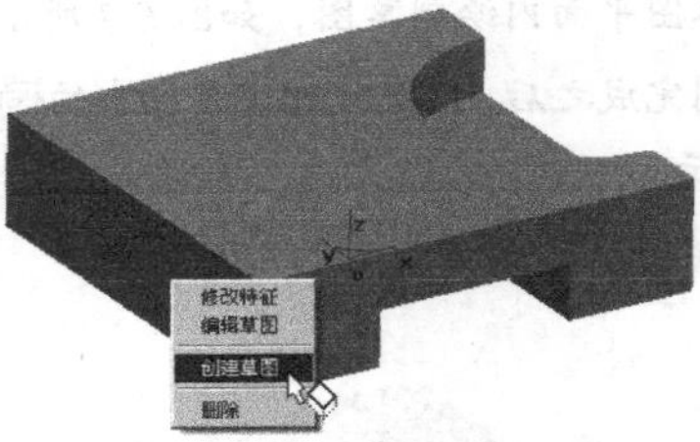

图 6-14　选择底板背面为草图平面

视频 12
构建立座模型 1

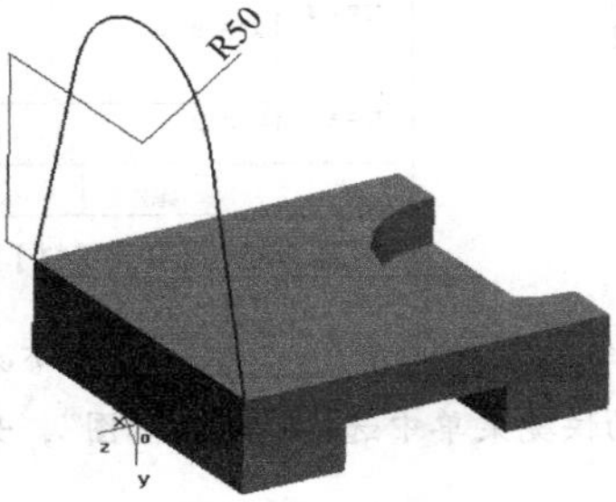

图 6-15　绘制立板草图

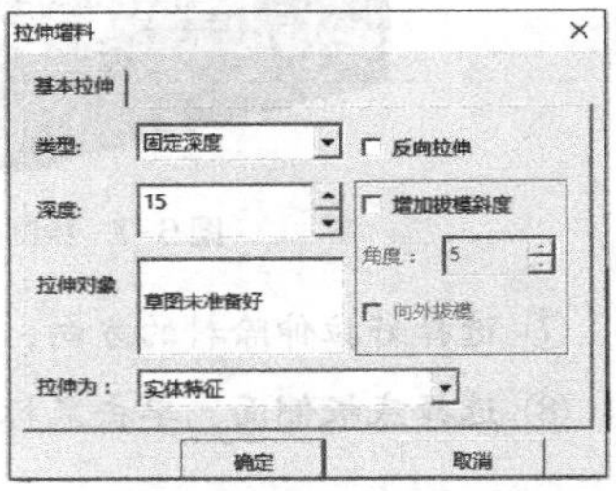

图 6-16　【拉伸增料】对话框

⑮ 选择好拉伸方向，单击 确定 按钮完成拉伸操作，如图 6-17 所示。

⑯ 选择立板的前表面，单击鼠标右键，在弹出的快捷菜单中选择“创建草图”，如图 6-18 所示。

视频 13
构建立座模型 2

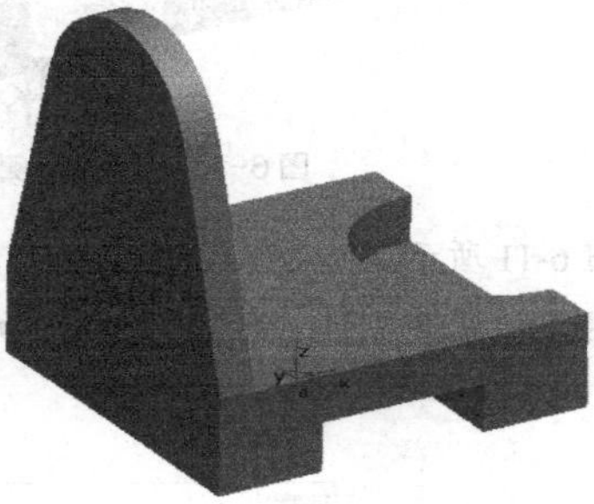

图 6-17　拉伸增料生成立板

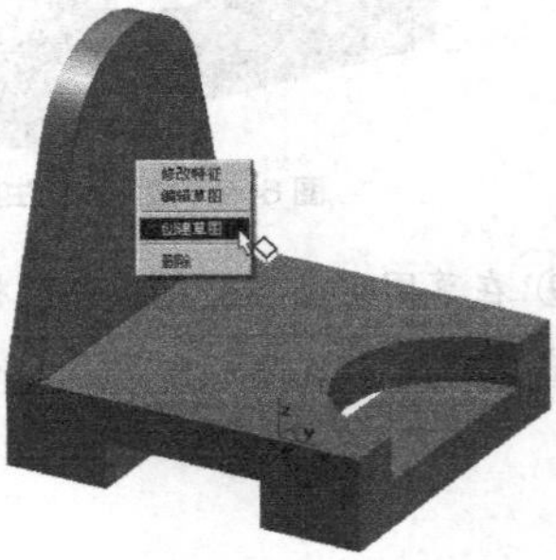

图 6-18　选择立板前面为草图平面

⑰ 在草图平面内绘制立板上的凸台草图，如图 6-19 所示。

⑱ 单击特征工具栏中的按钮，在【拉伸增料】对话框中设置拉伸深度为“10”，如图 6-20 所示。

图 6-19　绘制凸台草图

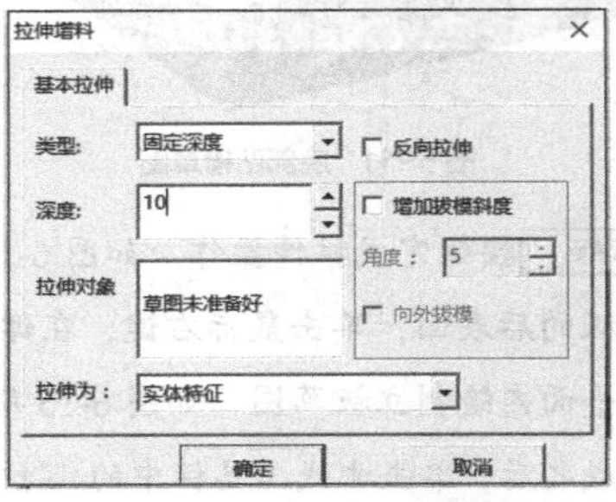

图 6-20　【拉伸增料】对话框

⑲ 选择好拉伸方向，单击 确定 按钮完成拉伸操作，生成立板上的凸台，如图 6-21 所示。

⑳ 选择凸台表面，单击鼠标右键，在弹出的快捷菜单中选择“创建草图”，如图 6-22 所示。

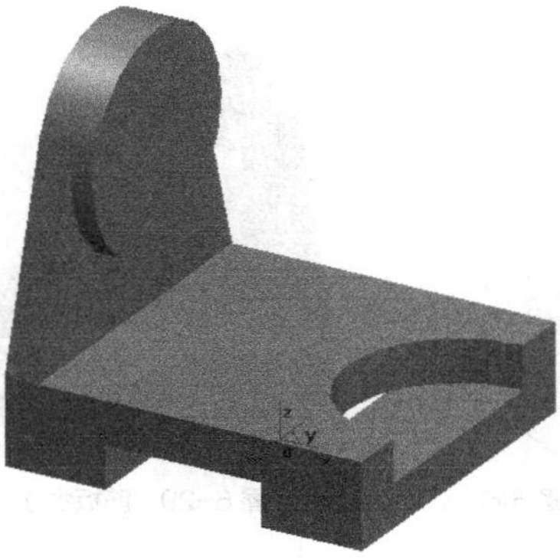

图 6-21　生成立板上的凸台

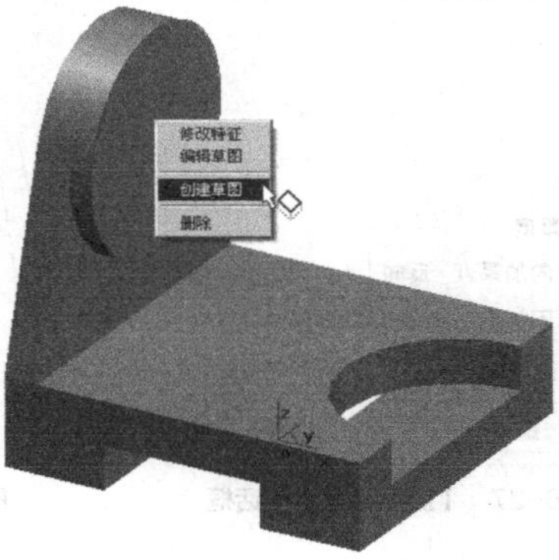

图 6-22　选择凸台前面为草图平面

㉑ 在草图平面内绘制通孔草图，如图 6-23 所示。

㉒ 单击特征工具栏中的按钮，在弹出的【拉伸除料】对话框中设置拉伸类型为“贯穿”，如图 6-24 所示。

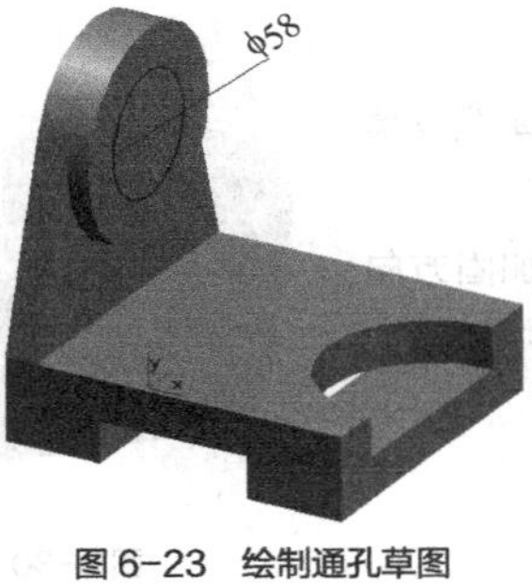

图 6-23　绘制通孔草图

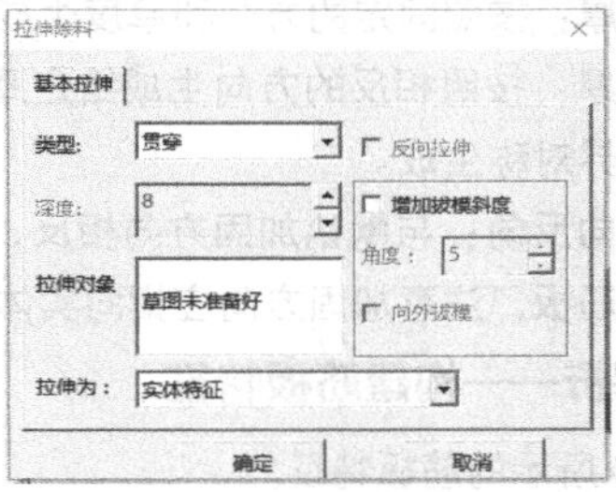

图 6-24　【拉伸除料】对话框

㉓ 单击 确定 按钮完成拉伸操作，生成通孔如图 6-25 所示。

㉔ 选择“平面 XZ”为草图平面，在草图平面内绘制筋板的草图，如图 6-26 所示。

图 6-25　生成通孔

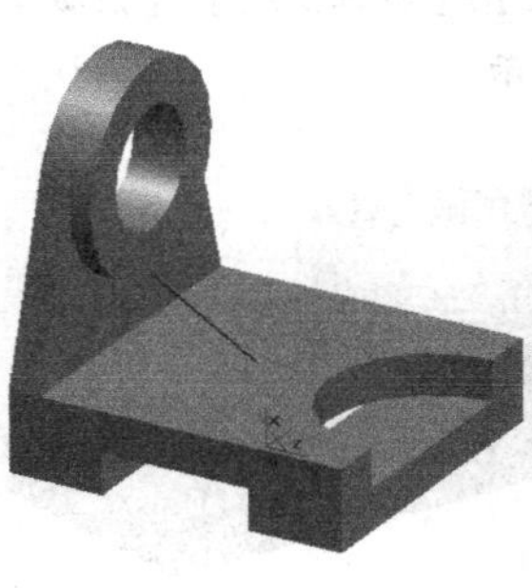

图 6-26　绘制筋板草图

㉕ 退出草图状态，选择筋板草图，单击特征工具栏中的按钮，弹出【筋板特征】对话框，设置筋板

厚度为“20”，如图 6-27 所示。

㉖ 选择好筋板的加固方向，如图 6-28 所示。

㉗ 单击 确定 按钮完成筋板操作，如图 6-29 所示。

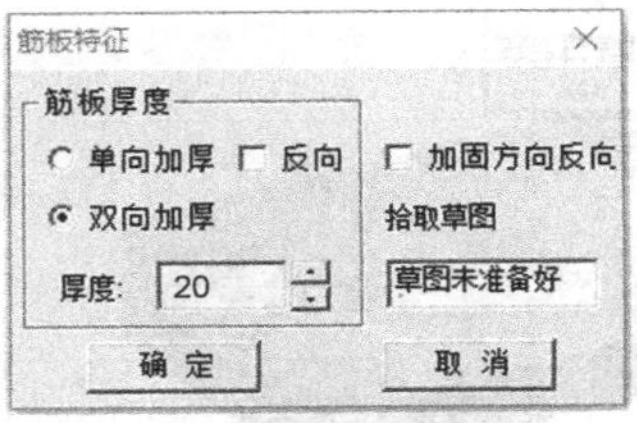

图 6-27 【筋板特征】对话框

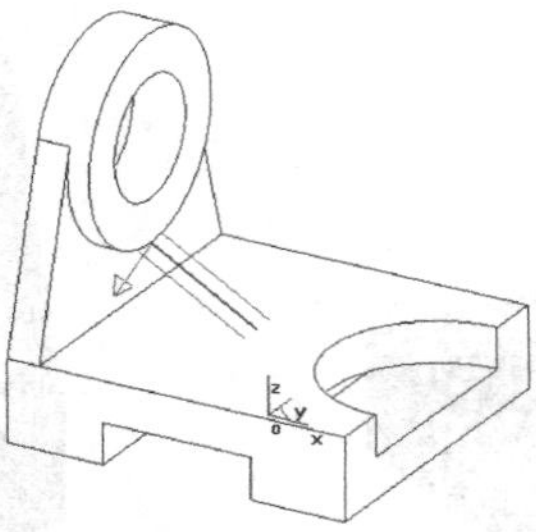

图 6-28 确定加固方向

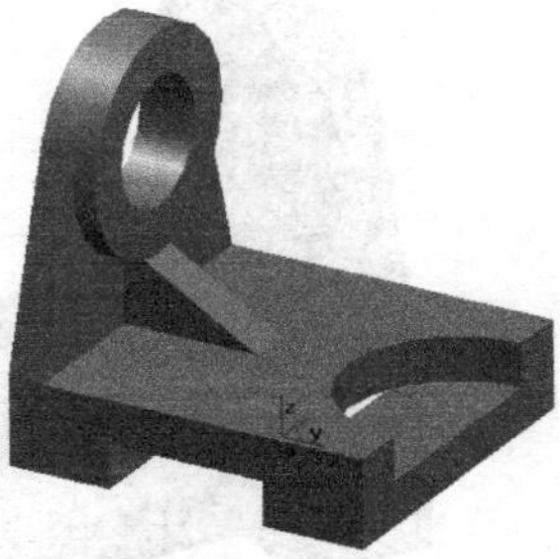

图 6-29 筋板生成

6.2 软件功能介绍

1. 筋板

筋板是附在其他特征之上的，主要作用是加强两个实体间连接的特征体。

筋板命令有以下几个参数非常重要。

- 单向加厚：按照固定的方向和厚度生成实体。
- 双向加厚：按照相反的方向生成给定厚度的实体，厚度以草图为分界对称生成。
- 加固方向反向：与默认加固方向相反，按照不同的加固方向所做的筋板，注意加固方向应指向实体，否则操作失败。

图 6-30 筋板实体

2. 范例解析——构建筋板特征

构建图 6-30 所示的筋板特征。

【步骤解析】

① 选择筋板所在的平面，创建筋板的草图。与其他特征不同的是，筋板的草图是开曲线，如图 6-31 所示。

② 选择【造型】/【特征生成】/【筋板】命令，或单击特征工具栏中的按钮，弹出【筋板特征】对话框，如图 6-32 所示。

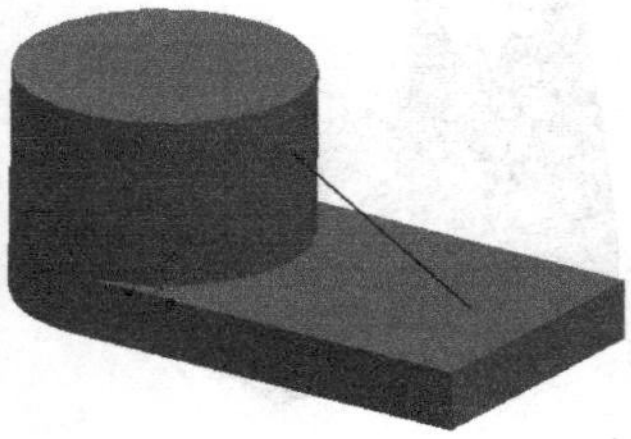

图 6-31 筋板草图

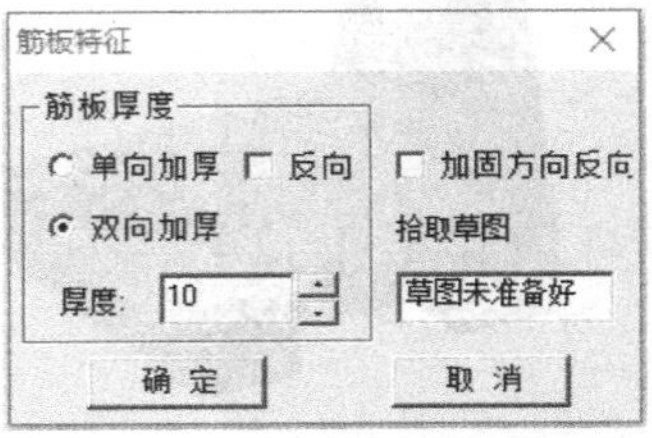

图 6-32 【筋板特征】对话框

③ 选取筋板加厚方式，在【厚度】数值框中输入或调整厚度值，拾取草图，选择加固方向，如图 6-33

所示，单击 确定 按钮完成操作，生成筋板如图6-34所示。

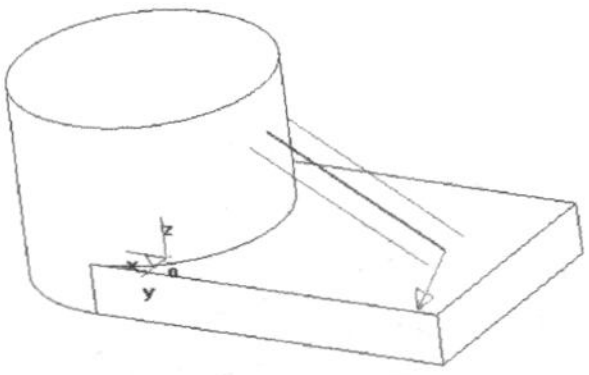

图6-33 选择加固方向

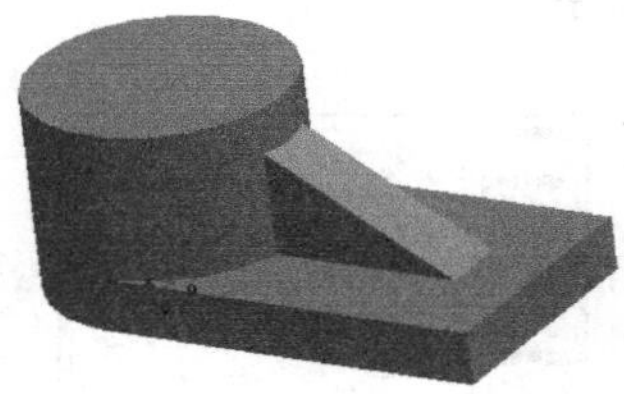

图6-34 生成筋板

6.3 课堂实战演练

下面通过几个简单的练习，来巩固一下学习的知识。

6.3.1 构建连动座实体造型

应用拉伸增料和拉伸除料命令构建连动座的实体造型，其零件图和实体造型图分别如图6-35和图6-36所示。

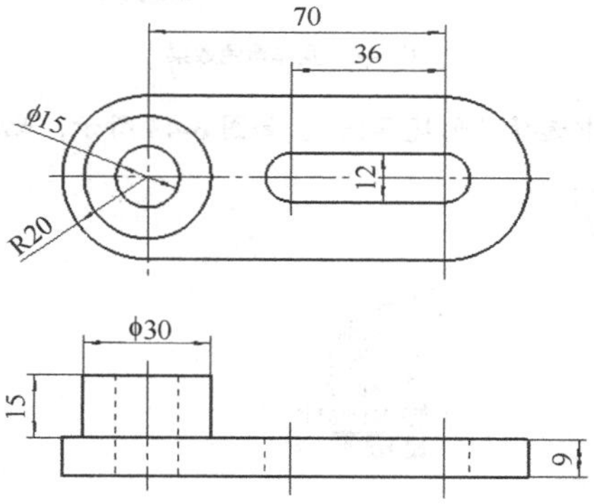

图6-35 零件图

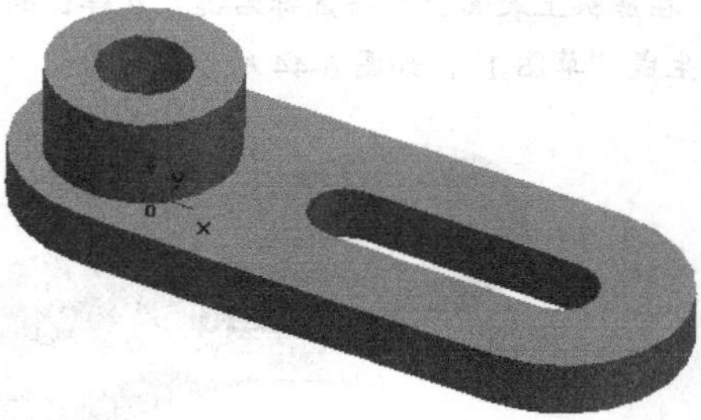

图6-36 实体造型

【步骤解析】

① 在零件特征树中选择“平面XY”，然后单击状态特征栏中的 按钮，进入草图绘制状态，此时在特征树中生成“草图0”，如图6-37所示。

② 应用直线、圆和裁剪命令绘制连动座的底板轮廓草图，底板形状和尺寸如图6-38所示。

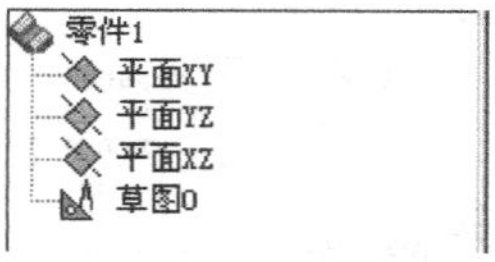

图6-37 生成“草图0”

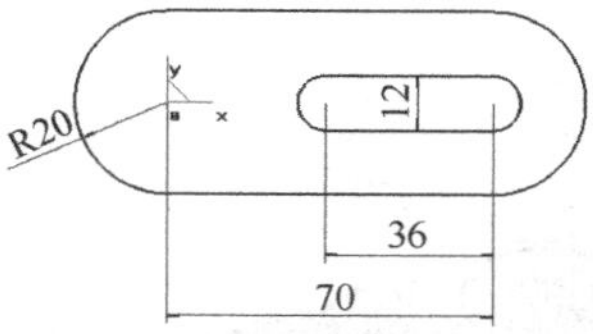

图6-38 底板轮廓

③ 选择【造型】/【特征生成】/【增料】/【拉伸】命令，或直接单击特征工具栏中的 按钮，弹出【拉伸增料】对话框，设置拉伸类型和方向，在【深度】数值框中输入“9”，如图6-39所示。

④ 选择“草图 0”为拉伸对象，确定好拉伸方向，如图 6-40 所示。单击 确定 按钮，完成底板造型，结果如图 6-41 所示。

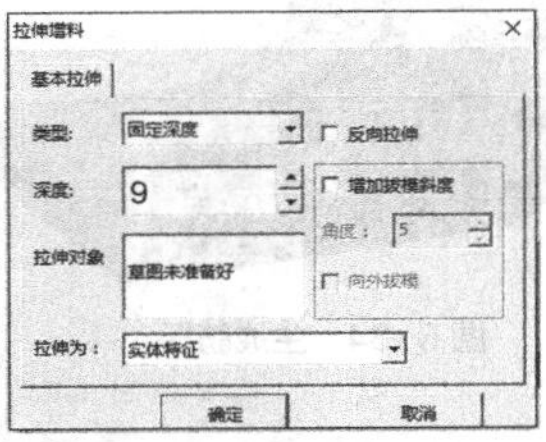

图 6-39　设置拉伸增料参数

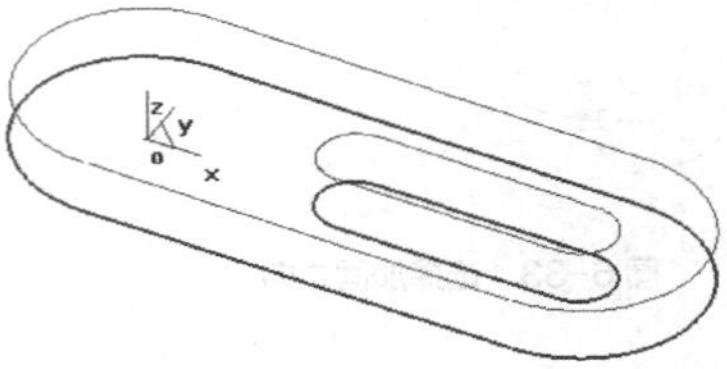

图 6-40　拉伸方向

⑤ 图 6-41 所示为线架消隐显示，单击显示工具栏中的按钮，显示实体着色效果，如图 6-42 所示。

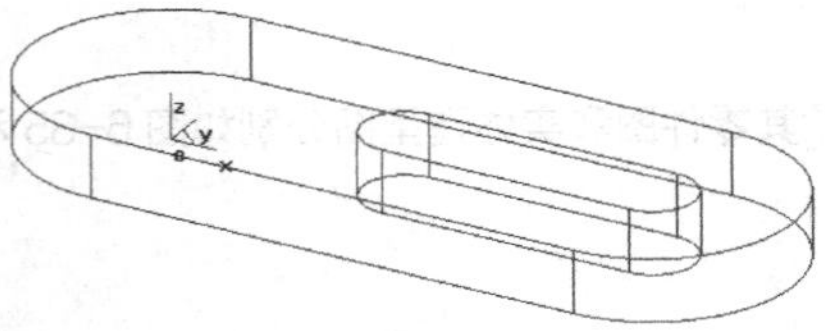

图 6-41　拉伸结果

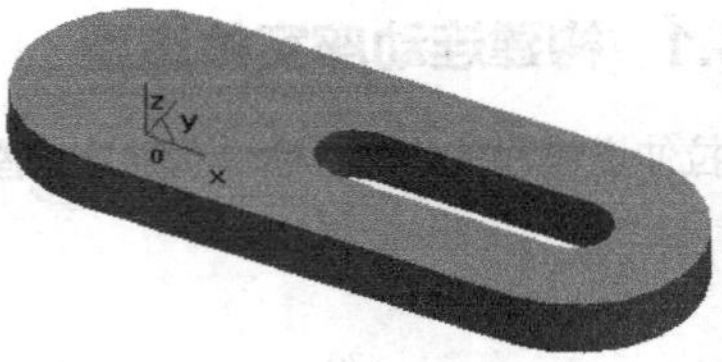

图 6-42　实体着色效果

⑥ 在底板上表面上单击鼠标右键，在弹出的快捷菜单中选择“创建草图”，如图 6-43 所示，此时在特征树中生成“草图 1”，如图 6-44 所示。

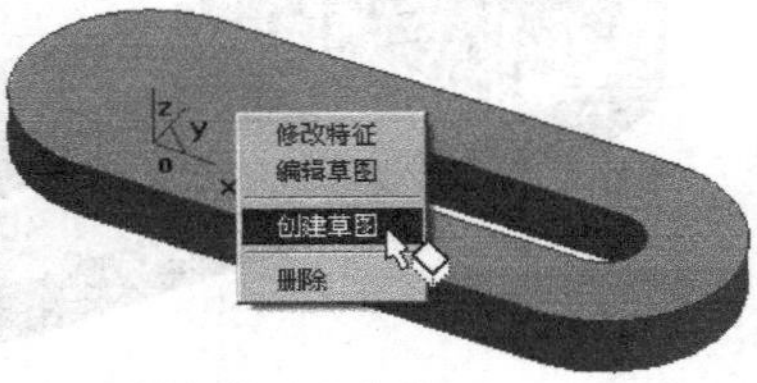

图 6-43　创建草图

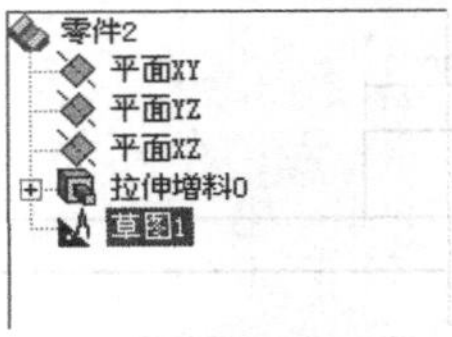

图 6-44　草图 1

⑦ 单击曲线生成栏中的按钮，选择“圆心_半径”选项，按空格键，在弹出的工具点菜单中选择“C 圆心”，选择底板的圆弧边，然后输入半径“15”，按 Enter 键，完成圆的绘制，如图 6-45 所示。

⑧ 退出草图状态，选择“草图 1”，单击特征工具栏中的按钮，弹出【拉伸增料】对话框，如图 6-46 所示。

⑨ 设置拉伸类型和方向，在【深度】数值框中输入“15”。

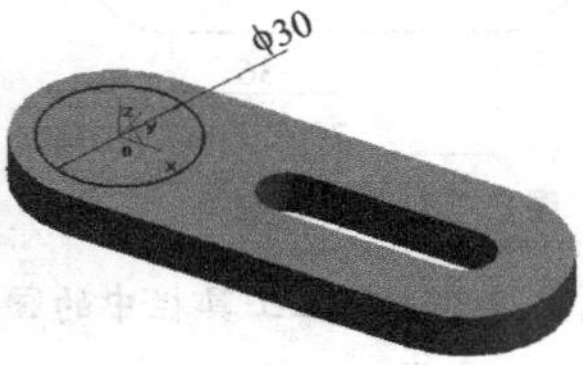

图 6-45　草图尺寸

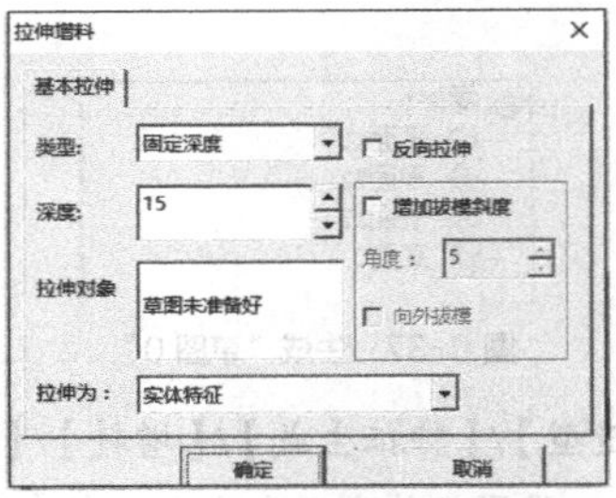

图 6-46　【拉伸增料】对话框

⑩ 确定好拉伸方向，单击 确定 按钮，完成凸台造型，结果如图6-47所示。

⑪ 在凸台顶面单击鼠标右键，在弹出的快捷菜单中选择“创建草图”，如图6-48所示，进入草图绘制状态。

⑫ 在草图平面内，以凸台上表面的圆心为圆心绘制一个直径为15的圆。

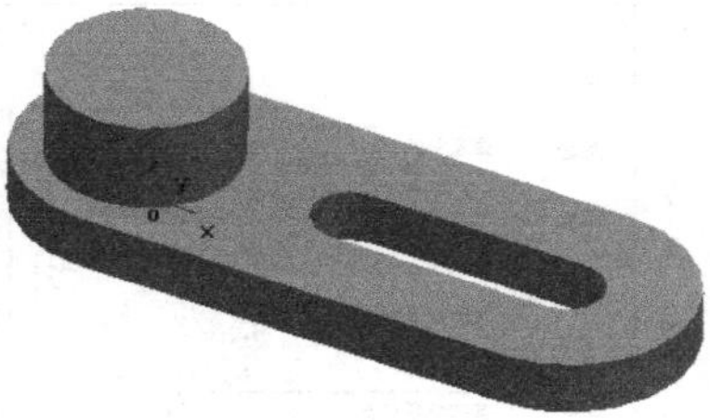

图6-47 凸台

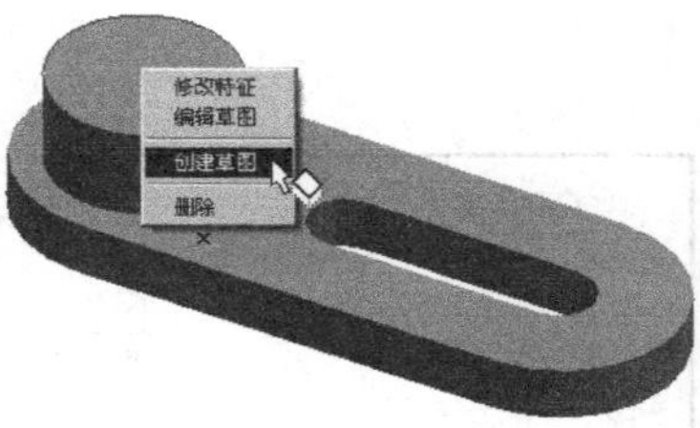

图6-48 选择草图面

⑬ 选择【造型】/【特征生成】/【除料】/【拉伸】命令，或直接单击特征工具栏中的按钮，弹出【拉伸除料】对话框，如图6-49所示。

⑭ 设置拉伸类型为“贯穿”，单击 确定 按钮，完成通孔造型，如图6-50所示。

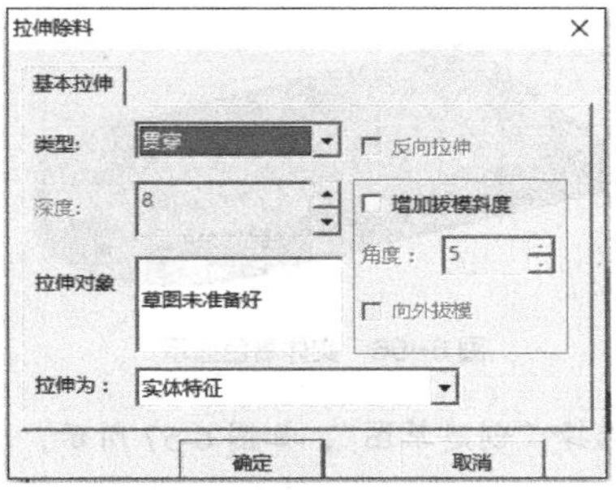

图6-49 【拉伸除料】对话框

图6-50 通孔

⑮ 单击标准工具栏中的按钮将实体造型保存，完成连动座实体造型的创建操作。

6.3.2 构造连板实体造型

综合应用线框造型和拉伸增料、拉伸除料命令创建连板的实体造型。连板零件图和实体造型分别如图6-51和图6-52所示。

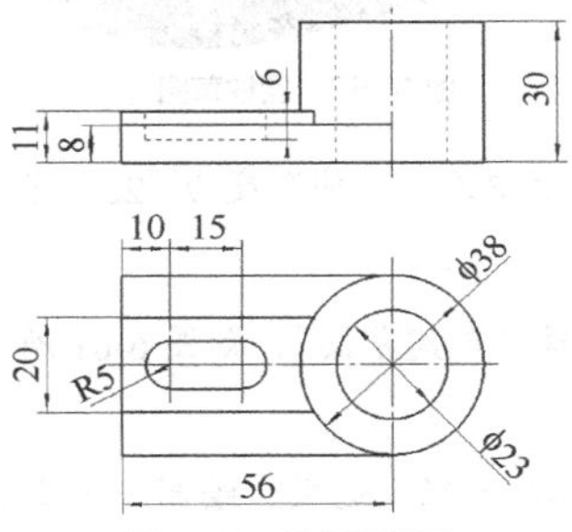

图6-51 连板零件图

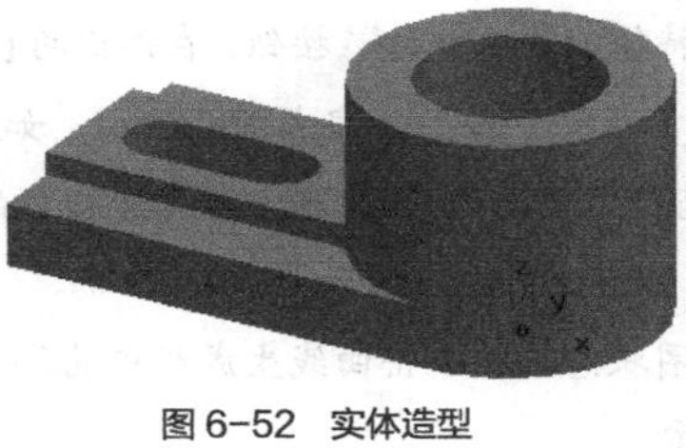

图6-52 实体造型

【步骤解析】

① 选择“平面 XY”，单击状态工具栏中的按钮，进入草图状态，绘制连板底板草图，如图 6-53 所示。

② 单击特征工具栏中的按钮，弹出【拉伸增料】对话框，拉伸类型选择“固定深度”，在【深度】数值框中输入“8”，如图 6-54 所示。

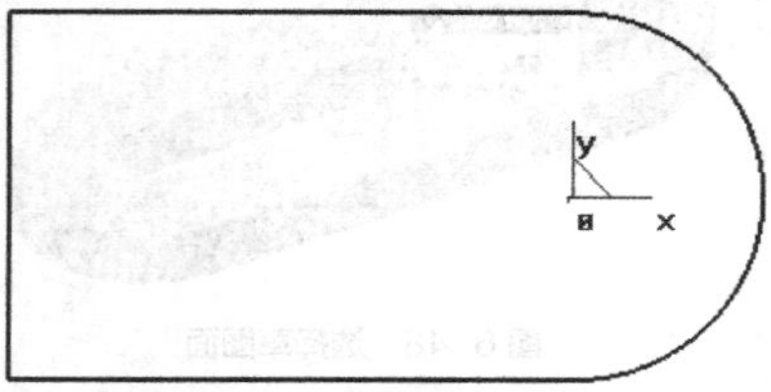

图 6-53　底板草图

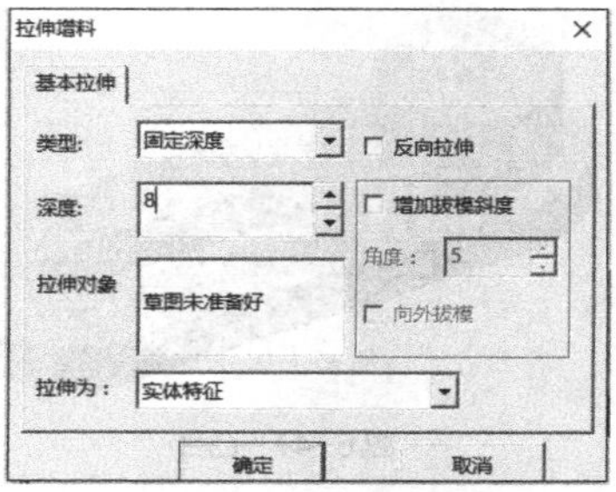

图 6-54　【拉伸增料】对话框

③ 拉伸对象选择“草图 0”，即底板草图，单击 确定 按钮，完成底板造型，如图 6-55 所示。

④ 单击显示工具栏中的按钮，显示实体着色效果，如图 6-56 所示。

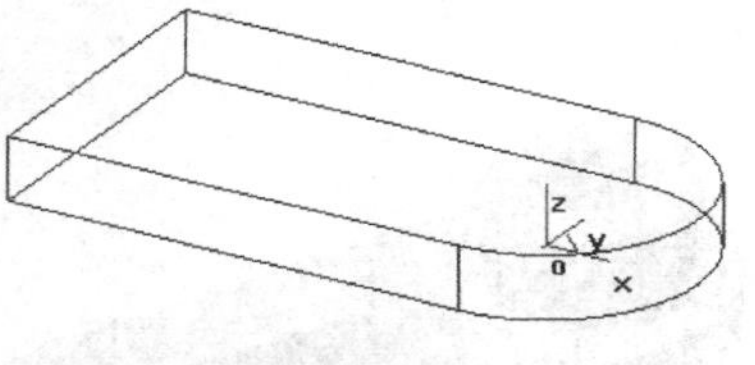

图 6-55　底板

图 6-56　实体着色显示

⑤ 选择底板顶面，单击鼠标右键，在弹出的快捷菜单中选择“创建草图”，如图 6-57 所示，进入草图绘制状态。

⑥ 单击曲线生成栏中的按钮，选择“圆心_半径”选项，绘制一个半径为 19 的圆，如图 6-58 所示。

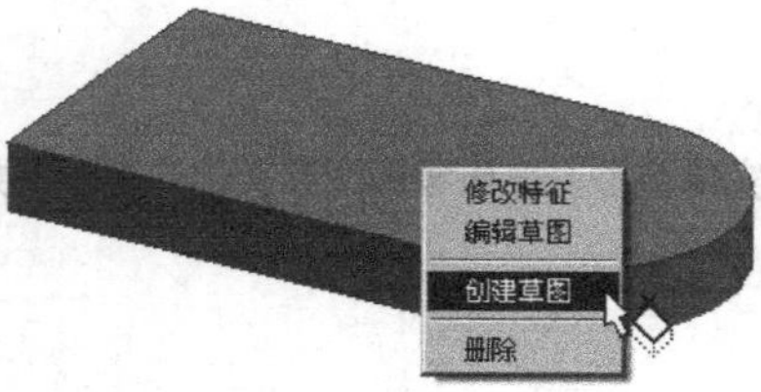

图 6-57　选择底板顶面

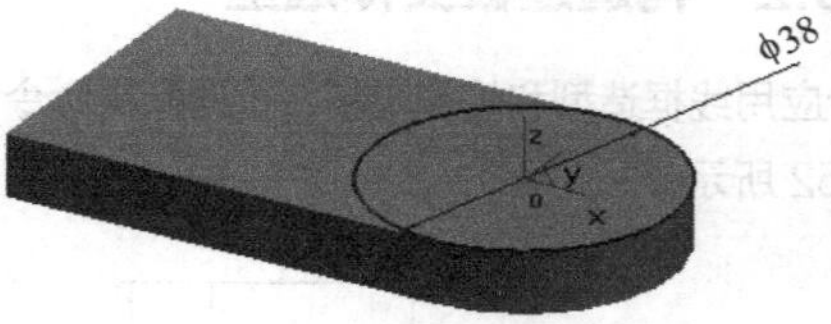

图 6-58　圆柱草图

⑦ 单击特征工具栏中的按钮，在弹出的【拉伸增料】对话框中设置拉伸深度为“22”，如图 6-59 所示。

⑧ 单击 确定 按钮，完成圆柱造型，如图 6-60 所示。

⑨ 选择圆柱顶面，单击鼠标右键，在弹出的快捷菜单中选择“创建草图”，如图 6-61 所示，进入草图绘制状态。

⑩ 在草图状态下，单击曲线生成栏中的按钮，选择“圆心_半径”选项，绘制一个直径为 23 的圆，如图 6-62 所示。

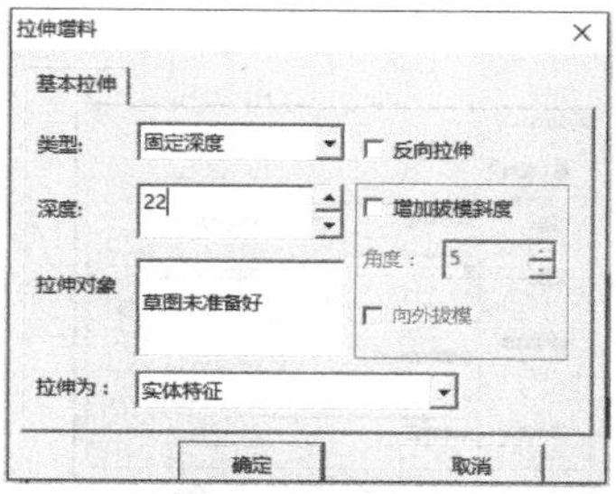

图 6-59 【拉伸增料】对话框

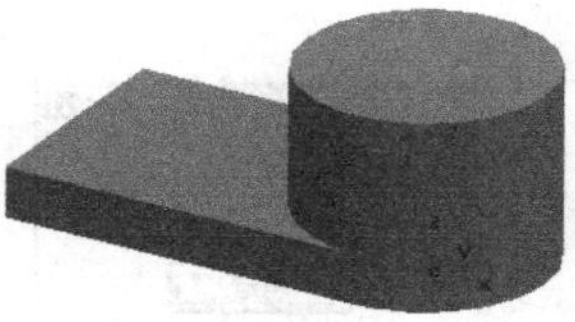

图 6-60 生成圆柱体

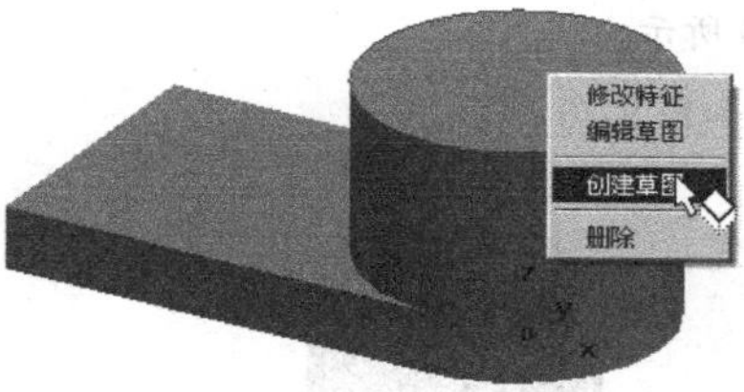

图 6-61 选择圆柱顶面

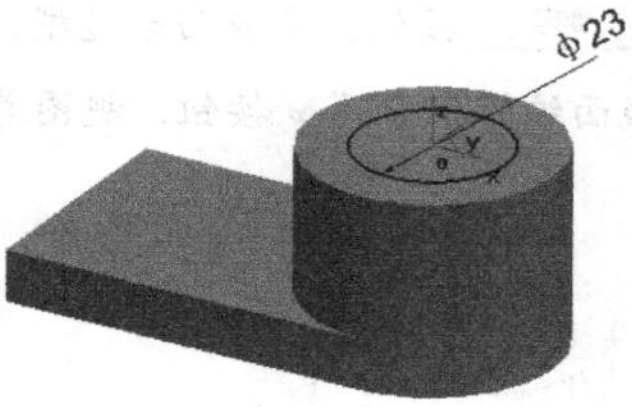

图 6-62 通孔草图

⑪ 单击特征工具栏中的按钮，在弹出的【拉伸除料】对话框中设置拉伸类型为“贯穿”，如图 6-63 所示。

⑫ 单击 确定 按钮，完成通孔造型，造型如图 6-64 所示。

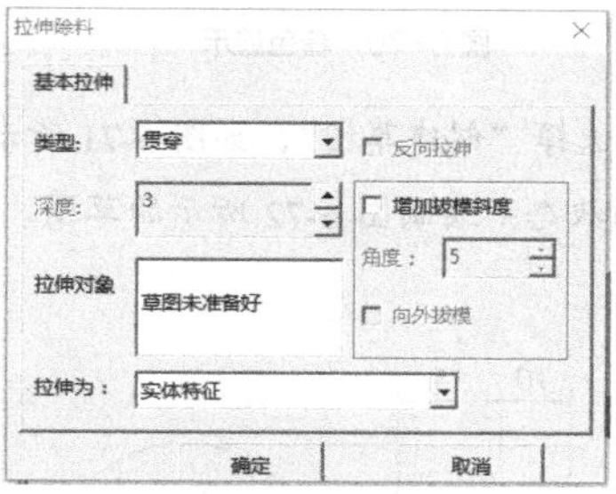

图 6-63 【拉伸除料】对话框

图 6-64 通孔生成

⑬ 选择底板顶面，单击鼠标右键，在弹出的快捷菜单中选择“创建草图”，如图 6-65 所示，进入草图绘制状态。

⑭ 单击显示工具栏中的按钮使视图消隐显示，绘制草图如图 6-66 所示。

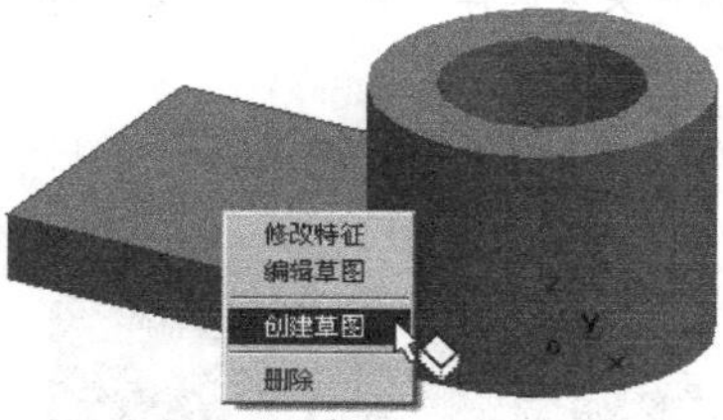

图 6-65 选择底板顶面

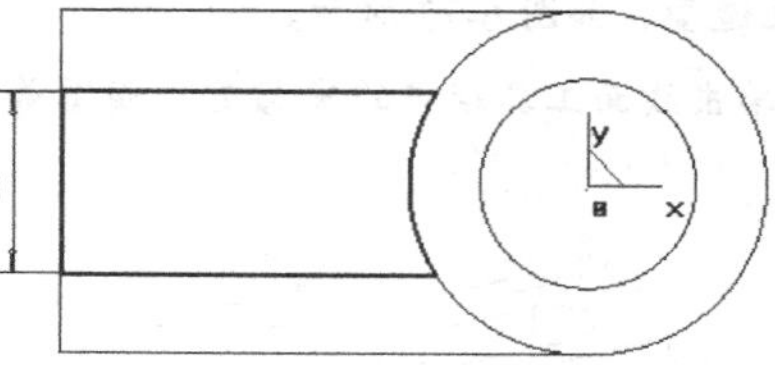

图 6-66 底板凸台草图

⑮ 绘制完成之后，单击曲线生成栏中的按钮，检查草图是否存在开口环，如图 6-67 所示。

⑯ 若提示“草图不存在开口环”，则单击特征工具栏中的按钮，在弹出的【拉伸增料】对话框中设

置深度为 3，如图 6-68 所示。

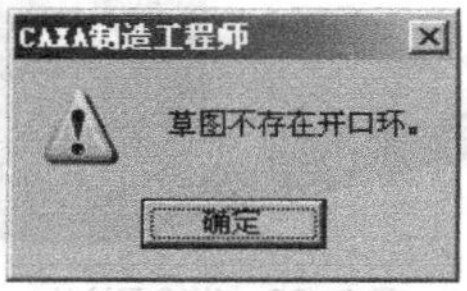

图 6-67 检查草图

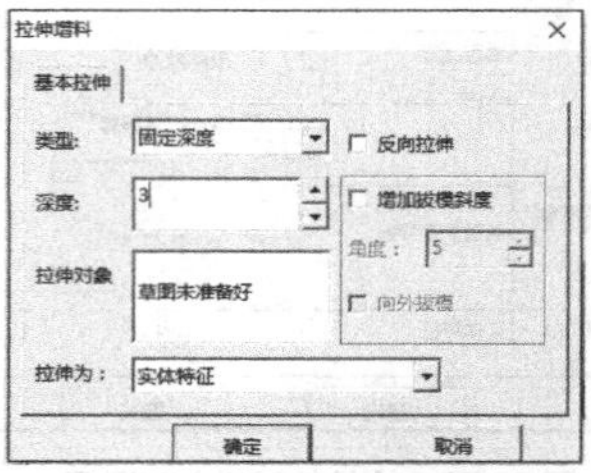

图 6-68 【拉伸增料】对话框

⑰ 单击 确定 按钮，完成凸台造型，如图 6-69 所示。

⑱ 单击线面编辑栏中的按钮，视图着色显示，如图 6-70 所示。

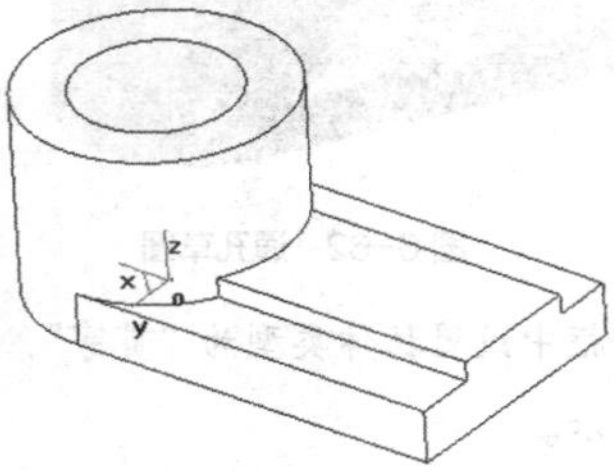

图 6-69 凸台生成

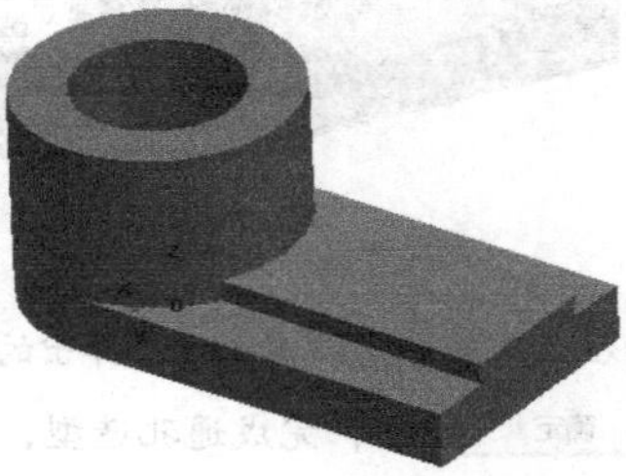

图 6-70 着色显示

⑲ 选择凸台顶面，单击鼠标右键，在弹出的快捷菜单中选择“创建草图”，如图 6-71 所示。

⑳ 单击显示工具栏中的按钮使视图消隐显示，在草图状态下绘制图 6-72 所示的草图。

图 6-71 选择凸台顶面

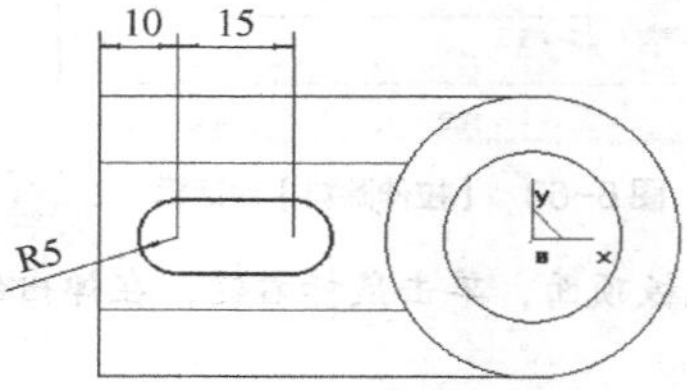

图 6-72 键孔草图

㉑ 绘制完草图之后，直接单击特征工具栏中的按钮，拉伸类型选择“贯穿”，单击 确定 按钮，完成键孔造型，如图 6-73 所示。

㉒ 单击线面工具栏中的按钮，视图着色显示，如图 6-74 所示，连板造型完成。

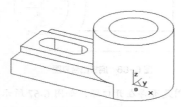

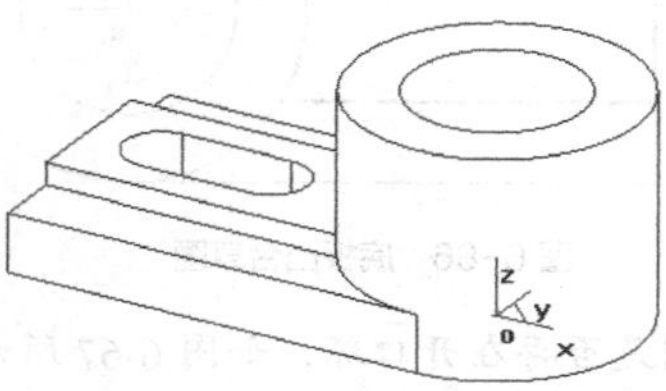

图 6-73 键孔生成

图 6-74 着色显示

6.4 课后综合演练

要求：按照尺寸，应用拉伸增料、拉伸除料、阵列、基准面创建等命令创建实体造型，如图 6-75 所示。

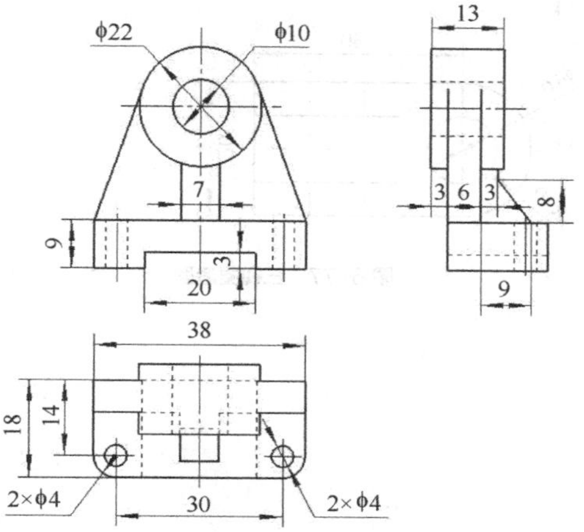

图 6-75　座体

6.5 小结

本章所述内容属于实体造型的范畴，通过轴座的造型重点介绍筋板、阵列、构造基准面等基本命令。实体造型也称特征造型，特征是指可以用来组合生成零件的各种形状，包括孔、型腔、凸台、圆柱体等。采用实体特征造型技术，可以使零件的设计过程直观、简单、准确。

6.6 习题

1. 应用所学命令创建压板造型，如图 6-76 所示。

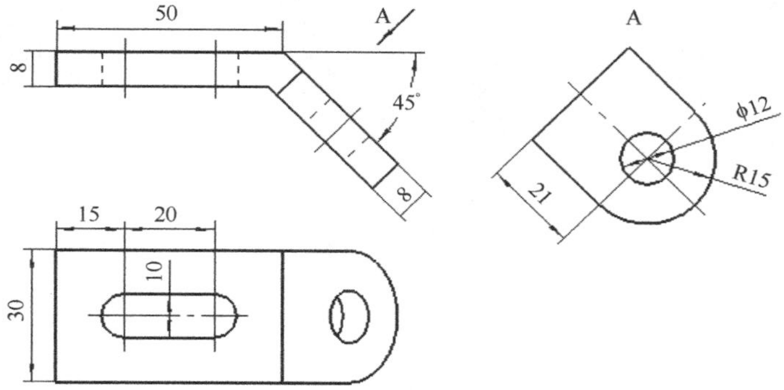

图 6-76　压板

2. 根据三视图构造实体造型，如图 6-77 所示。

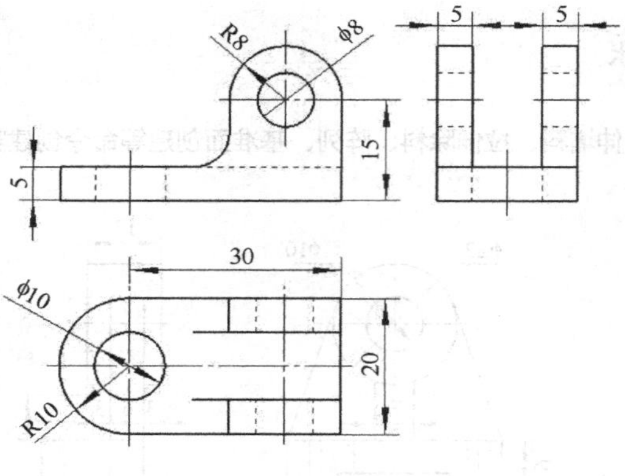

图 6-77 三视图造型

Chapter 7

第 7 章 构建凿子模型

凿子是日常生活中常见的一种工具，它的结构比较简单。分析凿子的形状可见，凿子呈不规则状态，其截面的形状有圆形、正方形和矩形。本章将通过对凿子的实体造型设计，重点学习放样增料这一特征造型工具的应用与操作。凿子零件图和实体造型如图 7–1 所示。

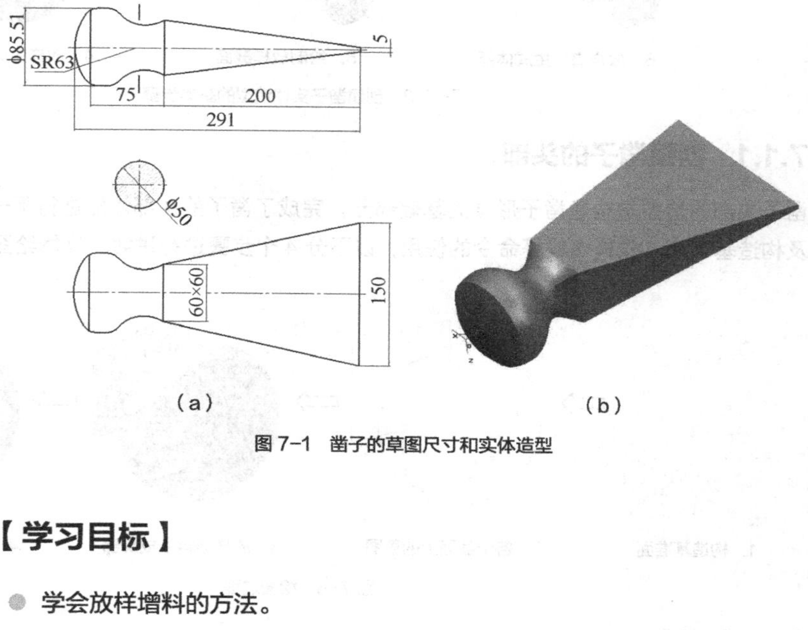

（a）（b）

图 7–1　凿子的草图尺寸和实体造型

【学习目标】

- 学会放样增料的方法。
- 掌握旋转增料命令。
- 熟练掌握创建基准面命令。

7.1 课堂实训案例

凿子的头部和刃部特征比较明显，需要用到放样增料命令。创建凿子实体造型的基本步骤如图 7-2 所示。

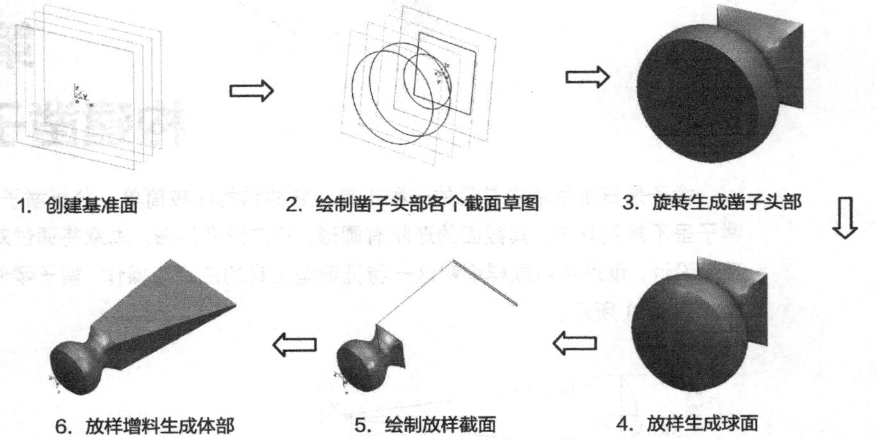

图 7-2 创建凿子实体造型的基本步骤

7.1.1 创建凿子的头部

凿子头部的造型是构建凿子形体的基础部分，完成了凿子的头部才能进行下一步的造型，本任务的完成涉及构造基准面、放样增料等命令的使用，以下分 4 个步骤进行讲解。具体绘图过程如图 7-3 所示。

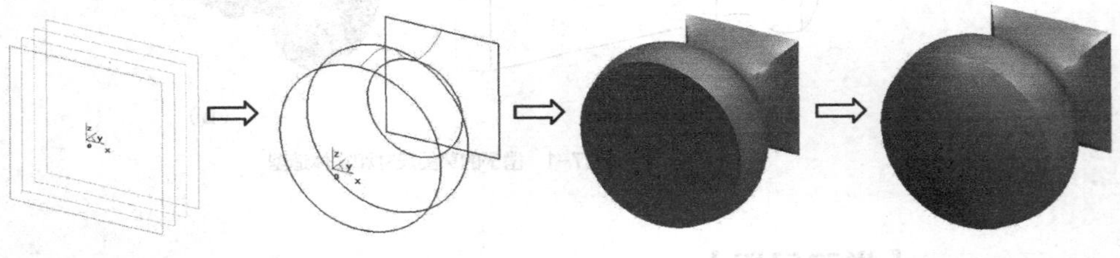

图 7-3 绘图过程

【步骤解析】

构建凿子模型 1

1. 相互平行的基准面应用构造基准面命令创建。创建 3 个相互平行的基准面的基本过程如下。

① 单击按钮，弹出【构造基准面】对话框，如图 7-4 所示。

② 用鼠标单击【构造基准面】对话框中的第一种构造方法，构造一个与选定平面平行的基准面，构造条件为“平面 XZ”（用鼠标单击特征树中的“平面 XZ”即可），设置向相反方向创建，设置距离为“24”，单击 确定 按钮完成操作，此时创建了基准平面“平面 3”。

③ 创建“平面 3”的平行基准平面“平面 4”，距离为“25”。再创建“平面 4”的平行基准平面“平面 5”，距离为“25”。图 7-5 所示为“平面 XZ”和新创建的“平面 3”“平面 4”和“平面 5”。

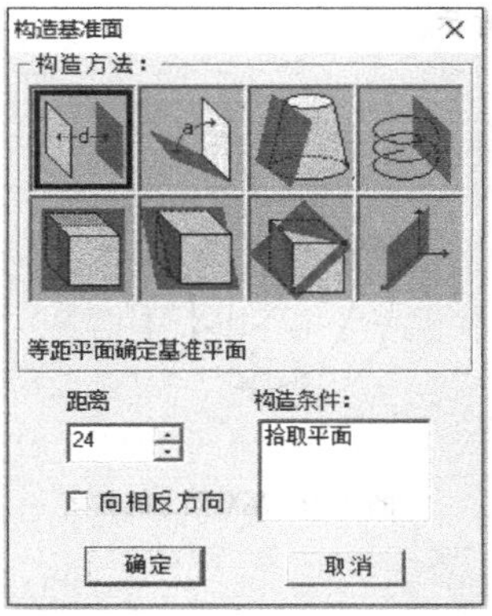

图7-4 【构造基准面】对话框

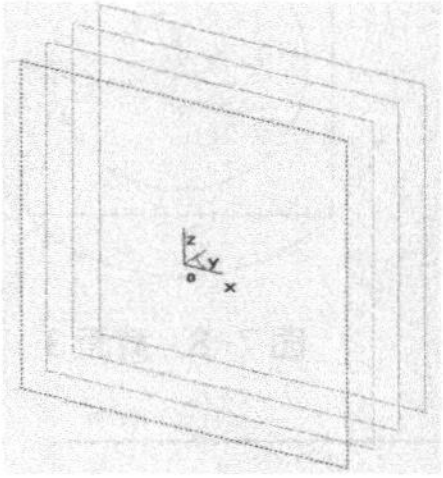

图7-5 基准面

2. 草图截面应用线框造型的直线和圆的命令绘制。

① 选择特征树中的“平面XY”，单击按钮，进入以“平面XY”为草图平面的草图状态，绘制“截面1”，即边长为“60”的正方形，为了使创建的实体表面光滑不发生扭曲，正方形的边长以“30”为长度单位绘制。

单击按钮，在立即菜单中选择“两点线”“连续”“正交”和“长度方式”选项，在【长度】文本框中输入数值“30”，然后绘制长度为30的、连续的直线段，结果如图7-6所示。

② 退出以“平面XY”为草图平面的草图状态。选择特征树中的“平面3”，单击按钮，进入以“平面3”为草图平面的草图状态，绘制“截面2”。单击按钮，在立即菜单中选择“圆心_半径”选项，以矩形的中心为圆心，以“25”为半径，绘制直径为50的圆，如图7-7所示。

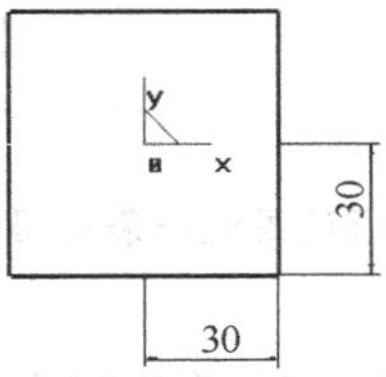

图7-6 截面1

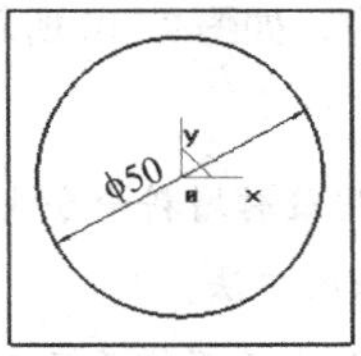

图7-7 截面2

③ 退出以“平面3”为草图平面的草图状态。

- 选择特征树中的“平面4”，单击按钮，进入以“平面4”为草图平面的草图状态，绘制“截面3”。
- 单击按钮，在立即菜单中选择“圆心_半径”选项，绘制圆，与直径为50的圆同圆心，捕捉正方形的角点作为圆上点，绘制“截面3”，如图7-8所示。

④ 选择特征树中的“平面4”，单击按钮，进入绘制草图状态，绘制“截面4”，“截面4”的画法与“截面3”相同。

⑤ 这样在4个平面内绘制了4个截面草图，如图7-9所示。

3. 凿子头部应用放样增料命令生成，放样增料命令是根据多个截面线轮廓生成一个实体。截面线应为草图轮廓。

- 选择【造型】/【特征生成】/【增料】/【放样】命令，或直接单击按钮，弹出【放样】对话框，如图7-10（a）所示。
- 依次选取各轮廓截面线，为使放样后不发生扭曲，选择完截面后的连接线如图7-10（b）所示，

单击 确定 按钮完成操作，结果如图 7-10（c）所示。

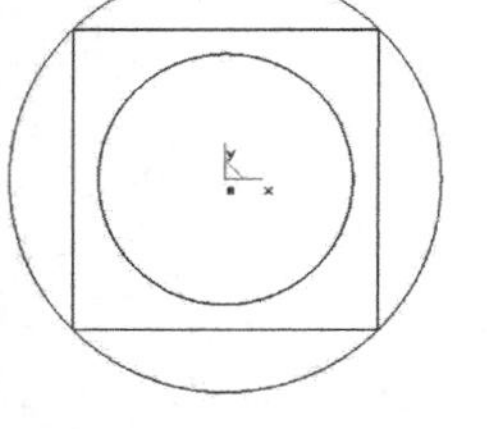
图 7-8　截面 3

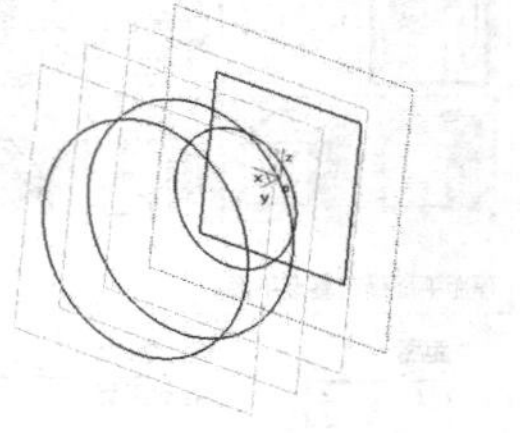
图 7-9　基准面上的截面

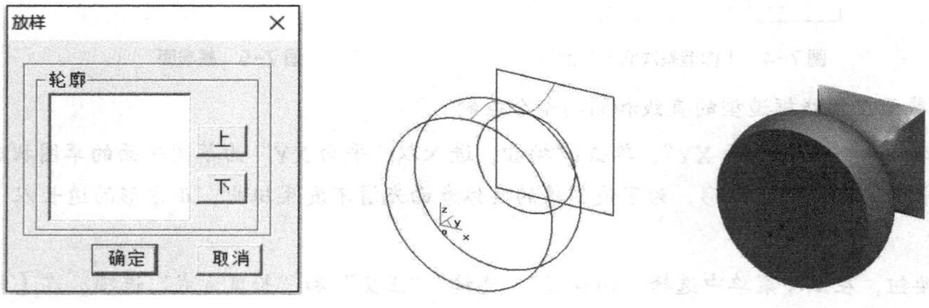

（a）　（b）　（c）
图 7-10　放样增料生成头部

要点提示

拾取草图截面时要按顺序选取，拾取截面 1，要选择在正方形上边的中点处，其他截面拾取点的位置要与截面 1 的位置相对应，如图 7-10 所示。

4. 凿子头部球面应用旋转增料命令生成，旋转增料命令是通过围绕一条空间直线旋转一个或多个封闭轮廓，增加生成一个特征的方法。

① 选择特征树中的基本平面“平面 YZ”，单击按钮，进入以“平面 YZ”为草图平面的草图状态，绘制草图轮廓，如图 7-11 所示。

② 退出草图状态，按 F9 键将平面切换到“平面 YZ”，单击按钮，在立即菜单中选择“两点线”“单个”“正交”和“点方式”选项，过凿子顶面的中心绘制回转轴线，如图 7-12 所示。

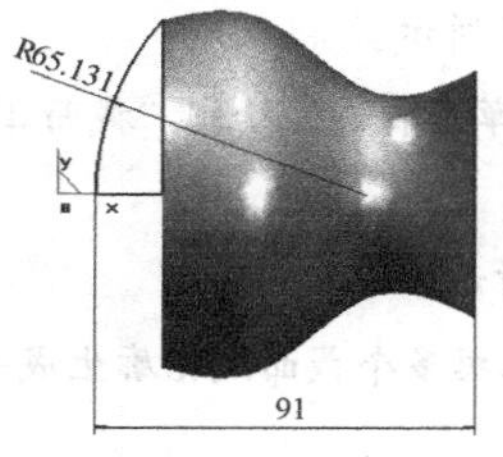

图 7-11　球面草图

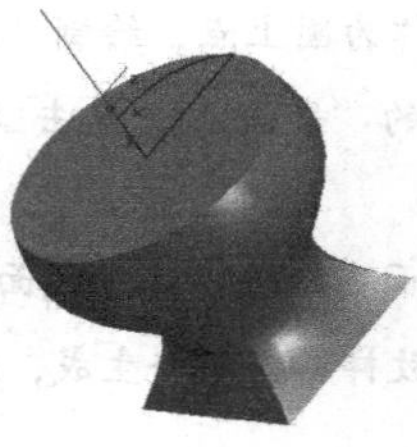
图 7-12　绘制回转轴

③ 单击按钮，弹出【旋转】对话框，如图 7-13（a）所示。

④ 在对话框中设置【类型】为“单向旋转”，旋转角度为“360”，根据命令提示分别拾取截面草图和

旋转轴线，然后单击 确定 按钮完成操作，如图 7-13（b）所示。

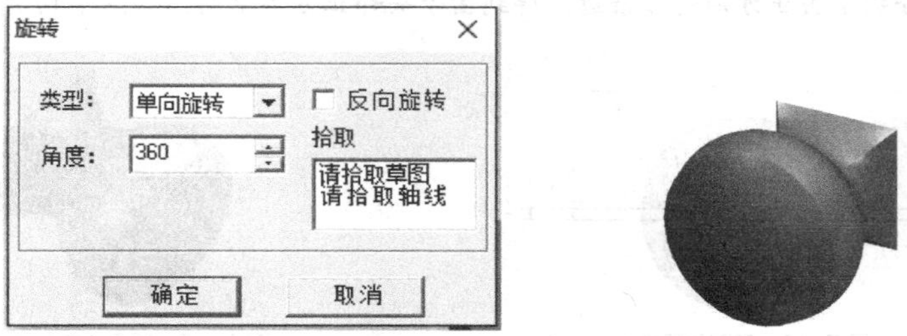

（a）　　　　（b）

图 7-13　旋转增料生成球体

要点提示

（1）旋转轴线要退出草图绘制，绘制空间直线。

（2）旋转截面要封闭且无重合线。

7.1.2　创建零件凿子的体部和刃部

这个环节是在绘制凿子头部成功的基础上进行放样增料成型操作，是一个成型环节，可以分两步进行，具体构造过程如图 7-14 所示。

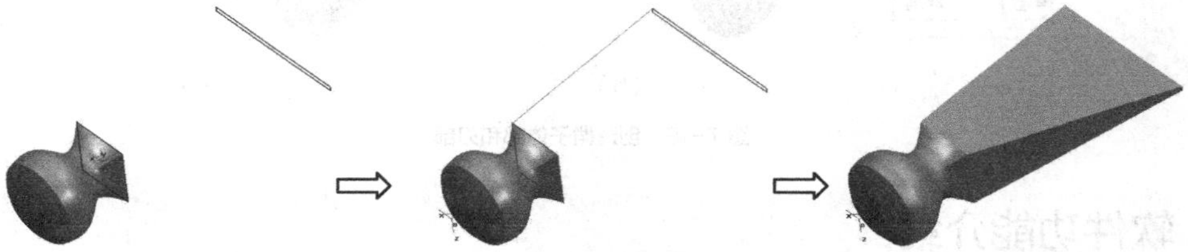

1. 创建两个截面的草图　　2. 拾取截面线　　3. 成型零件

图 7-14　凿子体部和刃部成型过程

【步骤解析】

① 单击按钮，弹出【构造基准面】对话框，如图 7-15 所示。

② 单击【构造基准面】对话框中的第一种构造方法，构造一个与选定平面平行的基准面，设置距离为“200”。构造条件为“平面 XZ”，设置默认方向，然后单击 确定 按钮完成操作，构造出“平面 6”。

图 7-15　【构造基准面】对话框

绘制放样增料的截面草图，刃部应用矩形命令绘制，体部运用曲线投影命令绘制。

曲线投影命令是指定一条曲线或实体的边界，沿某一方向，作一个实体的基准平面投影，得到曲线或边界在该基准平面上的投影线，从而获得草图轮廓。这是在实体造型中经常用到的绘制命令。

① 单击特征树中的“平面 6”，然后单击按钮，进入绘制草图状态，绘制刃部截面图，图形尺寸如图 7-16 所示。

② 选择凿子头部的正方形侧面作为草图平面，然后单击按钮，进入草图绘制状态，单击【曲线】工具条中的按钮，分别单击正方形的 4 条边，得到凿子头部正方形草图，如图 7-17 所示。

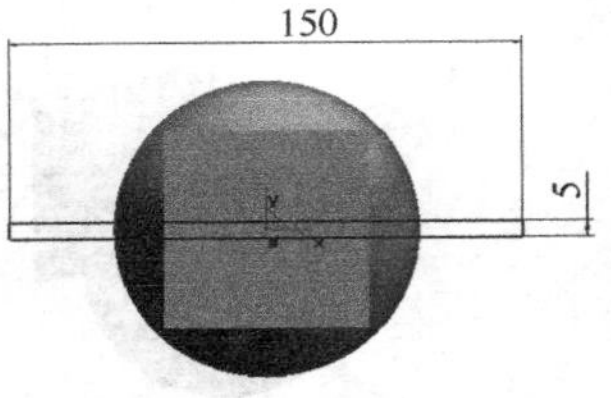

图 7-16 刃部截面草图

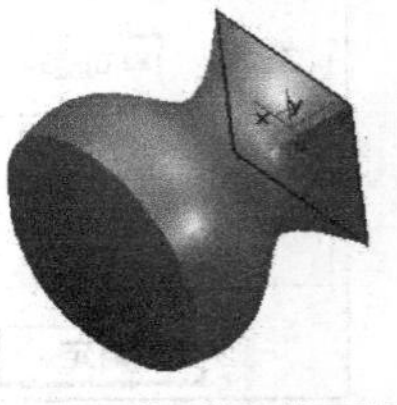

图 7-17 凿子体部截面草图

应用放样增料命令生成凿子的体部和刃部。

① 单击按钮，弹出【放样】对话框，如图 7-18（a）所示。

② 分别选取各轮廓曲线，出现的放样引导线如图 7-18（b）所示。

③ 单击 确定 按钮完成操作，如图 7-18（c）所示。

构建凿子模型 2

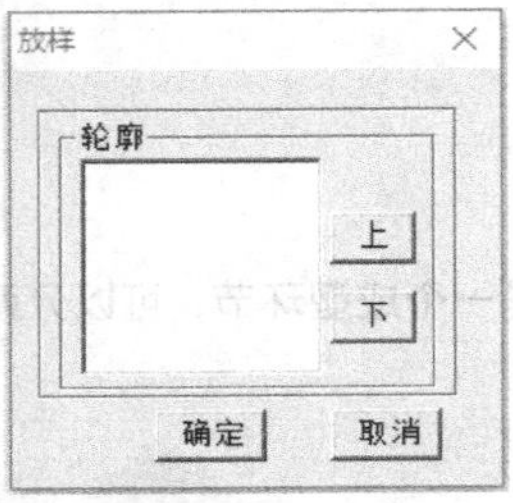

（a）

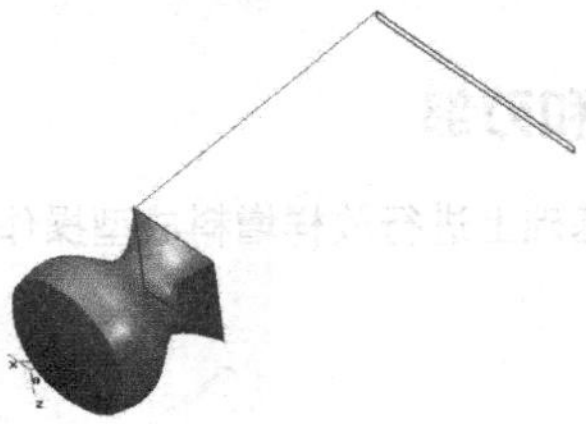

（b）

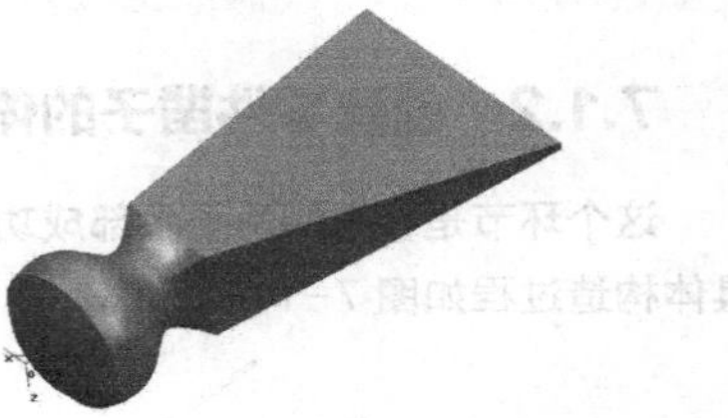

（c）

图 7-18 创建凿子体部和刃部

7.2 软件功能介绍

1. 放样增料

放样增料是根据多个截面线轮廓生成一个实体。截面线应为草图轮廓。

【步骤解析】

① 绘制放样的草图截面，如图 7-19 所示。

选择【造型】/【特征生成】/【增料】/【放样】命令，或者单击按钮，弹出【放样】对话框，如图 7-20 所示。

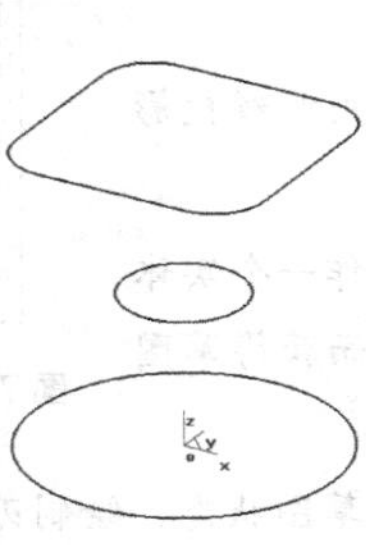

图 7-19 放样的草图截面

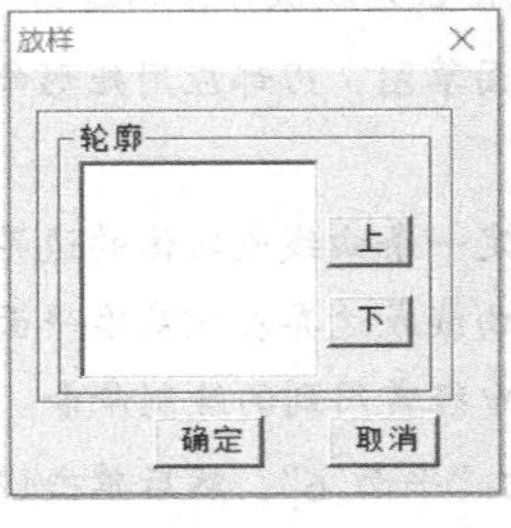

图 7-20 【放样】对话框

② 选取各轮廓截面线，如图 7-21（a）所示，然后单击 确定 按钮，完成操作，如图 7-21（b）所示。

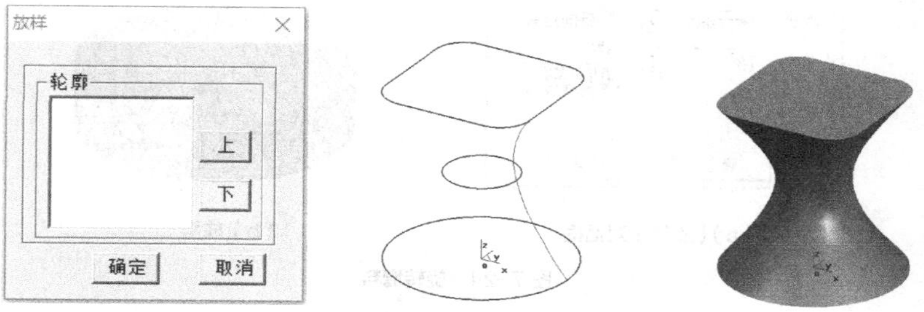

（a）选取放样截面　　（b）成型

图 7-21　放样增料

要点提示

（1）草图截面按照放样成型的顺序排列和拾取。

（2）拾取轮廓截面时，要注意状态栏提示和放样引导线的位置，拾取不同的边，不同的位置，会产生不同的结果，如图 7-22 所示。

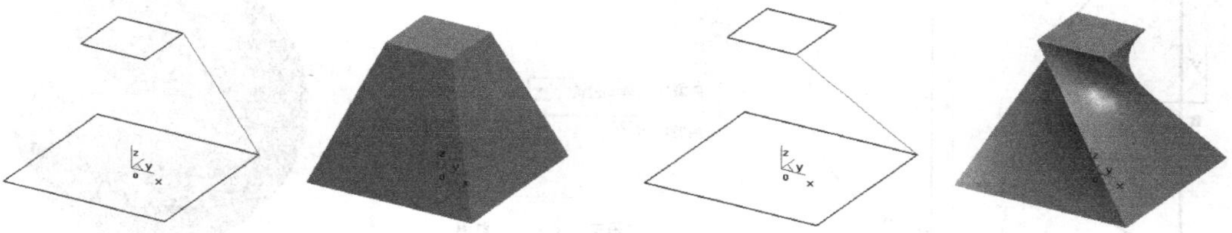

（a）矩形角对应　　（b）矩形角不对应

图 7-22　轮廓截面线的选择

2. 旋转增料

通过围绕一条空间直线旋转一个或多个封闭轮廓，增加生成一个特征的方法称为旋转增料。

【步骤解析】

① 在草图状态下绘制旋转截面草图，如图 7-23（a）所示。

退出草图状态绘制一条空间直线作为旋转轴线，如图 7-23（b）所示。

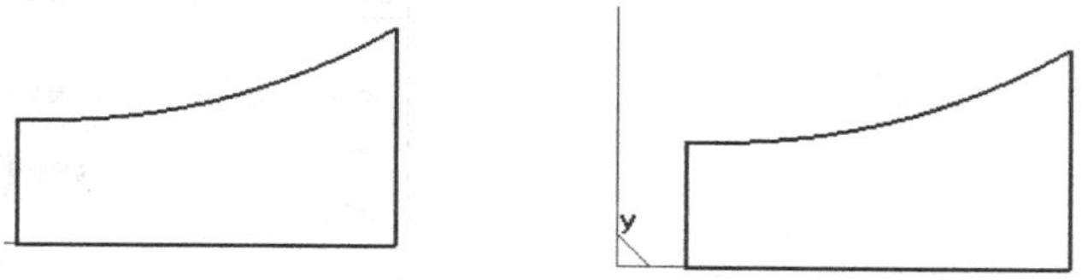

（a）旋转草图　　（b）绘制轴线

图 7-23　绘制草图和旋转轴

② 单击按钮，弹出【旋转】对话框，设置旋转的类型、角度和方向，如图 7-24（a）所示。

③ 根据命令提示选择“旋转截面”和“轴线”，单击 确定 按钮，完成操作，如图 7-24（b）所示。

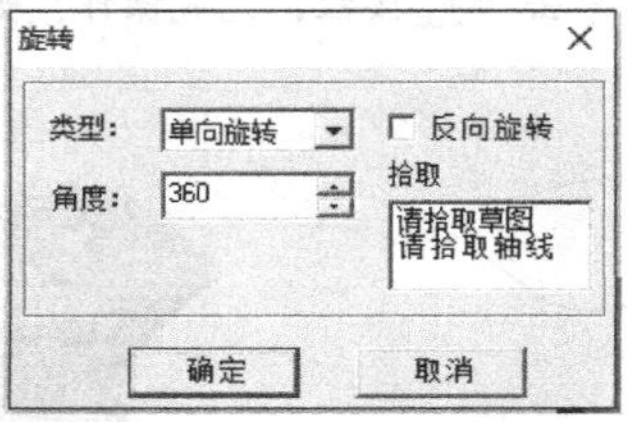

（a）【旋转】对话框

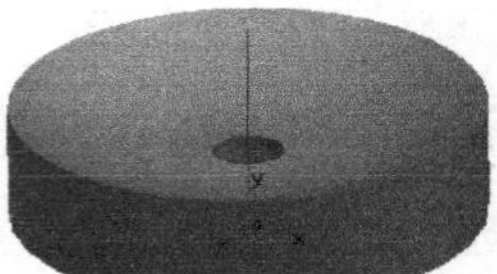

（b）成型

图 7-24　旋转增料

要点提示

（1）截面草图要在草图状态下创建且必须封闭。

（2）旋转轴线为空间直线。

旋转增料命令的有以下 3 种类型。

- 单向旋转：按照给定的角度数值进行单向的旋转，如图 7-25 所示。

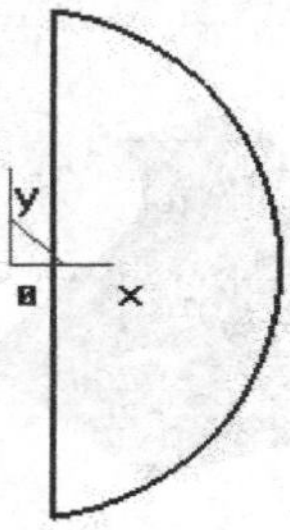

（a）草图

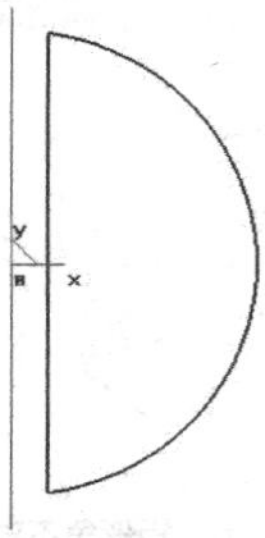

（b）旋转轴线

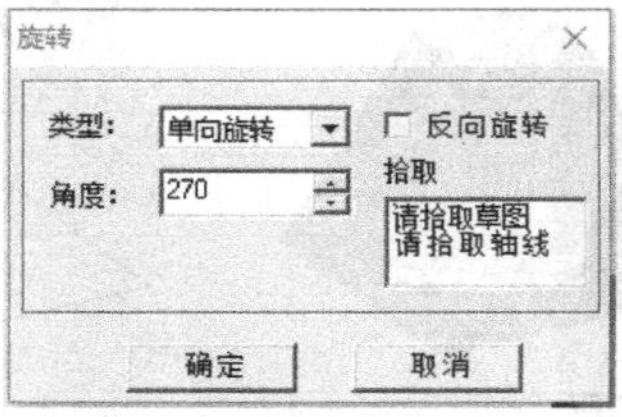

（c）【旋转】对话框

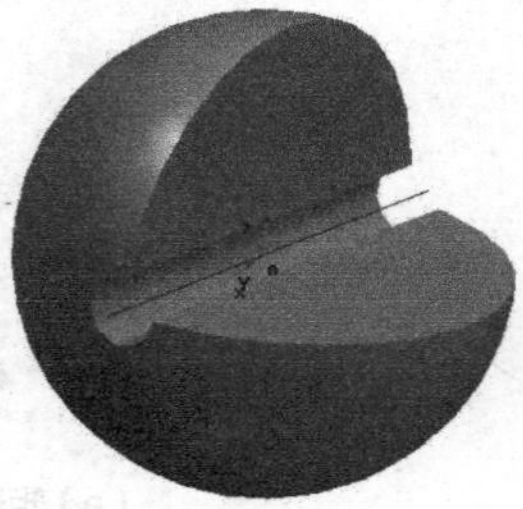

（d）旋转结果

图 7-25　旋转增料

- 对称旋转：以草图为中心，向相反的两个方向进行旋转，角度值以草图中心为中心平分，如图 7-26 所示。
- 双向旋转：以草图为起点，向两个方向进行旋转，角度值分别输入，如图 7-27 所示。

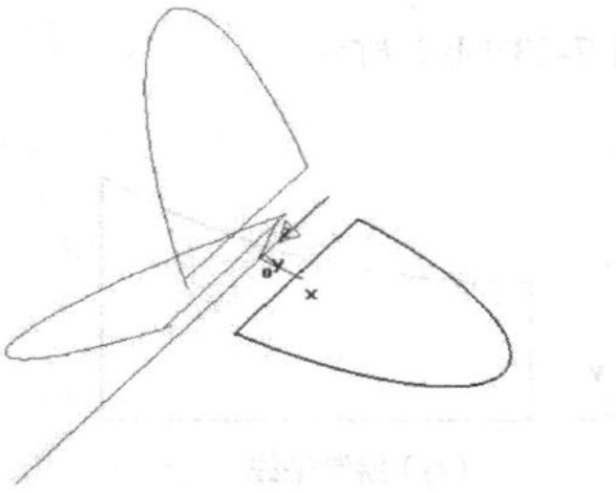

图 7-26　对称旋转

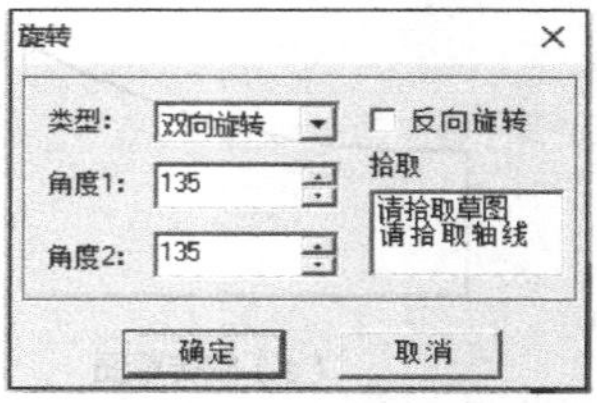

图 7-27　双向旋转

【旋转】对话框中其他选项的含义如下。

- 角度：旋转的尺寸值，可以直接输入所需数值，也可以单击按钮来调整数值。

● 反向旋转：与默认方向相反的方向进行旋转。

● 拾取：对需要旋转的草图和轴线进行选取。轴线是空间曲线，需要退出草图状态后绘制。

7.3 课后综合演练

应用放样增料等命令构造实体造型。

要求：按照尺寸构造实体。立体零件图和实体造型如图 7-28 所示。

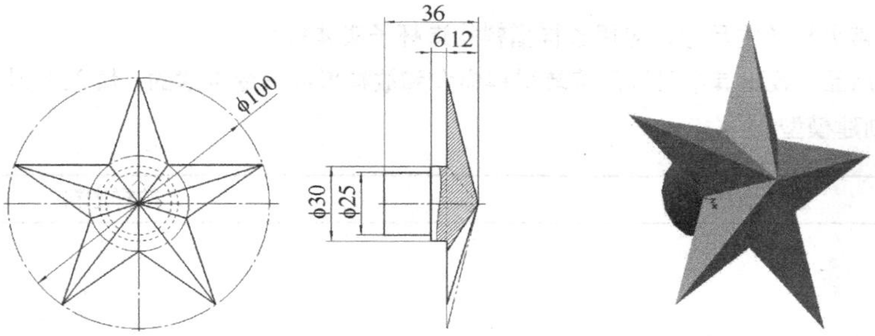

（a）零件图 （b）实体造型

图 7-28 五角星的零件图和实体造型

【步骤解析】

主要绘图步骤如图 7-29 所示。

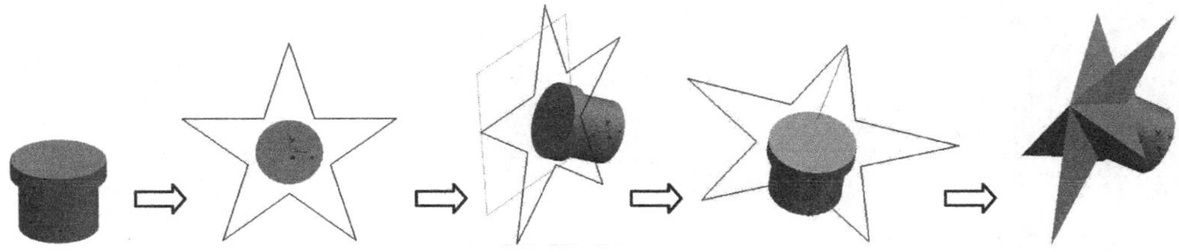

1. 成型底座 2. 绘制五角星草图 3. 创建基准面 4. 放样增料 5. 生成实体

图 7-29 绘制步骤

7.4 小结

本章通过凿子的造型重点介绍放样增料、旋转增料、基准面等基本命令。其中，放样增料轮廓线的选择应当特别注意，轮廓线选择的位置不同，创建的实体形状也不相同。旋转增料是通过围绕一条空间直线旋转一个或多个封闭轮廓，增加生成一个特征的方法。这个命令也是一个比较常用的命令，应重点掌握。

7.5 习题

1. 根据尺寸选择适合的命令构造实体，如图 7-30 所示。

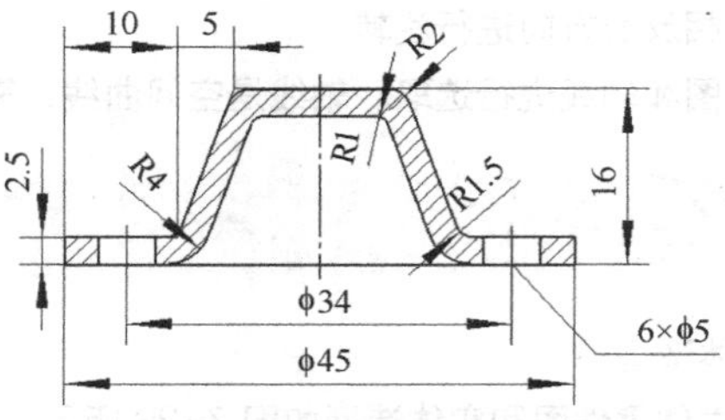

图 7-30　构造实体尺寸

2. 测绘一个常见杯子的尺寸，应用放样增料构造杯子实体模型。

3. 观察日常用品，找出其中可以用旋转增料命令和放样增料命令创建的，填入下列表格中。分别选择一种物品测量并创建模型。

旋转增料	放样增料

Chapter 8

第 8 章 构建花键轴模型

综合应用旋转增料、旋转除料、导动增料、过渡等命令创建花键轴的实体造型，如图 8-1 所示。

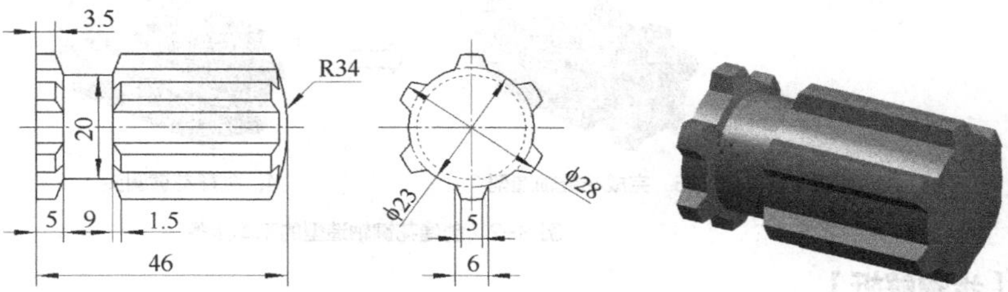

(a)　(b)

图 8-1　花键轴的草图尺寸和实体造型

【学习目标】

- 掌握旋转增料和旋转除料命令。
- 学会过渡方法。

8.1 课堂实训案例

花键轴是一种常见的零件，主要涉及的命令有拉伸、阵列、旋转除料等。创建花键轴实体造型的基本步骤如图 8-2 所示。

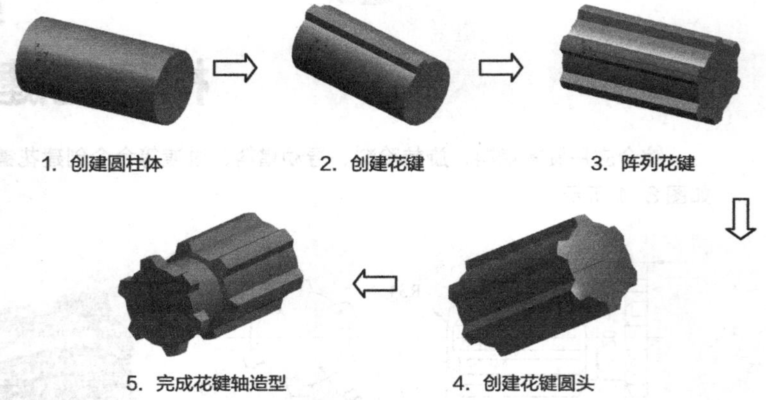

图 8-2 创建花键轴造型的基本步骤

【步骤解析】

① 选择“平面 YZ”，单击状态控制栏中的按钮，进入草图绘制状态，单击曲线生成栏中的按钮，选择“圆心_半径”选项，作一个直径为 23 的圆，如图 8-3 所示。

② 单击特征工具栏中的按钮，在弹出的【拉伸增料】对话框中的【深度】数值框中输入“46”，如图 8-4 所示。

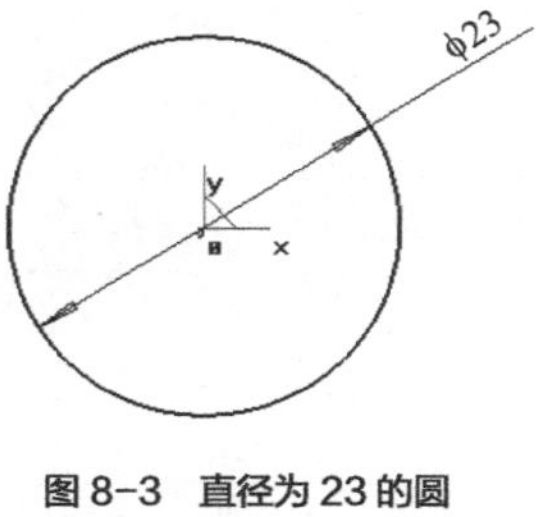

图 8-3 直径为 23 的圆

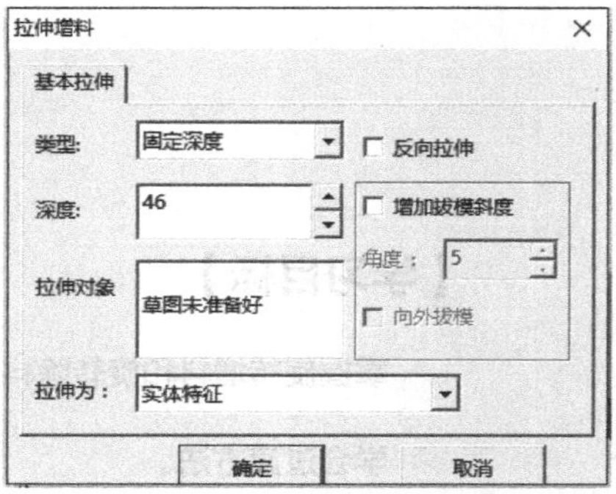

图 8-4 【拉伸增料】对话框

③ 确定拉伸方向，单击 确定 按钮，完成拉伸操作，如图 8-5 所示。

④ 选择圆柱右端面，单击鼠标右键，在弹出的快捷菜单中选择“创建草图”命令，如图 8-6 所示，进入草图绘制状态。

⑤ 在草图平面中绘制花键的草图，如图 8-7 所示。

⑥ 绘制完成之后，单击曲线生成栏中的按钮，检查草图是否存在开口。若无开口，则提示“草图不存在开口环”，如图 8-8 所示。

图 8-5　拉伸增料

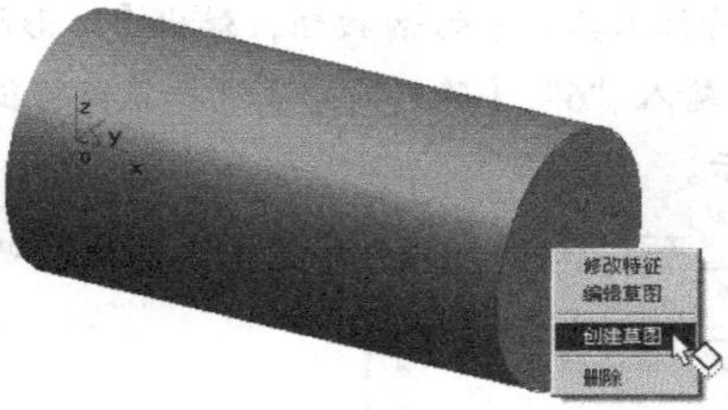

图 8-6　选择草图平面

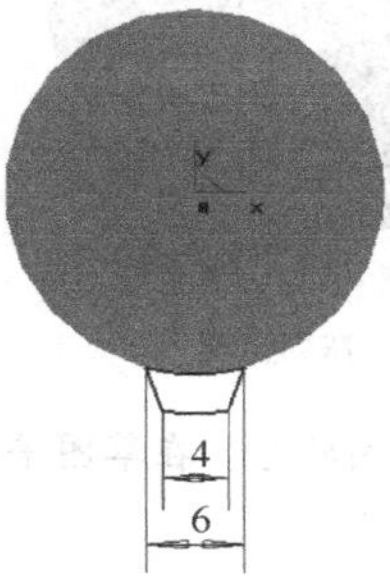

图 8-7　花键草图

图 8-8　检查是否存在开口

⑦ 单击特征工具栏中的按钮，弹出【拉伸增料】对话框，类型选择“拉伸到面”，如图 8-9 所示。

⑧ 选择圆柱另一侧端面作为拉伸到的面，如图 8-10 所示。

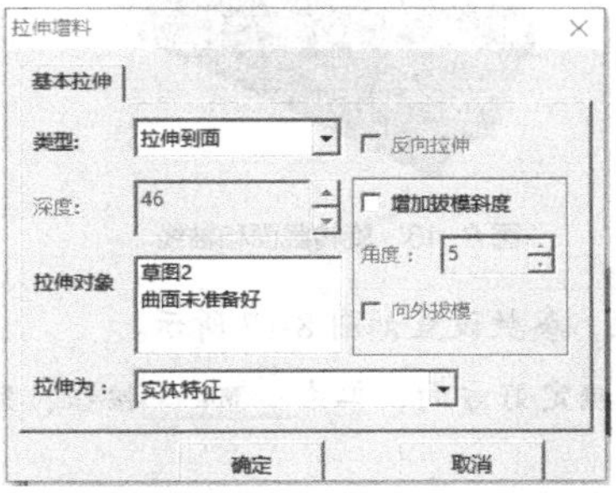

图 8-9　【拉伸增料】对话框

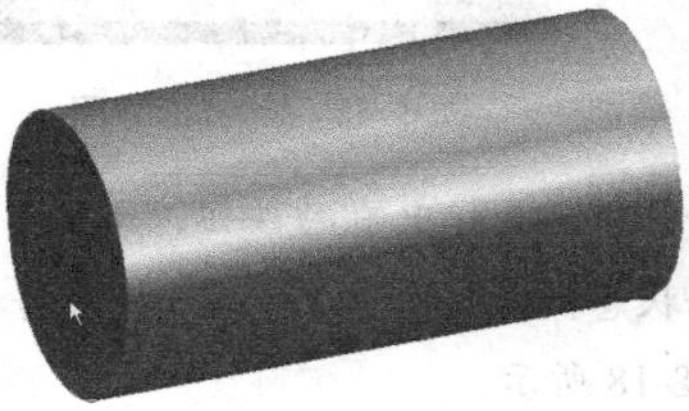

图 8-10　选择拉伸到的面

⑨ 单击 确定 按钮，完成拉伸操作，如图 8-11 所示。

⑩ 选择直线命令，在圆柱的中心绘制一条空间直线作为旋转的旋转轴，如图 8-12 所示。

图 8-11　拉伸生成

图 8-12　绘制旋转轴

⑪ 单击特征工具栏中的按钮，弹出【环形阵列】对话框，在【角度】数值框中输入“60”，在【数目】数值框中输入“6”，【阵列对象】选择花键特征，【边/基准轴】选择当前旋转轴，即刚作的空间直线，如图 8-13 所示。

⑫ 单击 确定 按钮，完成环形阵列操作，如图 8-14 所示。

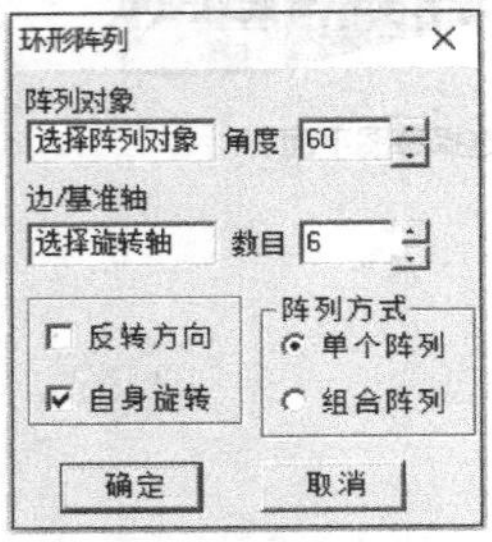

图 8-13 【环形阵列】对话框

图 8-14 阵列完成

视频 16
构建花键轴模型 1

⑬ 选择“平面 XY”，单击状态控制栏中的按钮进入草图状态。在草图平面内绘制旋转截面草图，如图 8-15 所示。

⑭ 退出草图状态，在圆柱的中心绘制一条旋转轴线，如图 8-16 所示。

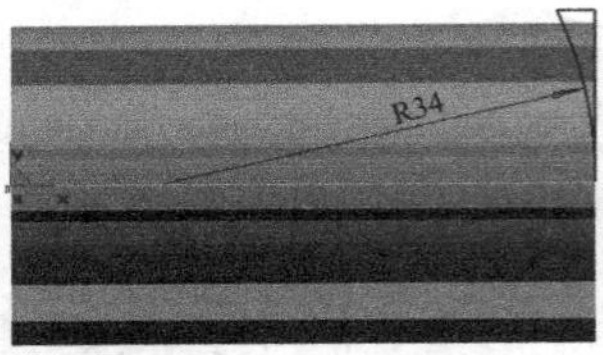

图 8-15 旋转截面草图

图 8-16 旋转截面和轴线

⑮ 单击特征工具栏中的按钮，弹出【旋转】对话框，参数设置如图 8-17 所示。

⑯ 根据状态栏命令提示，依次选择旋转截面和轴线，确定好方向，单击 确定 按钮，完成旋转除料操作，如图 8-18 所示。

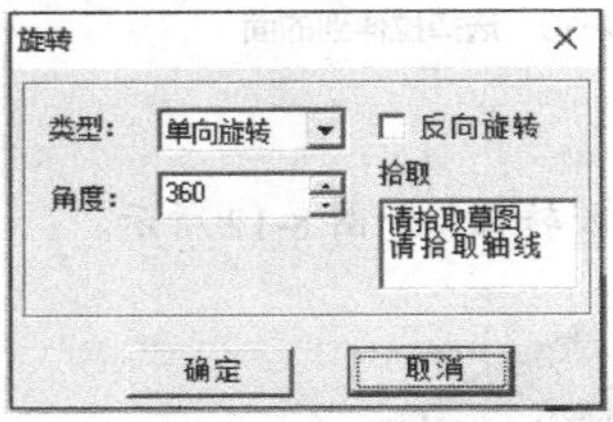

图 8-17 【旋转】对话框

图 8-18 除料完成

视频 17
构建花键轴模型 2

⑰ 选择“平面 XY”，单击状态控制栏中的按钮进入草图状态。在草图平面内绘制旋转截面草图，如图 8-19 所示。

⑱ 单击特征工具栏中的按钮，弹出【旋转】对话框，参数设置如图 8-20 所示。

⑲ 根据状态栏命令提示，依次选择旋转截面和轴线，确定好方向，单击 确定 按钮，完成旋转除料操作，如图 8-21 所示。

⑳ 将旋转轴线删除，实体造型完成，最终效果如图 8-22 所示。

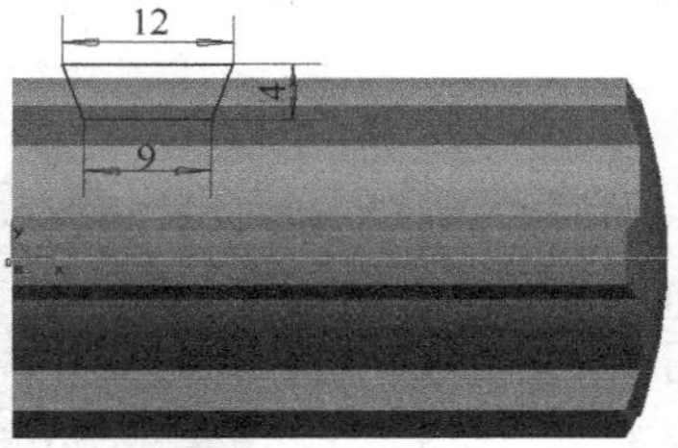

图 8-19 旋转截面

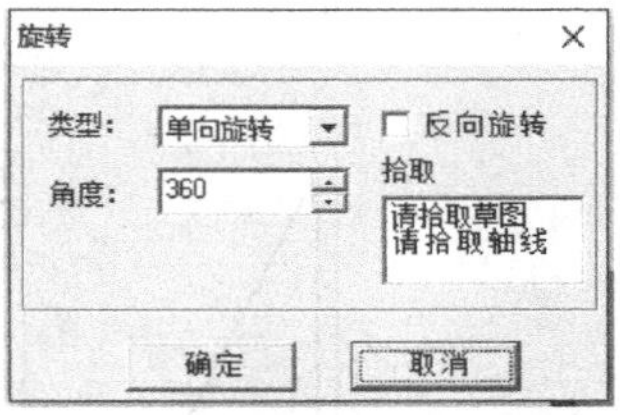

图 8-20 【旋转】对话框

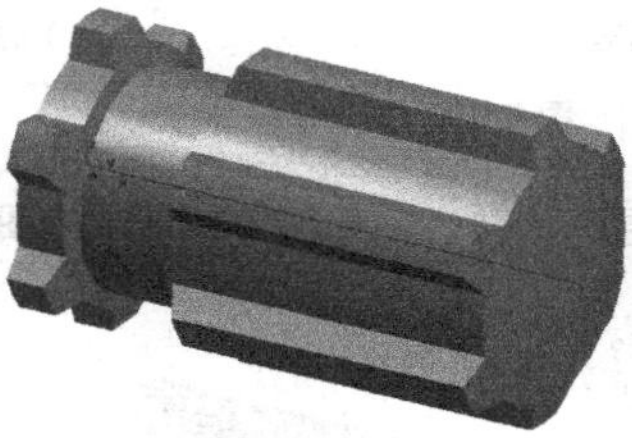

图 8-21 除料完成

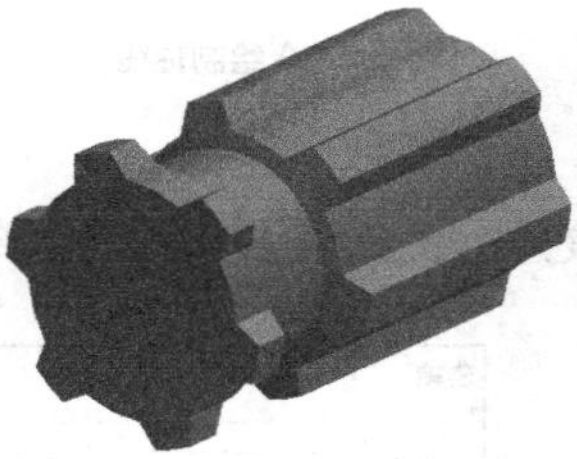

图 8-22 实体造型

8.2 软件功能介绍

1. 旋转增料

旋转增料命令是构建实体特征的重要命令。

（1）旋转增料：通过围绕一条空间直线旋转一个或多个封闭轮廓，增加生成一个特征的方法。

（2）命令位置：选择【造型】/【特征生成】/【增料】/【旋转】命令，或直接单击特征工具栏中的按钮。

范例解析——旋转增料

利用旋转增料命令，绘制图 8-23 所示的图形。

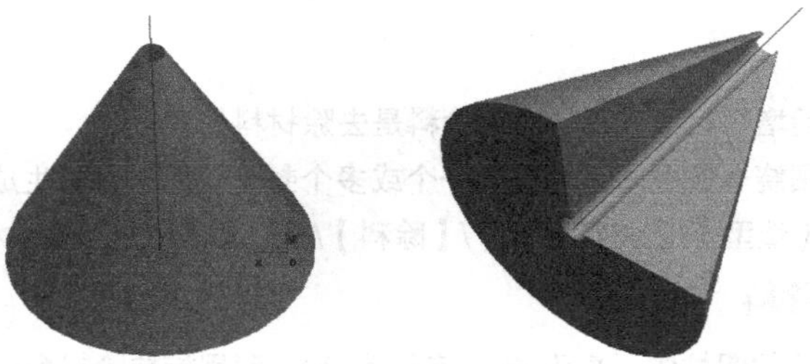

图 8-23 旋转增料

【步骤解析】

① 在草图状态下绘制旋转截面草图，如图 8-24（a）所示。

② 退出草图状态绘制一条空间直线作为旋转轴线，如图 8-24（b）所示。

③ 单击特征工具栏中的按钮，弹出【旋转】对话框，设置旋转类型和方向，设置角度为 360° ，如

图 8-25（a）所示。

④ 根据命令提示选择“旋转截面”和“轴线”，单击确定按钮，完成操作，如图 8-25（b）所示。

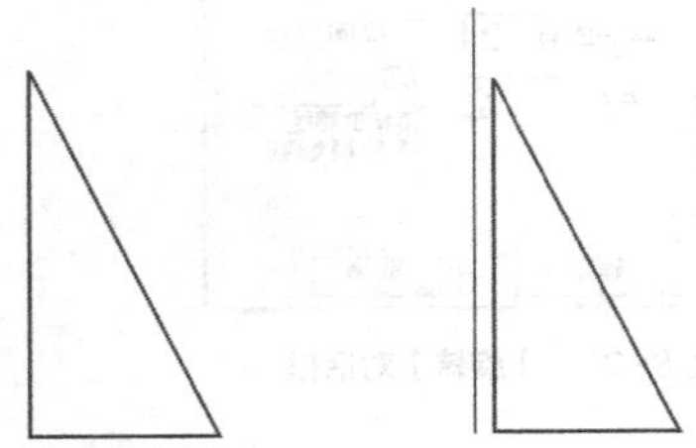

（a）旋转草图　（b）绘制轴线

图 8-24　绘制草图和旋转轴

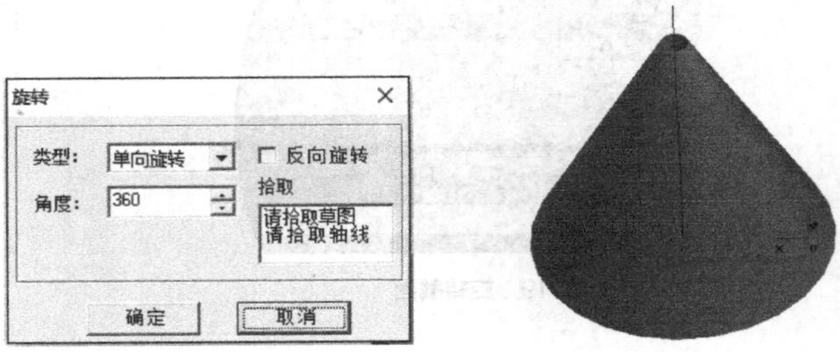

（a）旋转对话框　（b）成型

图 8-25　旋转增料 360°

⑤ 设置角度为 270°，如图 8-26（a）所示，单击确定按钮，完成操作，结果如图 8-26（b）所示。

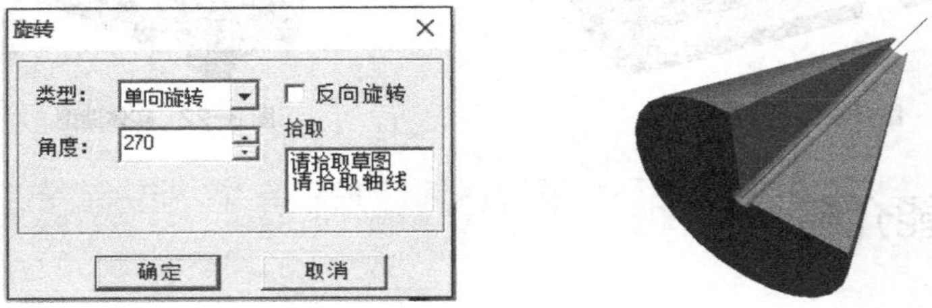

（a）旋转对话框　（b）成型

图 8-26　旋转增料 270°

要点提示

（1）截面草图在草图状态下创建且必须封闭。

（2）旋转轴线为空间直线。

2. 旋转除料

旋转除料的操作与旋转增料相似，只是旋转除料是去除材料的命令。

（1）旋转除料：通过围绕一条空间直线旋转一个或多个封闭轮廓，移除生成一个特征的方法。

（2）命令位置：选择【造型】/【特征生成】/【除料】/【旋转】命令，或单击特征工具栏中的按钮。

范例解析——旋转除料

已知图 8-27（a）所示的圆柱体，高为 40，直径为 40，利用旋转除料命令操作，创建图 8-27（b）所示的图形。

【步骤解析】

① 选择“平面 YZ”，单击状态控制栏中的按钮，进入草图状态，绘制旋转截面线，如图 8-28 所示。

② 退出草图状态，按 F9 键将绘图平面切换到 YZ 平面，在 YZ 平面内绘制一条竖直线，如图 8-29 所示。

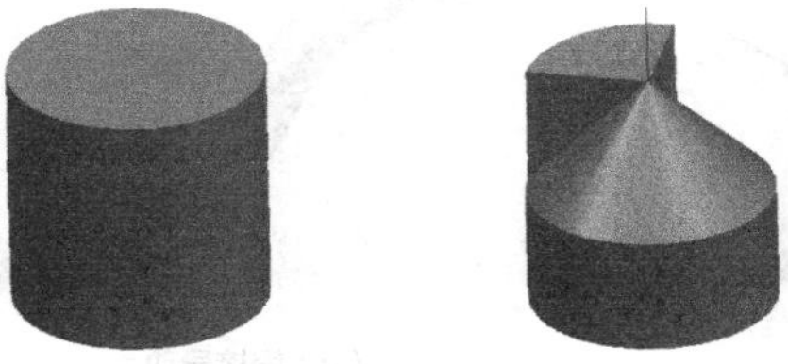

（a）　　　　（b）

图 8-27　旋转除料

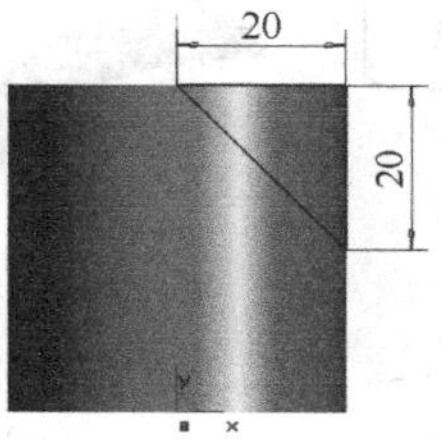

图 8-28　旋转截面线

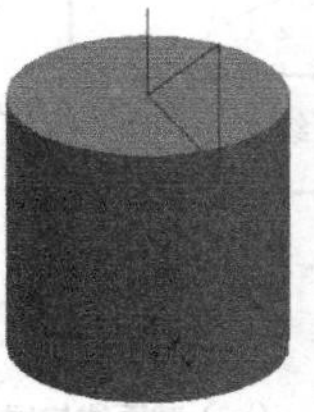

图 8-29　旋转轴线

③ 选择【造型】/【特征生成】/【除料】/【旋转】命令，或单击特征工具栏中的按钮，弹出【旋转】对话框，如图 8-30 所示。

④ 根据命令提示，选择旋转方向，如图 8-31 所示。

⑤ 单击 确定 按钮，完成操作，如图 8-32 所示。

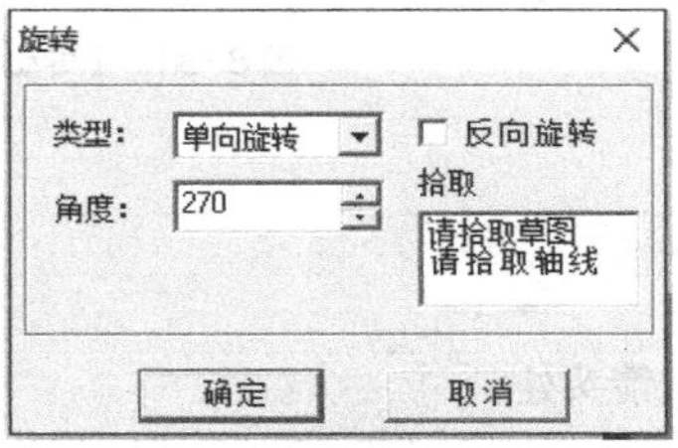

图 8-30　【旋转】对话框

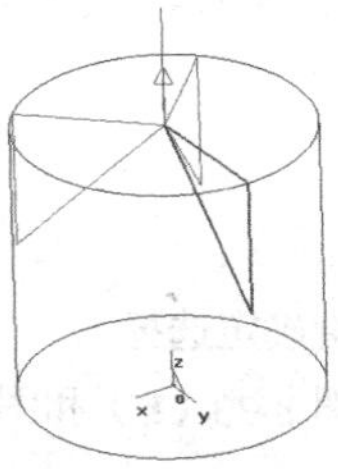

图 8-31　旋转方向

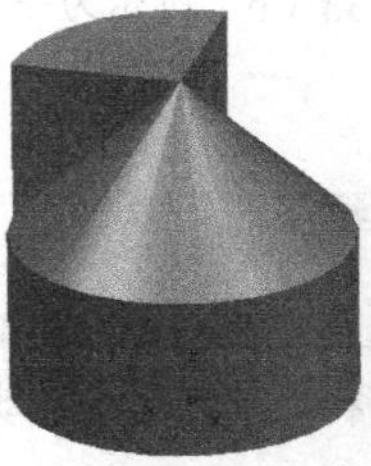

图 8-32　完成造型

3. 导动增料

导动增料是将某一截面曲线或轮廓线沿着另外一外轨迹线运动移出一个特征实体。

（1）导动增料截面线应为封闭的草图轮廓，截面线的运动形成了导动曲面。

（2）命令位置：选择【造型】/【特征生成】/【增料】/【导动】命令，或单击特征工具栏中的按钮。

（3）导动增料命令主要有以下几个参数选项。

① 轮廓截面线：需要导动的草图，截面线应为封闭的草图轮廓，如图 8-33（a）所示。

② 轨迹线：草图导动所沿的路径，如图 8-33（a）所示。

③ 选项控制：包括“平行导动”和“固接导动”两种方式。

④ 平行导动：截面线沿导动线趋势始终平行它自身的移动而生成的特征实体，如图 8-33（b）所示。

⑤ 固接导动：在导动过程中，截面线和导动线保持固接关系，即让截面线平面与导动线的切矢方向保持相对角度不变，而且截面线在自身相对坐标系中的位置关系保持不变，截面线沿导动线变化的趋势导动生成特征实体，如图 8-33（c）所示。

范例解析——导动增料

利用导动增料命令，绘制图 8-33 所示的图形。

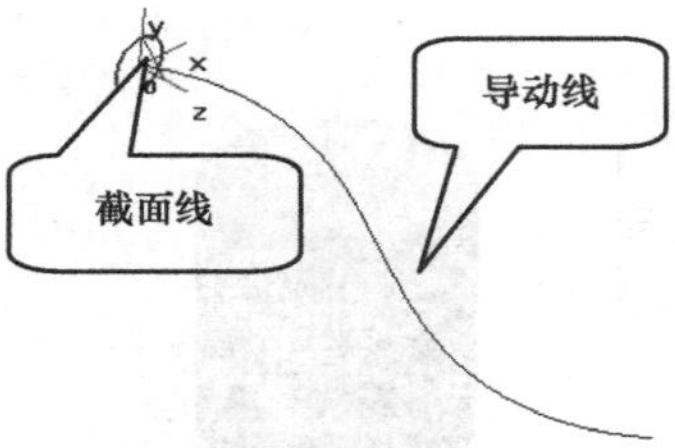

（a）截面线与导动线

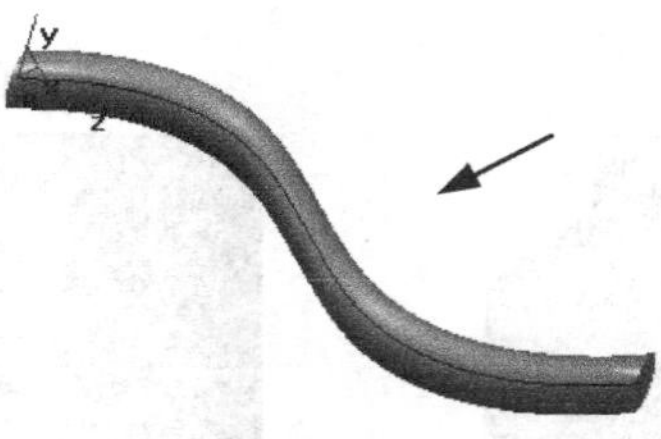
（b）平行导动

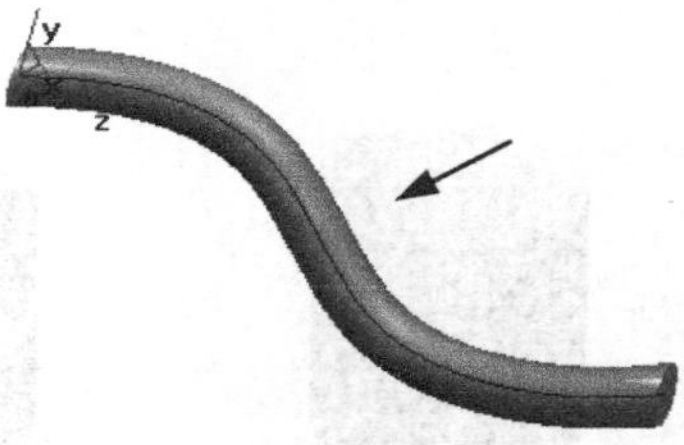
（c）固接导动

图 8-33 导动增料

【步骤解析】

① 绘制截面线和导动线，如图 8-33（a）所示。

② 选择【造型】/【特征生成】/【增料】/【导动】命令，或单击特征工具栏中的按钮，弹出【导动】对话框，如图 8-34 所示。

③ 选取轮廓截面线和轨迹线，确定导动方式，单击 确定 按钮完成操作。图 8-33（b）所示为平行导动方式，图 8-33（c）所示为固接导动方式。

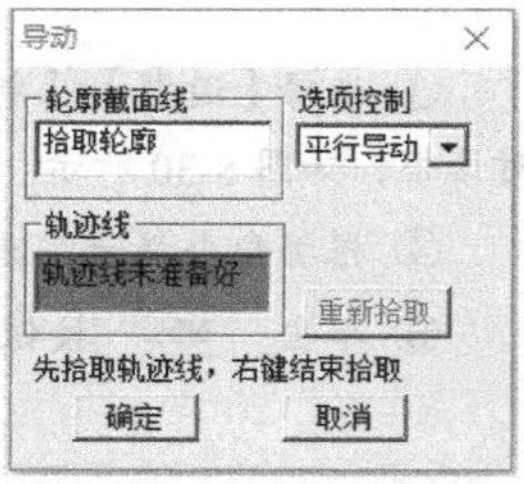

图 8-34 【导动】对话框

要点提示

（1）选择完轨迹线后要单击鼠标右键确定选择。

（2）平行导动和固接导动的区别见图 8-33（b）和图 8-33（c）箭头处。

8.3 课堂实战演练——创建乒乓球球拍模型

应用所学实体造型命令构建乒乓球球拍，如图 8-35 和图 8-36 所示。

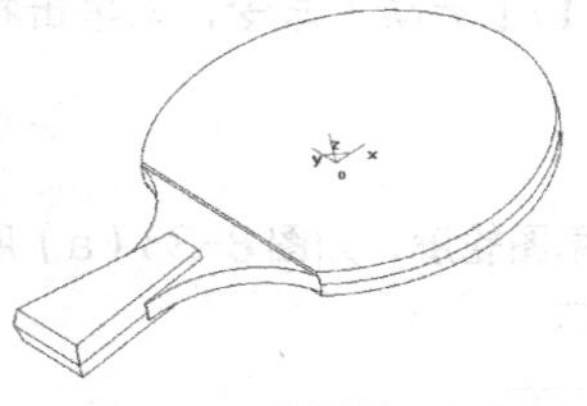
图 8-35 球拍线架显示

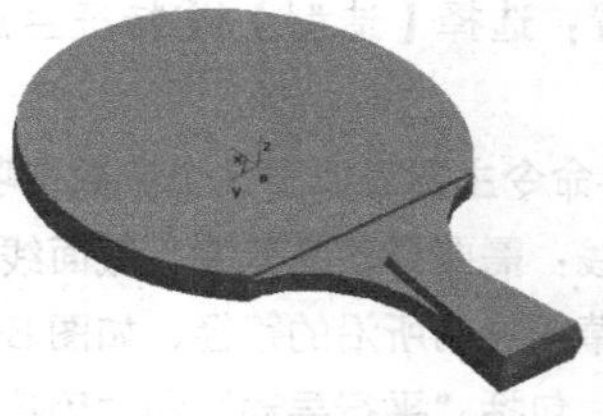
图 8-36 球拍实体造型

乒乓球球拍尺寸如图 8-37 所示。

【步骤解析】

① 单击特征工具栏中的按钮弹出【构造基准面】对话框，构造方法选择“等距面确定基准平面”，在【距离】数值框中输入“1.5”，构造条件选择“平面 XY”，如图 8-38 所示。单击 确定 按钮，创建“平面 XY”的等距平面“平面 3”。

② 选择“平面 XY”，单击状态控制栏中的按钮进入草图状态。在草图状态下绘制球拍中心面“草图 0”，如图 8-39 所示。

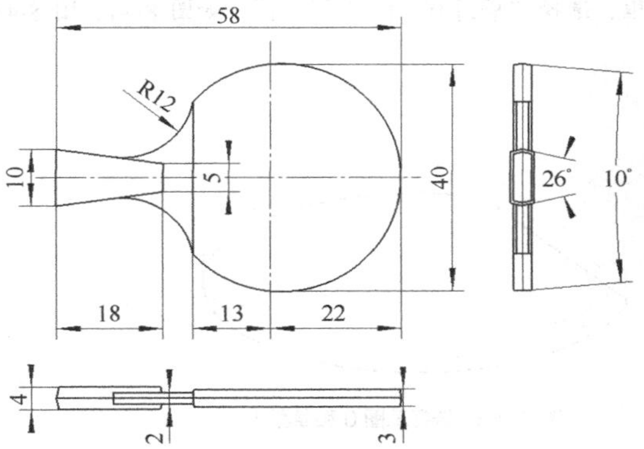

图 8-37 零件图尺寸

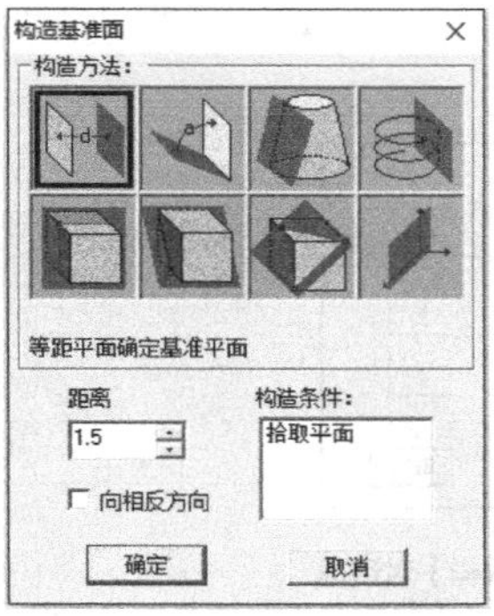

图 8-38 【构造基准面】对话框

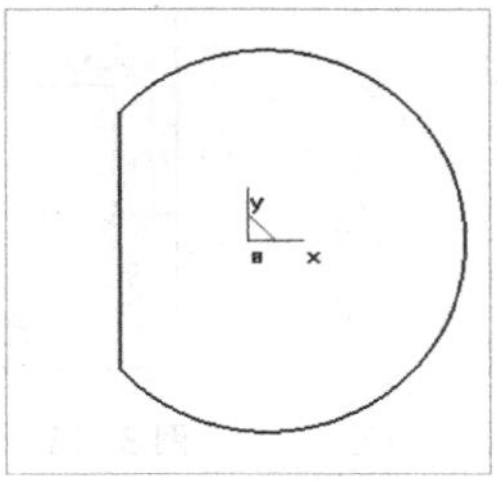

图 8-39 草图 0

③ 退出草图状态。选择“平面 3”，单击状态控制栏中的按钮，进入草图状态。单击曲线生成栏中的按钮，在立即菜单中选择“单根曲线”“等距”，在【距离】文本框中输入“0.13”，如图 8-40 所示。

④ 选择“草图 0”的圆弧线，方向选择向里，如图 8-41 所示。

⑤ 单击曲线生成栏中的按钮，选择草图 0 的左侧竖直边，调整圆弧和直线的长度，使其不存在开口（可单击曲线生成栏中的按钮检查），完成“草图 1”的绘制。

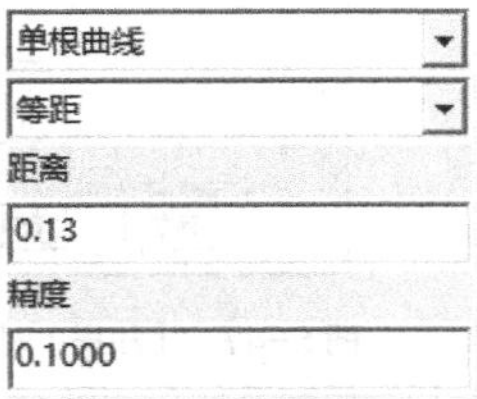

图 8-40 等距线

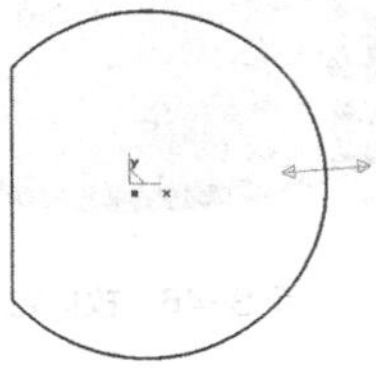

图 8-41 草图 1

⑥ 单击特征工具栏中的按钮，构造方法选择“等距面确定基准平面”，在【距离】数值框中输入“-1.5”，构造条件选择“平面 XY”，如图 8-42 所示。单击 确定 按钮，创建“平面 XY”的等距平面“平面 4”。

⑦ 选择“平面 4”，单击状态控制栏中的按钮，进入草图状态。单击曲线生成栏中的按钮，选择“草图 1”的圆弧边和直线边，使其投影到草图平面，完成“草图 2”的绘制。草图 0、草图 1 和草图 2 如图 8-43 所示。

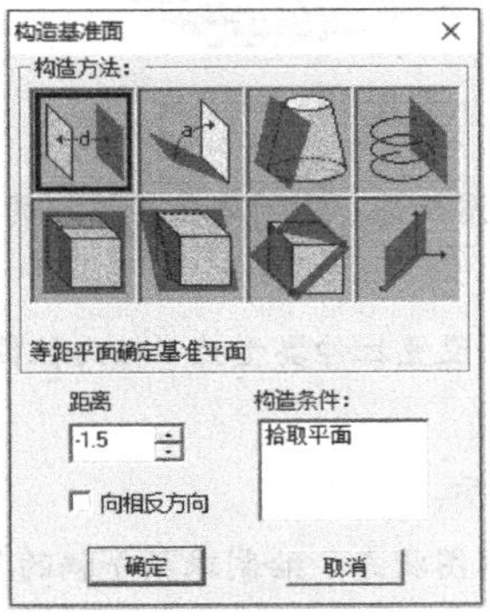

图 8-42 【构造基准面】对话框

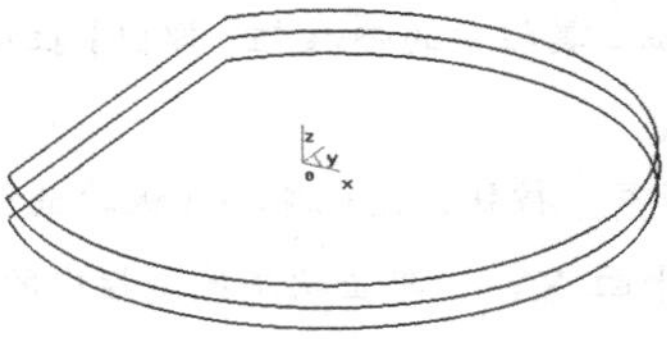

图 8-43 3 个截面

⑧ 单击特征工具栏中的按钮，弹出【放样】对话框，选择“草图 0”和“草图 1”，如图 8-44、图 8-45 所示。

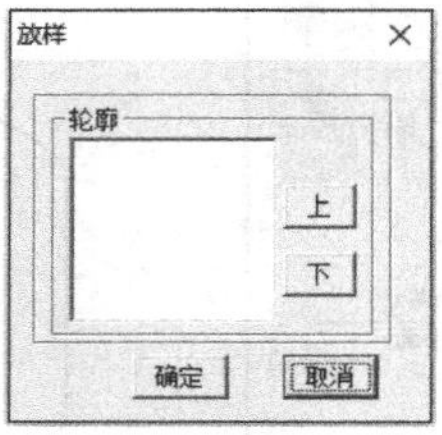

图 8-44 【放样】对话框

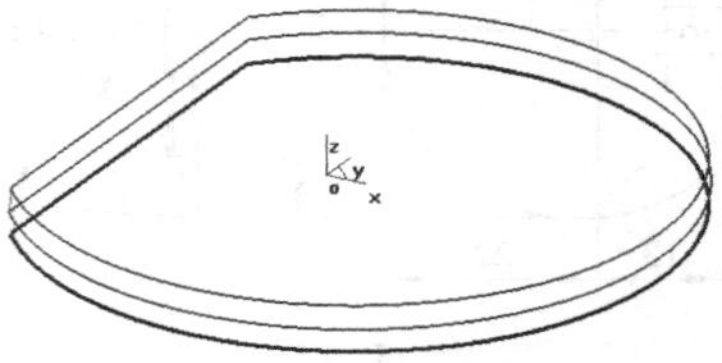
图 8-45 选择草图 0 和草图 1

⑨ 单击确定按钮，完成放样操作，如图 8-46 所示。

⑩ 选择“平面 XY”，单击状态控制栏中的按钮，进入草图状态。单击曲线生成栏中的按钮，选择“草图 0”的圆弧边和直线边，使其投影到草图平面，完成“草图 3”的绘制。

⑪ 单击特征工具栏中的按钮，弹出【放样】对话框，如图 8-47 所示。

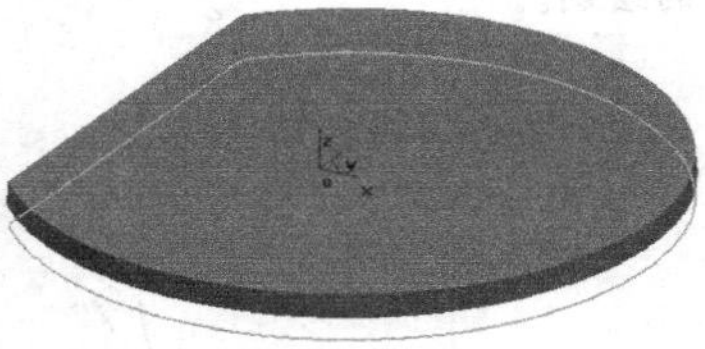
图 8-46 放样完成

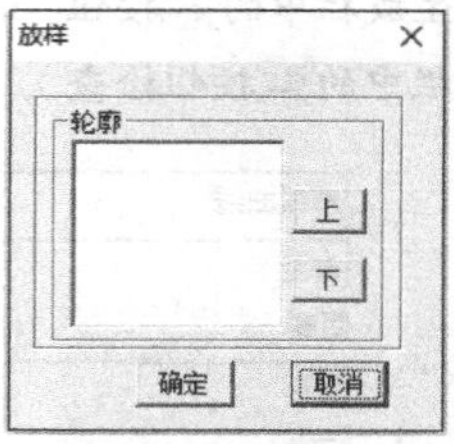

图 8-47 【放样】对话框

⑫ 选择“草图 2”和“草图 3”，选择好放样方向，如图 8-48 所示。

⑬ 单击确定按钮，完成放样操作，如图 8-49 所示。

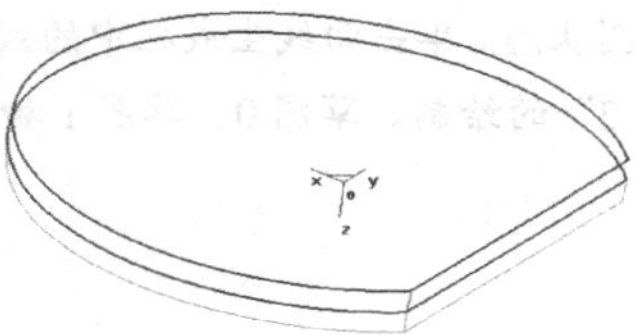
图 8-48 选择草图 2 和草图 3

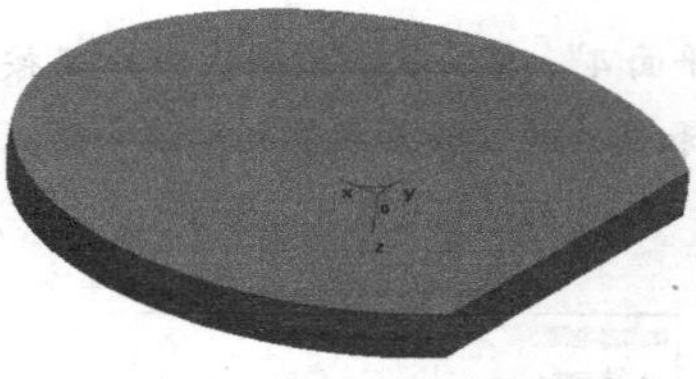
图 8-49 放样完成

⑭ 选择“平面 XY”，单击状态控制栏中的按钮，进入草图状态。绘制球拍连接板的草图，如图 8-50 所示。

⑮ 单击特征工具栏中的按钮，弹出【拉伸增料】对话框，设置拉伸类型为“双向拉伸”，深度为“2”，如图 8-51 所示。

⑯ 单击确定按钮，完成球拍连板的造型，如图 8-52 所示。

⑰ 选择“平面 XY”，单击状态控制栏中的按钮，进入草图状态。绘制球拍手柄的草图，如图 8-53 所示。

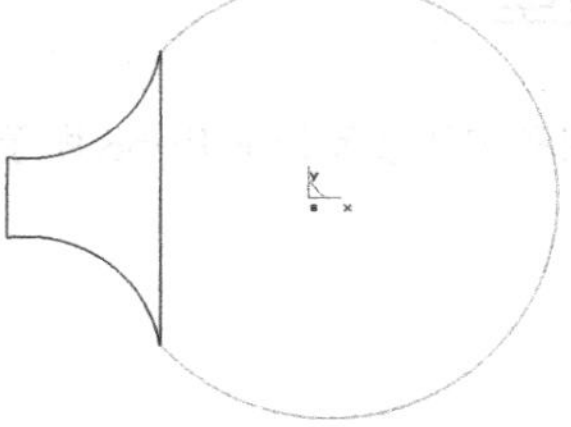

图 8-50　球拍连接板草图

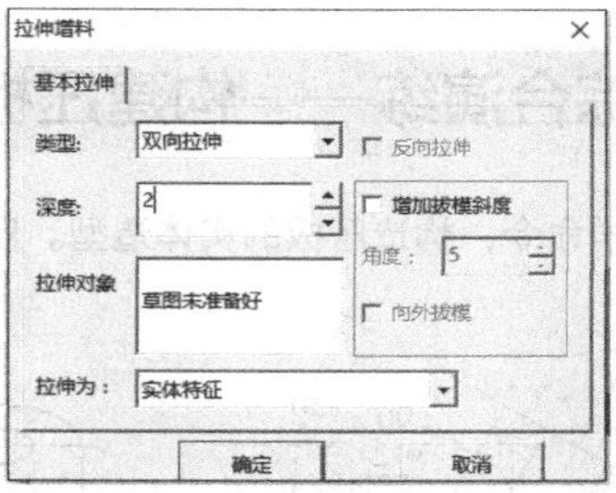

图 8-51　【拉伸增料】对话框

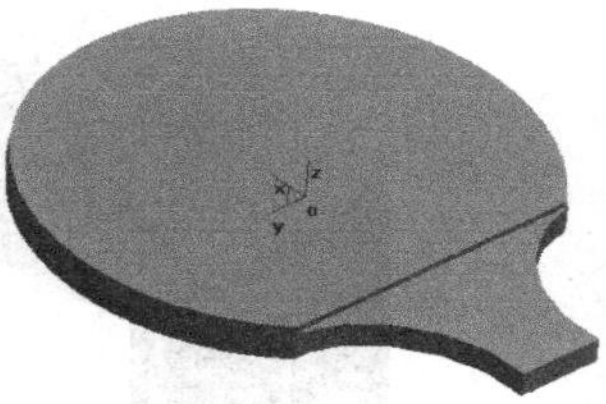

图 8-52　拉伸生成

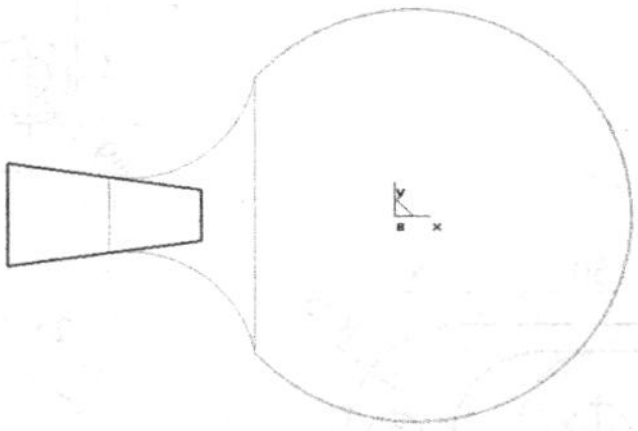

图 8-53　手柄草图

⑱ 单击特征工具栏中的按钮，弹出【拉伸增料】对话框。设置拉伸类型为“双向拉伸”，深度为“4”，勾选【增加拔模斜度】复选框，【角度】输入“5”，如图 8-54 所示。

⑲ 单击 确定 按钮，完成球拍手柄的造型，如图 8-55 所示。

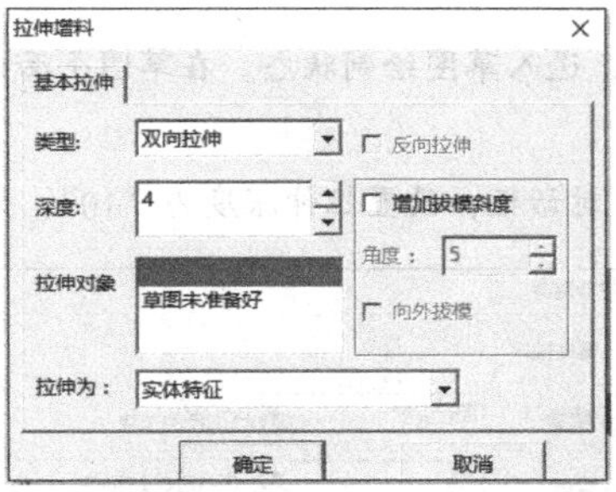

图 8-54　【拉伸增料】对话框

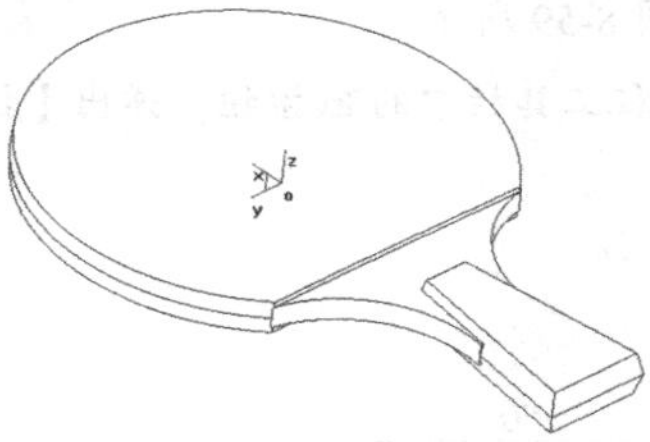

图 8-55　生成手柄

⑳ 乒乓球球拍造型完毕，如图 8-56 所示。

㉑ 单击显示工具栏中的按钮，球拍真实体显示，如图 8-57 所示。

㉒ 单击标准工具栏中的按钮，将文件以“球拍”为文件名保存。

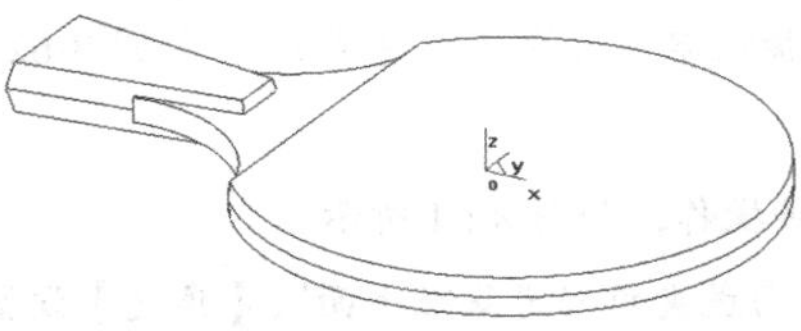

图 8-56　球拍线框显示

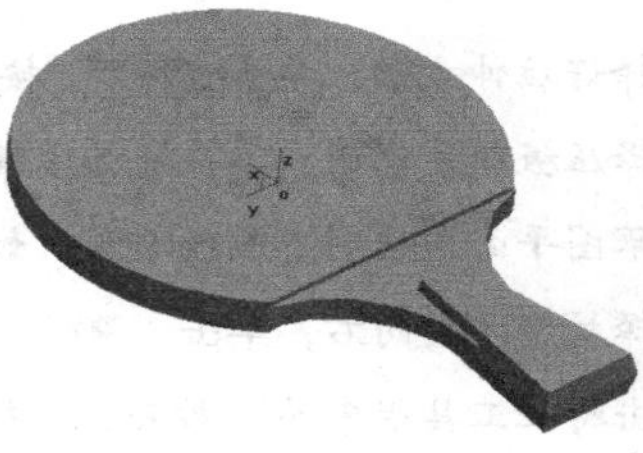

图 8-57　球拍实体显示

8.4 课后综合演练——构建压板实体造型

综合运用所学命令，构造压板的实体造型。压板的零件图和实体造型如图 8-58 所示。

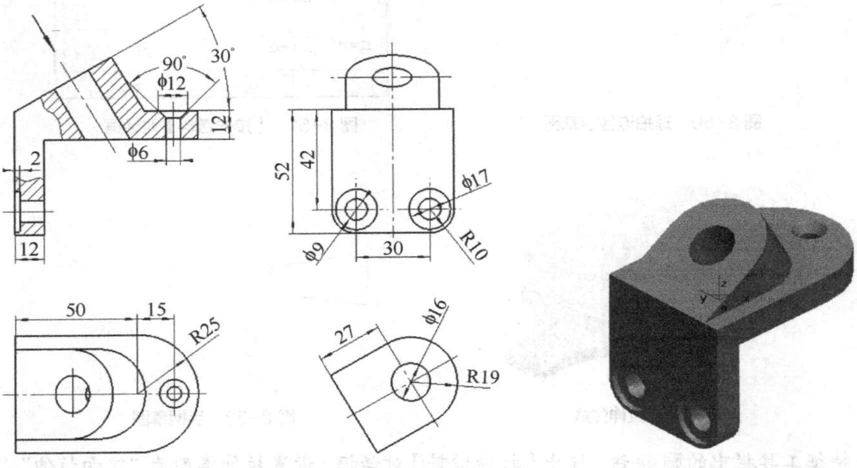

（a）压板零件图　　（b）压板实体造型

图 8-58　压板的零件图和实体造型

【步骤解析】

① 选择“平面 XY”，单击状态控制栏中的按钮，进入草图绘制状态。在草图平面内绘制压板的上压板草图，如图 8-59 所示。

② 单击特征工具栏中的按钮，弹出【拉伸增料】对话框，设置拉伸深度为“10”，如图 8-60 所示。

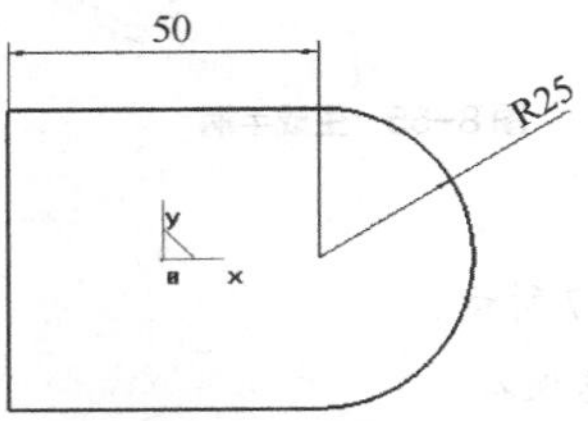

图 8-59　上压板草图

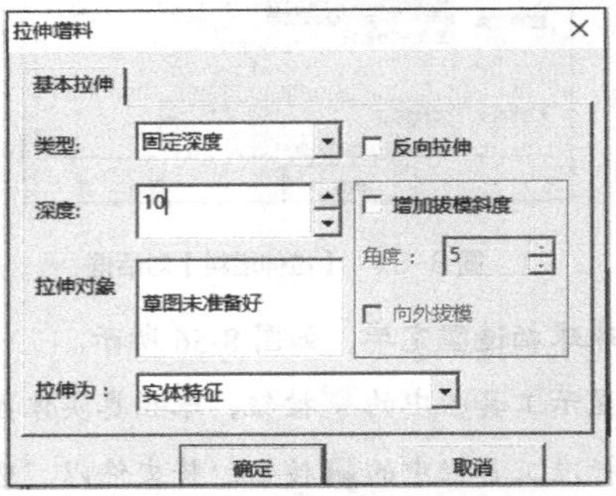

图 8-60　【拉伸增料】对话框

③ 选择好拉伸方向，单击 确定 按钮，完成拉伸操作，效果如图 8-61 所示。

④ 选择压板的左侧面，单击鼠标右键，在弹出的快捷菜单中选择“创建草图”，如图 8-62 所示。

⑤ 在草图平面内绘制下压板草图，如图 8-63 所示。

⑥ 选择拉伸方向向右，单击 确定 按钮，完成拉伸操作，如图 8-64 所示。

⑦ 单击特征工具栏中的按钮，选择“过直线与平面成夹角确定基准平面”，【角度】设置为“30”，如图 8-65 所示。

⑧【构造条件】选择上压板上表面和上下压板的交线，单击 确定 按钮，完成基准面的创建，如图 8-66 所示。

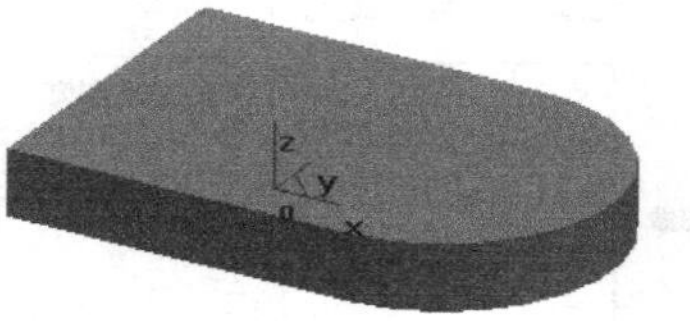

图 8-61 上压板

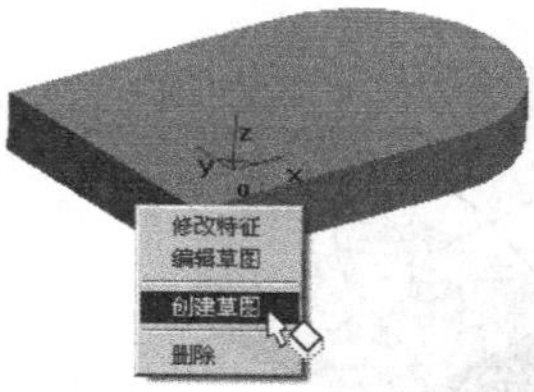

图 8-62 选择左侧面

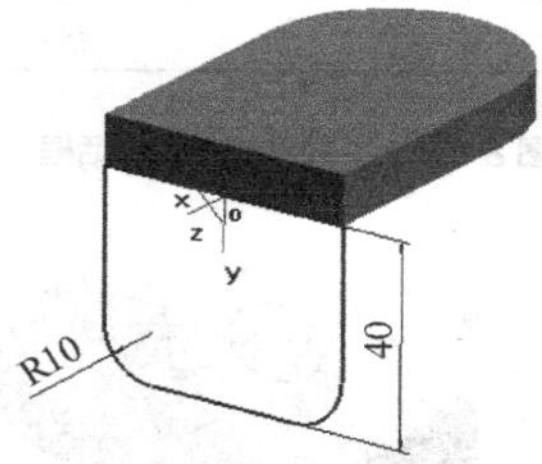

图 8-63 下压板草图

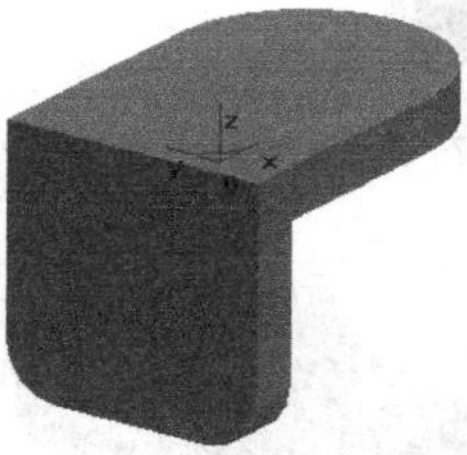

图 8-64 拉伸生成下压板

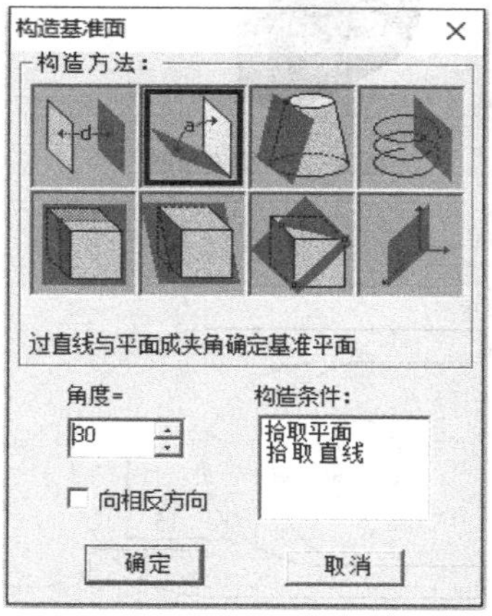

图 8-65 【构造基准面】对话框

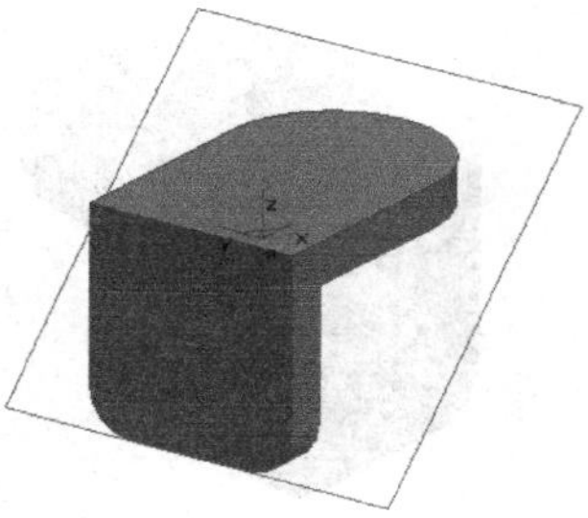

图 8-66 创建斜凸台的基准面

⑨ 选择新作的这个基准面，单击状态控制栏中的按钮，进入草图状态。绘制斜凸台草图，如图 8-67 所示。

⑩ 单击特征工具栏中的按钮，弹出【拉伸增料】对话框，【类型】选择“拉伸到面”，如图 8-68 所示。

⑪ 拉伸到面选择上压板表面，单击 确定 按钮，完成操作，效果如图 8-69 所示。

⑫ 选择斜凸台的表面，单击状态控制栏中的按钮，进入草图状态。绘制斜凸台上的通孔草图，如图 8-70 所示。

⑬ 单击特征工具栏中的按钮，弹出【拉伸除料】对话框，【类型】选择“贯穿”，单击 确定 按钮，完成操作，生成通孔如图 8-71 所示。

⑭ 选择压板上表面，单击状态控制栏中的按钮，进入草图状态。绘制锥形沉孔的定位点，如图 8-72 所示。

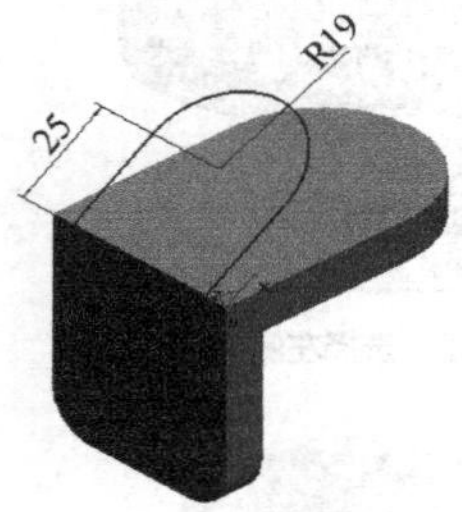

图 8-67　斜凸台草图

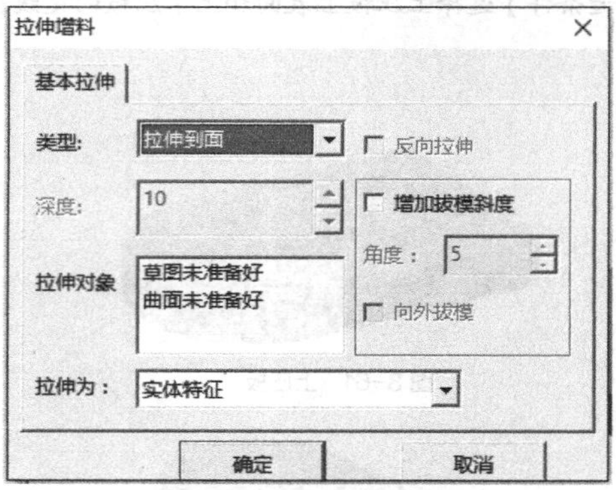

图 8-68　【拉伸增料】对话框

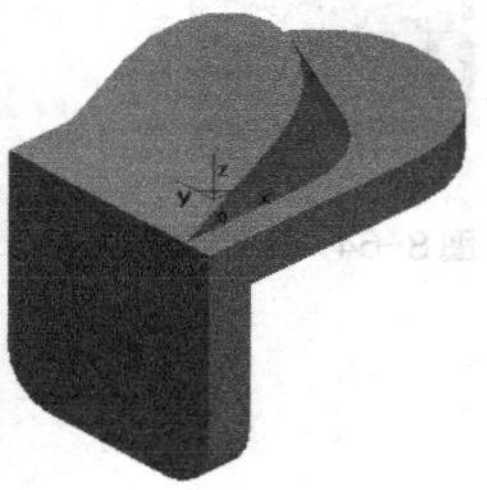

图 8-69　拉伸到面

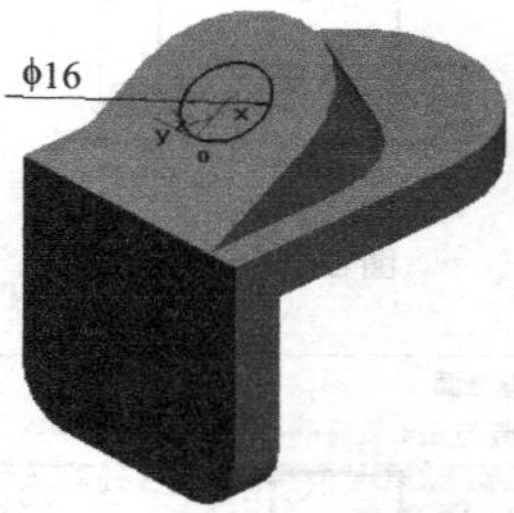

图 8-70　通孔草图

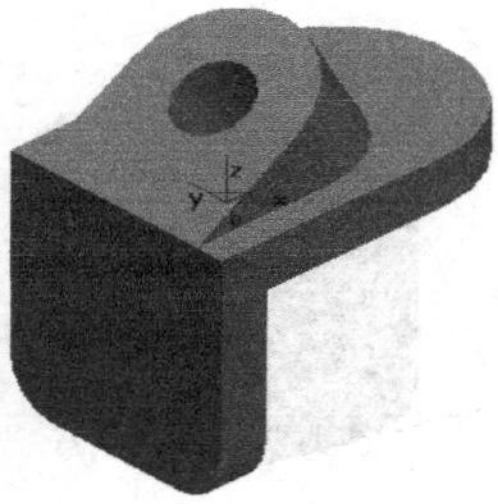

图 8-71　生成通孔

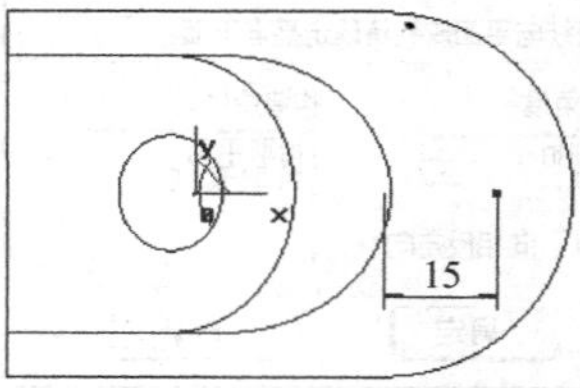

图 8-72　锥形沉孔的定位点

⑮ 根据状态栏命令提示，先“拾取打孔平面”（选择上压板上表面），然后选择孔型（选择图 8-73 所示的第 4 种孔型），再选择定位点（见图 8-72 所示的点）。

⑯ 选择完毕之后，单击 下一步 按钮，进入【孔的参数】对话框，根据孔的大小设置各参数，如图 8-74 所示。

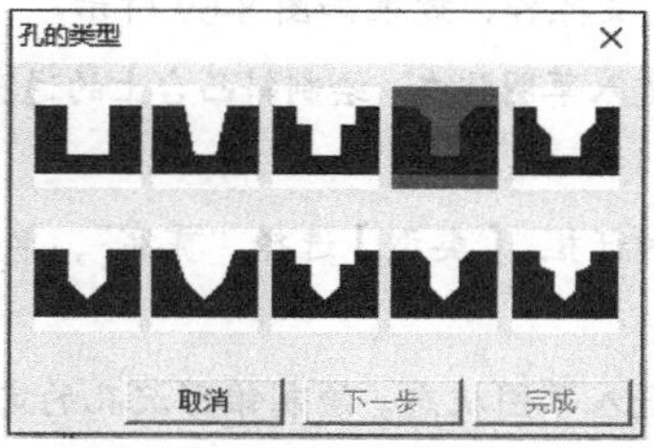

图 8-73　选择孔的类型

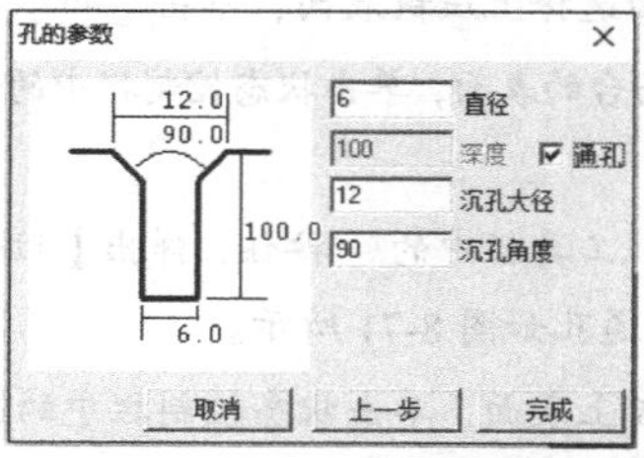

图 8-74　设置锥形沉孔的参数

⑰ 设置完成之后，单击 完成 按钮，完成锥形沉孔的创建，效果如图 8-75 所示。

⑱ 选择下压板的外表面，单击鼠标右键，在快捷菜单中选择“创建草图”，如图 8-76 所示，进入草图状态。

图 8-75 生成锥形沉孔

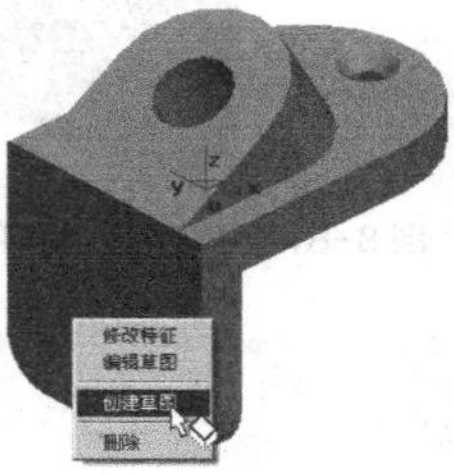

图 8-76 选择下压板左侧面

⑲ 在草图状态下绘制孔的定位点，如图 8-77 所示。

⑳ 根据状态栏命令提示，先“拾取打孔平面”（选择下压板左表面），然后选择孔型（选择图 8-78 所示的第 3 种孔型），再选择定位点（见图 8-77 所示的点）。

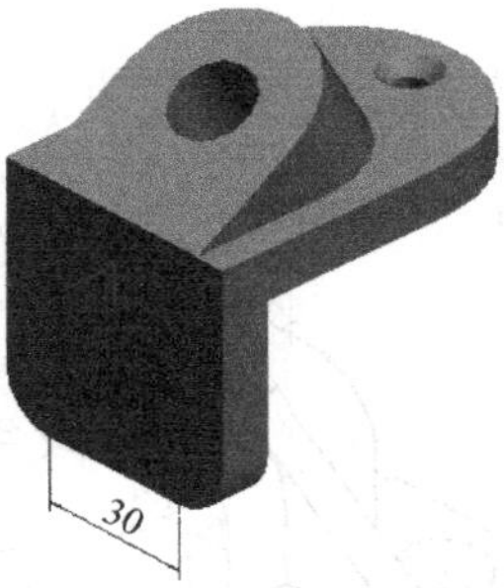

图 8-77 绘制孔的定位点

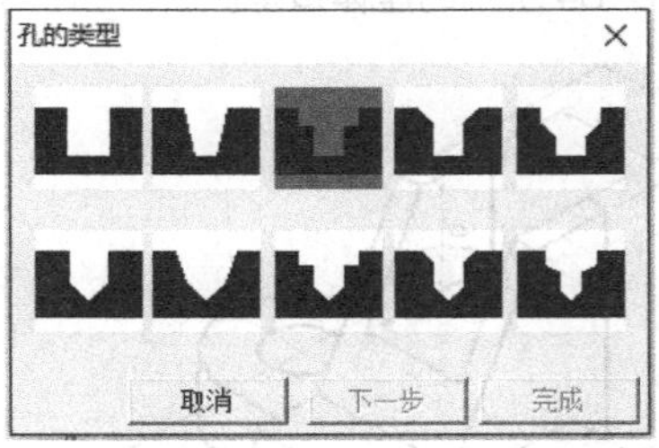

图 8-78 选择孔的类型

㉑ 选择完毕之后，单击 下一步 按钮，进入【孔的参数】对话框，根据孔的大小设置各参数，如图 8-79 所示。

㉒ 设置完成之后，单击 完成 按钮，完成一个锪平孔的创建，效果如图 8-80 所示。

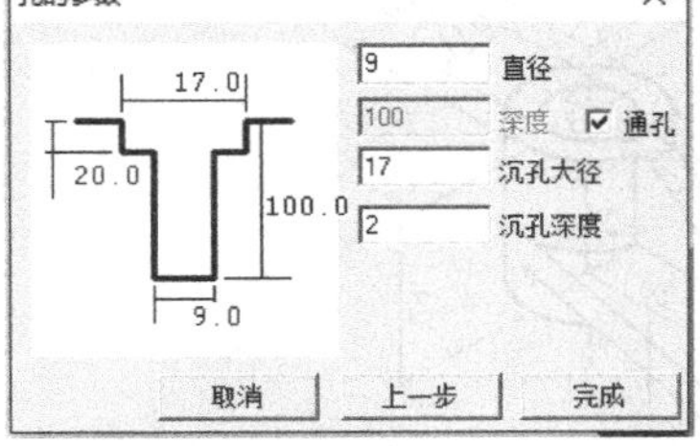

图 8-79 设置锪平孔的参数

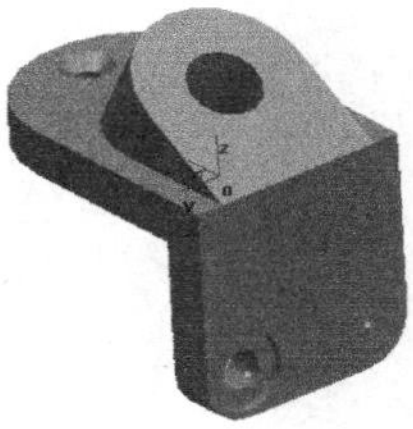

图 8-80 生成一个锪平孔

㉓ 应用相同方法完成第 2 个锪平孔的创建，如图 8-81 所示，完成效果如图 8-82 所示。

图 8-81　生成第 2 个锪平孔

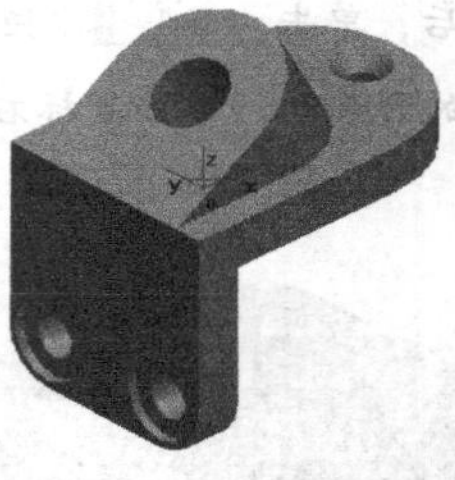

图 8-82　完成造型

8.5　小结

本章所述内容属于花键轴造型范畴，通过花键轴的造型重点介绍花键、球拍、构造基准面等基本命令。采用实体特征造型技术，可以使零件的设计过程直观、简单、准确。

8.6　习题

1. 创建图 8-83 所示的座体造型。
2. 绘制图 8-84 所示的座体造型。

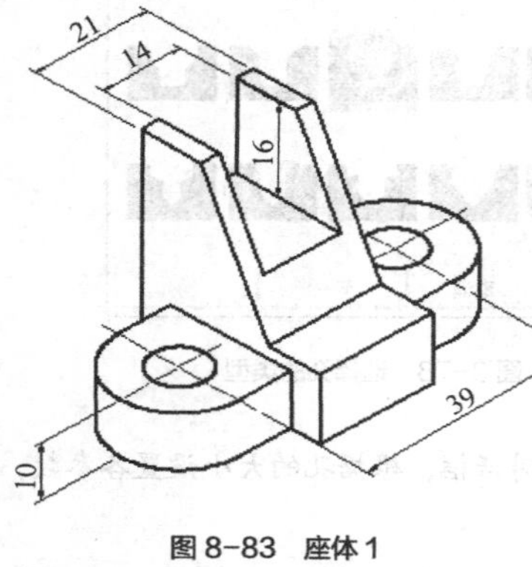

图 8-83　座体 1

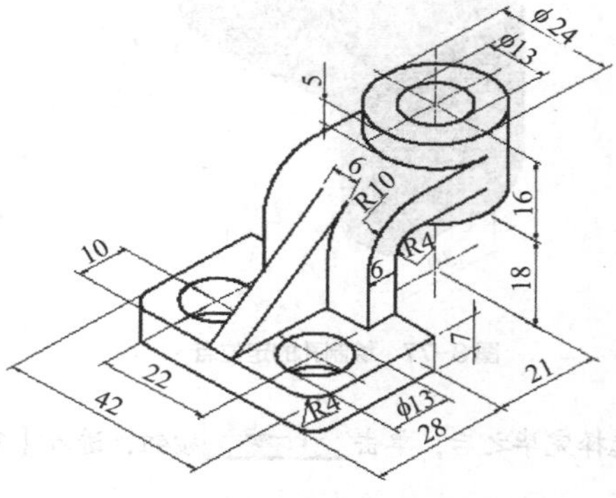

图 8-84　座体 2

3. 绘制图 8-85 所示的拨叉造型。

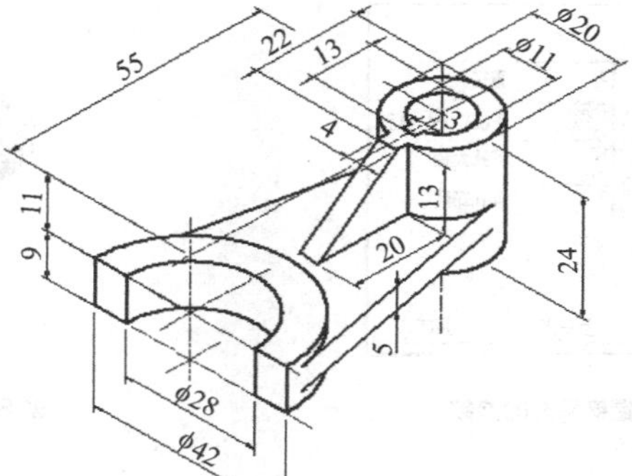

图 8-85　拨叉

Chapter

9

第 9 章 构建螺钉模型

内六角圆柱头螺钉是机械中常用的一种连接零件。螺钉形体的主要特征为回转体，利用前面章节中讲过的旋转增料造型方法可以方便地创建螺钉的主体形状，此外，在螺钉上还有三角螺纹，可用导动除料的方法生成。本章将通过螺钉的实体造型设计，学习公式曲线、过点且垂直曲线构造基准面和应用导动除料、倒角等特征造型的方法。内六角圆柱头螺钉的零件图和实体造型如图 9-1 所示。

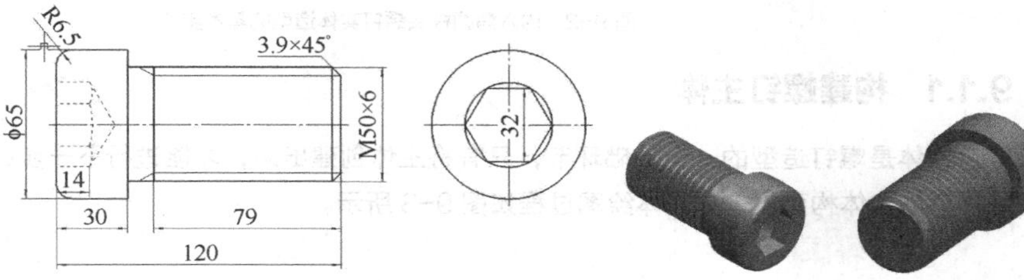

（a）　　（b）

图 9-1　螺钉的草图尺寸和实体造型

【学习目标】

- 学会公式曲线的使用方法。
- 掌握过点且垂直曲线构造基准面的方法。
- 掌握导动除料命令的操作方式。
- 掌握倒角的操作方式。

9.1 课堂实训案例

要创建螺钉的实体造型主要应用旋转增料、旋转除料、公式曲线、导动除料等命令。创建内六角圆柱头螺钉实体造型的基本步骤如图 9-2 所示。

图 9-2 内六角圆柱头螺钉实体造型的基本步骤

9.1.1 构建螺钉主体

螺钉主体是螺钉造型的一个基础环节，只有将主体创建出来，才能进行下一步的造型。本任务的目的就是将螺钉的主体构建出来。具体绘图过程如图 9-3 所示。

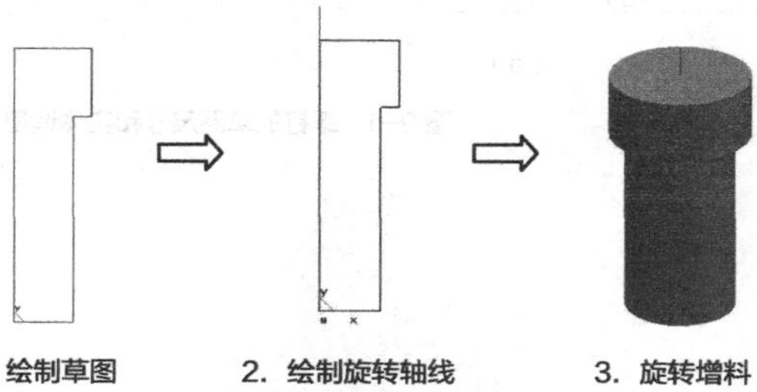

图 9-3 螺钉主体成型过程

视频 18
构建螺钉模型 1

【步骤解析】

① 绘制旋转截面草图。

② 选择特征树中的“平面 XY”，作为绘制草图的基准平面，单击按钮，进入草图绘制状态。

③ 应用绘制直线命令按图 9-4 所示的尺寸绘制螺钉主体草图。

④ 旋转生成螺钉主体。退出草图状态，过轴线绘制一空间直线，作为草图截面的旋转轴线，如图 9-5 所示。

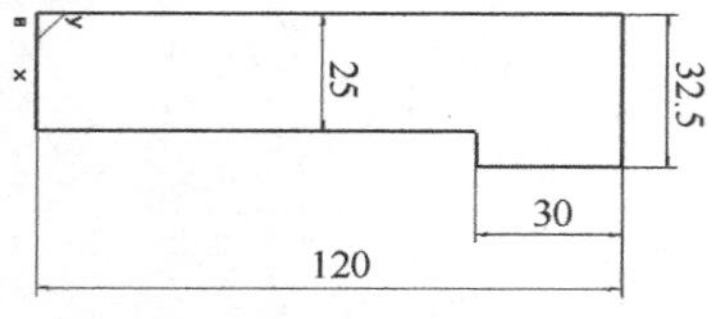

图 9-4 草图

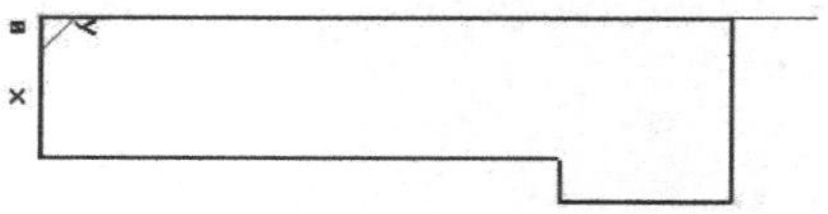

图 9-5 绘制轴线

⑤ 选择【造型】/【特征生成】/【增料】/【旋转】命令，或者单击按钮，弹出【旋转】对话框，设置参数如图 9-6（a）所示。单击确定按钮，完成造型，如图 9-6（b）所示。

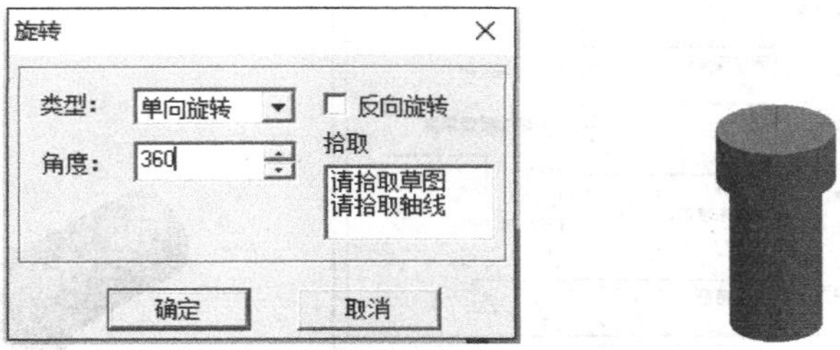

（a）【旋转】对话框　　（b）成型

图 9-6　旋转增料

9.1.2　生成螺钉头部造型

螺钉的头部造型是由一个内凹的正六边形和一个顶角为 120° 的锥形盲孔构成的，内凹的正六边形可用拉伸除料命令生成，而锥形孔需用旋转除料命令创建。具体创建过程如图 9–7 所示。

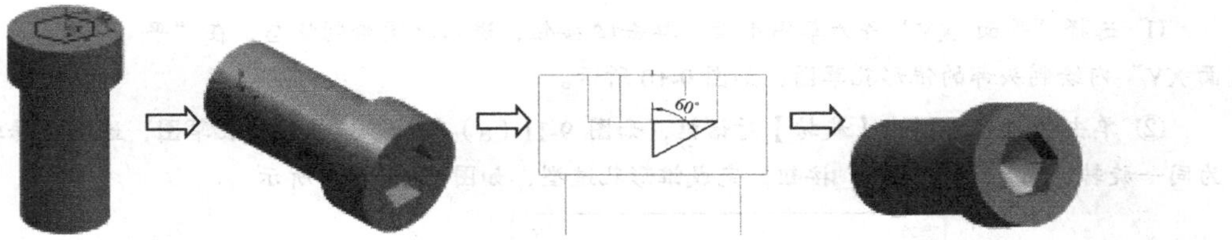

1. 六边形绘制草图　　2. 拉伸除料　　3. 锥形孔草图　　4. 旋转除料

图 9–7　螺钉头部成型过程

1. 拉伸除料

应用拉伸除料命令生成正六边形孔。

【步骤解析】

① 选择螺钉头部的上表面作为绘制草图的基准平面，单击按钮，或单击鼠标右键在弹出的快捷菜单中选择“创建草图”命令进入草图状态，如图 9-8（a）所示。

② 单击按钮，以螺钉头部的圆的圆心为中心，绘制正六边形，如图 9-8（b）所示。

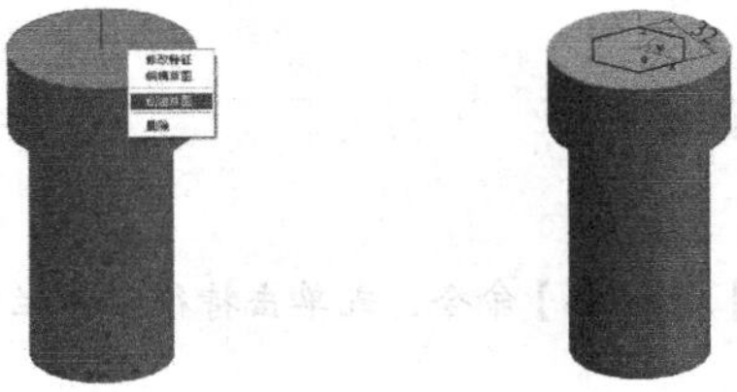

（a）进入草图状态　　（b）绘制草图

图 9–8　绘制正六边形草图

③ 单击按钮，弹出【拉伸除料】对话框，如图 9-9（a）所示。

④【拉伸类型】设置为“固定深度”，方向设置为向内拉伸，在【深度】文本框中输入数值“14”，选

择正六边形草图为拉伸对象，单击确定按钮，完成内六角孔的造型，如图 9-9（b）所示。

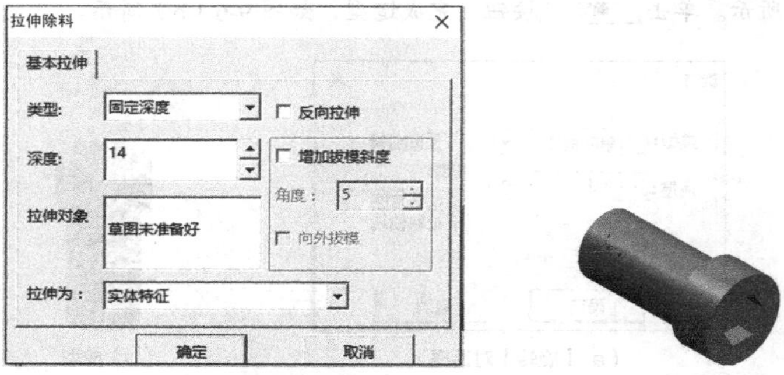

（a）【拉伸除料】对话框　　（b）实体成型

图 9-9　拉伸除料

2. 旋转除料

完成锥形孔的草图，旋转除料生成实体。

【步骤解析】

① 选择“平面 XY”作为草图平面，单击按钮，进入草图绘制状态，在“平面 XY”内绘制头部的锥形孔草图，如图 9-10 所示。

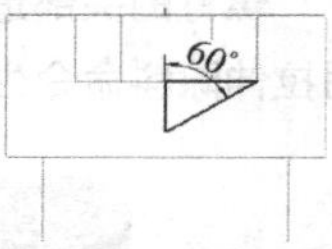

图 9-10　锥形孔草图

② 单击按钮，弹出【旋转】对话框，如图 9-11（a）所示。选择锥形孔草图，选择旋转轴（与主体为同一旋转轴），单击确定按钮，完成锥形孔造型，如图 9-11（b）所示。

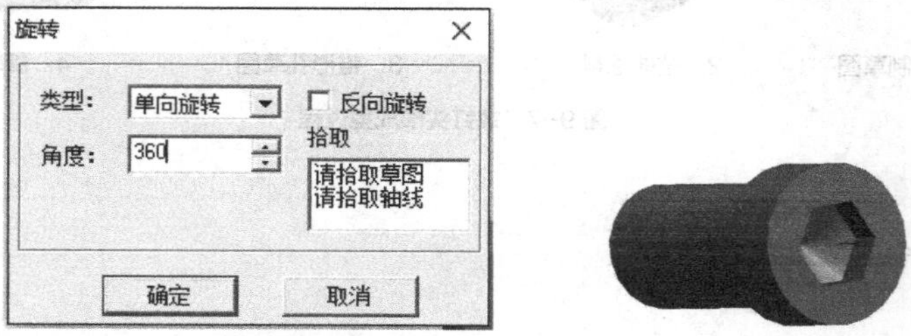

（a）【旋转】对话框　　（b）除料成型

图 9-11　旋转除料生成锥形孔

9.1.3　过渡和倒角

视频 19
构建螺钉模型 2

1. 过渡

对螺钉的头部边缘进行过渡操作。

【步骤解析】

① 选择【造型】/【特征生成】/【过渡】命令，或单击特征工具栏中的按钮，弹出【过渡】对话框，如图 9-12 所示。

② 在【半径】文本框中输入数值“6.5”，设置【过渡方式】为“等半径”，【结束方式】选择“缺省方式”，选择螺钉头部上需要导圆角的边，单击确定按钮完成操作，如图 9-13 所示。

2. 倒角

对螺钉的底部倒角。

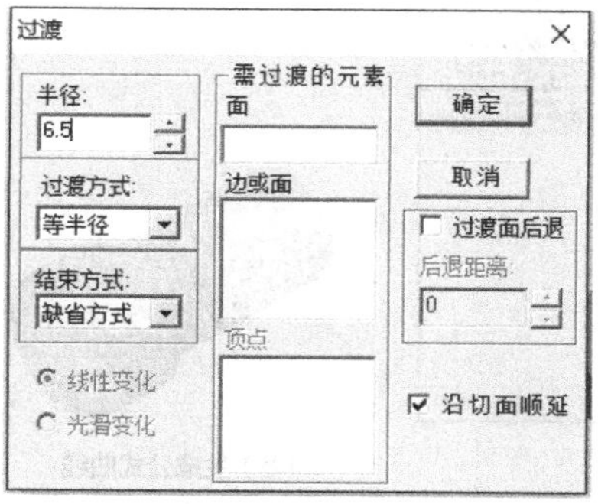

图 9-12　【过渡】对话框

图 9-13　过渡

【步骤解析】

① 单击按钮，弹出【倒角】对话框，如图 9-14（a）所示。

② 在【距离】文本框中输入倒角距离“3.9”，在【角度】文本框中输入倒角角度“45”，拾取需要倒角的螺钉尾部边，单击 确定 按钮完成操作，结果如图 9-14（b）所示。

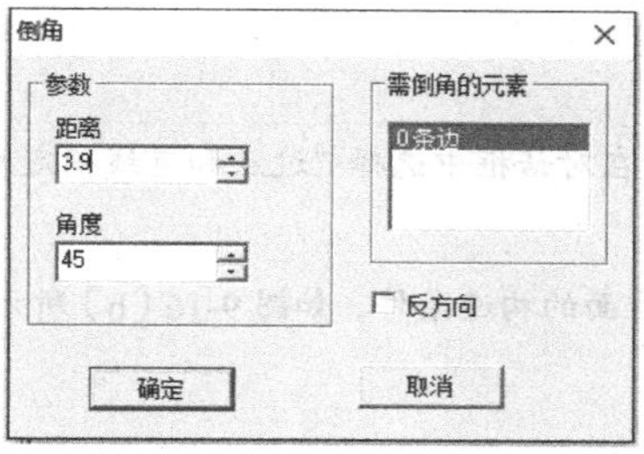

（a）【倒角】对话框

（b）倒角成型

图 9-14　倒角

9.1.4　创建螺钉螺纹

1. 创建螺旋线

【步骤解析】

① 按 F9 键将绘图平面切换到“平面 XZ”。选择【造型】/【曲线生成】/【公式曲线】命令，或者直接单击曲线工具栏中的 f(x) 按钮，弹出【公式曲线】对话框，在对话框中输入螺旋线公式。

X（t）=半径*cos（t）=25*cos（t）

Y（t）=半径*sin（t）=25*sin（t）

Z（t）=导程*t/2π=6*t/2π

② 设置【起始值】为“0”，即螺旋线的起始角，【终止值】为“79.13”，即螺旋线圈数×2π=24×2π，如图 9-15 所示。

③ 选择坐标系，单击 确定(O) 按钮，用键盘输入螺旋线的定位点（-1,0,0），让定位点超出实体一点，防止螺纹的起始部分出现没有切出螺纹的部分。

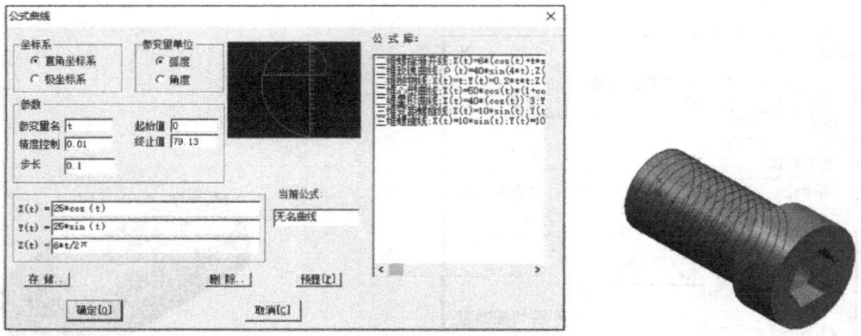

（a）【公式曲线】对话框　　（b）生成公式曲线

图 9-15　公式曲线

要点提示

（1）绘制公式曲线时要先选择绘图平面。

（2）螺旋线的绘图平面与螺旋线的圆形截面平行。

2. 创建基准面和螺纹牙型图

过点且垂直于曲线构造基准面。

【步骤解析】

① 单击按钮，弹出【构造基准面】对话框，在对话框中选择“过点和直线确定基准平面”构造方法，如图 9-16（a）所示。

② 分别拾取螺旋线的端点和旋转轴线作为基准面的构造条件，如图 9-16（b）所示。单击 确定 按钮，完成基准面的创建，如图 9-16（b）所示。

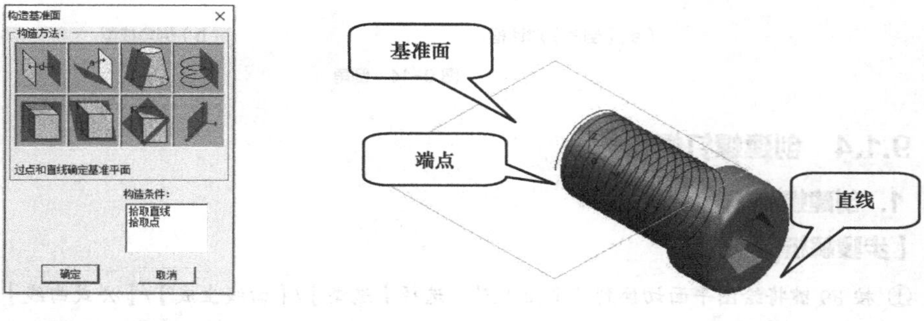

（a）【构造基准面】对话框　　（b）生成平面

图 9-16　过点和直线确定基准平面

③ 选择新创建的基准面为草图绘制平面，绘制螺纹牙型草图，如图 9-17 所示。

图 9-17　螺纹牙型草图

3. 创建螺纹

创建螺纹需要应用导动除料命令。

【步骤解析】

① 选择【造型】/【特征生成】/【除料】/【导动除料】命令，或单击特征工具栏中的按钮，弹出【导动】对话框，如图 9-18（a）所示。

② 【轮廓截面线】选择螺纹牙型槽图，【轨迹线】选择螺旋线，【选项控制】为“固接导动”，单击确定按钮，完成螺纹造型，如图 9-18（b）所示。

（a）【导动】对话框　　（b）完成造型

图 9-18　导动除料

9.2 软件功能介绍

1. 过渡和倒角

过渡是指以给定半径或半径规律对实体的边进行光滑过渡。倒角是指对实体的棱边进行等距离裁剪。倒角的主要操作步骤如下。

【步骤解析】

① 选择【造型】/【特征生成】/【倒角】命令，或者直接单击特征工具栏中的按钮，弹出【倒角】对话框，如图 9-19（a）所示。

② 设置【距离】和【角度】的数值，拾取需要倒角的元素，单击确定按钮完成倒角操作，如图 9-19（b）所示。

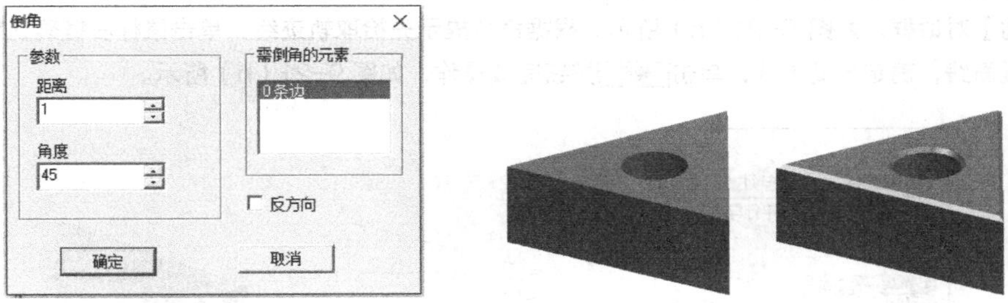

（a）【倒角】对话框　　（b）选择边进行倒角操作

图 9-19　倒角

影响倒角的主要参数有以下几个。

- 距离：倒角的边尺寸值，可以在数值框中直接输入所需数值，也可以单击按钮调整数值。
- 角度：所倒角度的尺寸值，可以在数值框中直接输入所需数值，也可以单击按钮调整数值。
- 需倒角的元素：对需要过渡的实体上的边的选取。

要点提示

两个平面的棱边才可以倒角。如图 9-19（b）所示，倒角的边为圆柱面与底部端面的棱边。

2. 公式曲线

公式曲线即数学表达式的曲线图形，也就是根据数学公式（或参数表达式）绘制出相应的数学曲线。公式既可以是直角坐标形式，也可以是极坐标形式。公式曲线为用户提供了一种更方便、更精确的作图手段，以适应某些精确型腔，轨迹线形的作图设计。用户只要交互输入数学公式，给定参数，计算机便会自动绘制出该公式描述的曲线。

命令操作：选择【造型】/【曲线生成】/【公式曲线】命令，或者直接接单击 f(x) 按钮，弹出【公式曲线】对话框，如图 9-20（a）所示。选择绘图坐标系，设置参数及参数方式，单击 确定[O] 按钮，给出公式曲线定位点，完成操作，如图 9-20（b）所示。

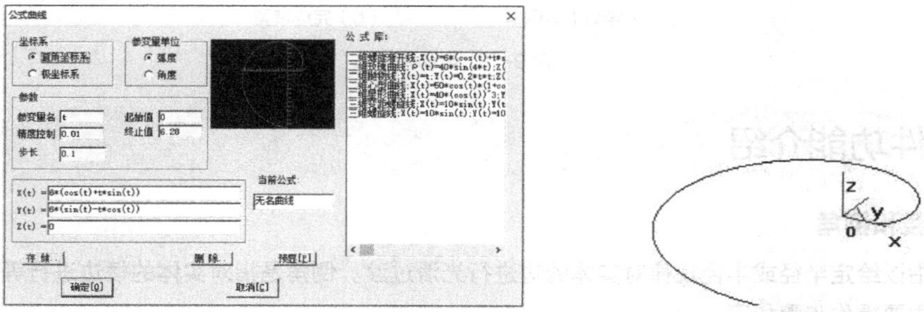

（a）【公式曲线】对话框　　（b）生成曲线

图 9-20　公式曲线

3. 导动除料

导动除料是将某一截面曲线或轮廓线沿着另外一轨迹线运动，移除实体而形成新的特征实体。截面线应为封闭的草图轮廓，截面线的运动形成了导动曲面。

命令操作：选择【造型】/【特征生成】/【除料】/【导动除料】命令，或单击特征工具栏中的按钮，弹出【导动】对话框，如图 9-21（a）所示。根据命令提示先拾取轨迹线，单击鼠标右键确认拾取，然后选择轮廓截面线，确定导动方式，单击 确定 按钮完成操作，如图 9-21（b）所示。

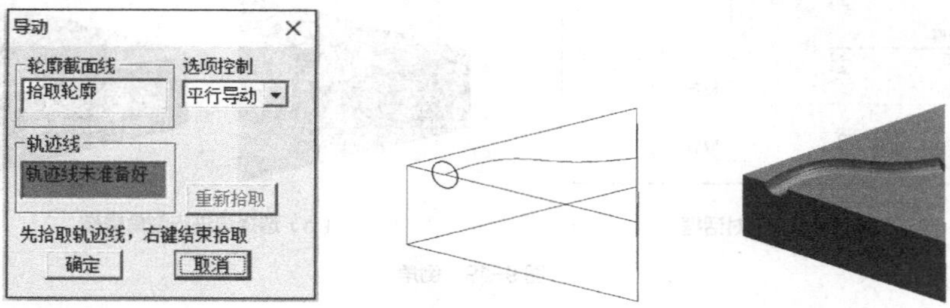

（a）【导动】对话框　　（b）导动成型操作

图 9-21　导动除料

【导动】对话框中的主要参数含义如下。

- 轮廓截面线：需要导动的草图，截面线应为封闭的草图轮廓。
- 轨迹线：草图导动所沿的路径。

【选项控制】下拉列表中包括“平行导动”和“固接导动”两个选项。

- 平行导动：截面线沿导动线趋势始终平行它自身的移动而生成的特征实体，如图 9-22（a）所示。

- 固接导动：在导动过程中，截面线和导动线保持固接关系，即让截面线平面与导动线的切矢方向保持相对角度不变，而且截面线在自身相对坐标系中的位置关系保持不变，截面线沿导动线变化的趋势导动生成特征实体，如图 9-22（b）所示。

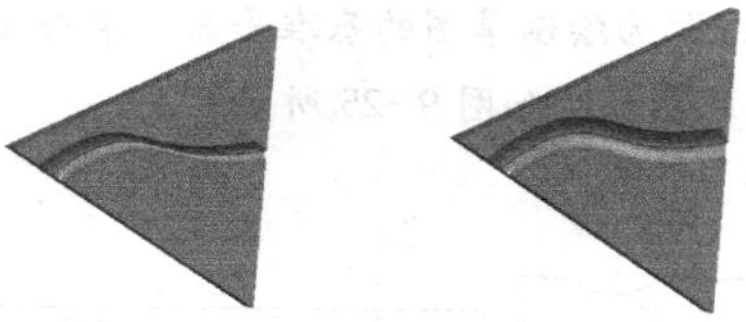

（a）平行导动　　（b）固接导动

图 9-22　选项控制

9.3 课堂实战演练

综合运用所学命令，构造螺杆的实体造型。螺杆的零件图和实体造型如图 9-23 所示。

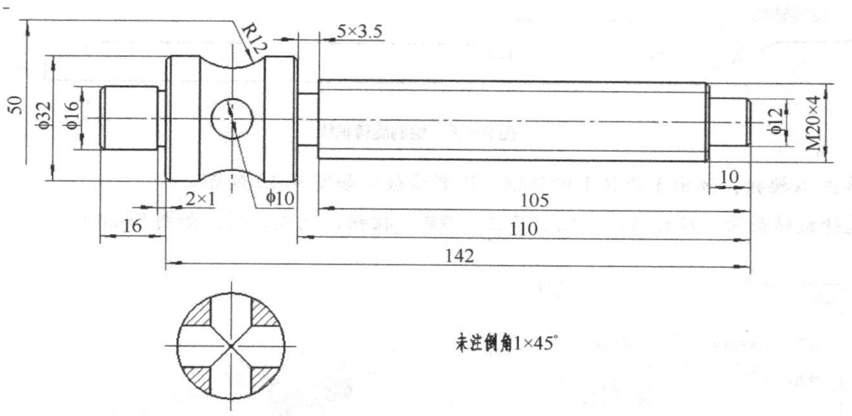

（a）螺杆零件图

（b）螺杆实体造型

图 9-23　螺杆的零件图和实体造型

螺杆的绘图步骤如下，如图 9-24 所示。

1. 旋转增料生成主体　　2. 拉伸除料　　3. 公式曲线+导动除料生成螺纹

图 9-24　螺杆钉实体造型的基本步骤

【步骤解析】

1. 创建螺杆主体

① 绘制草图。

- 选择特征树中的“平面 XY”为绘制草图的基准平面，单击按钮，进入草图状态。
- 绘制螺杆旋转截面草图，草图尺寸如图 9-25 所示。

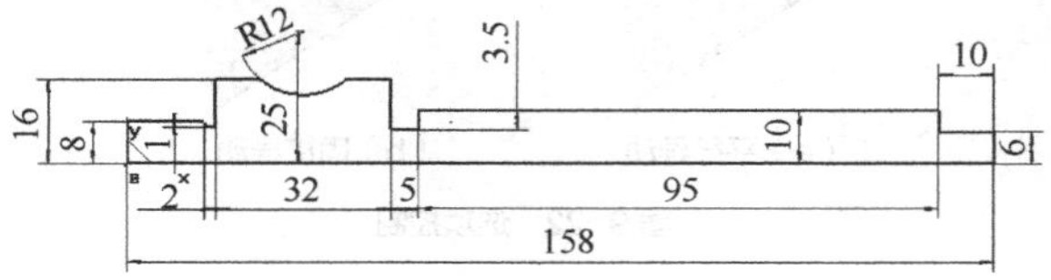

图 9-25　螺杆截面草图

② 旋转生成螺杆主体。

- 过轴线绘制一条空间直线，作为旋转增料的旋转轴线，如图 9-26 所示。

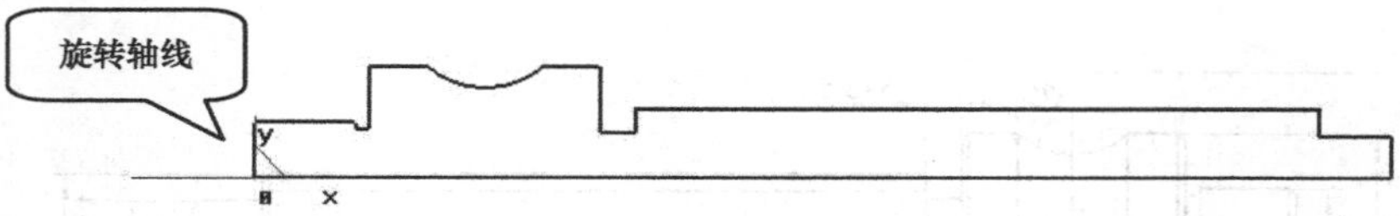

图 9-26　绘制旋转轴线

- 单击按钮，弹出【旋转】对话框，设置参数，如图 9-27 所示。
- 选择旋转截面、旋转轴线，然后单击 确定 按钮，完成造型，如图 9-28 所示。

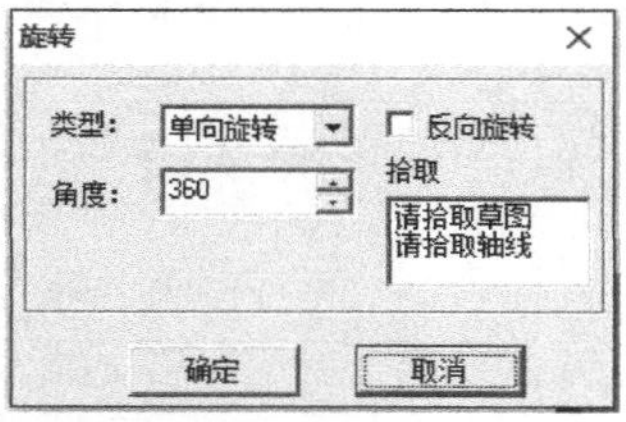

图 9-27　【旋转】对话框

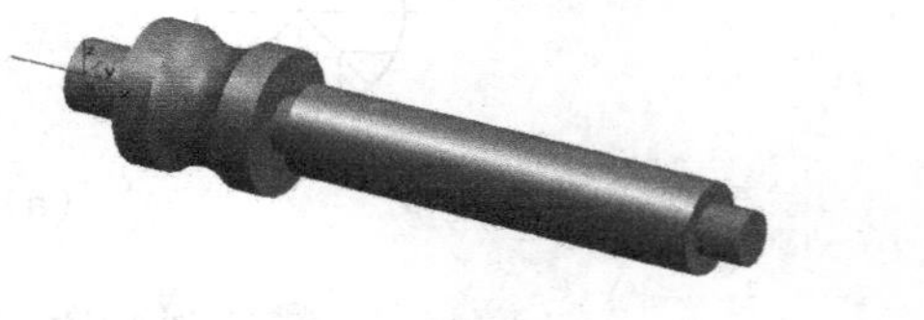

图 9-28　旋转增料成型

2. 创建倒角

① 单击按钮，弹出【倒角】对话框，如图 9-29 所示。

② 在【倒角】对话框的【距离】文本框中输入数值“1”,【角度】文本框中输入数值“45”，分别选择各圆柱端面的边线，单击 确定 按钮，完成倒角的造型，如图 9-30 所示。

3. 创建通孔

① 选择特征树中的“平面 XY”作为草图绘制平面，绘制一个直径为 10 的圆，如图 9-31 所示。

② 单击按钮，在弹出的【拉伸除料】对话框中选择“双向拉伸”，然后单击 确定 按钮，生成一侧通孔。

③ 选择“平面 XZ”作为草图绘制平面，用相同的方法创建另一方向的通孔，完成通孔的造型，结果如图 9-32 所示。

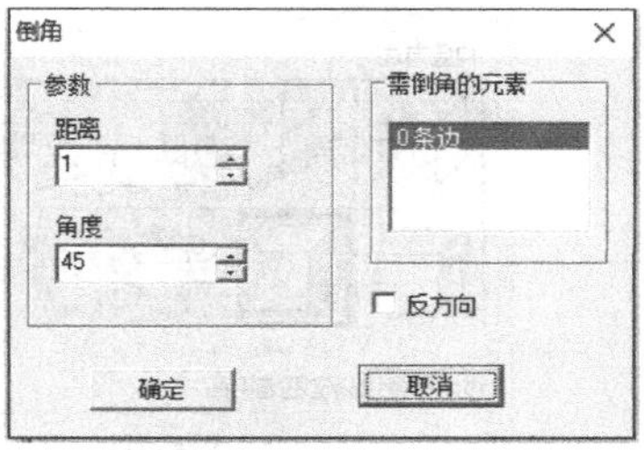

图 9-29 【倒角】对话框

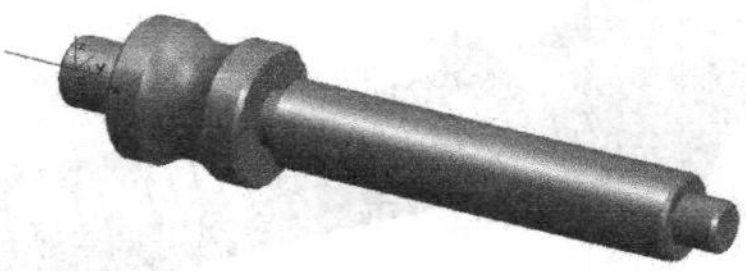

图 9-30 倒角成型

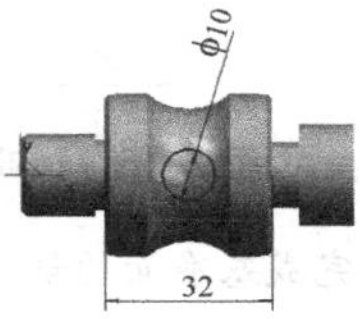

图 9-31 通孔草图

图 9-32 通孔造型

4. 创建螺纹

（1）创建螺旋线。

① 按 F9 键将绘图平面切换到“平面 YZ”。单击 f(x) 按钮，弹出【公式曲线】对话框，如图 9-33 所示，在对话框中输入螺旋线公式。

X（t）=半径*cos（t）=10*cos（t）

Y（t）=半径*sin（t）=10*sin（t）

Z（t）=导程*t/2π=4*t/2π

② 设置【起始值】为“0”，即螺旋线的起始角，【终止值】为“150.72”，即螺旋线圈数×2π=24×2π。

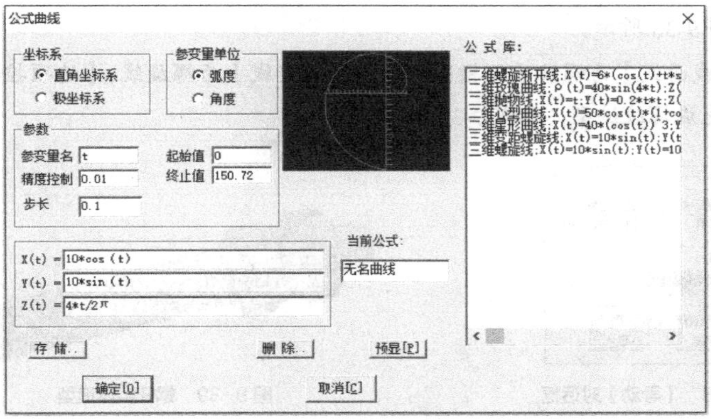

图 9-33 【公式曲线】对话框

③ 输入螺旋线的定位点（-1,0,0），让定位点超出实体一点，防止螺纹的起始部分出现没有切出螺纹的部分。构造螺旋线如图 9-34 所示。

（2）创建基准面。

① 单击 按钮，弹出【构造基准面】对话框，在对话框中选择构造方式为“过点和直线确定基准平面”，如图 9-35 所示。

图 9-34　螺旋线

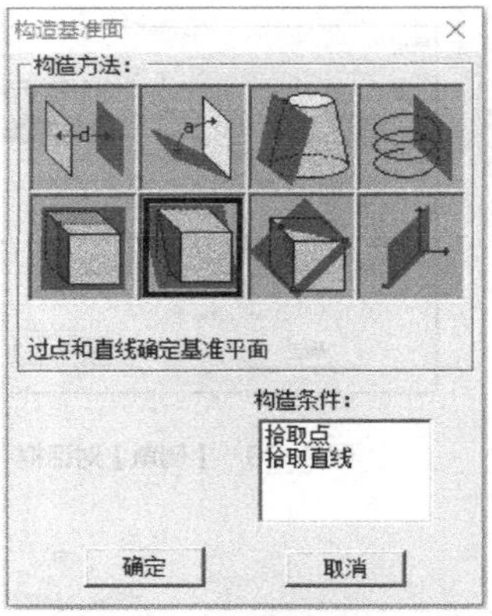

图 9-35　【构造基准面】对话框

② 分别拾取螺旋线和螺旋线的端点，单击 确定 按钮，完成基准面的创建，如图 9-36 所示。

5. 绘制螺纹牙型图

选择新创建的基准面为草图绘制平面，绘制螺纹牙型草图，如图 9-37 所示。

图 9-36　基准面

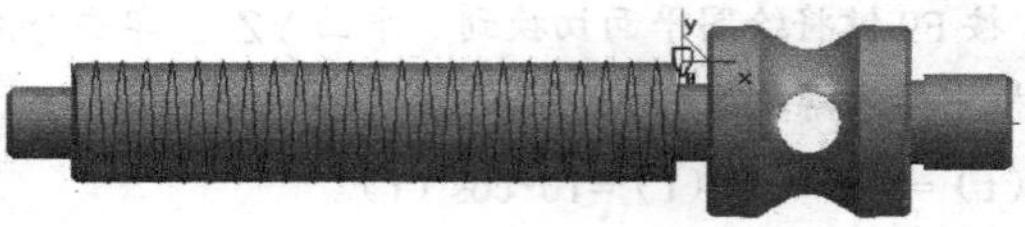

图 9-37　牙型草图

6. 创建螺纹

（1）选择【造型】/【特征生成】/【除料】/【导动除料】命令，或单击特征工具栏中的按钮，弹出【导动】对话框，如图 9-38 所示。

（2）选择【轮廓截面线】为螺纹牙型槽图，选择【轨迹线】为螺旋线，【选项控制】为“固接导动”，单击 确定 按钮，完成螺纹造型，如图 9-39 所示。

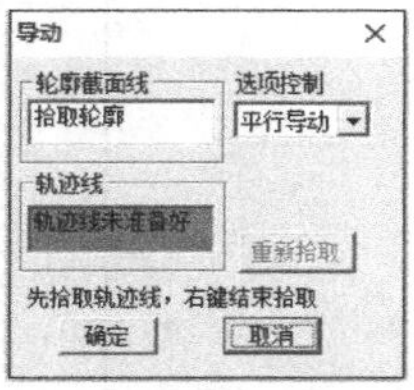

图 9-38　【导动】对话框

图 9-39　螺杆实体造型

至此，完成了零件螺杆的全部造型设计。

9.4 课后综合演练

应用旋转增料、旋转除料、倒角、公式曲线和导动增料等命令构造螺栓的实体造型。螺栓的零件图和实体造型如图 9-40 所示。

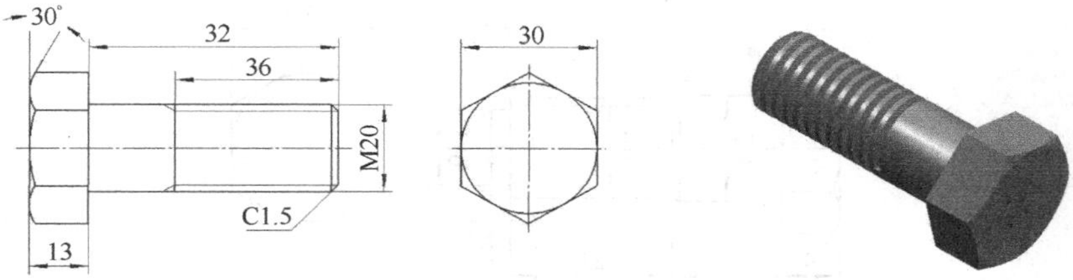

（a）零件图　　（b）实体造型

图 9-40　螺栓零件图

【步骤解析】

螺栓的主要绘图步骤如图 9-41 所示。

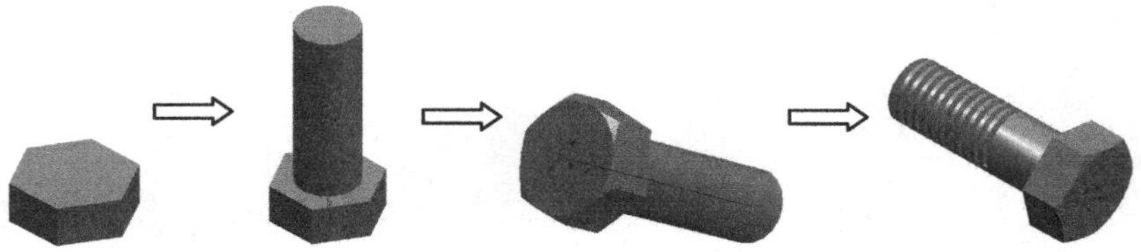

1. 创建螺栓的头部　2. 拉伸创建体部　3. 创建头部过渡　4. 创建螺纹

图 9-41　创建步骤

9.5 小结

本章通过构建内六角圆柱头螺钉造型，重点介绍了倒角、公式曲线、导动除料等命令。螺钉形体的主要特征为回转体，在实际造型时应用旋转增料的造型方法可以方便地创建螺钉的主体形状。三角螺纹造型是本节的难点，三角螺纹的创建需要应用公式曲线和导动除料命令，应重点掌握。

9.6 习题

1. 根据图 9-42 所示的零件图尺寸构建螺母实体。

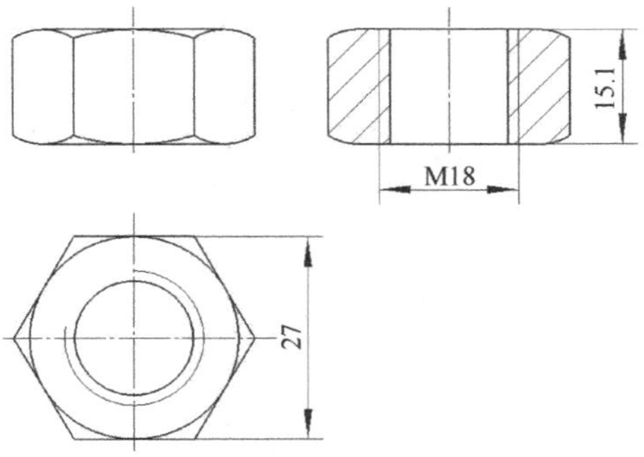

图 9-42　螺母零件图

2. 运用所学实体创建命令，根据图 9-43 所示的零件图尺寸构建螺栓实体。

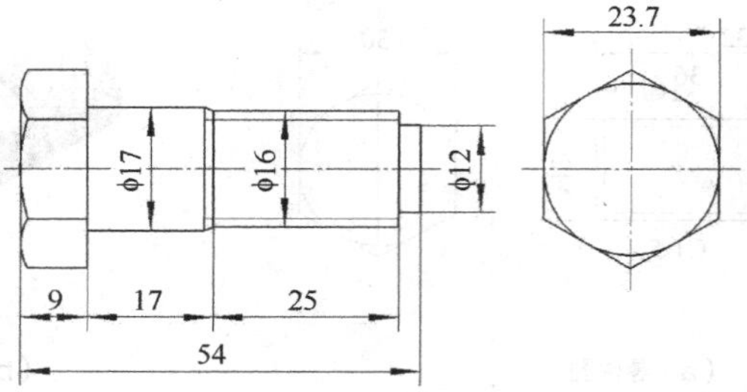

图 9-43 螺栓零件图

3. 观察一种带螺纹的零件或工具并构造它的造型。

Chapter

10

第 10 章 构建电源插头模型

电源插头由底盘、座体、引线头和导线组成，该形体具有回转体特征，其中座体是非圆曲线形成的回转体，在该形体上均匀分布着 3 个直槽，如图 10-1（b）所示。本章将通过对电源插头的实体造型，学习旋转增料、旋转除料、过渡、导动增料等特征造型工具的应用与操作方法。电源插头零件图和实体造型如图 10-1 所示。

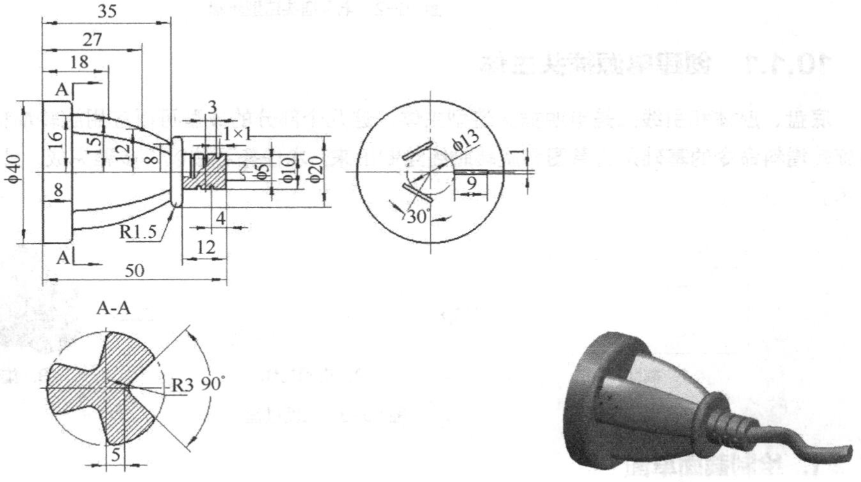

（a）（b）

图 10-1 电源插头的草图尺寸和实体造型

【学习目标】

- 巩固旋转增料、拉伸除料命令。
- 掌握旋转除料的操作方法。
- 掌握导动除料命令。

10.1 课堂实训案例

电源插头是一个很有代表性的物件，在日常生活中也比较常见，主要应用旋转增料、拉伸除料、旋转除料、阵列、导动增料等命令完成。创建电源插头实体造型的基本步骤如图 10-2 所示。

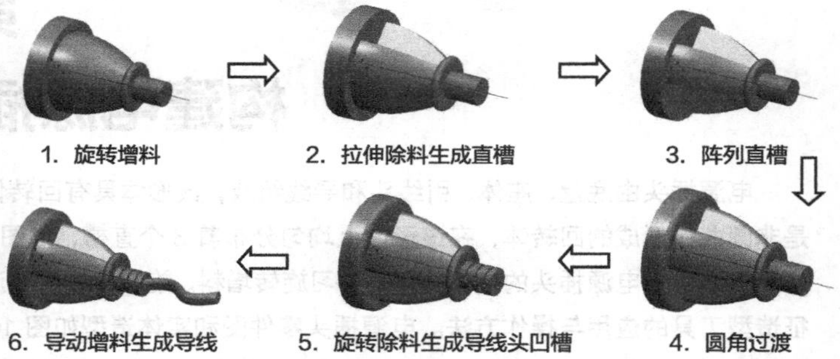

图 10-2　电源插头造型步骤

10.1.1 创建电源插头主体

底盘、座体和引线头是电源插头造型主体，这几个部分的成型可以应用旋转增料命令旋转生成。而应用旋转增料命令的基础是将草图和旋转轴线绘制出来。本任务可按以下步骤完成，具体成型过程如图 10-3 所示。

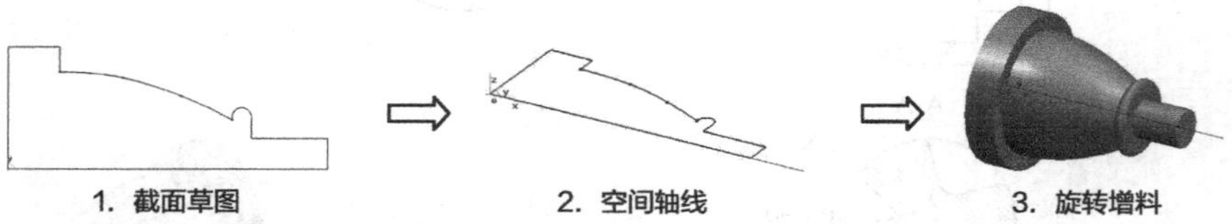

图 10-3　绘图过程

1. 绘制截面草图

电源插头底盘、座体和引线头的截面草图是在草图绘制环境下绘制的并用于实体造型的二维平面图，是生成实体特征的旋转截面。这个旋转截面由直线、圆弧、样条线等基本曲线构成。截面草图尺寸如图 10-4 所示。

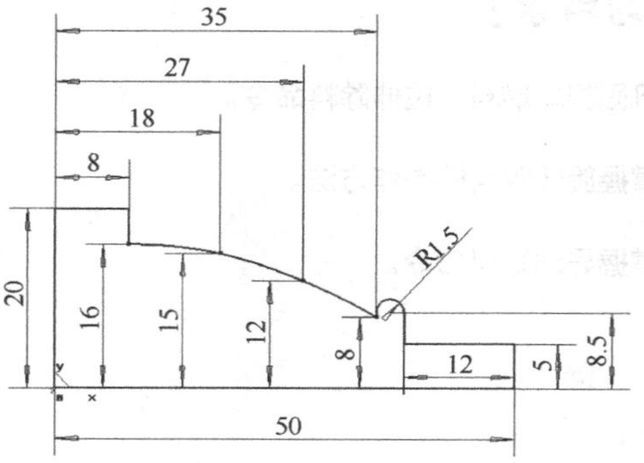

图 10-4　草图尺寸

视频 20
构建电源插头模型 1

【步骤解析】

① 选择特征树的“平面 XY”，确定绘图基准平面。单击状态控制栏中的按钮，或在所选择的“平面 XY”上单击鼠标右键，然后在快捷菜单中选择“创建草图”命令，此时在特征树中生成“草图 0”，如图 10-5 所示。

② 应用曲线绘制命令中的【直线】、【圆】命令绘制图 10-6 所示的图形。

③ 选择【造型】/【曲线生成】/【点】命令，或者单击按钮，在图 10-7 所示的相应位置绘制 4 个单个点。

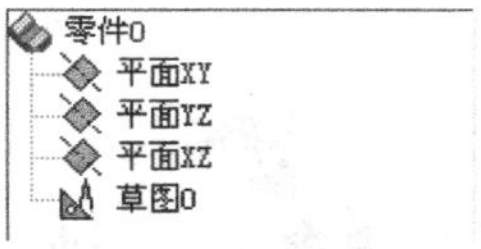

图 10-5 创建“草图 0”

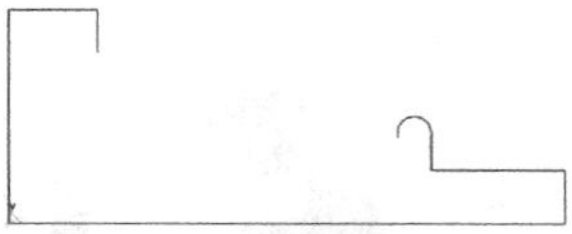

图 10-6 绘制直线和圆弧

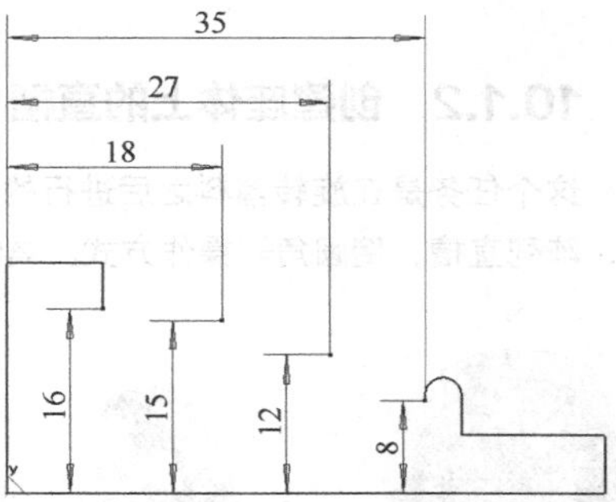

图 10-7 绘制点

④ 选择【造型】/【曲线生成】/【样条】命令，或者单击按钮，在立即菜单中选择“逼近”选项，如图 10-8（a）所示。

⑤ 依次选择图 10-7 所示的 4 个点，选择完毕后单击鼠标右键确定，完成样条曲线，至此，旋转截面草图绘制完成，如图 10-8（b）所示。

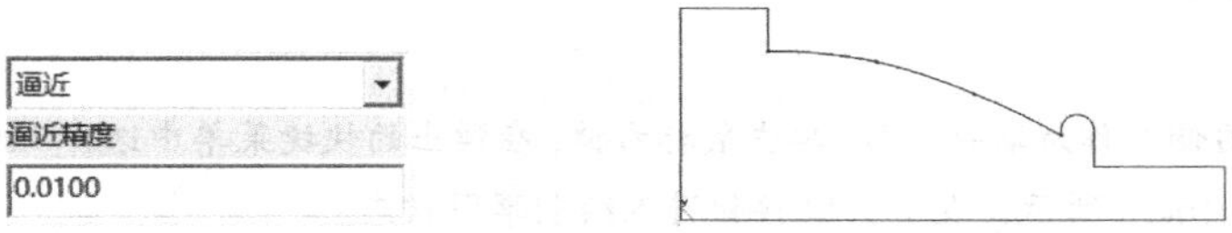

（a）立即菜单　　（b）旋转截面草图

图 10-8 选择点绘制样条曲线

2. 创建旋转轴和旋转生成实体

创建完旋转截面后，在空间绘制一条旋转轴线，将旋转截面绕轴线旋转生成回转实体。

【步骤解析】

① 绘制旋转轴。退出草图状态，按 F9 键将绘图平面切换到“平面 XY”，单击按钮，在立即菜单中选择“两点线”“单个”“正交”和“点方式”选项，在图 10-9 所示的位置绘制一条空间轴线。

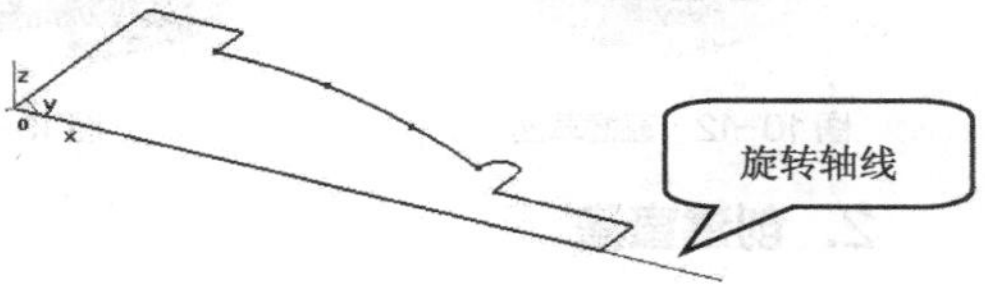

图 10-9 创建旋转轴

② 旋转增料生成插头主体。单击按钮，弹出【旋转】对话框，如图 10-10（a）所示。

③ 在对话框中设置【类型】为“单向旋转”，在【角度】文本框中输入“360”，分别拾取截面草图和旋转轴线，然后单击 确定 按钮生成实体，如图 10-10（b）所示。

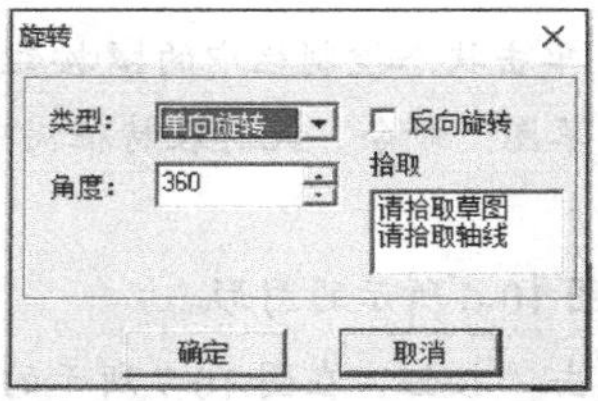

(a)【旋转】对话框

(b)实体成型

图 10-10　旋转增料

10.1.2　创建座体上的直槽

这个任务是在旋转增料之后进行的拉伸除料和阵列等实体编辑操作，包括绘制草图、拉伸除料生成直槽、阵列直槽、倒圆角等操作方式。具体操作步骤如图 10-11 所示。

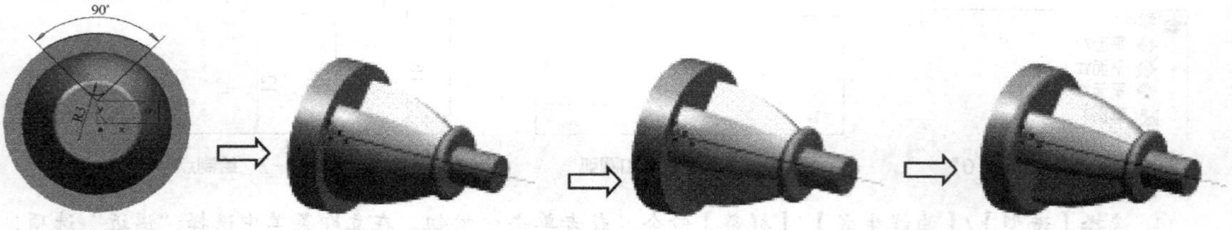

图 10-11　创建直槽步骤

1. 直槽草图

直槽草图的尺寸结构如图 10-12 所示。

【步骤解析】

① 选择底盘的右侧面作为草图平面，单击鼠标右键，在弹出的快捷菜单中选择“创建草图”命令，如图 10-13 所示，或单击按钮进入绘制草图状态。

视频 21
构建电源插头模型 2

② 应用线框造型命令绘制图 10-14 所示的草图。

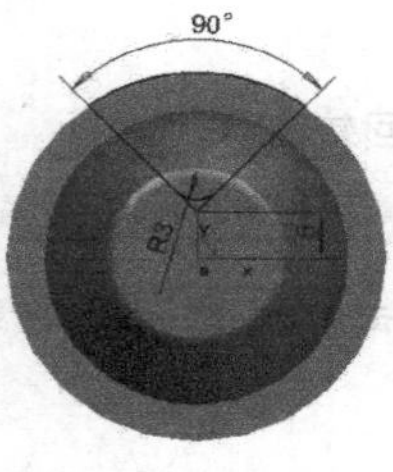

图 10-12　直槽草图

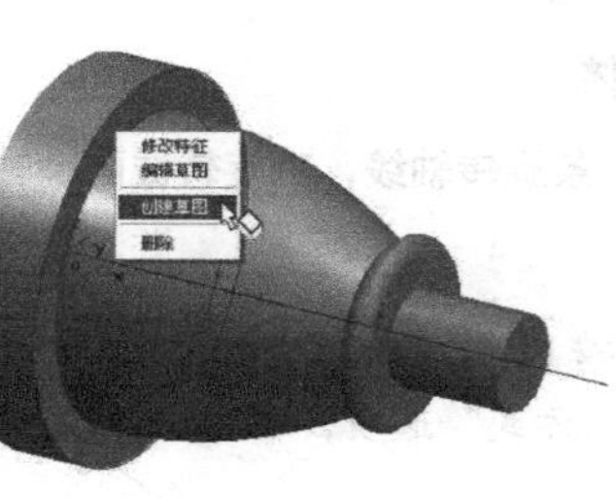

图 10-13　创建草图

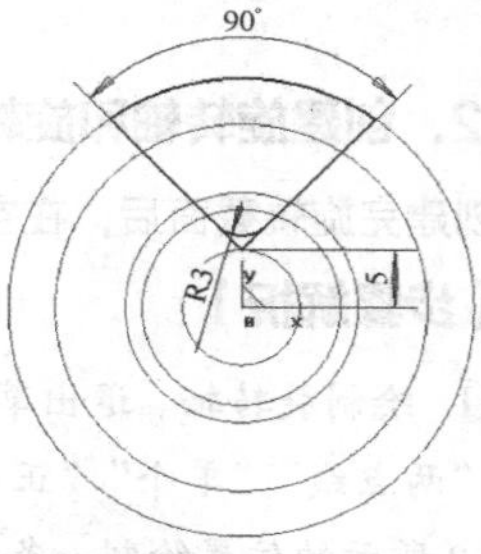

图 10-14　直槽草图

2. 创建直槽

选择直槽草图，应用拉伸除料命令创建出一个槽，另外两个槽应用阵列命令创建。

【步骤解析】

① 单击按钮，弹出【拉伸除料】对话框，【类型】选择“拉伸到面”，如图 10-15（a）所示。拉伸对

象为直槽的草图，如图 10-15（b）所示。

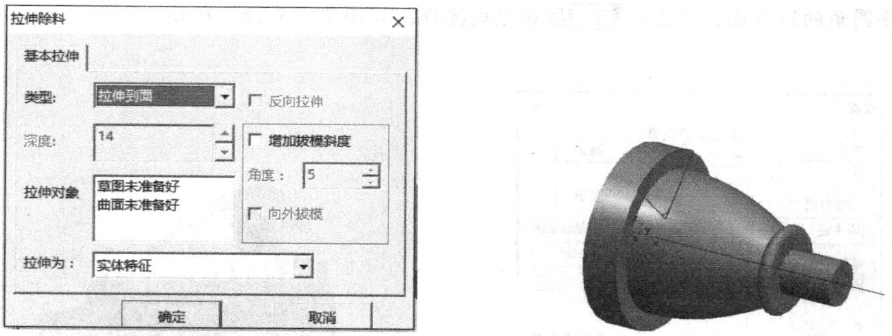

（a）【拉伸除料】对话框　　（b）选择草图

图 10-15　拉伸除料设置

② 拉伸的终止面为导线头靠近座体的一侧，如图 10-16（a）所示。单击 确定 按钮，完成直槽造型，如图 10-16（b）所示。

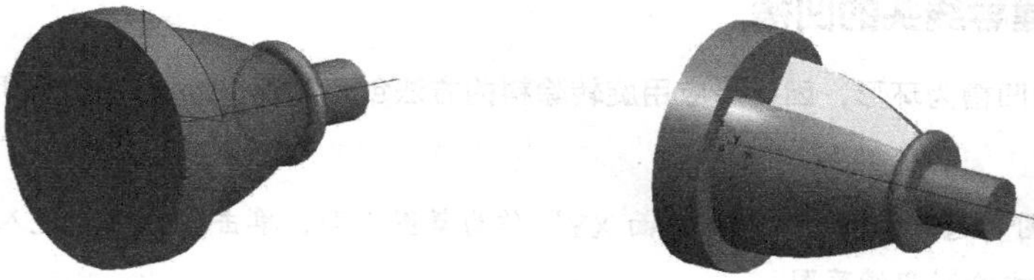

（a）选择拉伸终止面　　（b）成型

图 10-16　拉伸到面成型

3. 阵列直槽

【步骤解析】

① 单击按钮，弹出【环形阵列】对话框，如图 10-17（a）所示。

② 选择直槽为阵列对象，旋转增料的回转轴为基准轴，设置【角度】为“120”，【数目】为“3”，其他选项设置如图 10-17（a）所示，然后单击 确定 按钮，完成直槽阵列造型，如图 10-17（b）所示。

（a）【环形阵列】对话框　　（b）阵列成型

图 10-17　环形阵列

4. 倒圆角

【步骤解析】

① 选择【造型】/【特征生成】/【过渡】命令，或单击按钮，弹出【过渡】对话框，如图 10-18（a）所示。

② 设置【半径】为“2”，选择【过渡方式】为“等半径”，【结束方式】选择“缺省方式”，依次选择实体上需要导圆角的边或面，单击 确定 按钮完成操作，如图 10-18（b）所示。

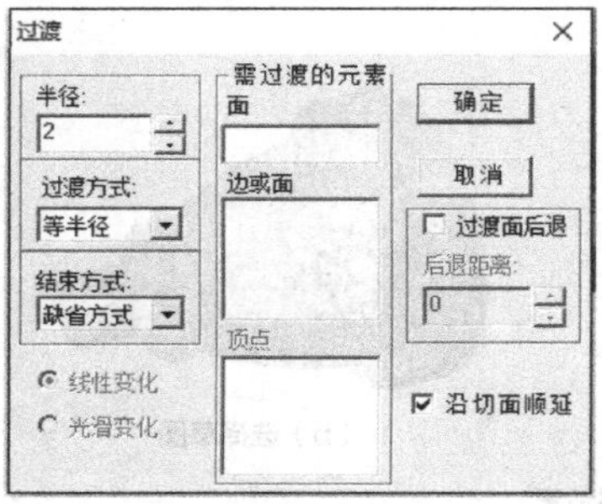

（a）【过渡】对话框

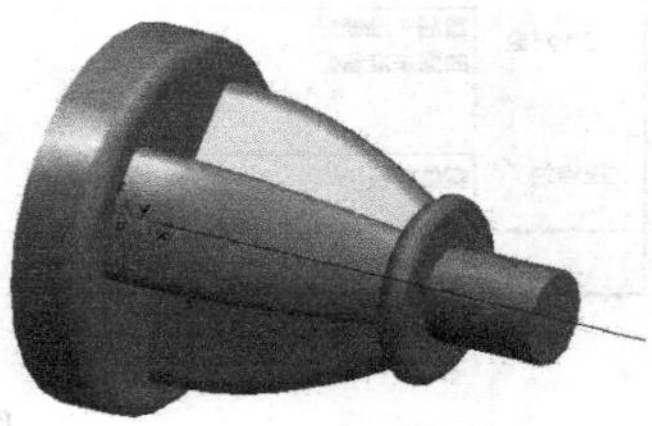

（b）圆角成型

图 10-18 倒圆角

10.1.3 创建导线头的凹槽

由于导线头上的凹槽为环形，因此可应用旋转除料的方法创建凹槽，如图 10-19 所示。

【步骤解析】

① 绘制凹槽草图。选择特征树中的“平面 XY”作为草图平面，单击按钮，进入绘制草图状态。按图 10-20 所示图形尺寸绘制凹槽草图。

视频 22
构建电源插头模型 3

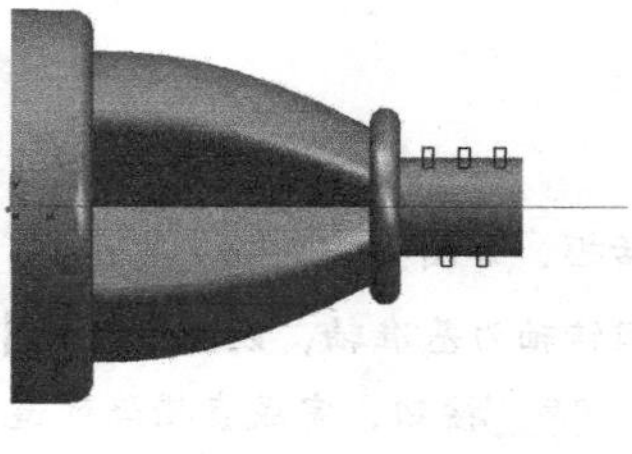

图 10-19 凹槽草图

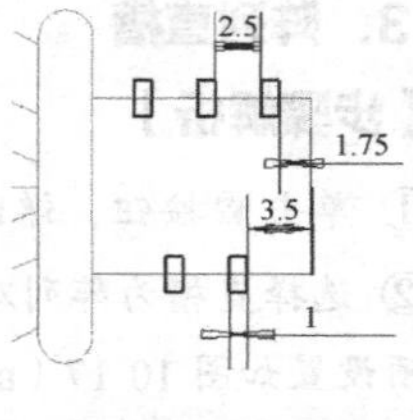

图 10-20 草图尺寸

② 旋转除料。单击按钮，弹出【旋转】对话框，如图 10-21（a）所示。

③ 设置旋转除料的【类型】为“单向旋转”，【角度】为“180”，拾取凹槽草图和旋转轴线，单击 确定 按钮完成操作，如图 10-21（b）所示。

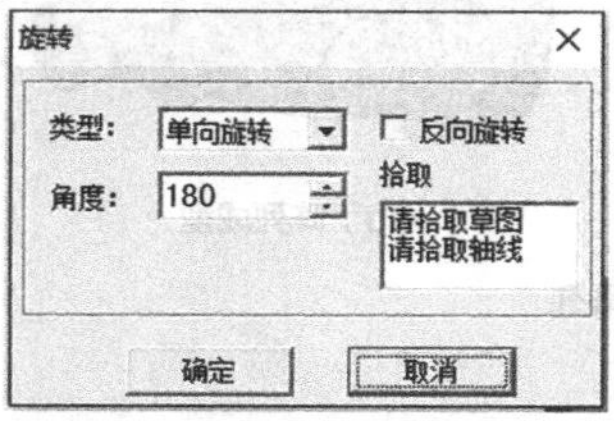

（a）【旋转】对话框

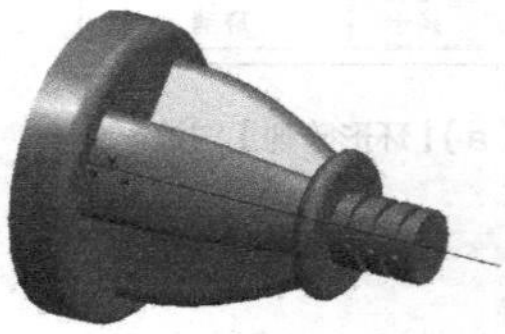

（b）旋转成型

图 10-21 旋转除料

10.1.4　创建导线

导线是一条不规则的圆柱形线，主要使用导动增料命令完成。

【步骤解析】

视频 23
构建电源插头模型 4

① 单击导线头右端面作为草图绘制平面，单击按钮，进入绘制草图状态，绘制导线截面线，如图 10-22 所示。

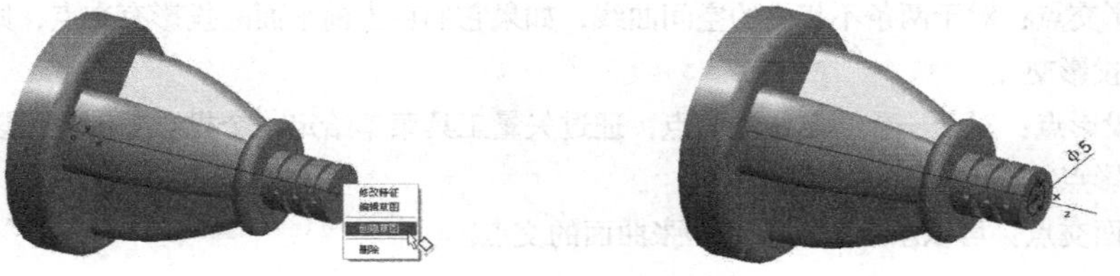

（a）　　（b）

图 10-22　绘制草图

② 绘制导动线。退出草图状态，按 F9 键将绘图平面切换到“平面 XZ”，单击按钮，在“平面 XY”内绘制一条空间曲线，如图 10-23 所示。

③ 生成导线。单击按钮，弹出【导动】对话框，如图 10-24 所示。

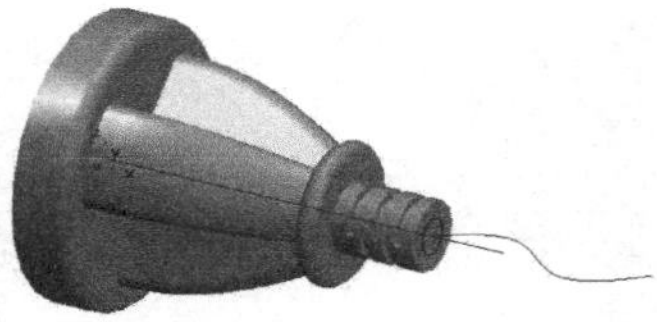

图 10-23　绘制导动线

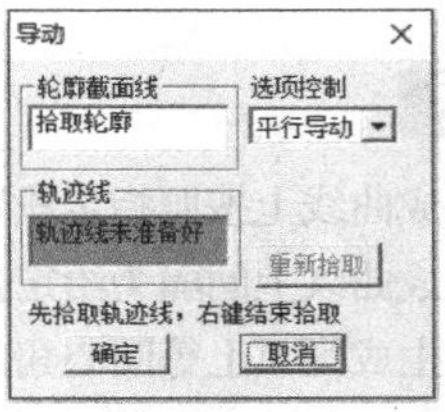

图 10-24　【导动】对话框

④ 根据命令提示，分别选取草图截面线和轨迹线（轨迹线选择完毕单击鼠标右键确定），截面线和导动面方向选择如图 10-25（a）、（b）所示，确定导动方式为“固接导动”，单击确定按钮完成操作，导动增料结果如图 10-25（c）所示。

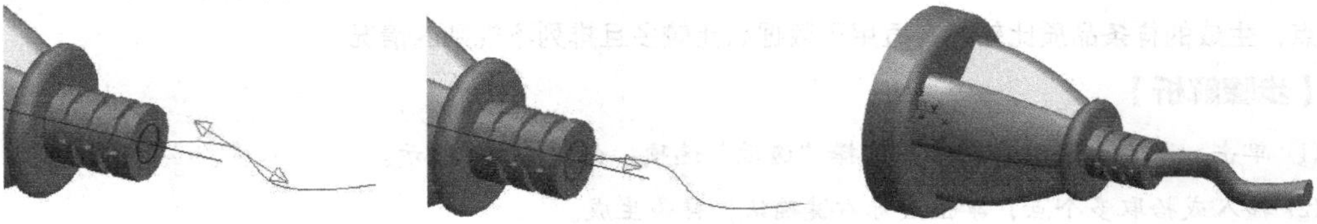

（a）导动线方向　　（b）截面线方向　　（c）导动成型

图 10-25　导动增料

至此，零件电源插头的造型设计全部完成。

10.2　软件功能介绍

1. 点

点是指在屏幕指定位置处画一个孤立点，或在曲线上画等分点。

选择【造型】/【曲线生成】/【点】命令，或单击曲线工具栏中的按钮，在【点工具】的立即菜单中可以设置生成单个点或生成批量点。

（1）单个点：用来生成单个点。系统提供了 4 种单个点的生成方式，如图 10-26 所示。

要点提示

（1）工具点：利用【点工具】立即菜单生成单个点。此时不能利用切点和垂足点生成单个点。

（2）曲线投影交点：对于两条不相交的空间曲线，如果它们在当前平面的投影有交点，则在先拾取的直线上生成该投影交点。

（3）曲面上投影点：对于一个给定位置的点，通过矢量工具菜单给定一个投影方向，可以在一张曲面上得到一个投影点。

（4）曲线曲面交点：可以求一条曲线和一张曲面的交点。

（2）批量点：用来生成批量点。系统提供了 3 种批量点的生成方式，如图 10-27 所示。

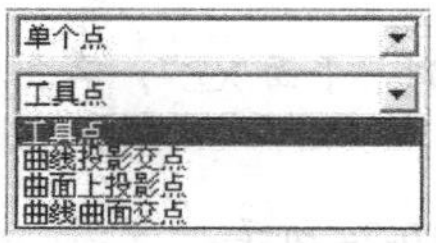

图 10-26 【单个点】立即菜单

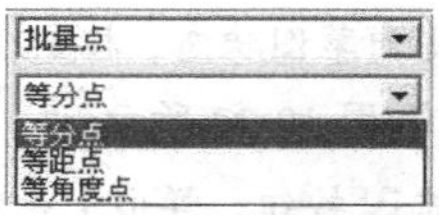

图 10-27 【批量点】立即菜单

要点提示

（1）等分点：生成曲线上按照指定段数等分点。

（2）等距点：生成曲线上间隔为给定弧长距离的点。

（3）等角度点：生成圆弧上等圆心角间隔的点。

2. 样条

生成过给定点的（样条插值点）的样条。点的输入可由鼠标输入或由键盘输入。

选择【造型】/【曲线生成】/【样条】命令，或者单击曲线工具栏中的按钮，可打开【样条】立即菜单。

（1）逼近：按顺序输入一系列点，系统根据给定的精度生成拟合这些点的光滑样条。用逼近方式拟合一批点，生成的样条品质比较好，适用于数据点比较多且排列不规则的情况。

【步骤解析】

① 单击按钮，在立即菜单中选择“逼近”选项，如图 10-28 所示。

② 输入或拾取多个点，单击鼠标右键确认，样条生成。

（2）插值：按顺序输入一系列点，系统将顺序通过这些点生成一条光滑的样条。通过设置立即菜单，可以控制生成的样条的端点切矢，使其满足一定的相切条件，也可以生成一条封闭的样条。

【步骤解析】

单击按钮，在立即菜单中选择“缺省切矢”或“给定切矢”，“开曲线”或“闭曲线”选项，如图 10-29 所示。

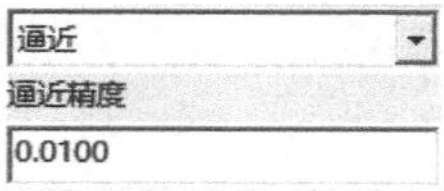

图 10-28 【样条】立即菜单

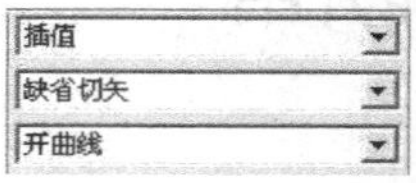

图 10-29 【样条】立即菜单

- 若选择“缺省切矢”选项，拾取多个点，单击鼠标右键确认，样条生成。
- 若选择“给定切矢”选项，拾取多个点，单击鼠标右键确认，给定终点切矢和起点切矢，样条曲线生成。

要点提示

点的输入方式有两种：按空格键拾取工具点和按 Enter 键直接输入坐标值。

3. 过渡

过渡是指以给定半径或半径规律对实体的边进行光滑过渡，有“等半径过渡”和“变半径过渡”两种方式。

【步骤解析】

① 选择【造型】/【特征生成】/【过渡】命令，或者单击按钮。

② 在弹出的【过渡】对话框中，设置【半径】，选择【过渡方式】和【结束方式】。

③ 选择实体上需要倒圆角的边或面，单击 确定 按钮完成操作。

过渡选项的区别如表 10-1 所示。

表 10-1 过渡选项的区别

选项		说明	图例
过渡方式	等半径方式	指整条边或面以固定的尺寸值进行过渡	
	变半径方式	指在边或面以渐变的尺寸值进行过渡，需要分别指定各点的半径	
结束方式	默认方式	指以系统默认的边或面方式进行过渡	
	保边方式	指线面过渡	
	保面方式	指面面过渡	

4. 旋转除料

旋转除料是指通过围绕一条空间直线旋转一个或多个封闭轮廓，移除生成一个特征的方法。

【步骤解析】

① 绘制旋转的截面线和旋转轴线，如图 10-30（a）所示。

② 选择【造型】/【特征生成】/【除料】/【旋转】命令，或单击按钮，弹出【旋转】对话框，如图 10-30（b）所示。

③ 设置【类型】和【角度】等，选择旋转方向，如图 10-30（c）所示，单击 确定 按钮，完成除料

造型，如图 10-30（d）所示。

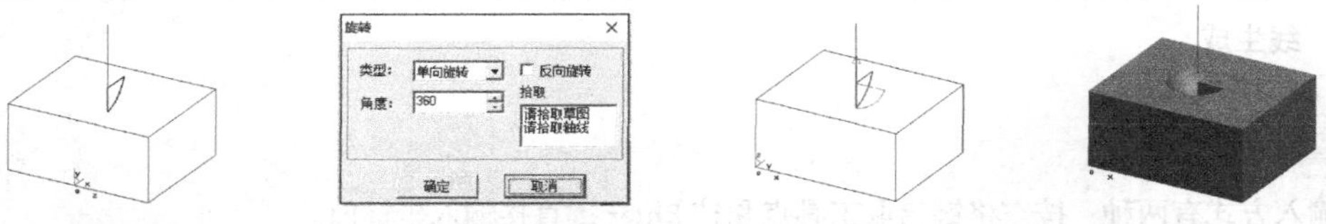

（a）草图和旋转轴　（b）【旋转】对话框　（c）选择方向　（d）成型

图 10-30　旋转除料

旋转除料的选项与旋转增料相同，所不同的是旋转除料是去除材料，而旋转增料是增加材料。

5. 导动增料

导动增料是将某一截面曲线或轮廓线沿着另外一条轨迹线运动移出一个特征实体。截面线应为封闭的草图轮廓，截面线的运动形成了导动曲面。

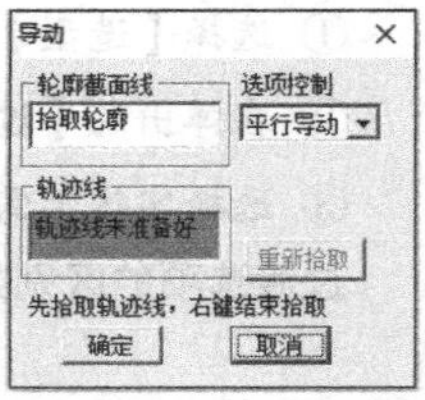

图 10-31　【导动】对话框

【步骤解析】

① 绘制截面线和导动线，如图 10-31（a）所示。

② 选择【造型】/【特征生成】/【增料】/【导动增料】命令，或单击按钮，弹出【导动】对话框，如图 10-31 所示。

③ 选取图 10-32（a）所示的轮廓截面线和轨迹线，确定导动方式，单击 确定 按钮完成操作。图 10-32（b）所示为平行导动方式，图 10-32（c）为固接导动方式。

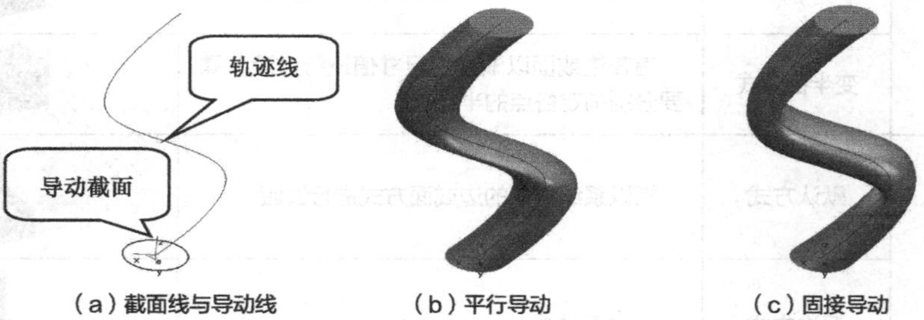

（a）截面线与导动线　（b）平行导动　（c）固接导动

图 10-32　导动增料

【导动】对话框中有以下几个主要参数。

- 轮廓截面线：需要导动的草图，截面线应为封闭的草图轮廓。
- 轨迹线：草图导动所沿的路径。

【选项控制】下拉列表中包括“平行导动”和“固接导动”两个选项，含义分别如下。

- 平行导动：截面线沿导动线趋势始终平行它自身的移动而生成的特征实体，如图 10-32（b）所示。
- 固接导动：在导动过程中，截面线和导动线保持固接关系，即让截面线平面与导动线的切矢方向保持相对角度不变，而且截面线在自身相对坐标系中的位置关系保持不变，截面线沿导动线变化的趋势导动生成特征实体，如图 10-32（c）所示。

要点提示

选择完轨迹线后要单击右键确定选择。

10.3 课后综合演练

用旋转增料、导动增料、阵列和过渡等命令构造实体造型。

1. 绘制拐角管

要求：按照尺寸，应用拉伸增料、阵列、导动增料等命令构造圆拐角管造型，如图 10-33 所示。

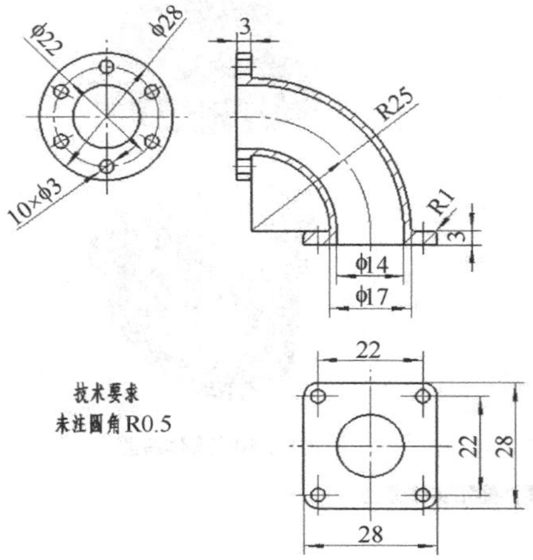

（a）零件图

（b）实体造型

图 10-33　圆拐角管零件图及实体造型

【步骤解析】

主要绘图步骤如图 10-34 所示。

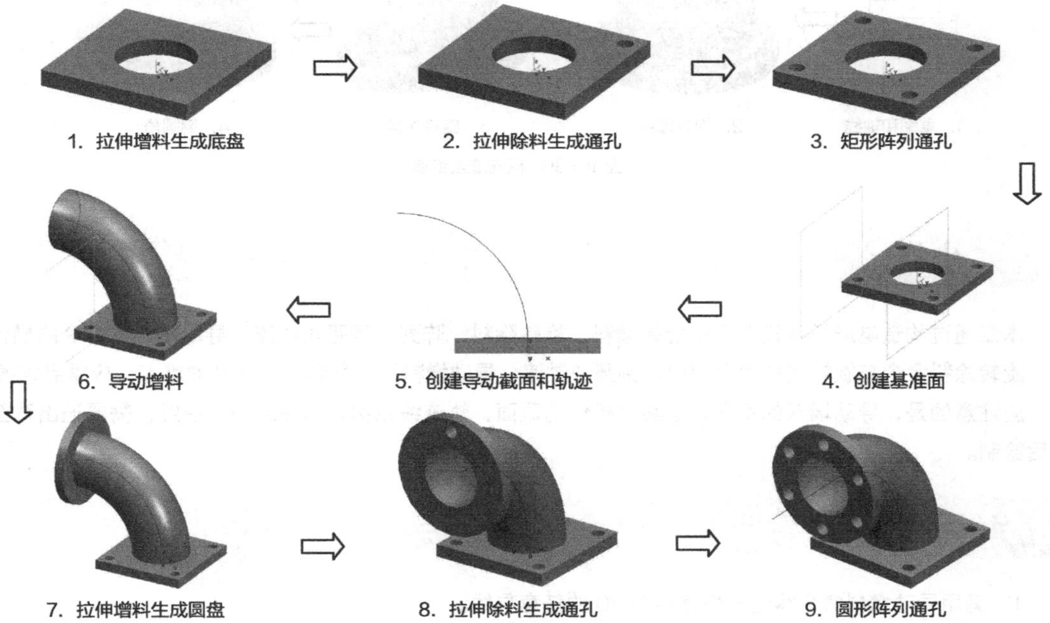

图 10-34　圆拐角管成型步骤

2. 构建阀座模型

要求：按照尺寸，应用旋转增料、旋转除料、倒圆角等命令构建阀座模型，如图 10-35 所示。

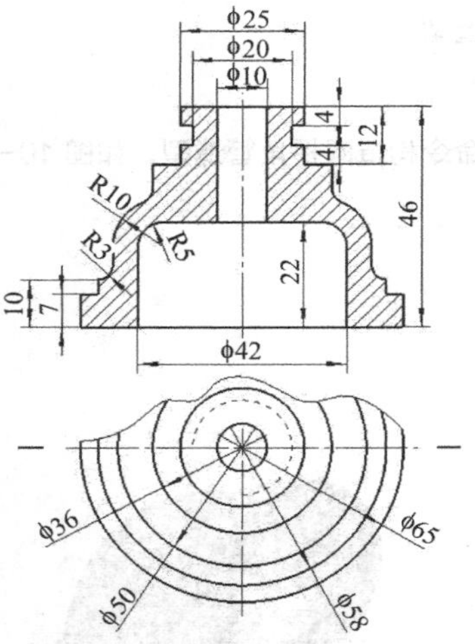

（a）阀座零件图

（b）阀座实体造型

图 10-35 阀座零件图和实体造型

【步骤解析】

主要造型步骤如图 10-36 所示。

1. 草图和轴线 2. 旋转增料 3. 旋转除料 4. 倒圆角

图 10-36 阀座造型步骤

10.4 小结

本章通过构造电源插头模型介绍旋转增料、旋转除料、阵列、倒圆角过渡、导动增料等命令的操作方式。旋转除料命令与旋转增料命令相似，倒圆角过渡、导动增料和阵列命令是本章的难点，应重点掌握。

应注意的是，导动增料的草图轮廓线是机件的截面，轨迹线也称导动线或空间曲线，需要退出草图状态后绘制。

10.5 习题

1. 运用导动增料命令构造一条直径为 10 的任意导线。
2. 根据图 10-37 所示的零件图构造端盖实体模型。

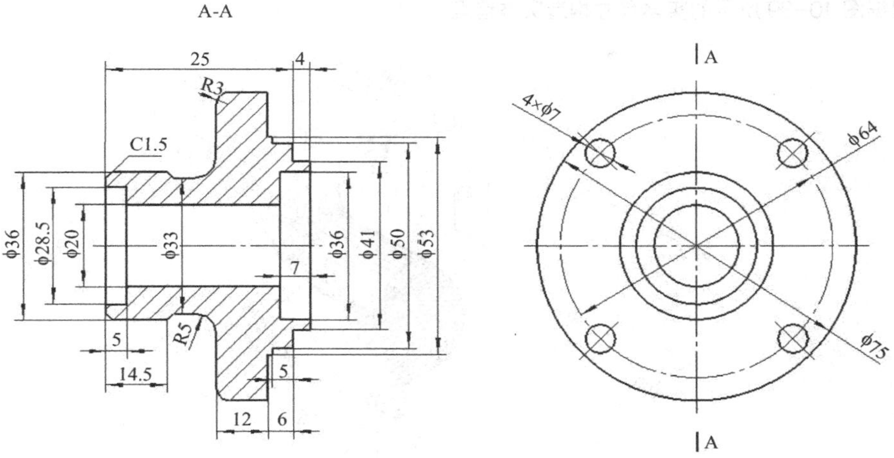

（a）零件图

（b）造型图

图 10-37　端盖零件图及实体造型

3. 根据图 10-38 所示的零件图构造拐角管实体。

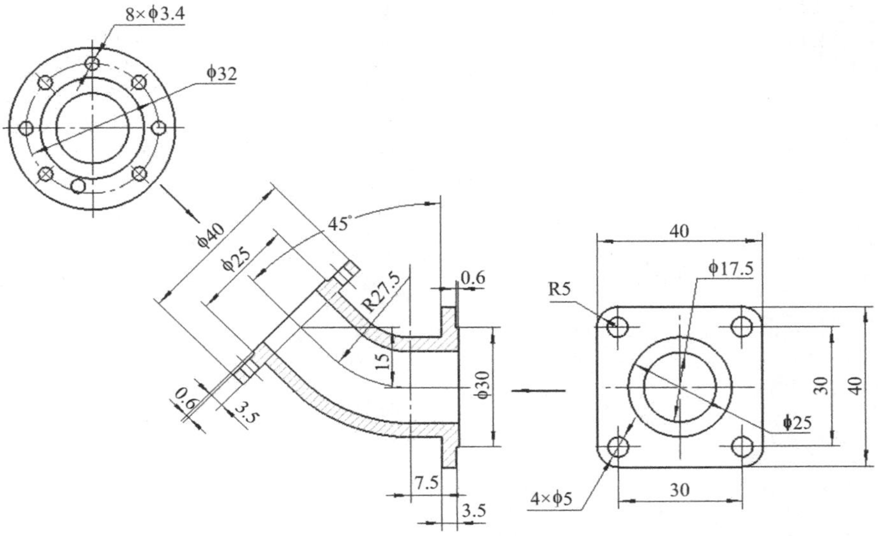

图 10-38　拐角管零件图

4. 根据图 10-39 所示的实体尺寸构造实体造型。

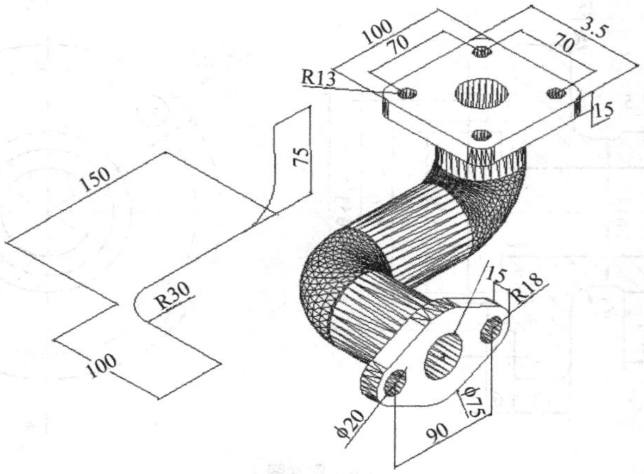

图 10-39 实体造型

Chapter 11

第 11 章 构建电话机座模型

电话机机座的结构特点主要是不规则的薄壳座体，在机座的上面以阵列方式排列着按键孔。本章将通过电话机机座的实体造型综合介绍放样除料、抽壳、线性阵列等命令的应用与操作方法。

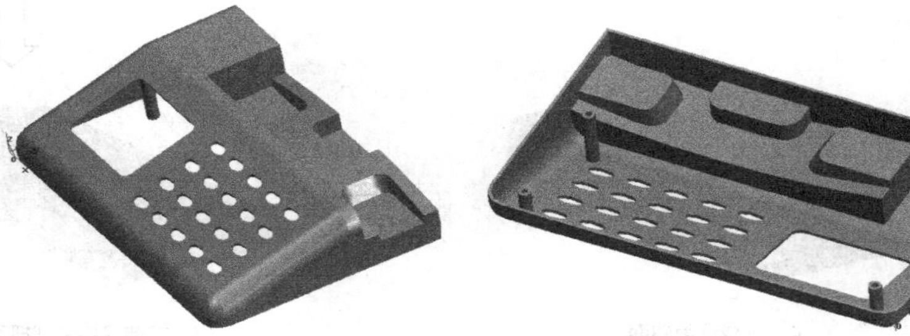

图 11-1　电话机机座实体造型

【学习目标】

- 掌握抽壳命令的应用与操作方法。
- 掌握线性阵列命令的应用与操作方法。
- 掌握放样增料命令的应用与操作方法。

11.1 课堂实训案例

电话机机座的实体造型综合应用了放样除料、抽壳、线性阵列等命令。创建电话机机座实体造型的基本步骤如图 11-2 所示。

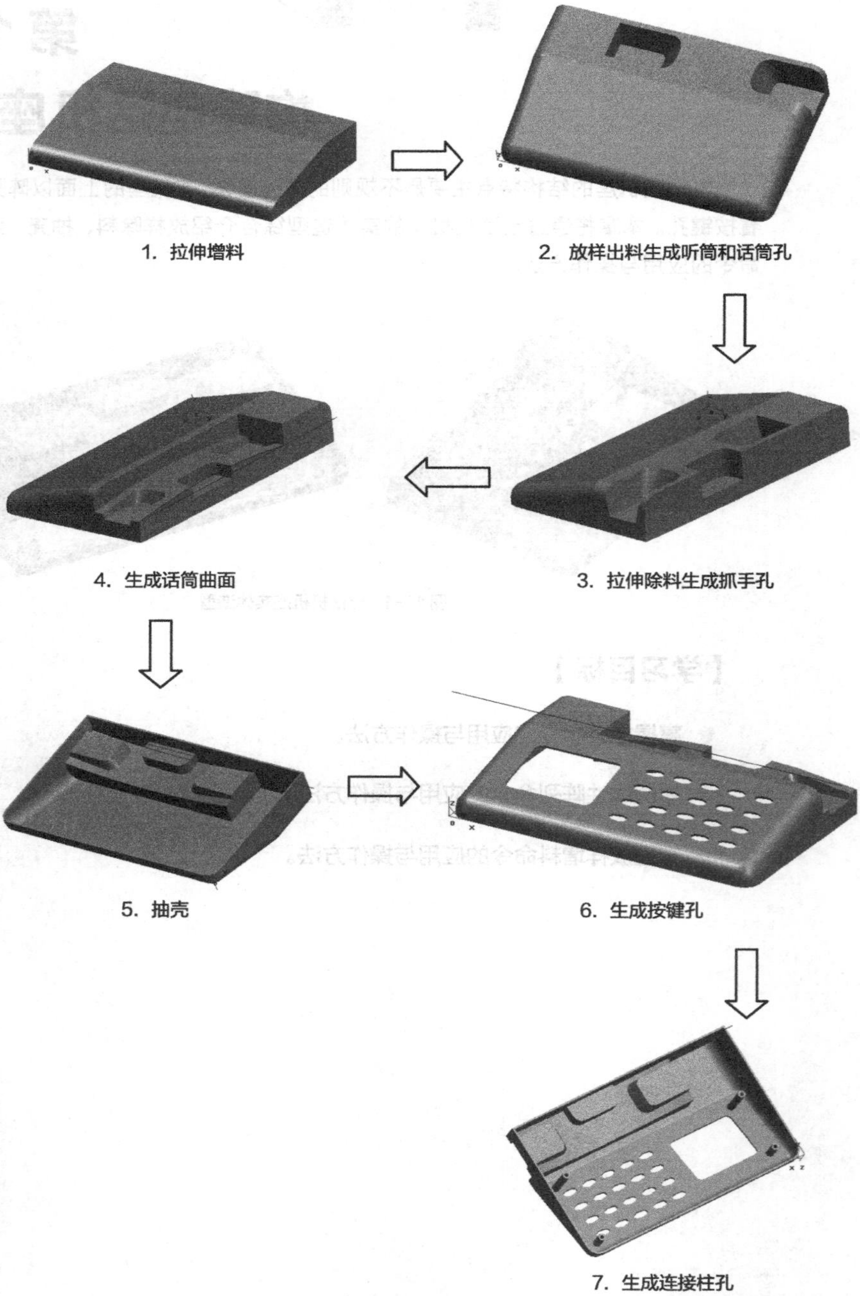

图 11-2 电话机机座实体造型主要步骤

【步骤解析】

1. 创建电话机机座主体

电话机机座主体基本造型。

① 选择“平面YZ”，单击按钮进入草图绘制状态，绘制电话机机座主体侧面草图，如图11-3所示。

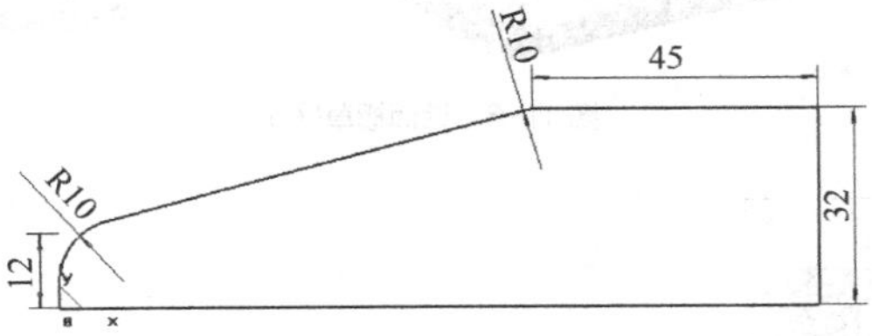

图11-3 机座主体侧面草图

② 单击按钮，在弹出的【拉伸增料】对话框中设置【类型】为“固定深度”，在【深度】文本框中输入数值“200”，然后单击确定按钮，完成主体的基本造型，如图11-4所示。

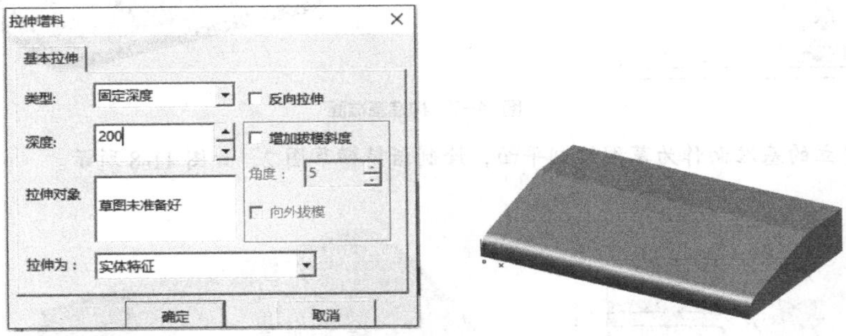

图11-4 拉伸生成机座主体

③ 倒圆角。单击按钮，弹出【过渡】对话框，设置【半径】为“10”，分别拾取需倒圆角的轮廓线，单击确定按钮完成圆角造型，如图11-5所示。

视频24
构建电话机座模型1

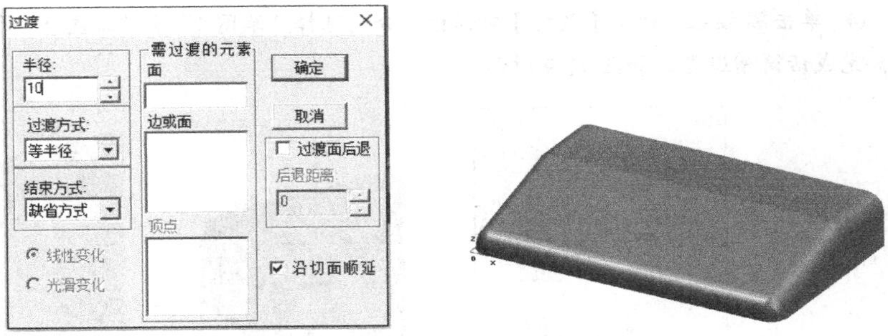

图11-5 过渡

2. 创建话筒座凹槽

① 话筒槽。选择机座主体顶面作为草图绘制平面，绘制话筒槽草图1，如图11-6所示。

② 单击按钮，在弹出的【构造基准面】对话框中选择“等距平面确定基准面”的构造方法，设置【距离】为“20”，拾取机座顶面作为构造条件，单击确定按钮，建立一个基准面，如图11-7所示。

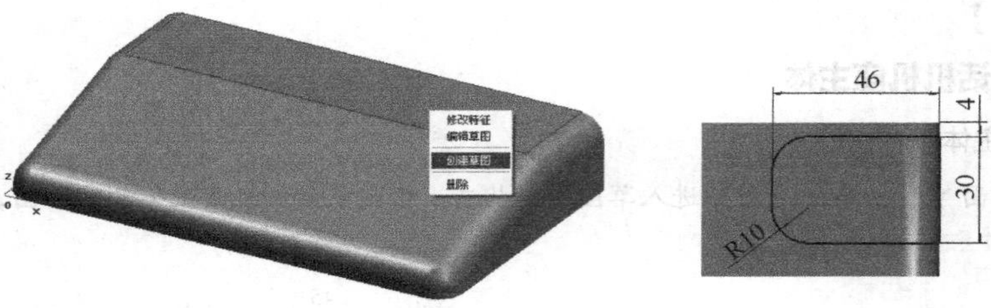

图 11-6　话筒槽草图 1

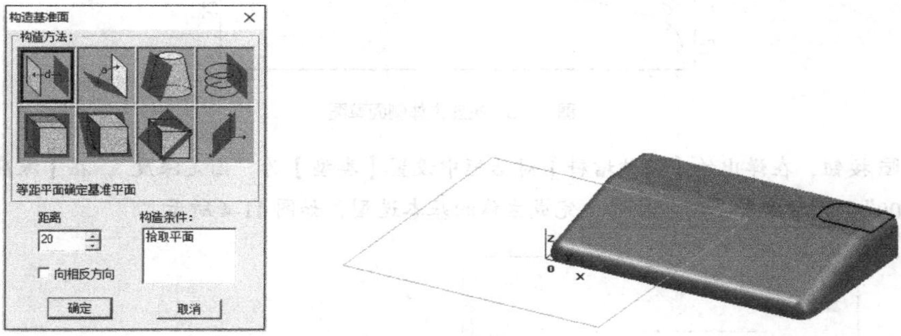

图 11-7　构造基准面

③ 选择新建立的基准面作为草图绘制平面，绘制话筒槽草图 2，如图 11-8 所示。

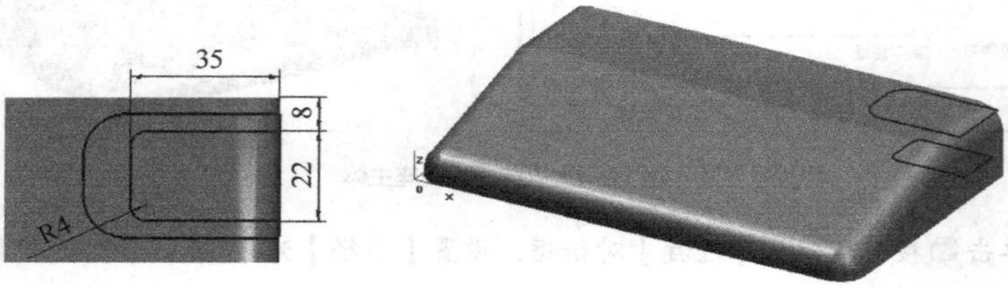

图 11-8　话筒槽草图 2

④ 单击按钮，弹出【放样】对话框，分别选择“草图 1”和“草图 2”作为上下轮廓，单击 确定 按钮，完成话筒槽造型，如图 11-9 所示。

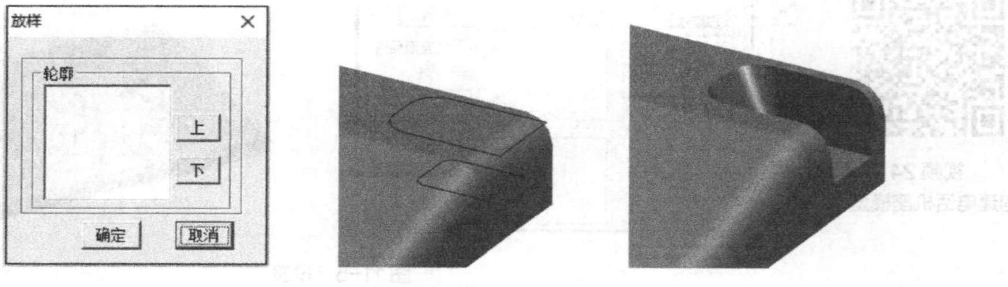

图 11-9　放样除料

⑤ 听筒槽。选择机座主体顶面作为草图绘制平面，绘制听筒槽草图 1，如图 11-10 所示。

⑥ 选择新建立的基准面作为草图绘制平面，绘制听筒槽草图 2，如图 11-11 所示。

⑦ 单击按钮，弹出【放样】对话框，分别选择“听筒槽草图 1”和“听筒槽草图 2”作为上下轮廓，单击 确定 按钮，完成听筒槽的造型，如图 11-12 所示。

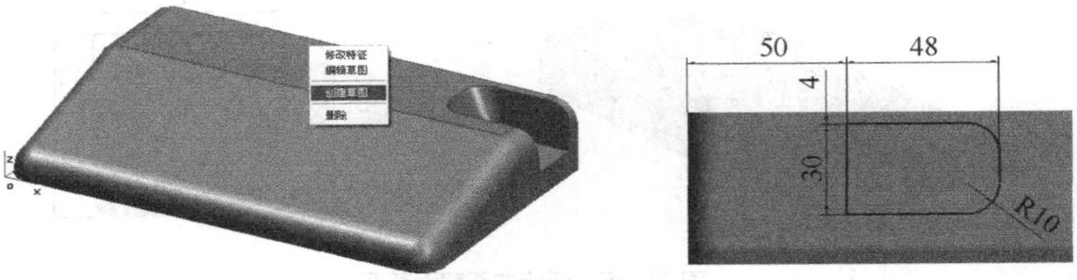

图 11-10　听筒槽草图 1

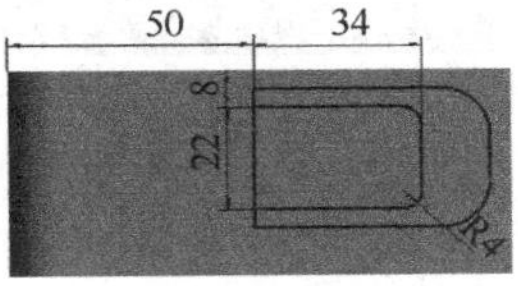

图 11-11　听筒槽草图 2

图 11-12　放样除料

⑧ 长形凹槽。选择机座主体顶面作为草图绘制平面，绘制长形凹槽草图，如图 11-13 所示。

视频 25
构建电话机座模型 2

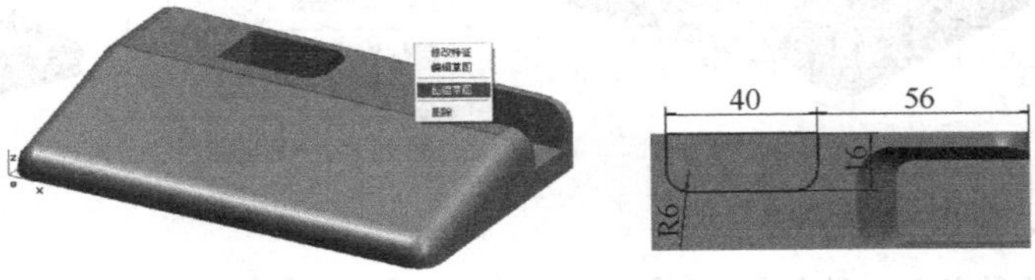

图 11-13　长形凹槽草图

⑨ 单击按钮，在【拉伸除料】对话框中，设置【深度】为“20”，单击 确定 按钮，完成长形凹槽，如图 11-14 所示。

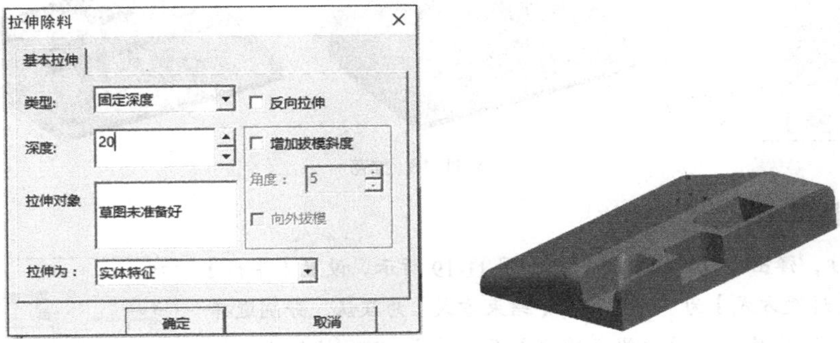

图 11-14　拉伸除料

3. 创建话筒座曲面

① 选择机座主体右侧面作为草图绘制平面，绘制截面草图，如图 11-15 所示。

② 选择机座主体后侧面作为绘制平面，绘制空间导动线，其尺寸如图 11-16 所示。

③ 单击按钮，弹出【导动】对话框，设置【选项控制】为“平行导动”方式，分别拾取轮廓截面线和轨迹线，单击 确定 按钮，完成话筒座的造型，如图 11-17 所示。

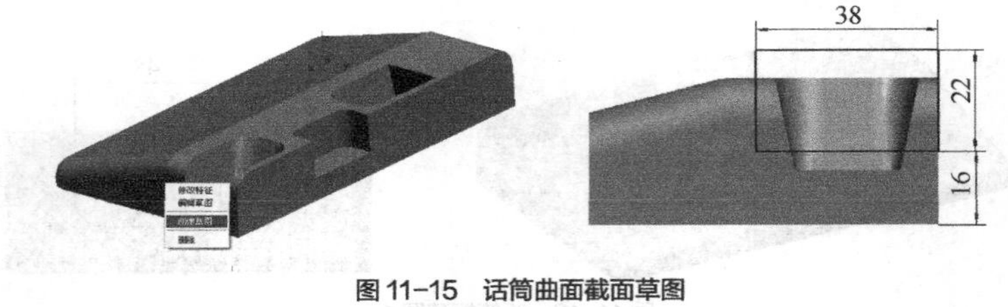

图 11-15 话筒曲面截面草图

视频 26
构建电话机座模型 3

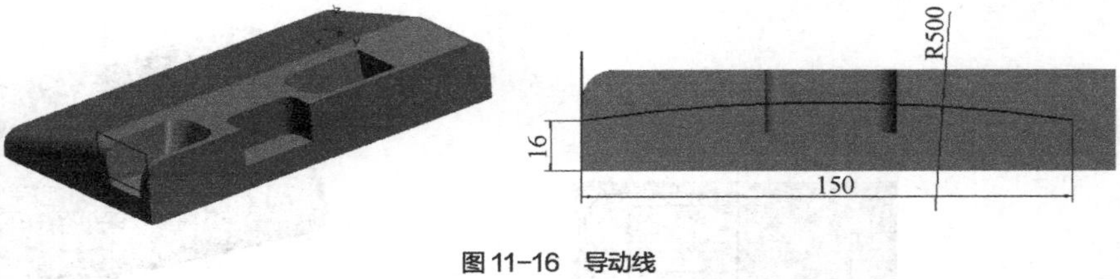

图 11-16 导动线

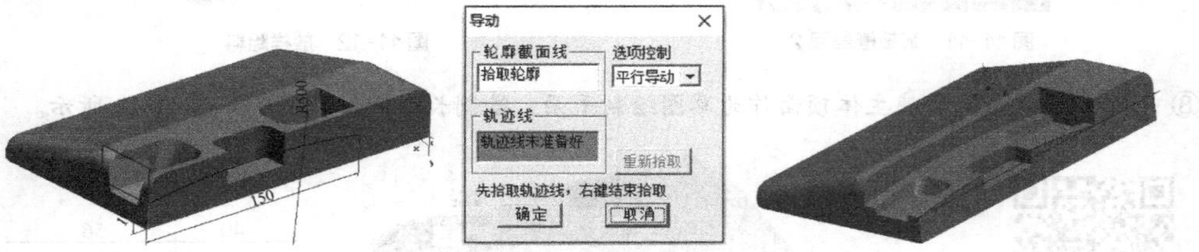

图 11-17 导动除料

4. 创建机座壳体

单击按钮，弹出【抽壳】对话框，设置【厚度】为“1.5”，选择电话机机座底面，单击确定按钮，完成机座壳体的造型，如图 11-18 所示。

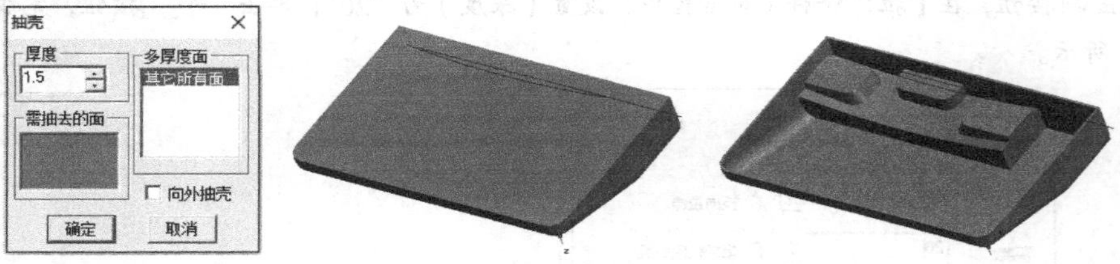

图 11-18 抽壳

5. 创建圆角

单击按钮，弹出【过渡】对话框，如图 11-19 所示。设置【半径】为“2”，选择【过渡方式】为“等半径”，【结束方式】为默认，分别选择实体上需要倒圆角的边或面，单击确定按钮完成操作。

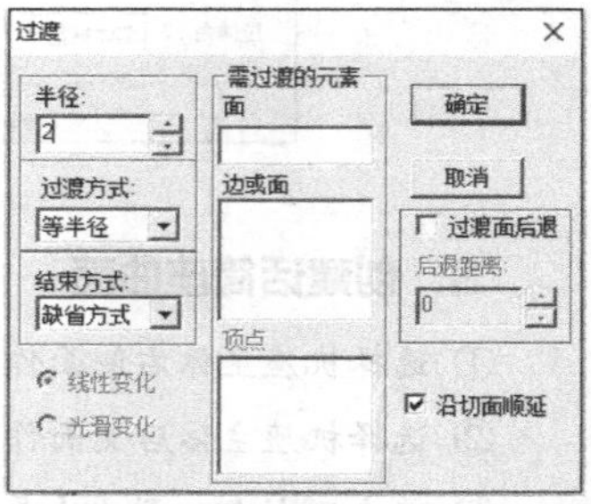

图 11-19 【过渡】对话框

视频 27
构建电话机座模型 4

6. 创建按键孔和显示屏窗口

① 选择机座上的倾斜面作为绘制草图的基准面，如图 11-20（a）所示，绘制显示屏窗口的轮廓草图，草图尺寸如图 11-20（b）所示。单击按钮，拾取按键孔轮廓草图，选择“贯穿”选项，单击确定按钮，完成后的效果如图 11-20（c）所示。

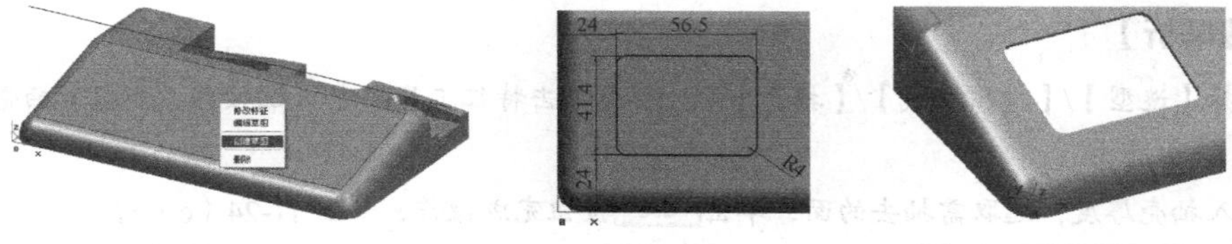

（a）草图平面　　（b）草图尺寸　　（c）成型

图 11-20　显示屏草图和实体造型

② 选择机座上的倾斜面作为绘制草图的基准面，绘制按键孔的轮廓草图，草图尺寸如图 11-21（a）所示。单击按钮，拾取按键孔轮廓草图，选择“贯穿”选项，单击 确定 按钮，效果如图 11-21（b）所示。

③ 单击按钮，弹出【线性阵列】对话框，拾取机座长边为第一阵列方向，设置【阵列对象】为按键孔，【距离】为“18”，【数目】为“5”；拾取机座短边为第二阵列方向，设置【距离】为“15”，【数目】为“4”，单击 确定 按钮完成操作，结果如图 11-22 所示。

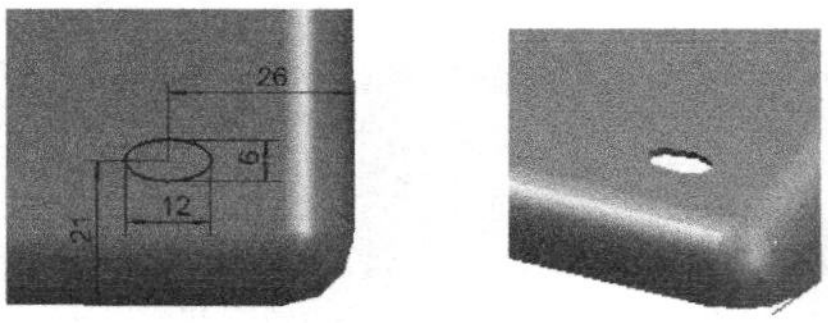

（a）　　（b）

图 11-21　按键孔草图

图 11-22　阵列按键孔

7. 创建安装圆柱

① 选择机座倾斜面的内部作为草图绘制平面，绘制安装圆柱草图，4 个圆柱的直径为 6mm，位置自定，如图 11-23（a）所示。

② 单击按钮，在弹出的【拉伸】对话框中选择“拉伸到面”，选择圆柱草图，拾取壳体内倾斜面作为终止面，单击 确定 按钮，完成圆柱造型，如图 11-23（b）所示。

③ 拾取圆柱顶面作为草图绘制平面，绘制安装孔草图，安装孔为直径为 3mm 的圆，如图 11-23（b）所示，应用拉伸除料命令构造安装孔。安装圆柱的造型如图 11-23（c）所示。

视频 28
构建电话机座模型 5

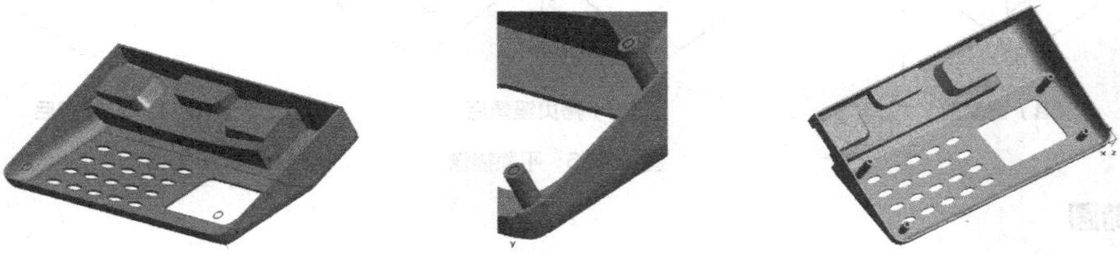

（a）圆柱草图　　（b）圆柱和孔草图　　（c）完成柱孔

图 11-23　创建安装圆柱

至此，电话机机座的全部造型设计完成。

11.2 软件功能介绍

1. 抽壳

抽壳是根据指定壳体的厚度将实心物体抽成内空的薄壳体。

【步骤解析】

① 选择【造型】/【特征生成】/【抽壳】命令，或单击特征工具栏中的按钮，弹出【抽壳】对话框，如图 11-24（a）所示。

② 填入抽壳厚度，选取需抽去的面，单击 确定 按钮完成操作，如图 11-24（c）所示。

（a）【抽壳】对话框　（b）抽壳前　（c）抽壳后

图 11-24　抽壳

【抽壳】对话框中主要有以下几个参数选项。

- 厚度：抽壳后实体的壁厚。
- 需抽去的面：要拾取、去除材料的实体表面。

2. 平面镜像

平面镜像是对拾取到的曲线或曲面以某一条直线为对称轴，进行同一平面上的对称镜像或对称拷贝。

【步骤解析】

① 选择【造型】/【几何变换】/【平面镜像】命令，或者单击几何变换工具栏中的按钮，在立即菜单中选择“移动”或“拷贝”选项。

② 根据状态栏提示，拾取镜像轴首点和镜像轴末点。

③ 然后拾取镜像元素，单击鼠标右键确认，平面镜像完成，如图 11-25 所示。

平面镜像有拷贝和移动两种方式，如图 11-25（b）和图 11-25（c）所示。

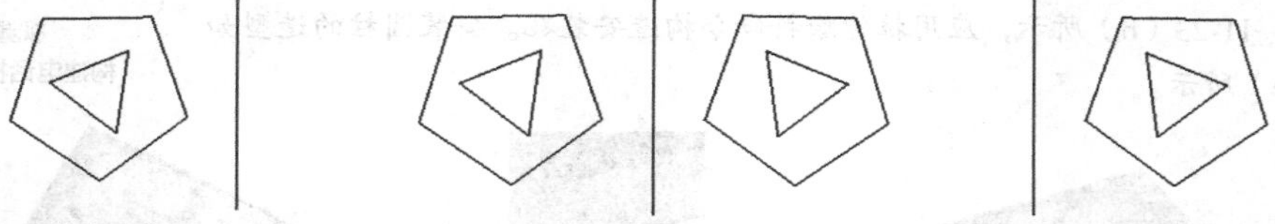

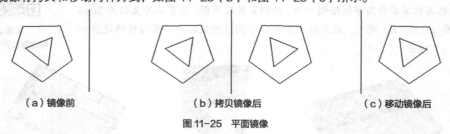

（a）镜像前　（b）拷贝镜像后　（c）移动镜像后

图 11-25　平面镜像

3. 椭圆

用鼠标或键盘输入椭圆中心，然后即可按给定参数画一个任意方向的椭圆或椭圆弧。

【步骤解析】

选择【造型】/【曲线生成】/【椭圆】命令，或者单击曲线生成工具栏中的按钮。

在立即菜单中输入长半轴、短半轴、旋转角、起始角和终止角等参数，输入中心坐标，完成操作。

【椭圆】立即菜单中主要有以下几个选项。

- 长半轴：椭圆的长轴尺寸值。
- 短半轴：椭圆的短轴尺寸值。
- 旋转角：椭圆的长轴与默认起始基准所夹的角度。

- 起始角：画椭圆弧时起始位置与默认起始基准所夹的角度。
- 终止角：画椭圆弧时终止位置与默认起始基准所夹的角度。

4. 线性阵列

线性阵列可以将选定的特征沿着一个或多个方向进行复制。

线性阵列选项主要有以下几个参数。

- 方向：阵列的第 1 方向和第 2 方向。
- 阵列对象：要进行阵列的特征。
- 边/基准轴：阵列所沿的指示方向的边或者基准轴。
- 距离：阵列对象相距的尺寸值，可以在数字框中直接输入所需数值，也可以单击按钮调整数值。
- 数目：阵列对象的个数，可以在数字框中直接输入所需数值，也可以单击按钮调整数值。
- 反转方向：按与默认方向相反的方向进行阵列。

5. 镜像

对拾取的曲线或曲面以某平面为对称面，进行空间上的对称镜像或对称拷贝。

【步骤解析】

① 选择【造型】/【几何变换】/【镜像】命令，或单击按钮。

② 在立即菜单中选择“移动”或“拷贝”选项。

③ 拾取镜像平面上的第 1 点、第 2 点和第 3 点，3 点确定 1 个平面。

④ 拾取镜像元素，单击鼠标右键确认，完成元素对 3 点确定的平面镜像。

镜像有拷贝和移动两种方式，如图 11-26 所示。

（a）镜像前　（b）移动镜像后　（c）拷贝镜像后

图 11-26　镜像

要点提示

平面镜像和镜像的主要异同如下。

（1）都可以镜像曲线和曲面，都有镜像和移动两种方式。

（2）平面镜像是以某一直线为对称轴进行镜像，而镜像是以一个面为对称面进行镜像。

（3）平面镜像是同一平面上的镜像，而镜像是空间上的镜像。

11.3 课堂实战演练

1. 使用放样除料命令完成零件绘制。

放样除料是根据多个截面线轮廓移除一个实体的操作方式。截面线应为草图轮廓。

【步骤解析】

① 选择【造型】/【特征生成】/【除料】/【放样】命令，或单击特征工具栏中的按钮，弹出【放样】对话框，如图 11-27 所示。

② 选取上轮廓线和下轮廓线，单击确定按钮完成操作，轮廓线选择的位置不同，会出现不同的结果，如图 11-28 和图 11-29 所示。

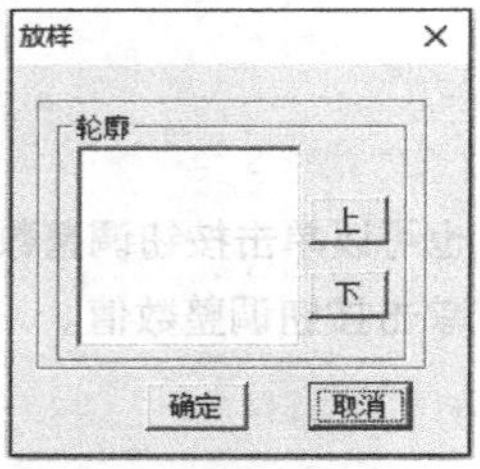

图 11-27 【放样】对话框

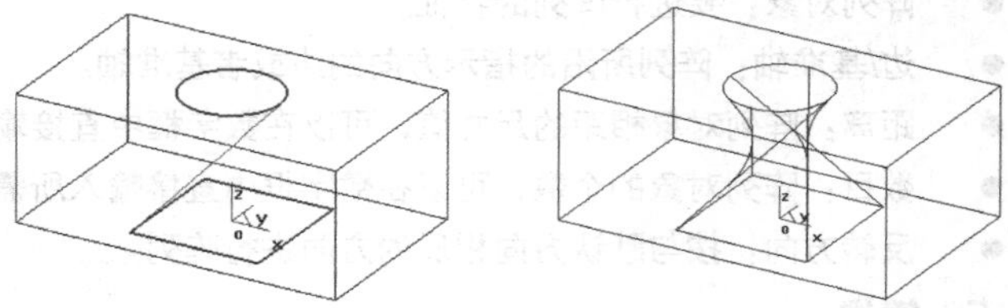

图 11-28 扭曲放样

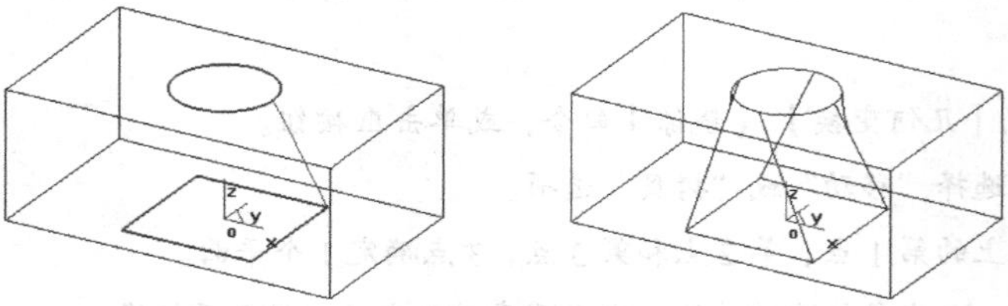

图 11-29 光滑放样

要点提示

上下轮廓的拾取位置应该一致，否则实体的轮廓将会产生扭曲。

2. 完成孔在实体上的线性阵列。

【步骤解析】

① 选择【造型】/【特征生成】/【线性阵列】命令，或单击特征工具栏中的按钮。

② 在弹出的【线性阵列】对话框中，【阵列对象】选择圆孔，设置【距离】为“15”，设置【数目】为“6”，如图 11-30（a）所示，阵列第一方向选择矩形长边，如图 11-30（b）所示。

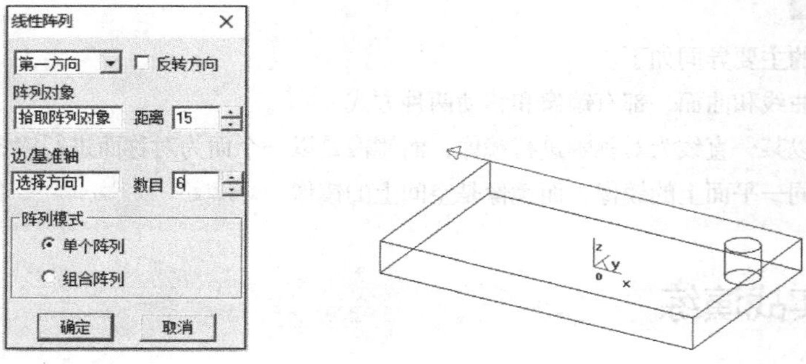

（a）　　　　（b）

图 11-30 线性阵列

③ 第二阵列方向，选择矩形短边，设置【距离】为“12”,【数目】为“4”，如图 11-31 所示。

④ 单击 确定 按钮完成操作，如图 11-32 所示。

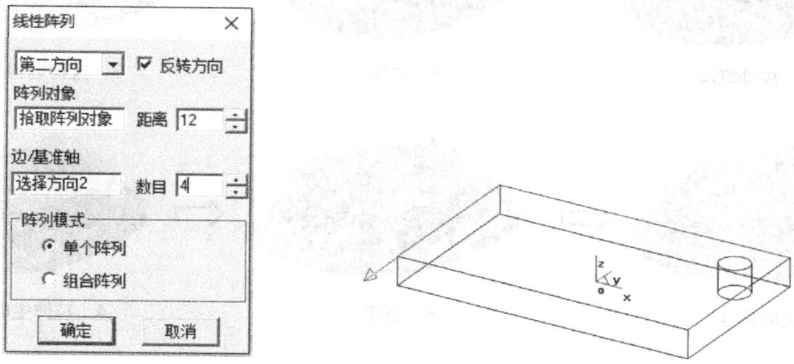

图 11-31　第二阵列方向

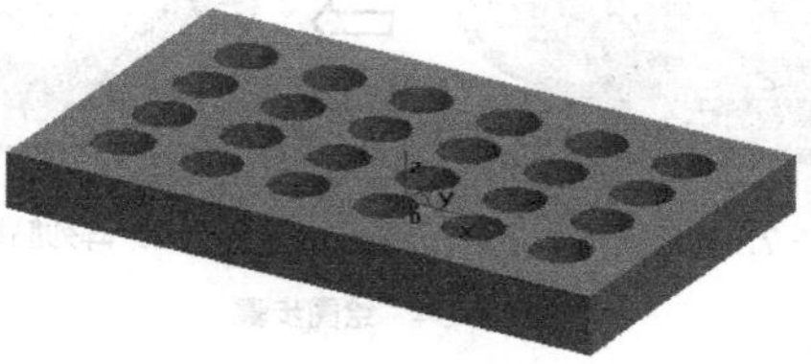

图 11-32　阵列结果

11.4 课后综合演练

应用抽壳、拉伸增料等命令构造零件的实体造型。

要求：按照尺寸构造，如图 11-33 所示。

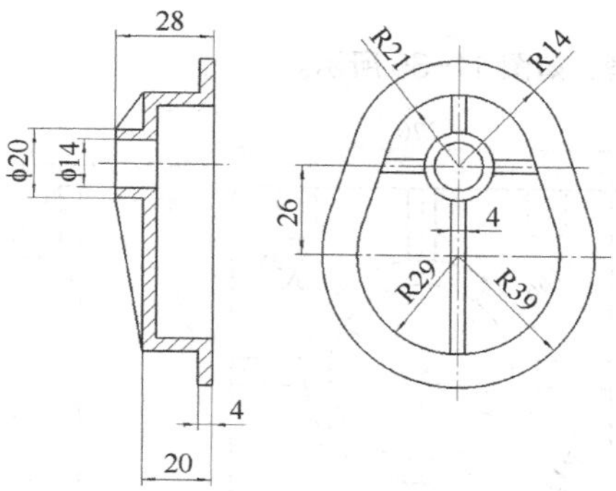

图 11-33　零件图

【步骤解析】

主要绘图步骤如图 11-34 所示。

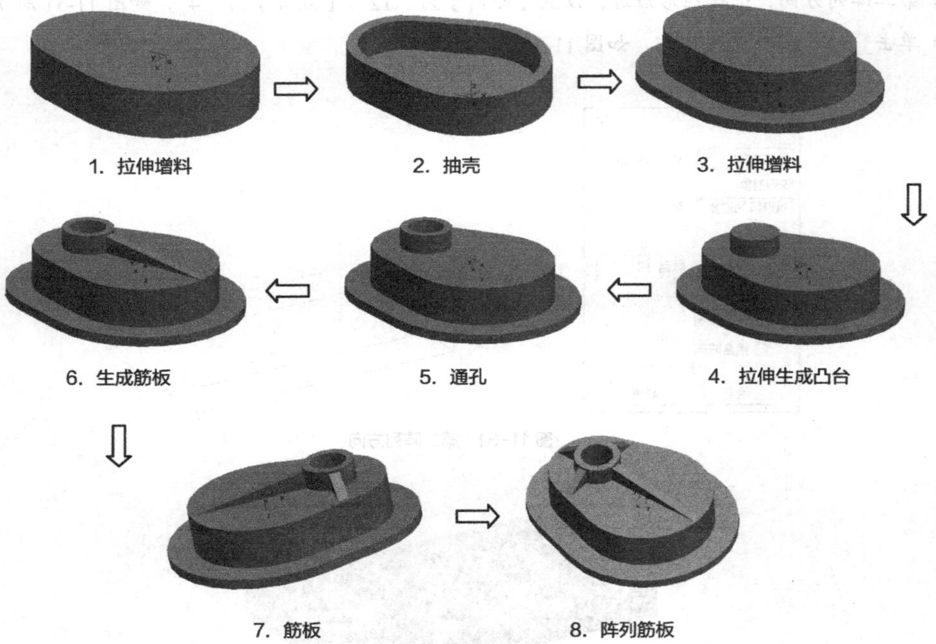

图 11-34 绘图步骤

11.5 小结

本章所述内容属于实体造型的范畴，重点通过电话机机座的造型介绍放样除料、抽壳和线性阵列等命令的应用与操作方法。本章采用实体特征造型技术，实体造型也称特征造型，特征是指可以用来组合生成零件的各种形状，包括孔、型腔、凸台、筋板等。通过实体造型可以使零件的设计过程直观、简单、准确。

11.6 习题

1. 根据零件图构造实体造型，如图 11-35 所示。

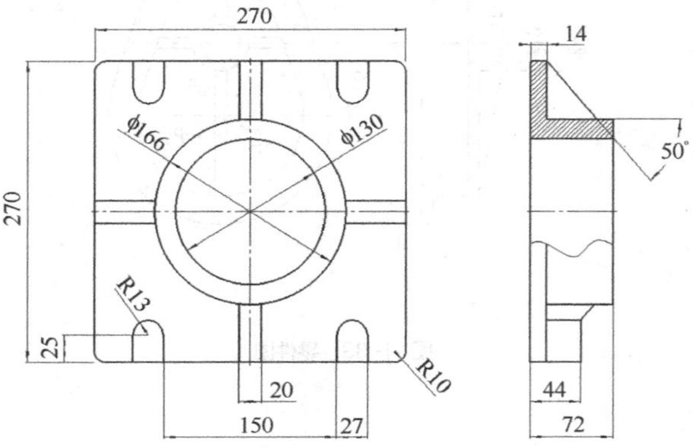

图 11-35 零件图 1

2. 根据零件图构造实体造型，如图 11-36 所示。

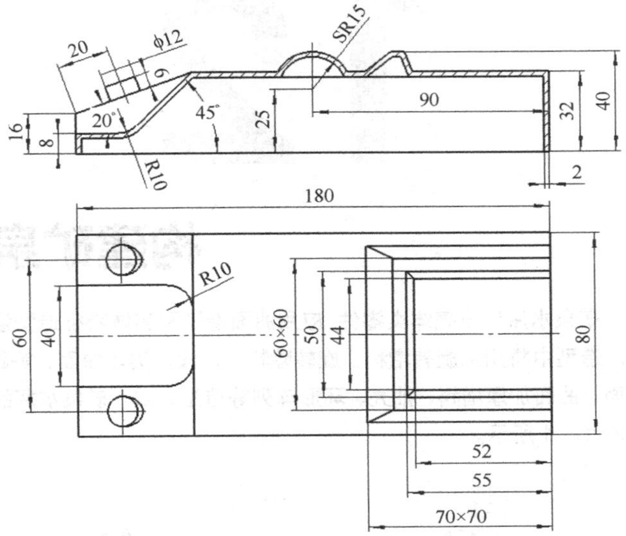

图 11-36 零件图 2

3. 根据零件图构造实体造型，如图 11-37 所示。

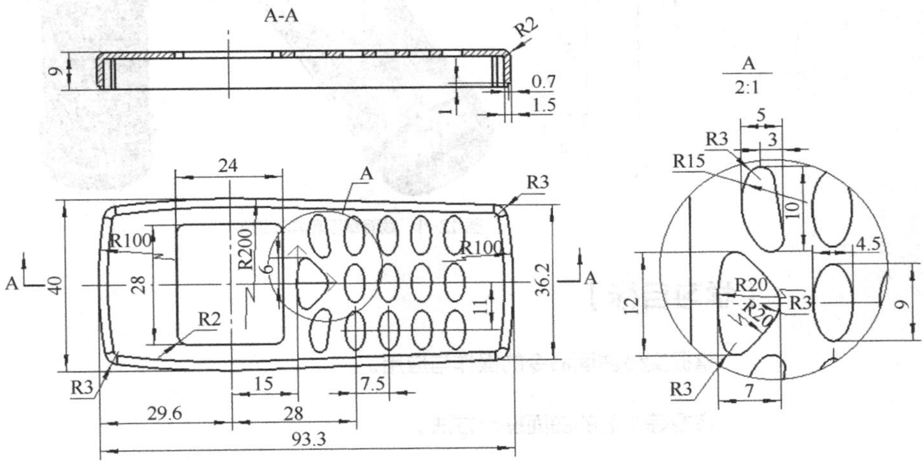

图 11-37 零件图 3

Chapter

12

第 12 章 构建矿泉水瓶模型

矿泉水瓶属于壳体类零件，应用曲面造型和实体特征造型混合的方法进行造型设计。造型中将用到旋转增料、旋转除料、过渡、实体曲面、等距面、拉伸除料、拉伸到面、曲面加厚增料、抽壳、环形阵列等造型方法。矿泉水瓶的截面草图和实体造型如图 12-1 所示。

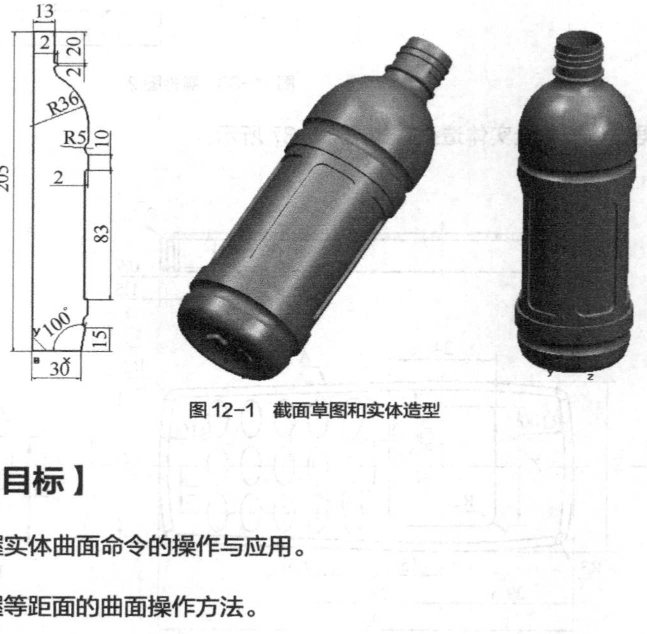

图 12-1 截面草图和实体造型

【学习目标】

- 掌握实体曲面命令的操作与应用。
- 掌握等距面的曲面操作方法。
- 掌握曲面加厚增料和抽壳等命令的操作与应用。

12.1　课堂实训案例

瓶子是日常生活中常见的物品，其造型过程主要应用旋转增料、曲面等命令。矿泉水瓶实体造型的基本步骤如图 12-2 所示。

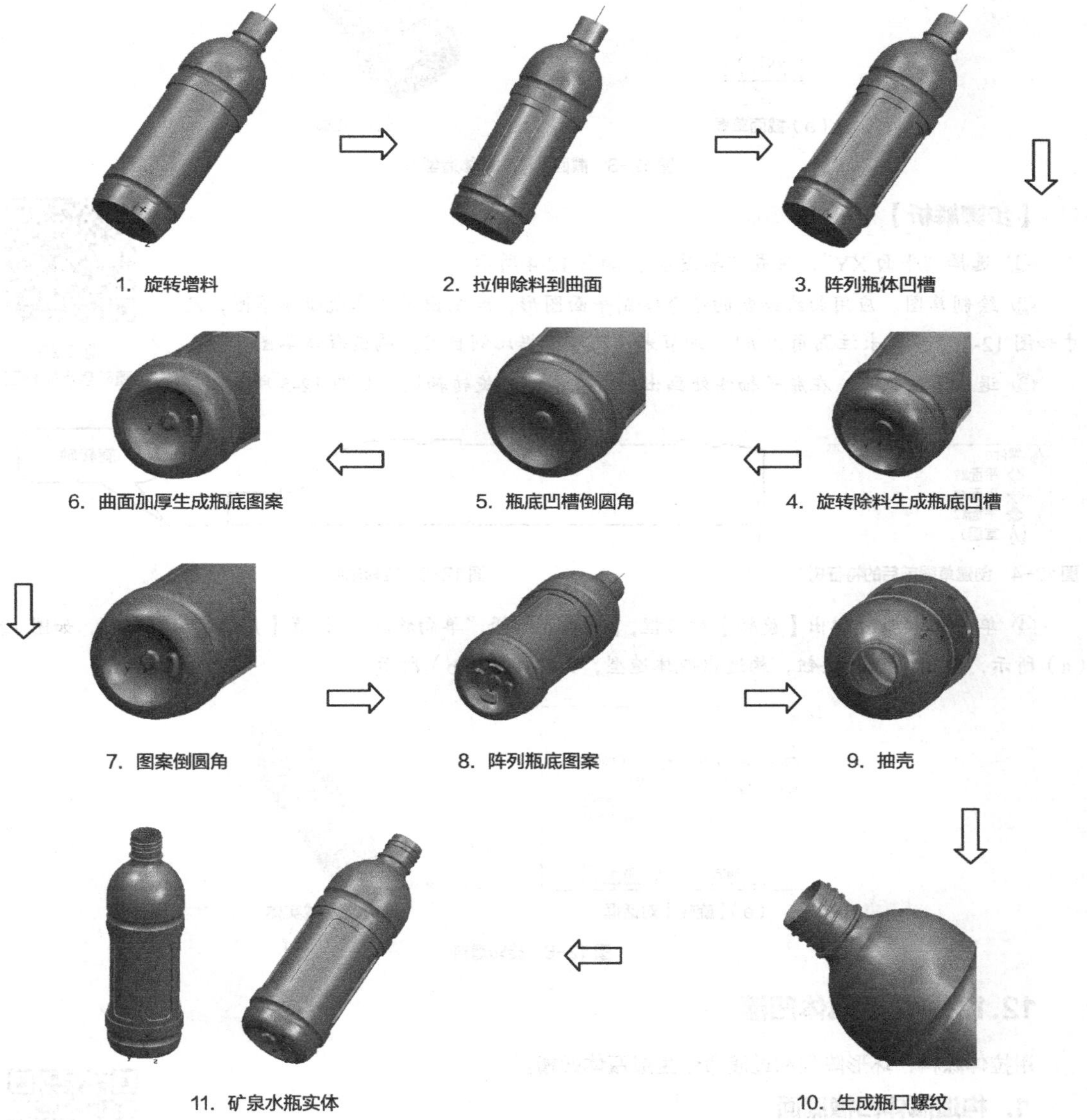

图 12-2　实体创建步骤

12.1.1　构造瓶体

矿泉水瓶的瓶体是一个回转体，需用旋转增料的方法生成，应用旋转增料命令，需要先绘制瓶体的截面。瓶体截面草图和实体造型如图 12-3 所示。

（a）截面草图　　　　（b）实体

图 12-3　截面草图和瓶体造型

【步骤解析】

① 选择“平面 XY”，生成“草图 0”，如图 12-4 所示。

② 绘制草图。应用曲线绘制的命令绘制平面图形，绘制出矿泉水瓶瓶体草图，尺寸如图 12-3 所示，未注圆角为 $R1$，细节未注尺寸根据比例自定，构造瓶体草图。

③ 退出草图状态，在瓶子轴线处画出一条直线作为旋转轴线，如图 12-5 所示。

视频 29
构建矿泉水瓶模型 1

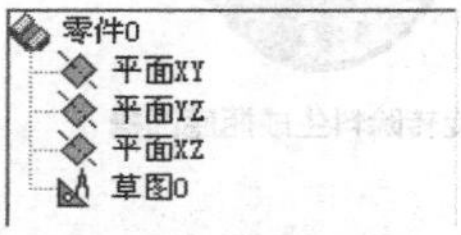

图 12-4　创建草图前后的特征树

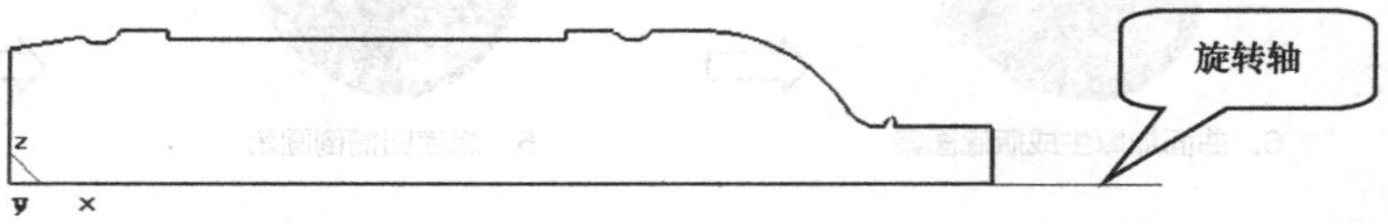

图 12-5　旋转轴线

④ 单击按钮，弹出【旋转】对话框，【类型】选择“单向旋转”，设置【角度】为“360”，如图 12-6（a）所示，单击 确定 按钮，构造出瓶体造型，如图 12-6（b）所示。

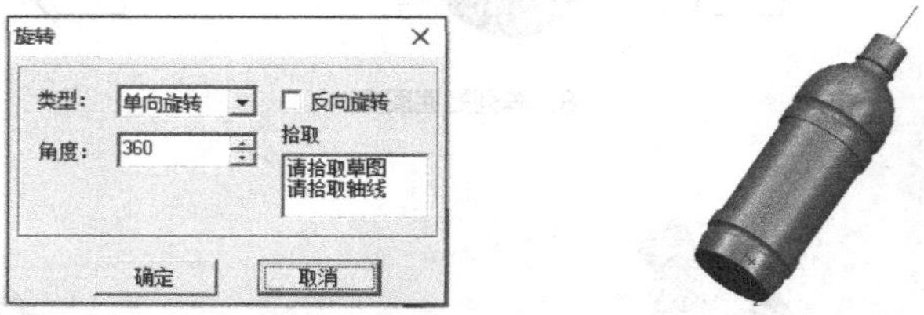

（a）【旋转】对话框　　　　（b）生成实体

图 12-6　旋转增料

12.1.2　构造瓶体凹槽

用拉伸除料、环形阵列和过渡命令生成瓶体凹槽。

1. 构造瓶体凹槽底面

由于瓶体凹槽是在曲面上，所以凹槽的底面也是曲面的形状，应用曲面的实体曲面和等距面创建凹槽底面。

【步骤解析】

视频 30
构建矿泉水瓶模型 2

① 单击曲面工具栏中的按钮，在立即菜单中选择“拾取表面”选项，选择瓶体中部曲面，如图 12-7

（a）所示，然后单击鼠标右键确定，瓶体中部生成曲面如图 12-7（b）所示。

② 单击曲面工具栏中的按钮，在立即菜单中设置【等距距离】为“2”，选择瓶体中部曲面，等距方向向瓶里，生成瓶体凹槽曲面，如图 12-8 所示。

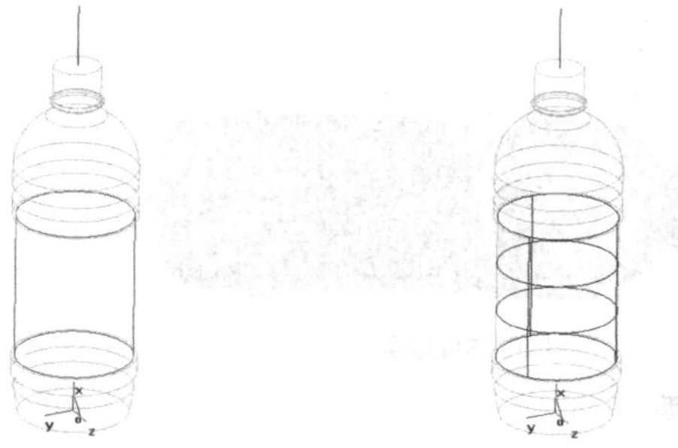

（a）选择面　　（b）生成中部曲面

图 12-7　生成瓶体曲面

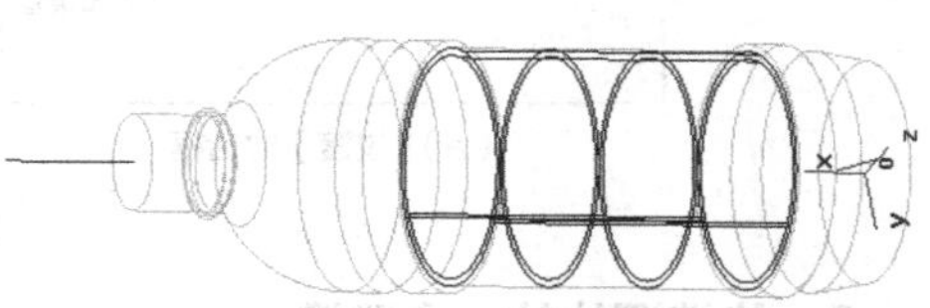

图 12-8　生成瓶体等距面

2. 构造瓶体的一个凹槽

构造瓶体的凹槽，应用拉伸除料命令创建，由于瓶体是曲面，所以拉伸到刚创建的瓶体曲面上。

【步骤解析】

① 构造瓶体凹槽草图。单击按钮，在立即菜单中选择“平行等距面”的构造方法，构造条件选择基准“平面 XY”，设置【距离】为“50”。在该平面上作草图，草图尺寸如图 12-9 所示。

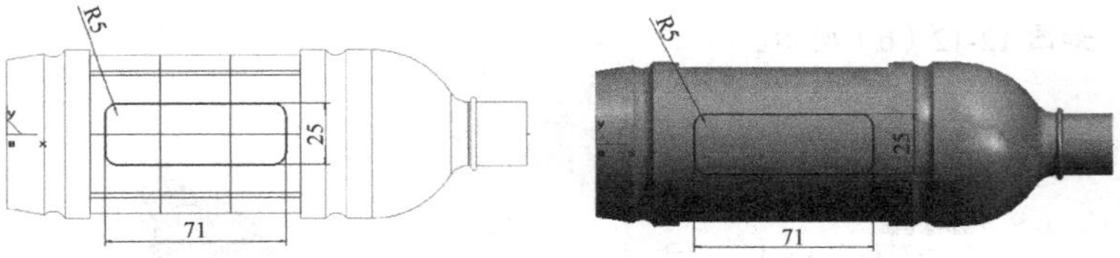

图 12-9　瓶体凹槽草图

② 单击按钮，在弹出的【拉伸除料】对话框中，设置【类型】为“拉伸到面”，如图 12-10（a）所示，选择瓶体中部内曲面，如图 12-10（b）所示，单击 确定 按钮生成瓶体的一个凹槽，如图 12-10（c）所示。

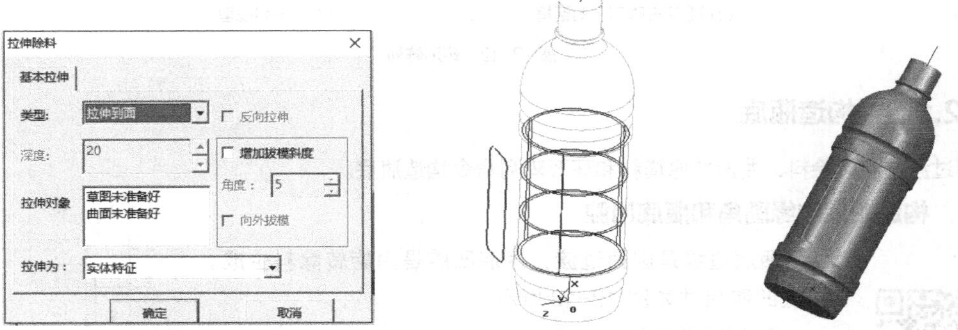

（a）【拉伸除料】对话框　　（b）选择内部曲面　　（c）除料生成实体

图 12-10　拉伸除料

③ 用鼠标单击按钮，弹出【过渡】对话框，如图 12-11（a）所示，在【半径】文本框内输入数值“10”，【过渡方式】选择“等半径”方式，【结束方式】选择默认方式，然后选择凹槽的底面棱线，单击 确定 按

钮，完成过渡操作，如图 12-11（b）所示。

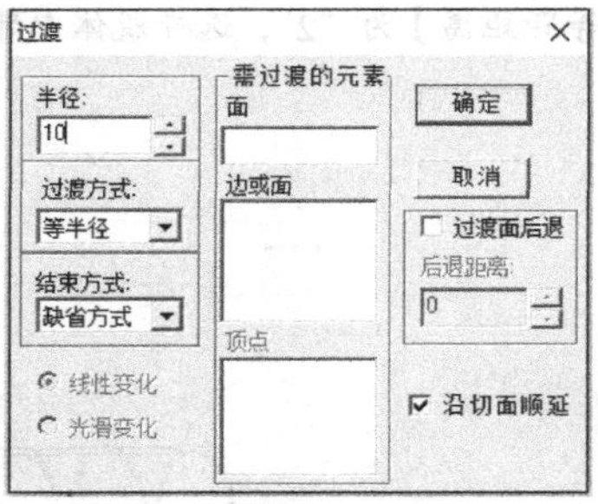

（a）【过渡】对话框

（b）过渡成型

图 12-11　过渡

3. 构造瓶体的一个凹槽

瓶体的 6 个凹槽在瓶子上是均匀分布的，应用阵列命令生成。

【步骤解析】

① 在瓶子中心画空间直线，作为阵列的旋转轴。

② 单击按钮，弹出【环形阵列】对话框，如图 12-12（a）所示，在【角度】文本框中输入数值“60”，在【数目】文本框中输入数值“6”。

③ 【阵列对象】选择瓶体上的凹槽，【边/基准轴】选择瓶子中心的空间直线，单击 确定 按钮生成瓶体上的 6 个凹槽，如图 12-12（b）所示。

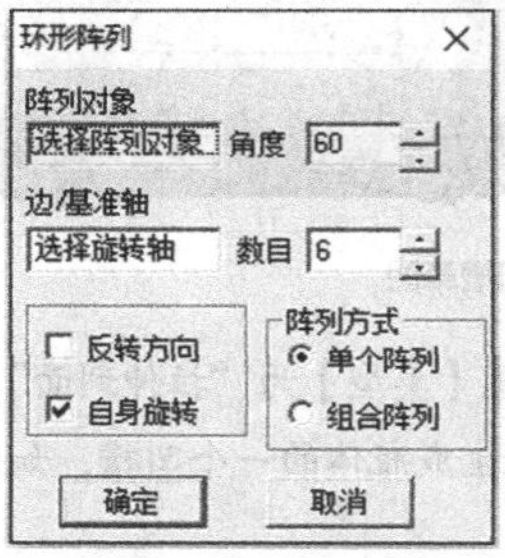

（a）【环形阵列】对话框

（b）阵列成型

图 12-12　环形阵列

12.1.3 构造瓶底

用过渡、旋转除料、曲面加厚增料和环形阵列命令构造瓶底。

1. 构造瓶底边缘圆角和瓶底凹腔

瓶底边缘是圆角过渡，瓶底凹腔是由旋转除料生成。瓶底凹腔尺寸如图 12-13 所示。

【步骤解析】

① 构造瓶底底边边缘圆角。单击按钮，在弹出的【过渡】对话框中设置【半径】为“10”，如图 12-14（a）所示，选择需过渡的边，单击 确定 按钮，完成瓶底边缘的过渡操

视频 31
构建矿泉水瓶模型 3

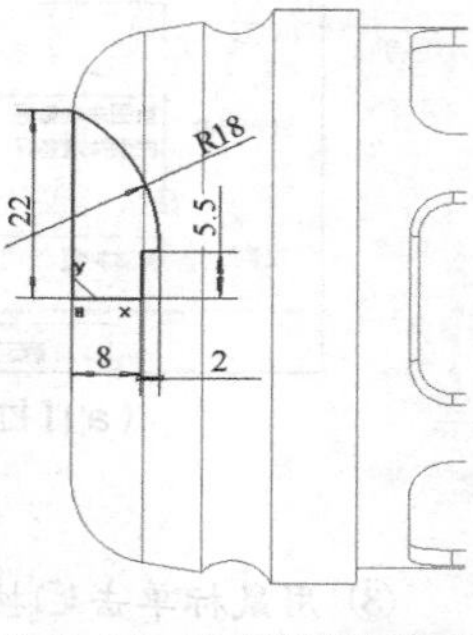

图 12-13　瓶底凹腔截面草图

作，如图 12-14（b）所示。

② 构造瓶底凹腔。选择“平面 XY”，进入草图状态，绘制瓶底凹腔截面草图，草图尺寸如图 12-15 所示。

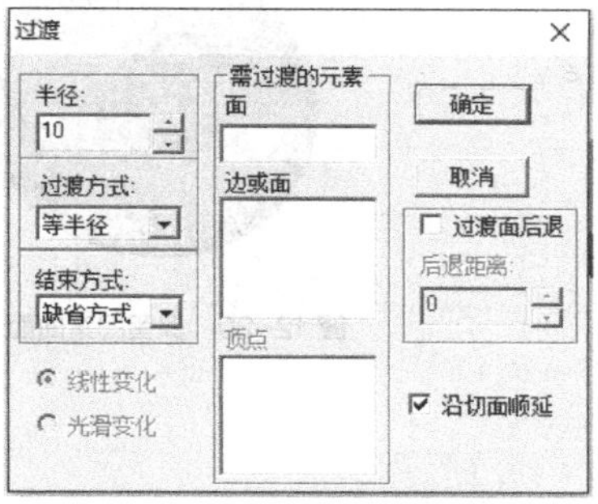

（a）【过渡】对话框

（b）过渡成型

图 12-14　过渡

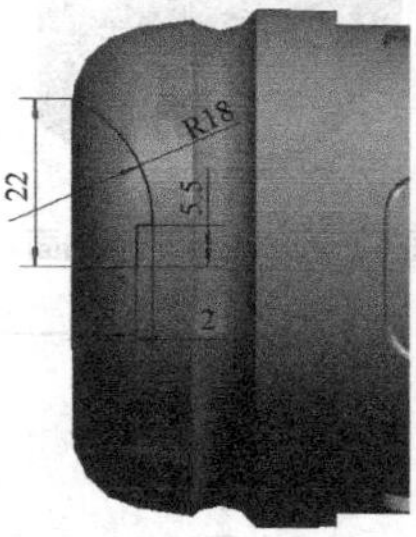

图 12-15　凹腔截面

③ 单击按钮，弹出【旋转】对话框，如图 12-16（a）所示，设置【类型】为“单向旋转”，在【角度】文本框中输入数值“360”，旋转截面选择凹腔的截面草图，轴线选择瓶体中心的空间直线。单击确定按钮，完成瓶底造型，如图 12-16（b）所示。

④ 单击按钮，在【过渡】对话框中将【半径】设置为“2”，选择瓶底小凸台的棱边，单击确定按钮，瓶底凹腔造型如图 12-17 所示。

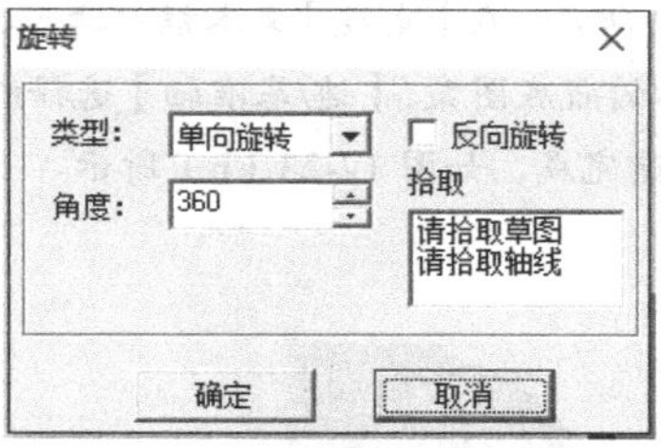

（a）【旋转】对话框

（b）成型

图 12-16　旋转除料

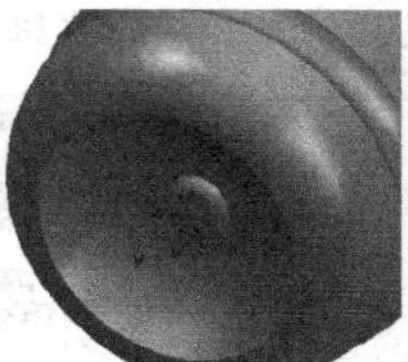

图 12-17　瓶底光滑过渡

2. 构造瓶底图案

瓶底图案是由 4 个曲面凸台构成的，应用曲面造型命令构建出其中的一个，其他的应用环形阵列命令生成。

【步骤解析】

① 单击按钮，在立即菜单中选择“拾取曲面”选项，用鼠标左键单击瓶底凹腔，然后单击鼠标右键确认拾取，瓶底曲面生成，如图 12-18 所示。

② 按 F9 键切换到“平面 XY”，应用线框造型命令画出瓶底图案轮廓，如图 12-19 所示。

③ 单击按钮，在立即菜单中选择“投影线裁剪”选项，根据命令提示进行操作，投影方向选择 Z 轴正方向。选择要保留的部分曲面，如图 12-20 所示。

④ 单击按钮，弹出【曲面加厚】对话框，如图 12-21（a）所示，在【厚度】文本框中输入数值“3”，【加厚方向】为向外加厚，加厚曲面选择图 12-20 所示的瓶底裁剪面，单击确定按钮，生成加厚曲面如图 12-21（b）所示。

⑤ 单击按钮，在【过渡】对话框中将【半径】设置为“1”，平底图案圆角效果如图 12-22 所示。

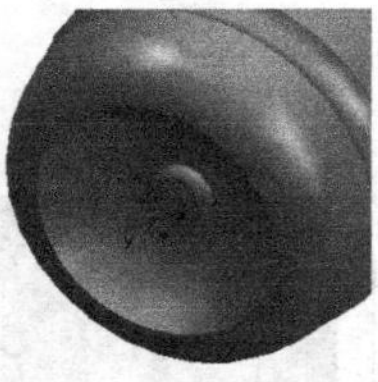

图 12-18　生成瓶底曲面

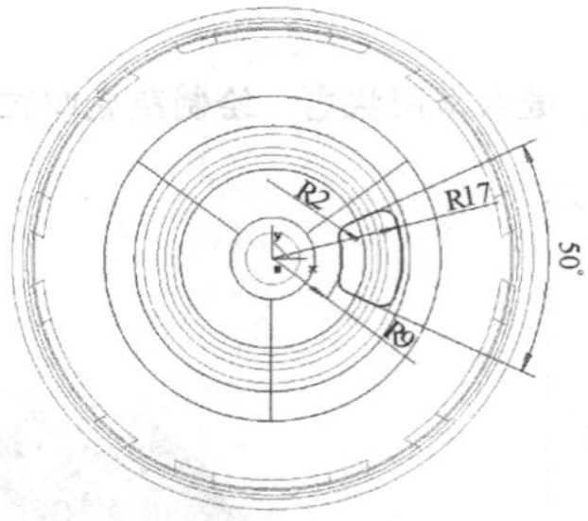

图 12-19　瓶底图案

图 12-20　保留图案曲面

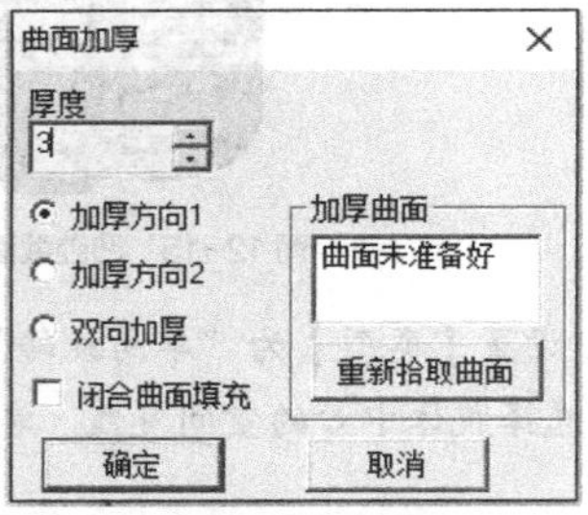

（a）【曲面加厚】对话框

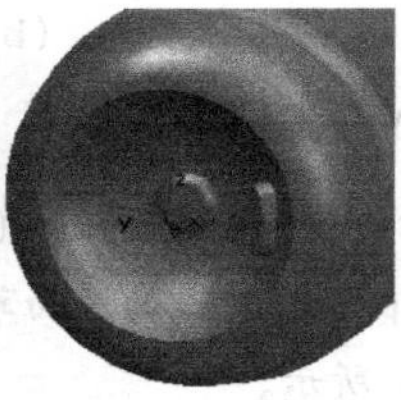

（b）曲面加厚

图 12-21　曲面加厚

图 12-22　过渡

⑥ 单击按钮，弹出【环形阵列】对话框，如图 12-23（a）所示。在【角度】文本框中输入数值“90”，在【数目】文本框中输入数值“4”，阵列对象选择图 12-23 所示的瓶底图案，【边/基准轴】选择瓶子中心的空间直线，单击 确定 按钮，在瓶底上生成 4 个图案，瓶底构造完成，如图 12-23（b）所示。

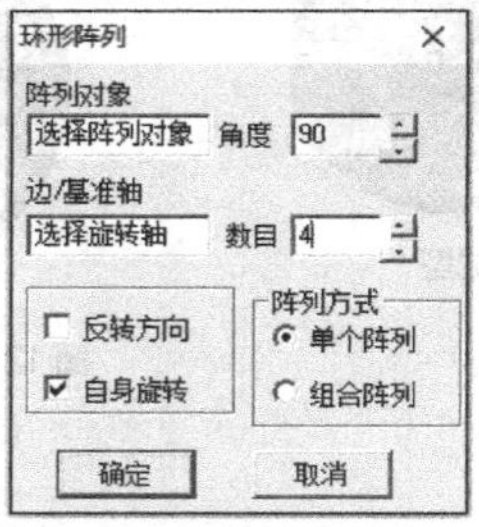

（a）【环形阵列】对话框

（b）阵列成型

图 12-23　阵列

12.1.4　构造内腔和瓶口螺纹

应用抽壳命令完成内腔造型，应用导动增料命令完成瓶口螺纹造型。

【步骤解析】

① 用【抽壳】命令完成内腔造型。单击按钮，在【抽壳】对话框的【厚度】文本框中输入数值“0.5”，选择瓶口面为需抽去的面，单击 确定 按钮，瓶子壳体生成，如图 12-24 所示。

视频 32
构建矿泉水瓶模型 4

② 构造瓶口螺旋线。按 F9 键将绘图平面切换到“平面 YZ”。单击按钮，弹出【公式曲线】对话框，设置圆柱螺旋线参数。

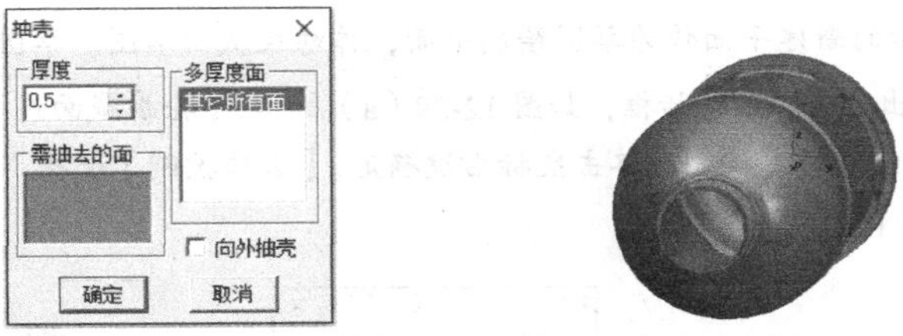

（a）【抽壳】对话框 （b）抽壳实体

图12-24 抽壳

③ 圆柱螺旋线半径为“13”，圆柱螺旋线螺距为“4”，圆柱螺旋线圈数为2.5，终止值为“5π=15.7”，在对话框中输入螺旋线公式，X(t)=13*cos(t)，Y(t)=13*sin(t)，Z(t)=4*t/6.28，如图12-25所示。

④ 输入螺旋线的起点坐标（191,0,0），如图12-26所示。

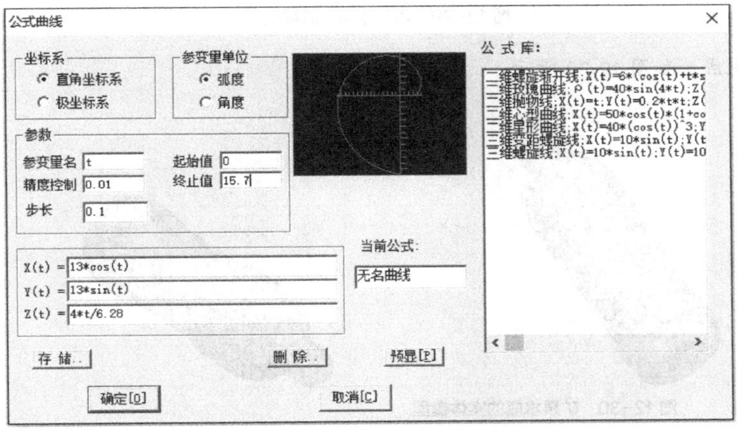

图12-25 【公式曲线】对话框

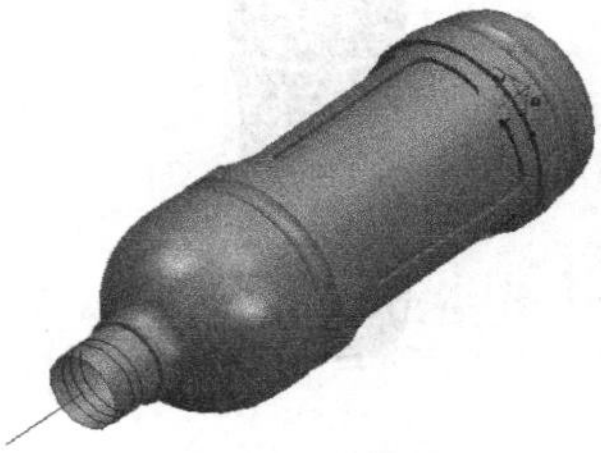

图12-26 生成瓶口螺旋线

⑤ 构造瓶口螺纹。

⑥ 单击按钮，弹出【构造基准面】对话框，如图12-27（a）所示，选择“过点和直线确定基准平面”构造方式，【构造条件】选择螺旋线的端点和瓶子中心的轴线，单击确定按钮，完成基准面的创建，如图12-27（b）所示。

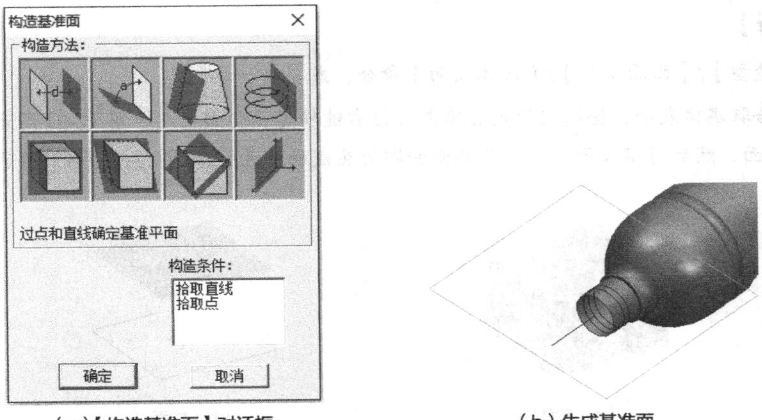

（a）【构造基准面】对话框 （b）生成基准面

图12-27 构造基准面

⑦ 选择图 12-27 所示的新建平面作为草图绘制平面，作螺纹截面草图。草图尺寸如图 12-28 所示。

⑧ 单击按钮，弹出【导动】对话框，如图 12-29（a）所示，【轮廓截面线】选择螺纹截面草图，【轨迹线】选择螺旋线，轨迹线选择完毕之后单击鼠标右键确定，【选项控制】选择“固接导动”，单击 确定 按钮，螺纹构造完成，如图 12-29（b）所示。

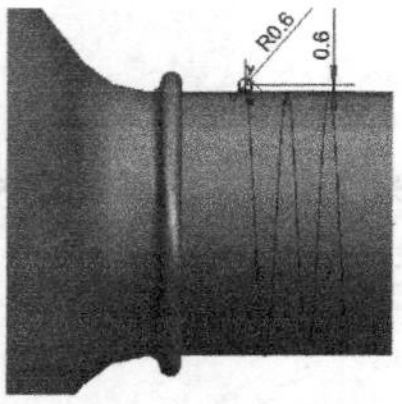

图 12-28 螺纹截面草图

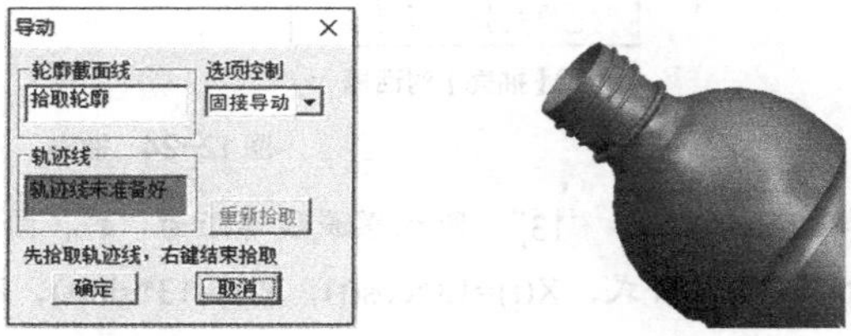

（a）【导动】对话框 （b）螺纹生成

图 12-29 导动增料生成螺纹

⑨ 矿泉水瓶的实体模型构造完成，如图 12-30 所示。

图 12-30 矿泉水瓶的实体模型

12.2 软件功能介绍

1. 实体表面

把通过特征生成的实体表面剥离出来形成一个独立的面。

【步骤解析】

① 选择【造型】/【曲面生成】/【实体表面】命令，或单击按钮。

② 按提示拾取实体表面，拾取完毕之后单击鼠标右键确定，曲面生成。图 12-31 所示为在长方体的上表面生成一个曲面，然后将实体删除，留下的曲面即为生成的曲面，如图 12-31（b）所示。

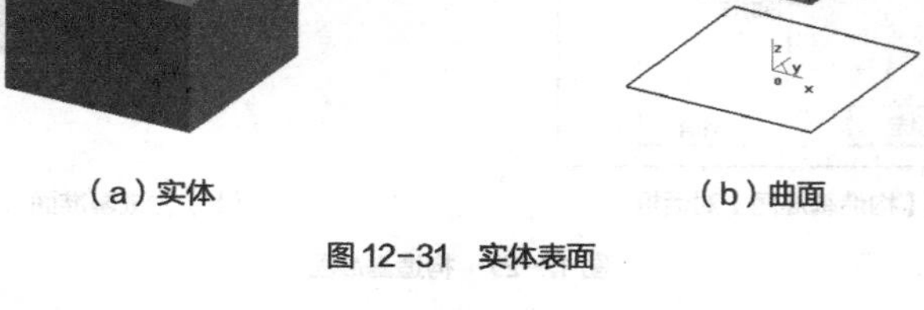

（a）实体 （b）曲面

图 12-31 实体表面

2. 等距面

按给定距离与等距方向生成与已知平面（曲面）等距的平面（曲面）。这个命令类似于曲线中的【等距线】命令，不同的是“线”改成了“面”。

【步骤解析】

① 选择【造型】/【曲面生成】/【等距面】命令，或者直接单击按钮。

② 在立即菜单的【等距距离】文本框中填入等距数值，如图 12-32（a）所示。

③ 拾取平面，选择等距方向，如图 12-32（b）所示。

④ 生成等距面，如图 12-32（c）所示。

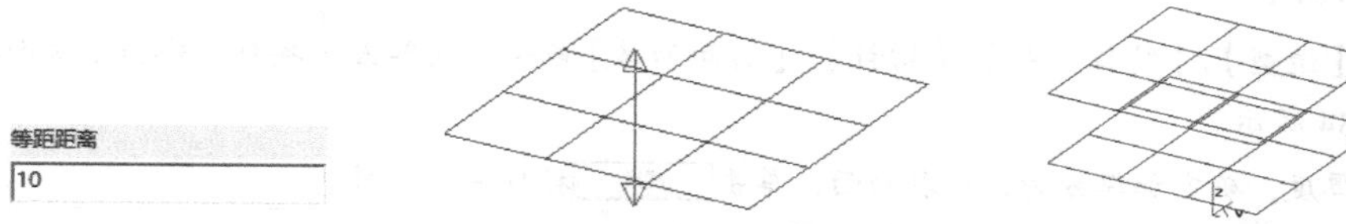

（a）立即菜单　（b）选择方向　（c）等距完成

图 12-32 等距面

要点提示

如果曲面的曲率变化太大，等距的距离应当小于最小曲率半径。

3. 曲面裁剪——投影线裁剪

投影线裁剪是将空间曲线沿给定的固定方向投影到曲面上，形成剪刀线来裁剪曲面。

【步骤解析】

① 选择【造型】/【曲面编辑】/【曲面裁剪】命令，或者单击按钮。

② 在立即菜单中选择“投影线裁剪”和“裁剪”选项。

③ 拾取被裁剪的曲面（选取需保留的部分），如图 12-33（a）所示。

④ 输入投影方向。按空格键，弹出【矢量工具】菜单，选择投影方向，如图 12-33（a）所示。

⑤ 拾取剪刀线。拾取曲线，曲线变红，裁剪完成，如图 12-33（b）所示。

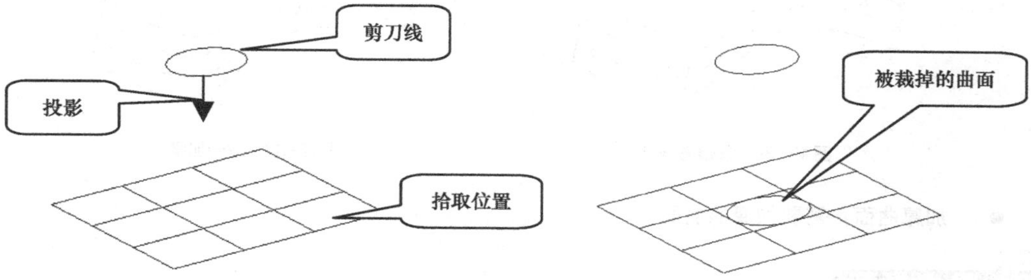

（a）裁剪前　（b）裁剪后

图 12-33 投影线裁剪

要点提示

（1）裁剪时保留拾取点所在的那部分曲面。

（2）拾取的裁剪曲线沿指定投影方向向被裁剪曲面投影时必须有投影线，否则无法裁剪曲面。

（3）在输入投影方向时可利用矢量工具菜单。

（4）剪刀线与曲面边界线重合或部分重合以及相切时，可能得不到正确的裁剪结果。

4. 曲面加厚增料

对指定的曲面按照给定的厚度和方向生成实体。

【步骤解析】

① 选择【造型】/【特征生成】/【增料】/【曲面加厚】命令，或单击按钮，弹出【曲面加厚】对话框，如图 12-34 所示。

② 输入厚度，确定加厚方向，拾取曲面，单击 确定 按钮完成操作。

【曲面加厚】对话框中主要有以下几个选项。

- 厚度：对曲面加厚的尺寸，可以直接输入所需数值，也可以单击按钮来调节。
- 加厚方向 1：沿曲面的法线方向生成实体，如图 12-35 所示。

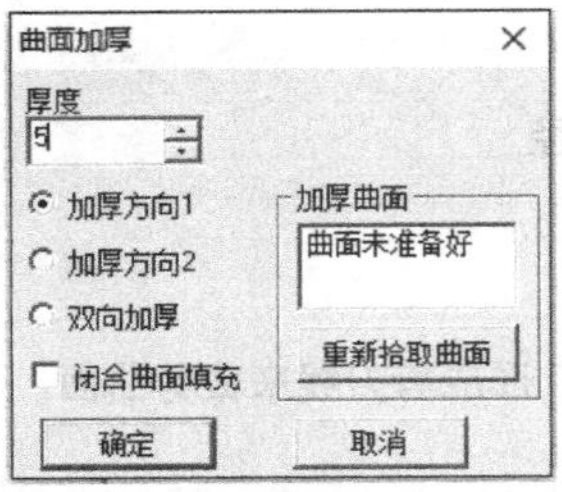

图 12-34 【曲面加厚】对话框

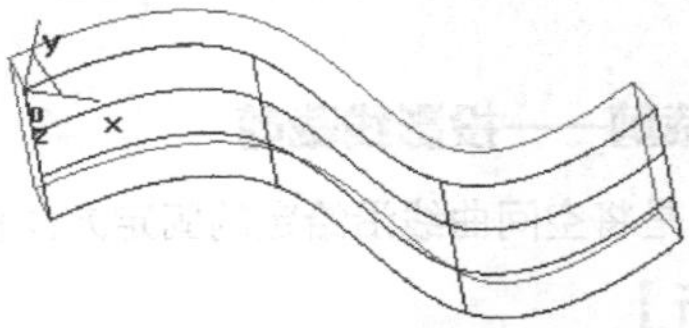
图 12-35 加厚方向 1

- 加厚方向 2：沿曲面法线相反的方向生成实体，如图 12-36 所示。
- 双向加厚：从两个方向对曲面进行加厚生成实体，如图 12-37 所示。

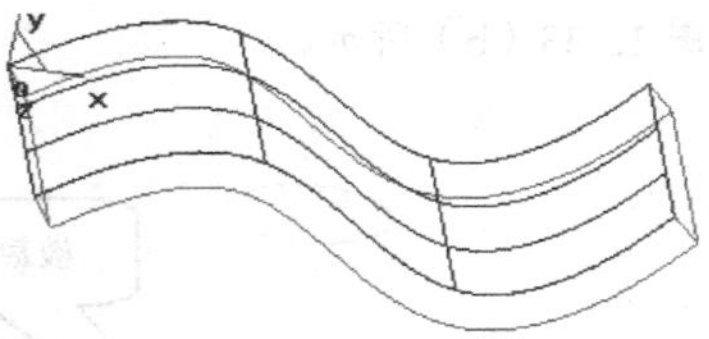
图 12-36 加厚方向 2

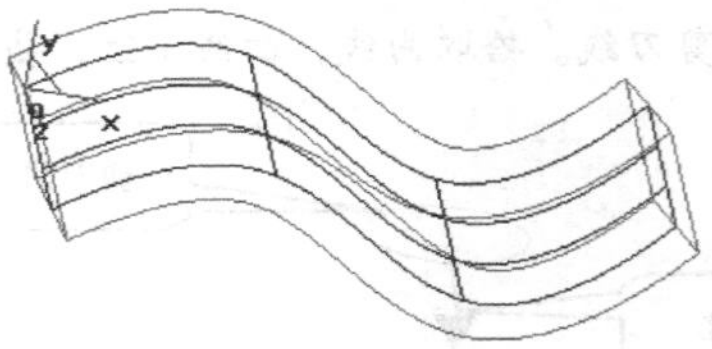
图 12-37 双向加厚

- 加厚曲面：需要加厚的曲面。

要点提示

加厚方向选择要正确。

12.3 课后综合演练

应用曲面造型和实体特征造型混合的方法构造实体造型。

槽轮属于轮盘类零件，造型中应用到旋转增料、旋转曲面、拉伸增料/拉伸到面和过渡等造型方法。槽轮的零件图和实体造型如图 12-38 所示。

要求：按照零件图尺寸构造槽轮实体。

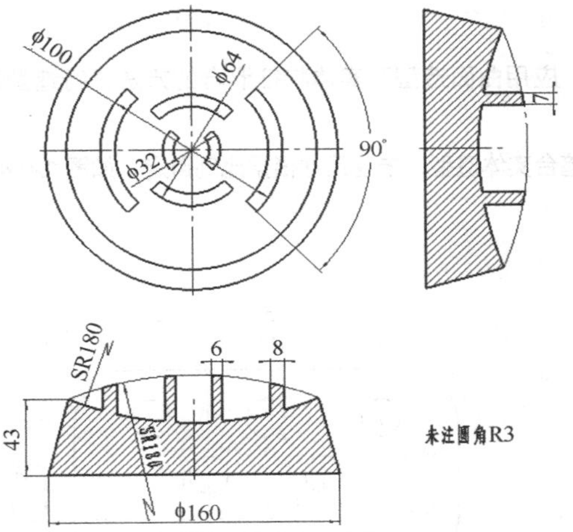

（a）零件图

（b）实体造型

图 12-38 槽轮零件图和实体造型

【步骤解析】

槽轮主要实体造型的步骤如图 12-39 所示。

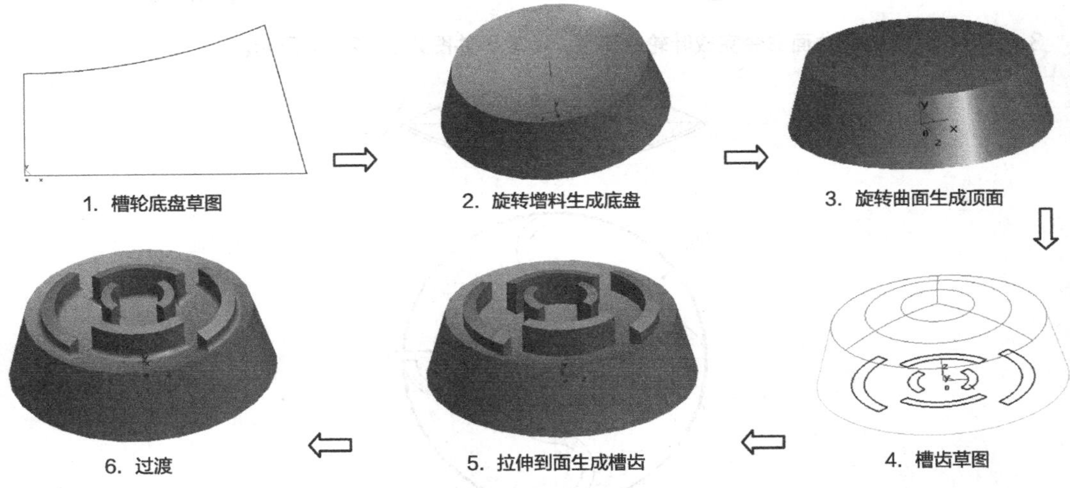

图 12-39 绘制步骤

12.4 小结

本章在实体造型的基础上介绍了几个实体与曲面的衔接命令，包括实体表面、曲面加厚增料和曲面裁剪等。其中实体表面、曲面加厚、曲面裁剪是比较常用的命令，也是曲面和实体相互结合、一体化的操作方式，是学习曲面和实体混合造型的基础。

12.5 习题

1. 构造文件架造型。文具架属于壳体类零件，应用曲面造型和实体特征混合的方法进行造型设计。文件架零件图如图 12-40 所示。

2. 应用放样增料、放样除料和曲面等命令完成笔台实体造型，未注尺寸根据比例自定，如图 12-41 所示。

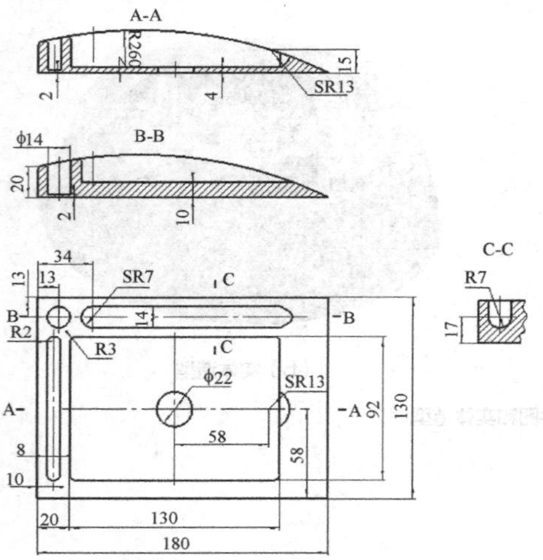

图 12-40　文件架零件图

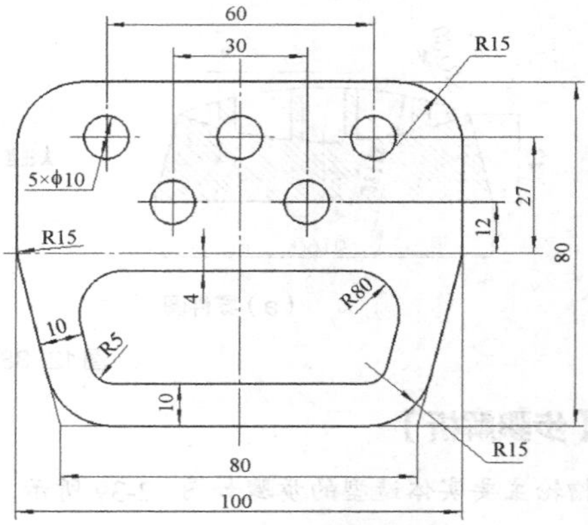

图 12-41　笔台零件图

3. 综合应用实体和曲面命令完成叶轮的造型，叶轮零件图如图 12-42 所示。

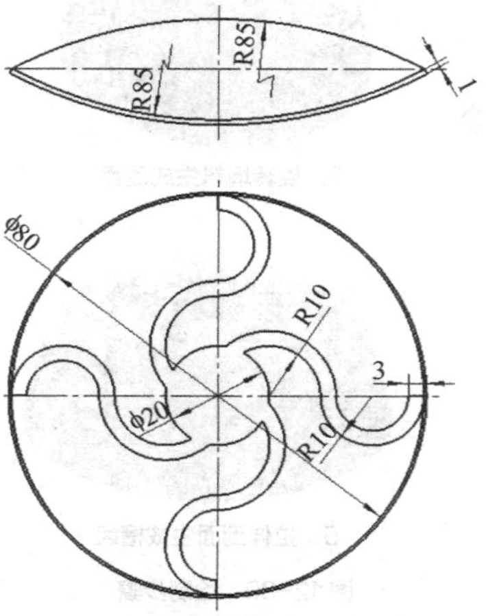

图 12-42　叶轮零件图

Chapter

13

第 13 章 构建洗洁精瓶模型

应用放样面、导动面和平面命令构建洗洁精瓶的造型，如图 13-1 和图 13-2 所示。

图 13-1　瓶子造型 1

图 13-2　瓶子造型 2

【学习目标】

- 巩固对放样面命令的掌握。
- 学会导动面命令。
- 掌握平面的基本命令。

13.1 课堂实训案例

洗洁精瓶子的造型不规则，主要应用曲面的放样面、曲面裁剪等命令创建。基本步骤如图 13-3 所示。

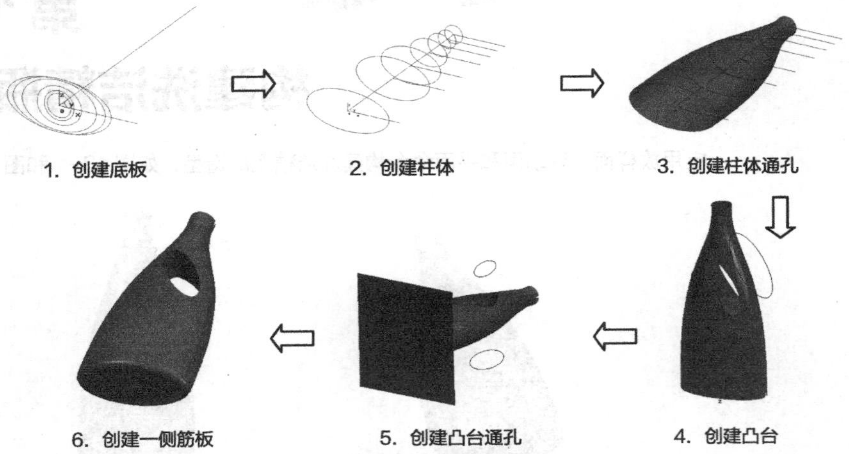

图 13-3 创建洗洁精瓶实体造型的基本步骤

【步骤解析】

视频 33
构建洗洁精瓶子模型 1

① 绘制截面线。

- 按 F9 键，将绘图平面切换到“XZ 平面”，以坐标原点为圆心，绘制出各截面图形，各截面线的尺寸如图 13-4 所示。
- 按 F8 键，将图形显示成三维立体状态。按 F9 键，将绘图平面切换到“XY 平面”，单击曲线生成栏中的按钮，选择“两点线”“单个”和“正交”选项。过原点沿 Y 轴正方向绘制一条中心轴线，长度为 160，然后再绘制一条 X 方向的直线，如图 13-5 所示。

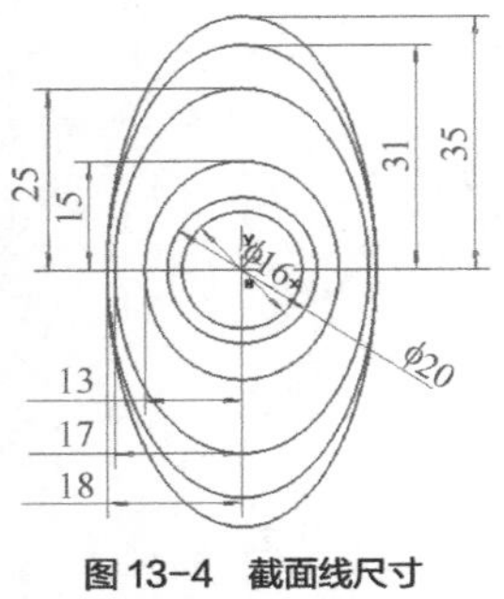

图 13-4 截面线尺寸

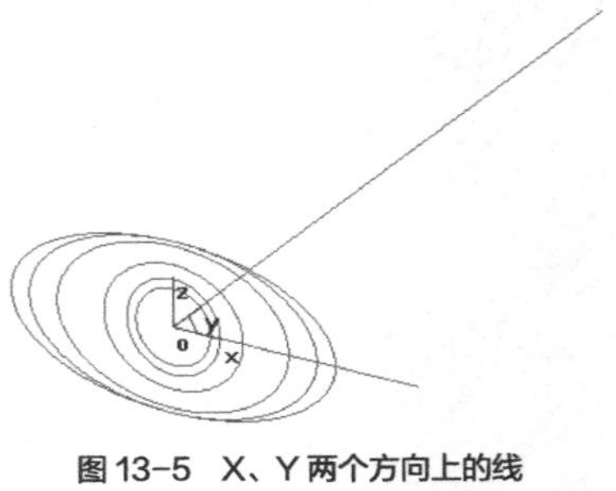

图 13-5 X、Y 两个方向上的线

- 单击曲线生成栏中的按钮，将 X 方向的直线按图 13-6 所示尺寸依次等距，确定各截面线的位置，如图 13-6 所示。
- 单击几何变换工具栏的按钮，选择“两点”和“移动”选项，分别拾取各截面线，将其移动到适当位置，如图 13-7 所示。

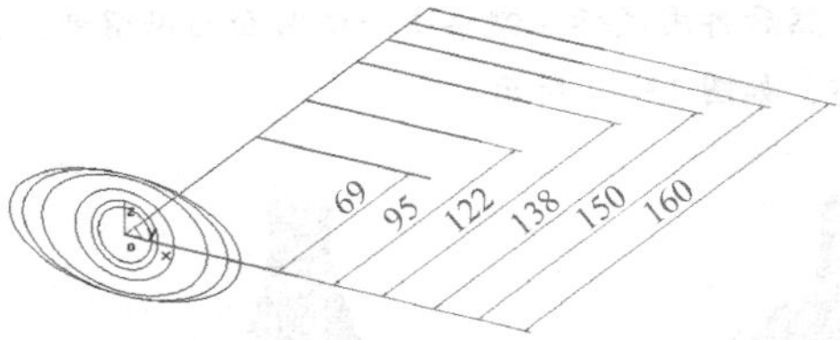

图 13-6 截面线位置尺寸

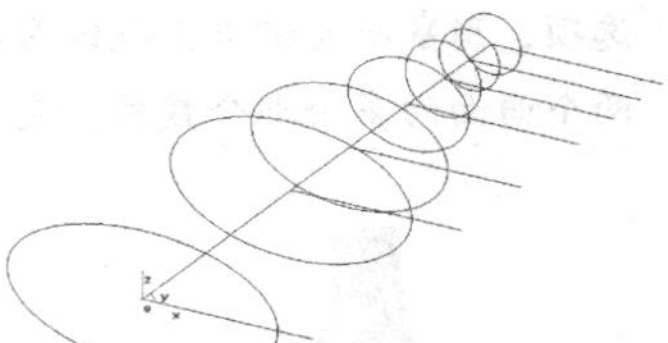

图 13-7 截面线位置

② 创建瓶子的主体曲面。

- 选择【造型】/【曲面生成】/【放样面】命令，或单击曲面生成栏中的按钮，激活放样面造型功能，立即菜单设置如图 13-8（a）所示。
- 分别选择截面曲线，完成瓶子主体的曲线操作，如图 13-8（b）所示。

（a）立即菜单　（b）瓶子主体曲面

图 13-8 放样面生成瓶子主体曲面

③ 绘制瓶子手柄。

按 F9 键，将绘图平面切换到“XY 平面”，绘制手柄曲线，手柄椭圆的尺寸（小椭圆 X 轴方向半轴长为 8，Y 轴方向半轴长为 24；大椭圆 X 轴方向半轴长为 13，Y 轴方向半轴长为 29），旋转 30°，其余尺寸如图 13-9 所示。

视频 34
构建洗洁精瓶子模型 2

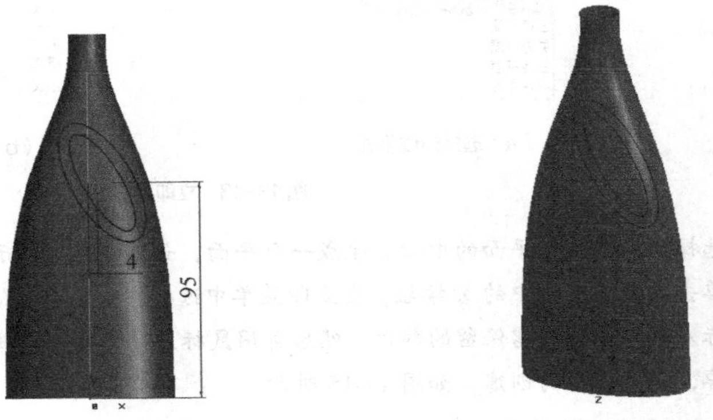

（a）手柄尺寸和位置　（b）手柄曲线绘制完成

图 13-9 绘制瓶子手柄

④ 创建瓶子手柄。

- 偏移构成手柄的两个椭圆，向两侧各偏移距离 50，如图 13-10 所示。
- 生成手柄曲面。单击曲面生成栏中的按钮。根据状态栏的提示，依次选择放样截面线，然后单击鼠标右键确定，放样效果如图 13-11 所示。
- 曲面裁剪。单击曲面生成栏中的按钮，在立即菜单中选择“面裁剪”“裁剪”和“相互裁剪”

选项，用鼠标左键单击瓶体需保留的部位，然后再用鼠标左键单击手柄曲面的保留部位，即可将两个曲面的多余部分裁掉，完成手柄的创建，如图 13-12 所示。

图 13-10　偏移

图 13-11　放样

图 13-12　裁剪曲面

⑤ 生成瓶子底面。

- 选择【造型】/【曲面生成】/【平面】命令，或单击曲面生成栏中的按钮。
- 在立即菜单中选择“工具平面”选项，曲线平面选择“ZX 平面”，如图 13-13（a）所示。
- 在立即菜单中的【长度】文本框中输入参数“100”，在【宽度】文本框中输入参数“100”，如图 13-13（b）所示。

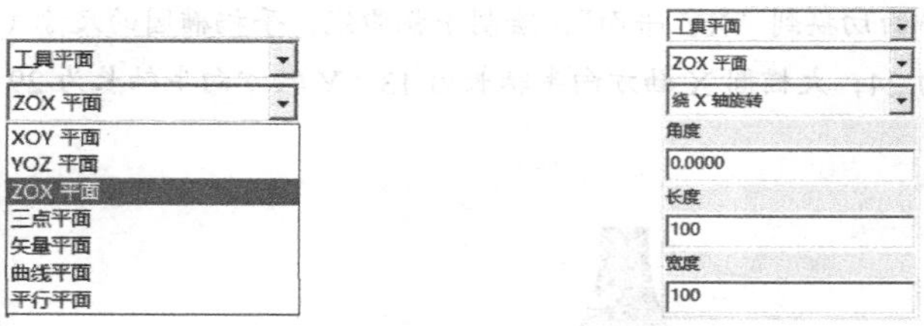

（a）选择曲线平面　　（b）输入参数

图 13-13　立即菜单

- 选择坐标原点为平面的中心点生成一个平面，如图 13-14 所示。
- 单击曲面生成栏中的按钮，在立即菜单中选择“面裁剪”“裁剪”和“裁剪曲面 1”选项，用鼠标左键单击瓶底需保留的部位，然后再用鼠标左键选择剪刀曲面，即可将底面曲面的多余部分裁掉，完成底面的创建，如图 13-15 所示。

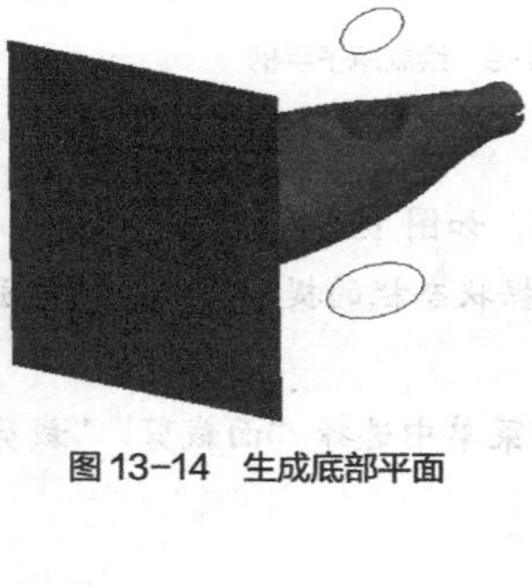

图 13-14　生成底部平面

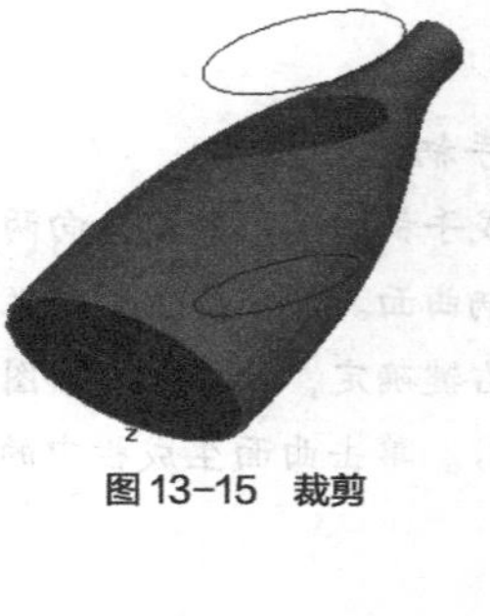

图 13-15　裁剪

⑥ 光滑过渡两个曲面。

- 单击线面编辑栏中的按钮。
- 在立即菜单中选择“两面过渡”“等半径”和“裁剪两面”选项，在“半径”文本框中输入数值“5”，如图 13-16 所示，
- 分别拾取两个曲面，确定方向，则在瓶子底面和瓶体之间创建一个圆角，使两个曲面光滑过渡，效果如图 13-17 所示。

⑦ 洗洁精瓶的创建完成，造型如图 13-18 所示。

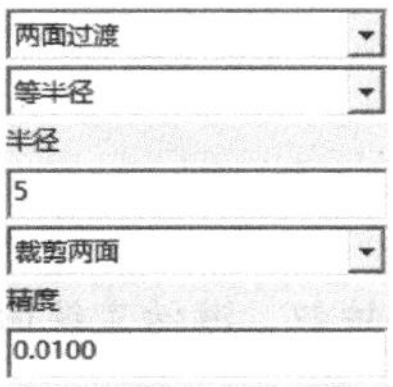

图 13-16 立即菜单

图 13-17 过渡

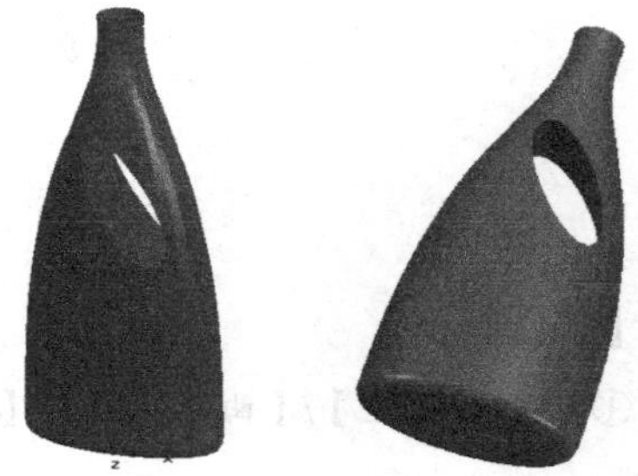

图 13-18 洗洁精瓶造型

13.2 软件功能介绍

1. 曲线组合

曲线组合用于把拾取到的多条相连曲线组合成一条样条曲线。如果首尾相连的曲线有尖点，系统会自动生成一条光顺的样条曲线。曲线组合有两种方式：保留原曲线和删除原曲线。

【步骤解析】

① 选择【造型】/【曲线编辑】/【曲线组合】命令，或单击线面编辑栏中的按钮，激活曲线组合命令。

② 按空格键，弹出拾取快捷菜单，选择拾取方式，曲线组合的拾取方式有“链拾取”“限制链接拾取”和“单个拾取”3 种方式。

③ 按状态栏中的提示拾取曲线，单击鼠标右键确认，曲线组合完成。

曲线组合的立即菜单选项主要有下列参数。

- 保留原曲线：将选中的原曲线组合后保留原来的曲线，如图 13-19（b）所示。
- 删除原曲线：将选中的曲线进行曲线组合后删除原来的曲线，如图 13-19（c）所示。

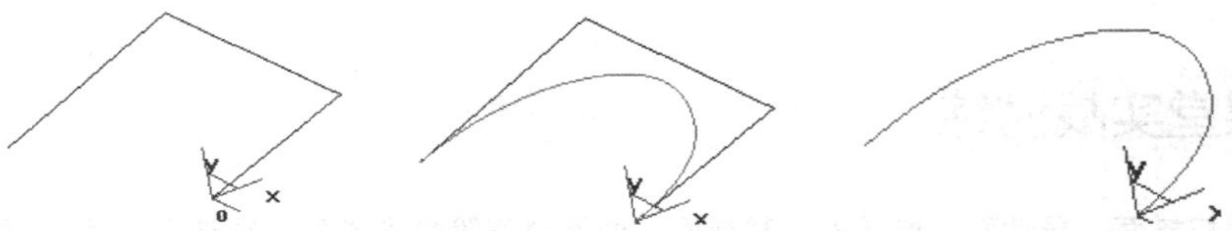

（a）组合前　（b）保留原曲线　（c）删除原曲线

图 13-19 曲线组合

2. 直纹面

直纹面是由一根直线的两个端点分别在两条曲线上匀速运动而形成的轨迹曲面。

（1）直纹面生成有 3 种方式："曲线+曲线""点+曲线"和"曲线+曲面"，此处只介绍"曲线+曲线"方式。

"曲线+曲线"方式：在两条自由曲线之间生成直纹面。

（2）"曲线+曲线"生成直纹面。

应用直纹面"曲线+曲线"命令构建曲面造型，如图 13-20 所示。

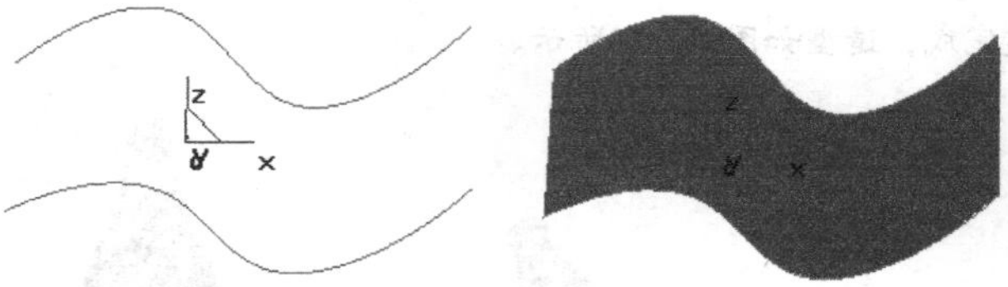

图 13-20 【曲线+曲线】

【步骤解析】

① 选择【造型】/【曲面生成】/【直纹面】命令，或单击曲面生成栏中的按钮，激活直纹面造型命令。

② 在立即菜单中有 3 种直纹面的生成方式，如图 13-21 所示，选择"曲线+曲线"方式。

③ 按状态栏的提示操作，先拾取第 1 条曲线，再拾取第 2 条曲线，生成直纹面。

④ 选择的位置和顺序不对应则会发生扭曲现象，如图 13-22 所示。

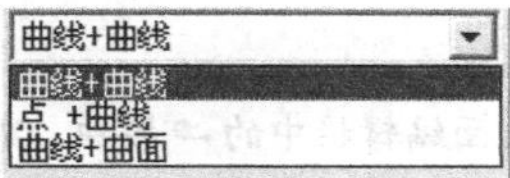

图 13-21 立即菜单

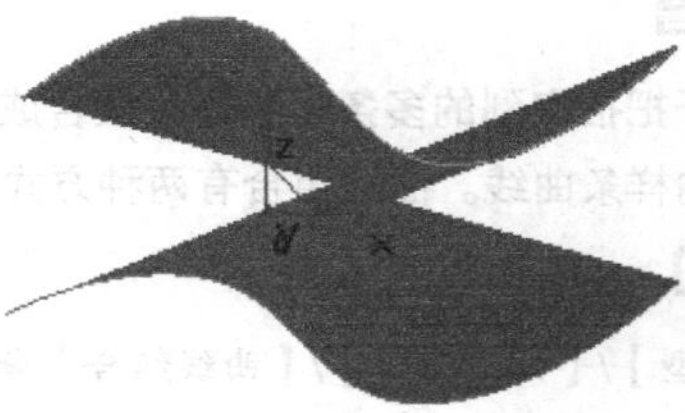

图 13-22 发生扭曲

要点提示

在拾取曲线时应注意拾取点的位置，拾取点应在拾取曲线的同侧对应位置；否则将使两条曲线的方向相反，生成的直纹面发生扭曲。

13.3 课堂实战演练

综合应用扫描面、导动面、旋转面、裁剪面、曲面过渡等命令创建按钮造型，零件图和实体造型分别如图 13-23 和图 13-24 所示。

【步骤解析】

① 在空间状态下，按 F5 键进入"平面 XY"，或按 F9 键切换到"平面 XY"。在"平面 XY"内绘制塑料按钮底面图形，如图 13-25 所示，按 F8 键可以使平面图处于三维状态。

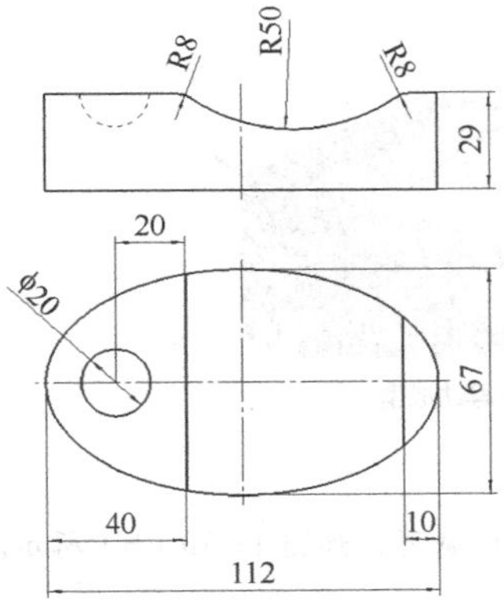

图13-23　按钮零件图

图13-24　按钮实体造型

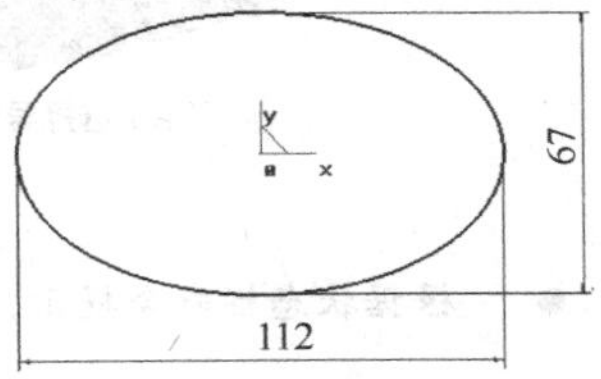

图13-25　塑料按钮底面形状

② 单击曲面生成栏中的按钮，在特征树下面的立即菜单中设置扫描参数，如图13-26（a）所示。

③ 按空格键，在弹出的矢量工具菜单中选择“Z 轴正方向”，如图13-26（b）所示。然后拾取按钮底面的特征曲线（即底面轮廓图）完成柱面的造型，如图13-26（c）所示。

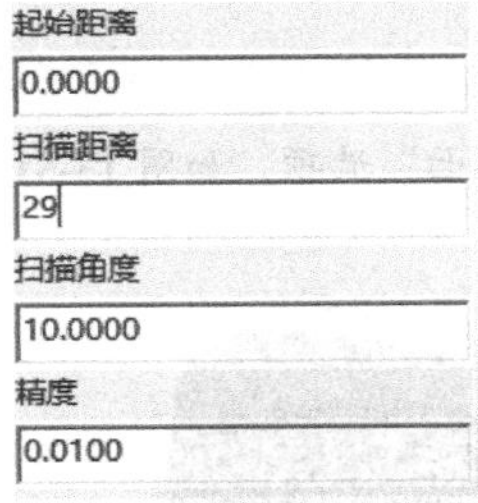

（a）立即菜单

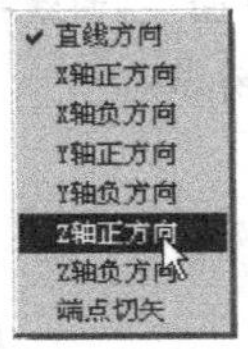

（b）矢量工具菜单

（c）扫描成型柱面

图13-26　扫描面

④ 绘制导动线。按F9键将绘制平面切到“XZ 平面”，做好定位线，单击曲线生成栏中的按钮，选择“两点_半经”选项，绘制圆弧如图13-27所示。

⑤ 绘制截面线。

- 按F9键将绘图平面切换到“YZ 平面”，过圆弧的左端点作直线，线长为80，如图13-28所示。

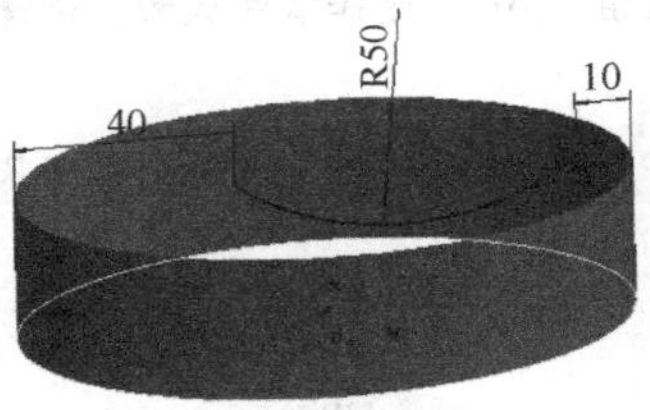

图13-27　绘制导动线

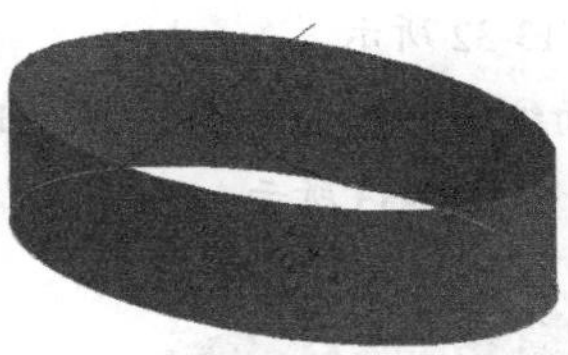
图13-28　绘制截面线

- 单击曲面生成栏中的按钮，在立即菜单中选择“平行导动”选项，此时状态栏提示：“选择导动线”，用鼠标指针选择导动线，然后选择导动的方向，如图13-29（a）所示，状态栏又提示：“拾取截面线”，单击截面线后生成一曲面，如图13-29（b）所示。
- 单击线面编辑栏中的按钮，在立即菜单中选择“面裁剪”“裁剪”和“相互裁剪”选项，如

图 13-30（a）所示。

（a）选择导动方向

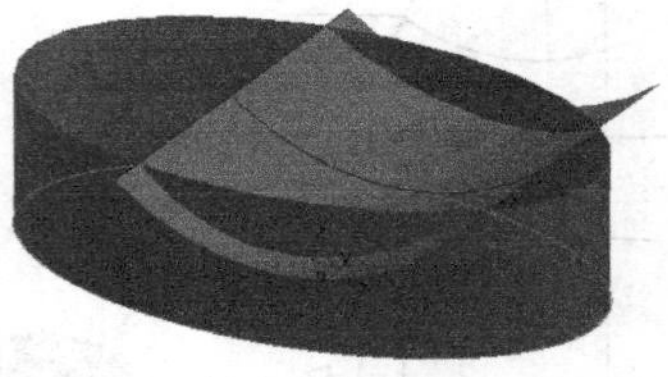

（b）导动成型

图 13-29 导动面

- 根据状态栏命令提示，选择相互裁剪的面的保留部分，完成曲面裁剪，如图 13-30（b）所示。

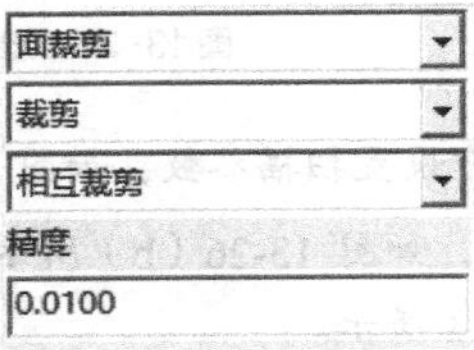

（a）立即菜单

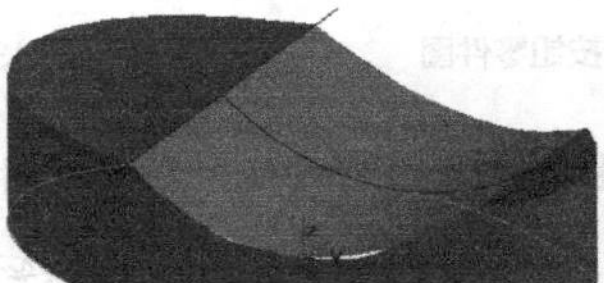

（b）裁剪成型

图 13-30 面裁剪

⑥ 单击▱按钮，在立即菜单中选择“工具平面”“曲线平面”“包络面”选项，如图 13-31（a）所示，选择底面曲线，生成零件底面，如图 13-31（b）所示。

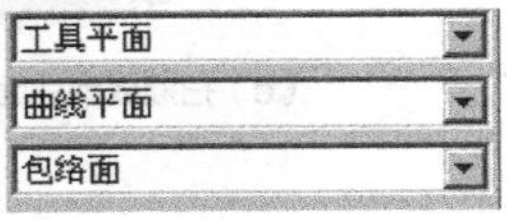

（a）立即菜单

（b）包络面成型

图 13-31 包络面

⑦ 按 F9 键，将绘图平面切换到“平面 XY”，在圆弧曲线的两个端点处，作两条正交的辅助直线，如图 13-32 所示。

⑧ 单击曲面生成栏中的按钮，在立即菜单中输入数值“29”，选择零件底面，选择方向，作底面的等距平面，如图 13-32 所示。

⑨ 单击线面编辑栏中的按钮，在立即菜单中选择“线裁剪”“裁剪”选项，根据状态栏提示操作，完成裁剪，效果如图 13-33 所示。

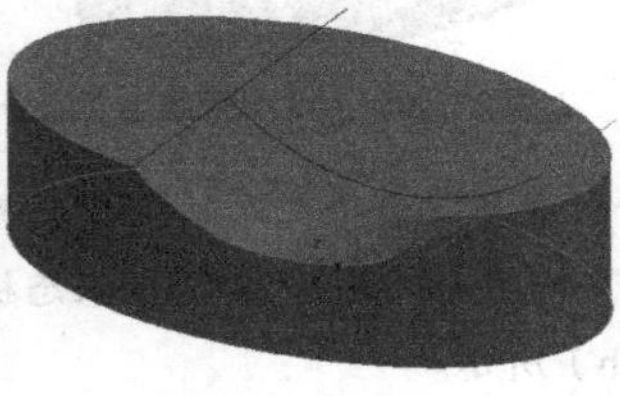

图 13-32 等距平面

图 13-33 裁剪

⑩ 绘制旋转轴和旋转母线。按F9键将绘图平面换到"XZ平面"，按图13-34（a）所示尺寸和位置绘制旋转轴和旋转母线，结果如图13-34（b）所示。

（a）旋转轴和旋转母线尺寸和位置　　（b）绘制完成

图13-34　旋转轴和旋转母线

⑪ 创建旋转面。

- 单击曲面生成栏中的按钮，激活旋转面造型命令。
- 在立即菜单中输入起始角和终止角，默认的起始角为0°，终止角为360°，如图13-35（a）所示。
- 在"拾取旋转轴"的提示下，用鼠标左键单击旋转轴并选取方向。在"拾取母线"的提示下，用鼠标左键单击母线，即可生成曲面，如图13-35（b）所示。

（a）立即菜单　　（b）旋转成型

图13-35　旋转面

⑫ 裁剪曲面。

- 单击线面编辑栏中的按钮，在立即菜单中选择"面裁剪"和"相互裁剪"选项，如图13-36（a）所示。
- 单击顶面的保留部位，再单击凹弧面保留部位，即可将两个曲面的多余部分裁掉，如图13-36（b）所示。
- 删除多余的线，如图13-36（c）所示。

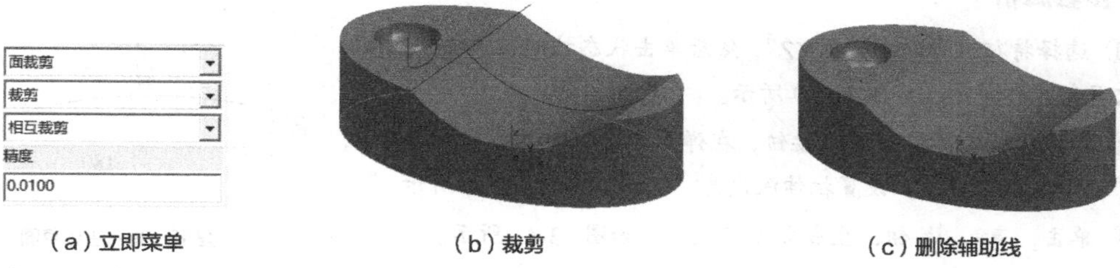

（a）立即菜单　　（b）裁剪　　（c）删除辅助线

图13-36　裁剪曲面

⑬ 光滑过渡。

- 单击线面编辑栏中的按钮，激活曲面过渡功能。
- 在立即菜单中选择"两面过渡"和"裁剪两面"选项，在【半径】文本框中输入数值"8"，如图13-37（a）所示。分别拾取两个曲面，确定方向，则在两个曲面之间完成过渡，如图13-37（b）

所示。

（a）立即菜单　　（b）过渡

图 13-37　曲面过渡

13.4 课后综合演练

应用实体造型、曲面造型等命令构建文具架的造型，如图 13-38 所示。

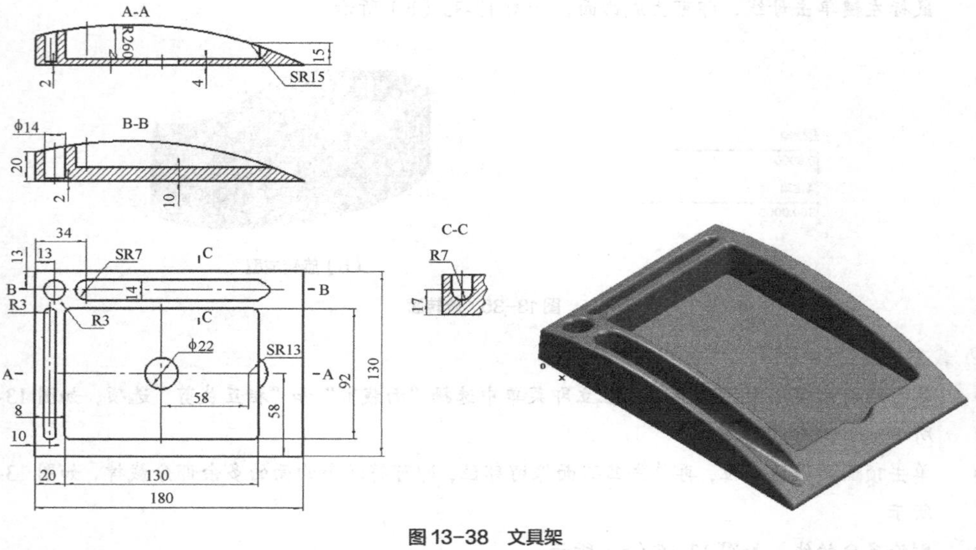

图 13-38　文具架

【步骤解析】

① 选择特征树中的“平面 XZ”，然后单击状态控制栏中的按钮，画出文具架主体草图，如图 13-39 所示。

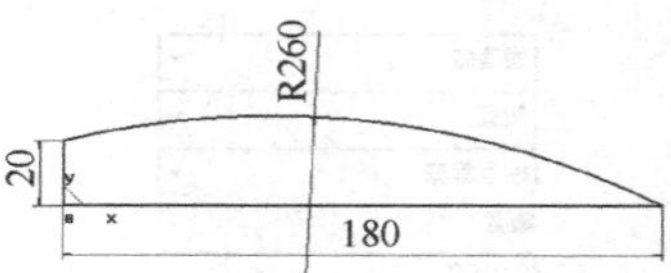

图 13-39　主体草图

② 单击特征工具栏中的按钮，在弹出的【拉伸增料】对话框中，选择“固定深度”类型，设置拉伸深度为“130”，如图 13-40 所示。

③ 单击 确定 按钮，生成文具架主体，如图 13-41 所示。

④ 单击特征工具栏中的按钮，在弹出的对话框中，构造方法选择“等距平面确定基准平面”，构造条件选择文具架主体底面，在【距离】数值框中输入“40”，如图 13-42 所示。

⑤ 单击 确定 按钮，生成等距基准面，如图 13-43 所示。

⑥ 选择特征树中新创建的“平面 3”，单击状态控制栏中的按钮，画出便条盒草图，如图 13-44 所示。

⑦ 单击特征工具栏中的按钮，在弹出的【拉伸除料】对话框中，选择“固定深度”类型，设置拉伸

深度为“36”，如图 13-45 所示。

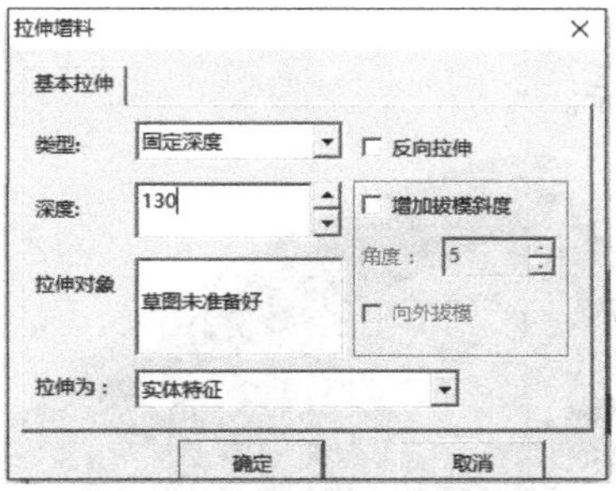

图 13-40 【拉伸增料】对话框

图 13-41 拉伸增料

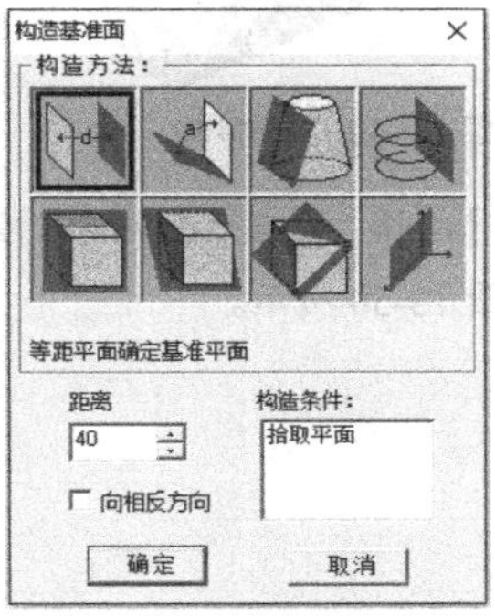

图 13-42 【构造基准面】对话框

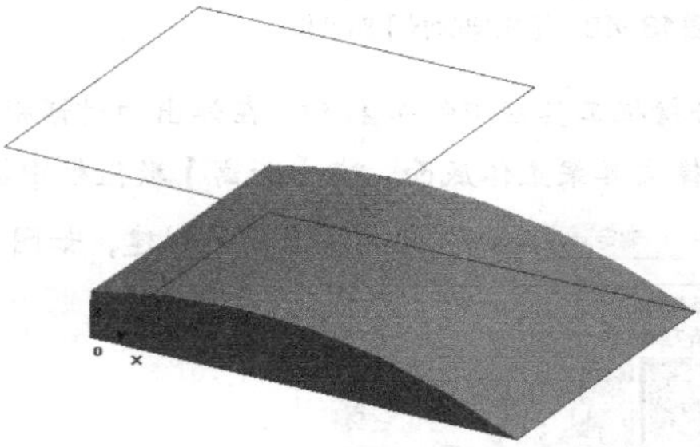
图 13-43 构造一个基准面

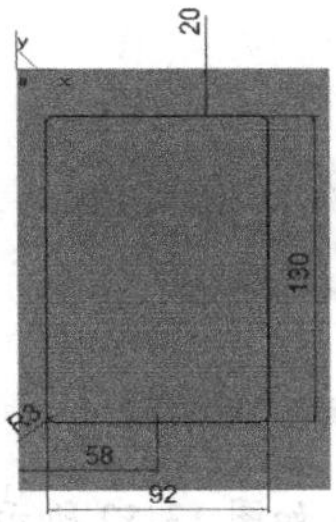

图 13-44 便条盒草图

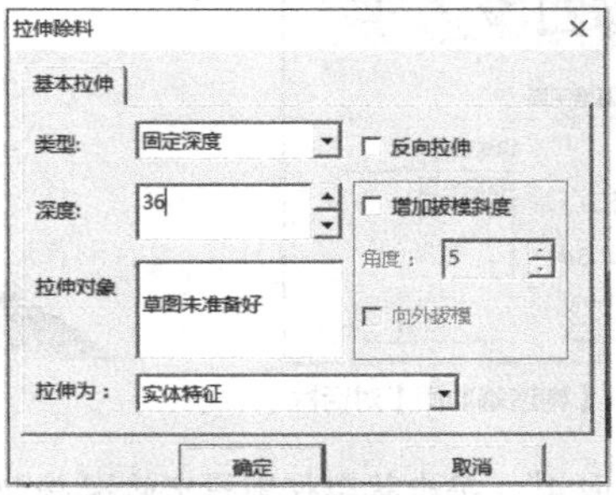

图 13-45 【拉伸除料】对话框

⑧ 单击 确定 按钮，生成便条盒造型，如图 13-46 所示。

⑨ 选择“平面 3”，单击状态控制栏中的按钮，画出名片槽和笔孔草图，如图 13-47 所示。

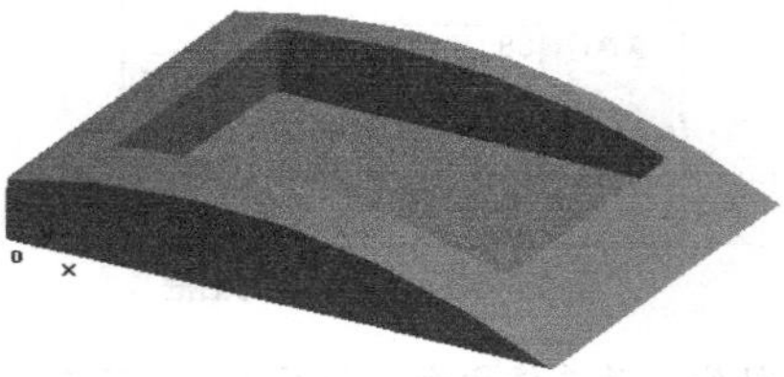
图 13-46 拉伸除料

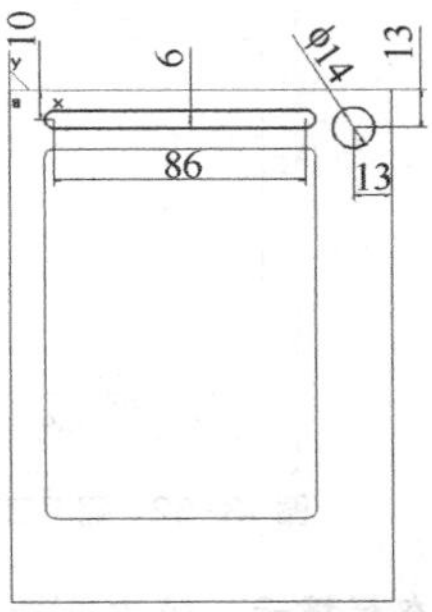

图 13-47 名片槽和笔孔草图

⑩ 单击特征工具栏中的按钮，在弹出的【拉伸除料】对话框中，选择“固定深度”类型，设置拉伸深度为“38”，如图 13-48 所示。

⑪ 单击 确定 按钮，生成名片槽和笔孔，如图 13-49 所示。

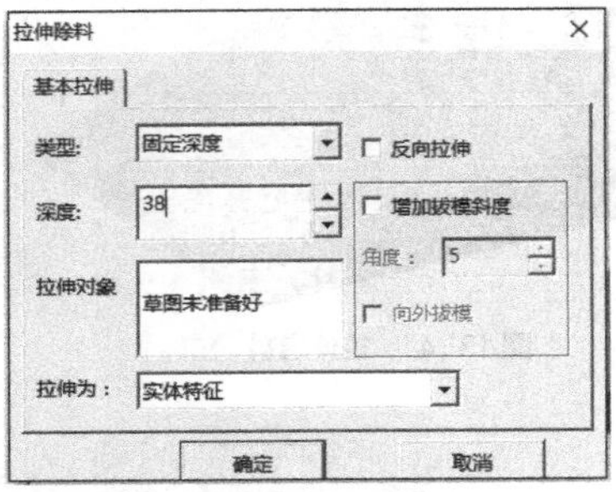

图 13-48 【拉伸除料】对话框

图 13-49 拉伸除料

⑫ 单击特征工具栏中的按钮，在弹出的对话框中，【构造方法】选择“等距平面确定基准平面”，【构造条件】选择文具架主体底面，在【距离】数值框中输入“15”，如图 13-50 所示。

⑬ 单击 确定 按钮，完成基准面的创建，如图 13-51 所示。

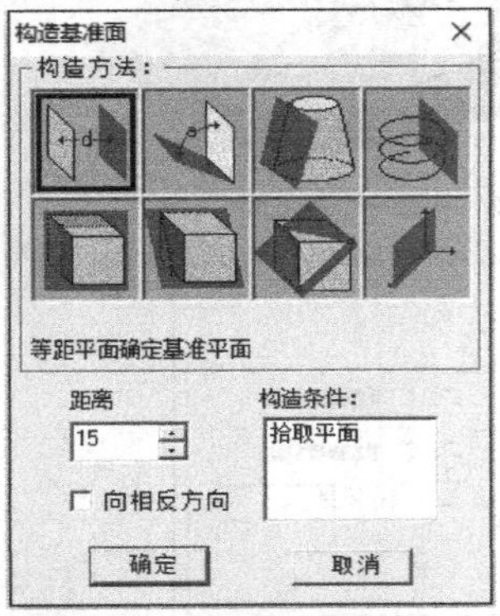

图 13-50 【构造基准面】对话框

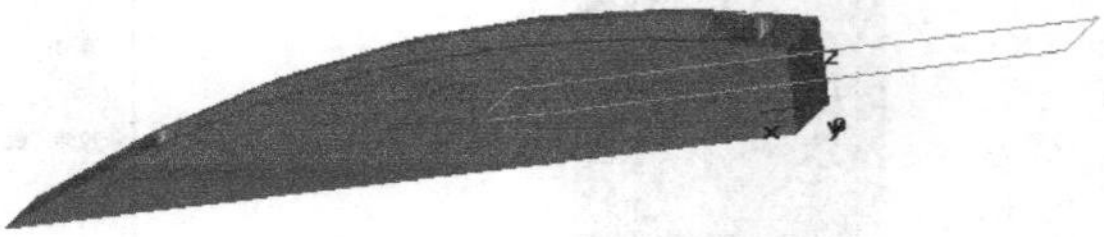

图 13-51 基准面“平面 4”

⑭ 选择“平面 4”，单击状态控制栏中的按钮，画出翻页口草图，如图 13-52 所示。

⑮ 退出草图，绘制旋转轴线。单击特征工具栏中的按钮，弹出【旋转】对话框，输入旋转角度为“58”，如图 13-53 所示。

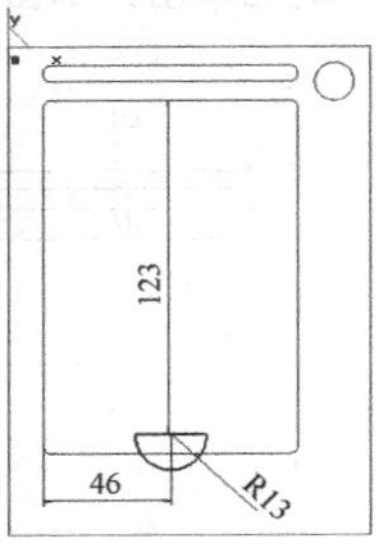

图 13-52 翻页口草图

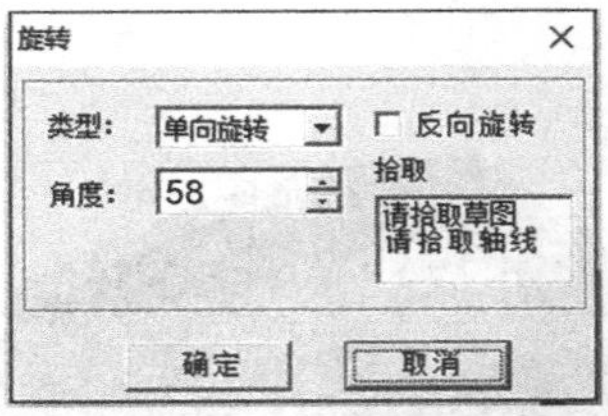

图 13-53 【旋转】对话框

⑯ 根据状态栏提示，依次选择旋转草图和旋转轴线，并选择方向，如图 13-54 所示。

⑰ 单击 确定 按钮，完成翻页口的创建，如图13-55所示。

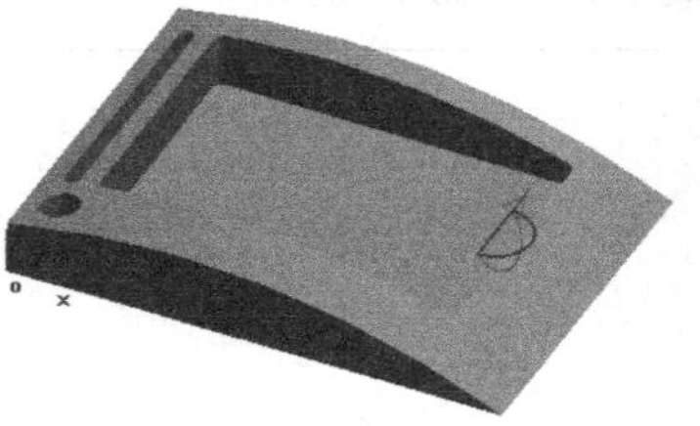

图13-54 选择旋转方向

图13-55 旋转成型

⑱ 作笔槽底面曲线，如图13-56所示，单击线面编辑栏中的按钮，进行曲线组合。

⑲ 单击几何变换栏中的按钮，在立即菜单中选择“偏移量”和“移动”选项，在【DX=】文本框中输入“34”，如图13-57所示。

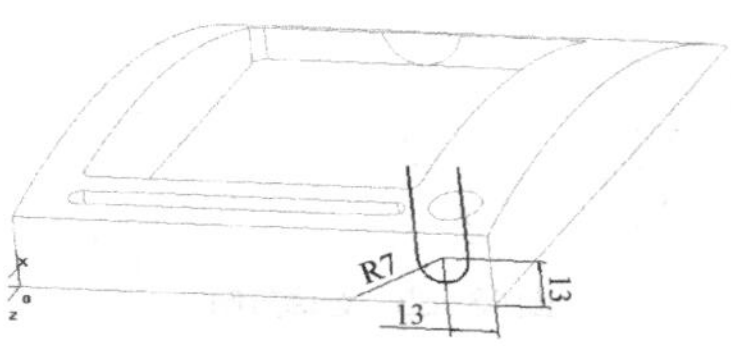

图13-56 笔槽底面曲线

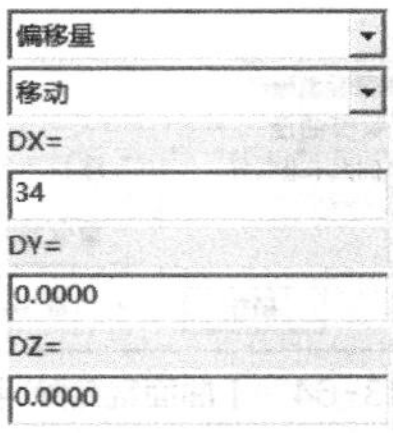

图13-57 立即菜单

⑳ 选择曲线，将笔槽底面曲线沿X轴正向偏移34，如图13-58所示。

㉑ 单击曲面生成栏中的按钮，在立即菜单中输入扫描距离为“140”，如图13-59所示。

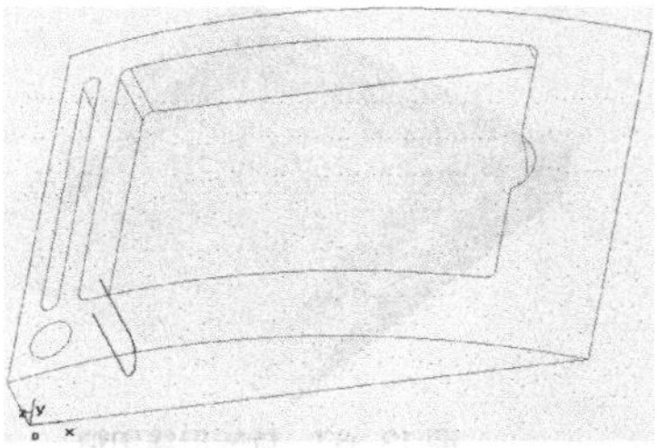

图13-58 槽底面曲线向X轴正方向移动34

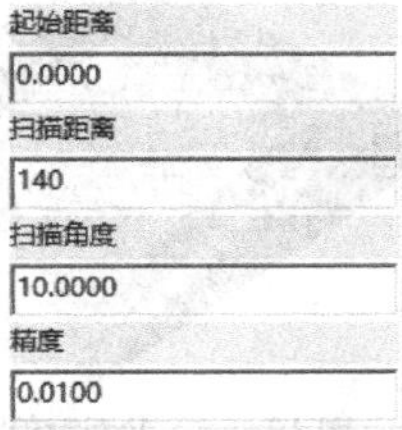

图13-59 立即菜单

㉒ 按空格键，在弹出的快捷菜单中选择“X轴正方向”，选择扫描方向，如图13-60所示。

㉓ 选择扫描曲线，完成扫描，如图13-61所示。

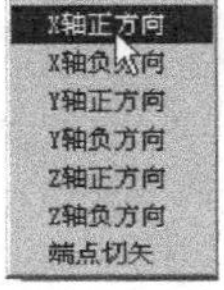

图13-60 选择扫描方向

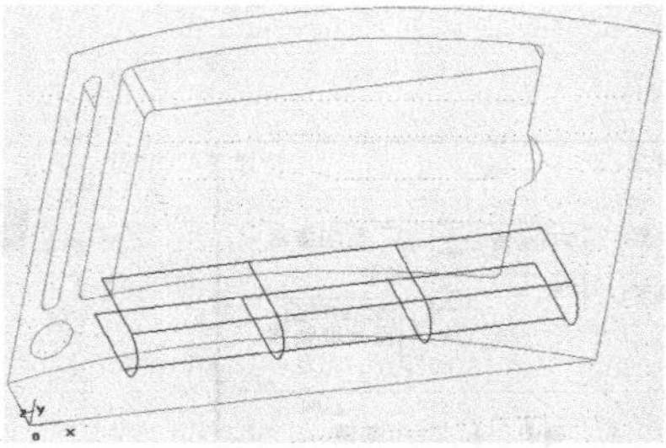

图13-61 扫描面

㉔ 在曲线的顶部加一条水平线，封闭轮廓，如图 13-62 所示。

㉕ 单击曲面生成栏中的按钮，选择裁剪平面，形成平面，如图 13-63 所示。

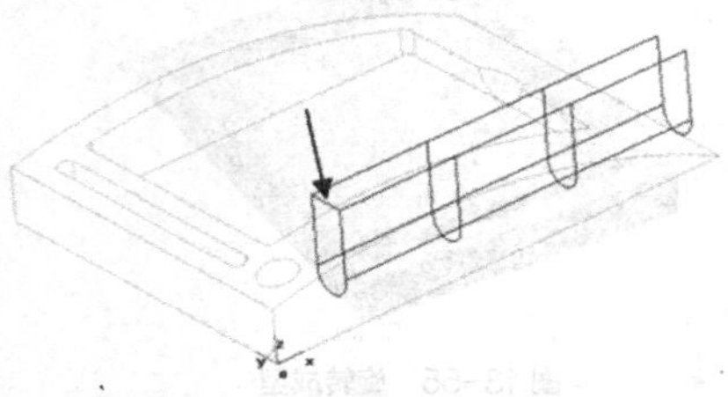
图 13-62　在曲线顶部加一条水平线

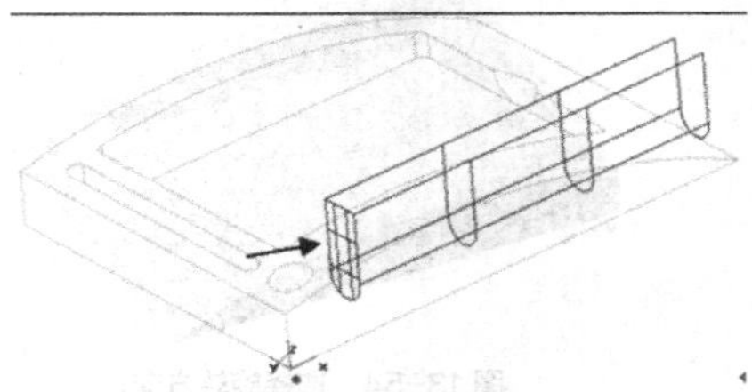
图 13-63　形成平面

㉖ 单击特征工具栏中的按钮，在弹出的对话框中选择笔槽的“2 张曲面”，如图 13-64 所示。

㉗ 除料方向选择向上，如图 13-65 所示。

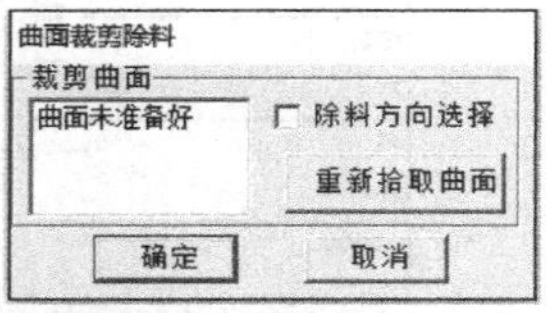

图 13-64　【曲面裁剪除料】对话框

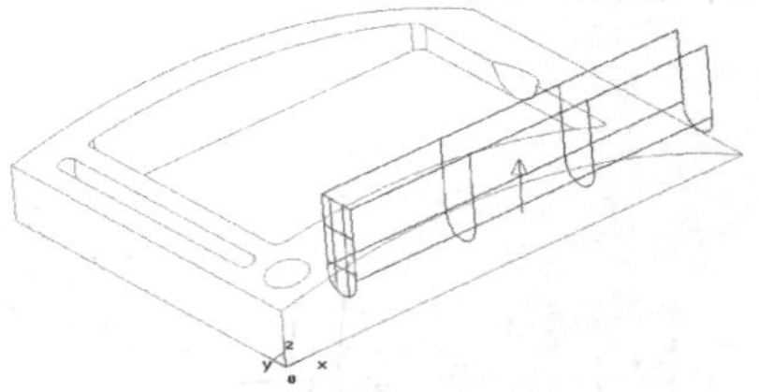
图 13-65　选择方向

㉘ 单击 确定 按钮，完成笔槽创建。选择两个曲面，将曲面隐藏，如图 13-66 所示。

㉙ 选择笔槽的内侧面为草图平面，应用曲线投影命令画出草图。

㉚ 退出草图状态，绘制一条旋转轴线。旋转母线和旋转轴如图 13-67 所示。

图 13-66　曲面裁剪除料完成

图 13-67　旋转母线和轴

㉛ 单击特征工具栏中的按钮，在弹出的对话框中选择“单向旋转”类型，【角度】数值框中输入“180”，如图 13-68 所示。

㉜ 单击 确定 按钮，完成笔槽内侧圆弧面的创建，如图 13-69 所示。

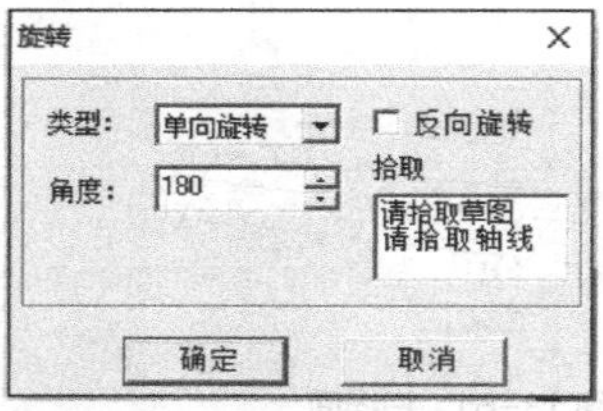

图 13-68　【旋转】对话框

图 13-69　旋转完成

㉝ 单击特征工具栏中的按钮，弹出【过渡】对话框，在【半径】数值框中输入“2”，【过渡方式】选择“等半径”，如图 13-70 所示。

㉞ 选择文具架的上顶面，单击确定按钮，完成过渡操作，如图 13-71 所示。

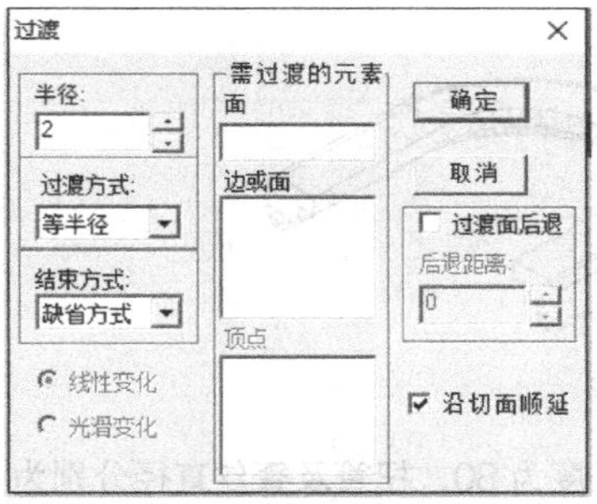

图 13-70 【过渡】对话框

图 13-71 过渡完成

㉟ 文具架造型最终完成，如图 13-72 所示。

图 13-72 文具架造型

13.5 小结

本章所述内容属于曲面造型的范畴，通过洗洁精的造型重点介绍了直纹面、导动面、平面等基本命令。掌握了本章讲解的曲面的基本构建方式，有助于为后续知识的学习打好基础。

13.6 习题

1. 应用所学命令构造油管曲面造型，如图 13-73 所示。

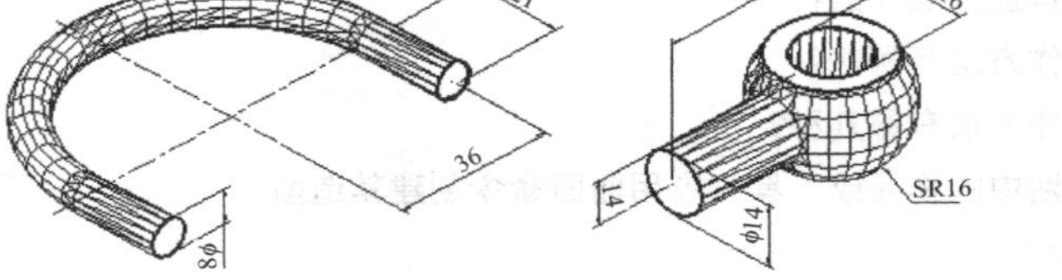

图 13-73 油管

2. 已知图 13-74 所示的导动线和导动截面，应用所学命令创建造型。

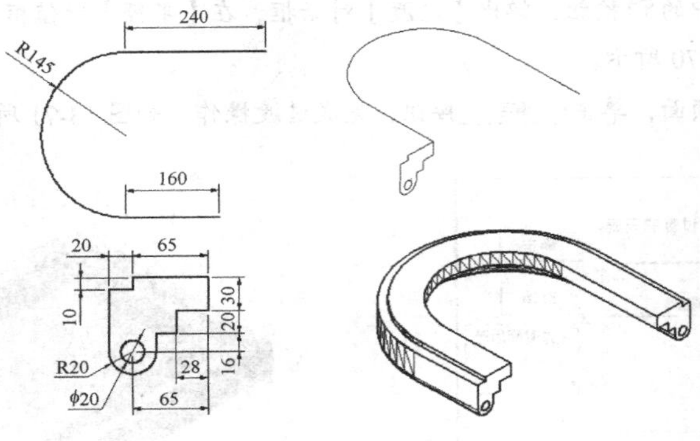

图 13-74　导动造型

3. 创建图 13-75 所示的扭簧，其圈数为 8，伸出部分长度为 80，扭簧及簧丝直径分别为 40 和 5。

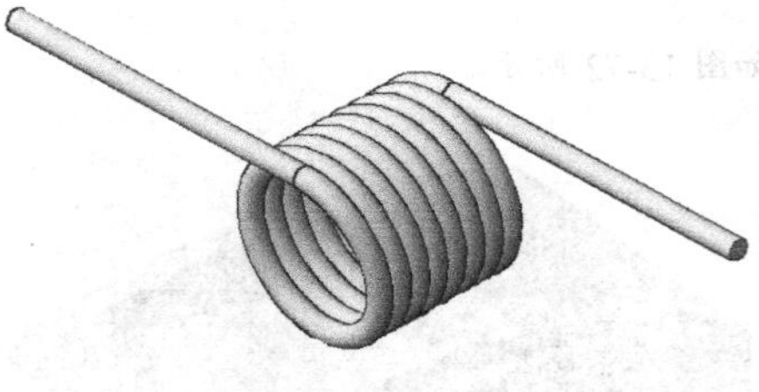
图 13-75　扭簧

4. 创建弹簧和汤勺的造型，尺寸根据比例自定，如图 13-76 所示。

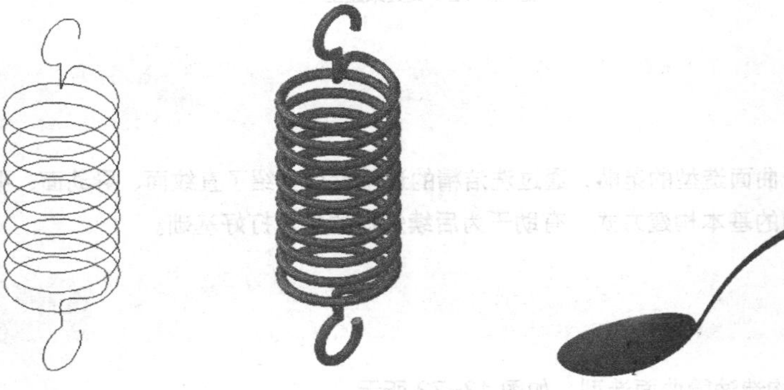
图 13-76　弹簧和汤勺造型

5. 导动面是怎样进行操作的？
6. 放样面的操作方法有哪些？
7. 扫描面的操作方法有哪几种？
8. 观察日常生活中的物品或工具，应用曲面命令创建其造型。

Chapter 14

第 14 章 构建塑料按钮模型

塑料按钮由多个曲面构成，在这些曲面造型中将应用到扫描、旋转面、导动面的造型方法和曲面裁剪、曲面延伸、曲面过渡等编辑命令。塑料按钮的零件图和实体造型如图 14-1 所示。

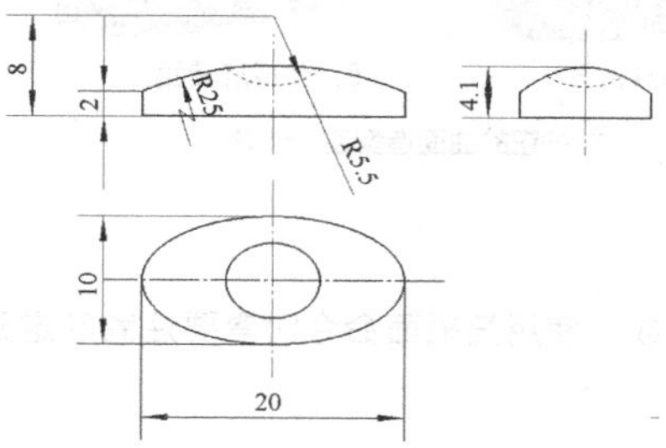

（a）零件图

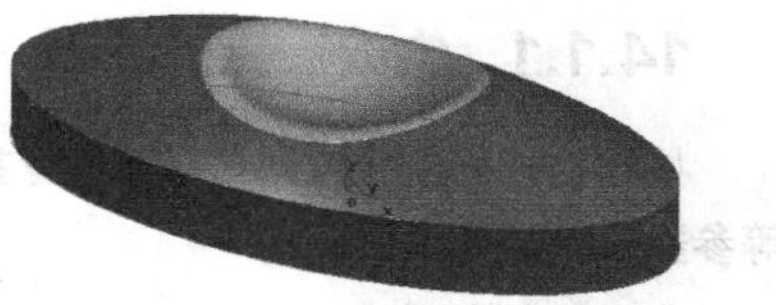

（b）实体造型

图 14-1 塑料按钮零件图和实体造型

【学习目标】

- 学会扫描面、旋转面、导动面的创建方法。
- 掌握曲面延伸、面裁剪、两面过渡等曲面编辑方法。
- 能灵活应用曲面的基本创建和编辑方法。

14.1 课堂实训案例

按钮的生成主要分成以下 3 部分，生成按钮柱面、生成按钮顶面、曲线过渡。涉及曲面命令的直纹面、导动面、裁剪面等。塑料按钮的曲面造型设计步骤如图 14-2 所示。

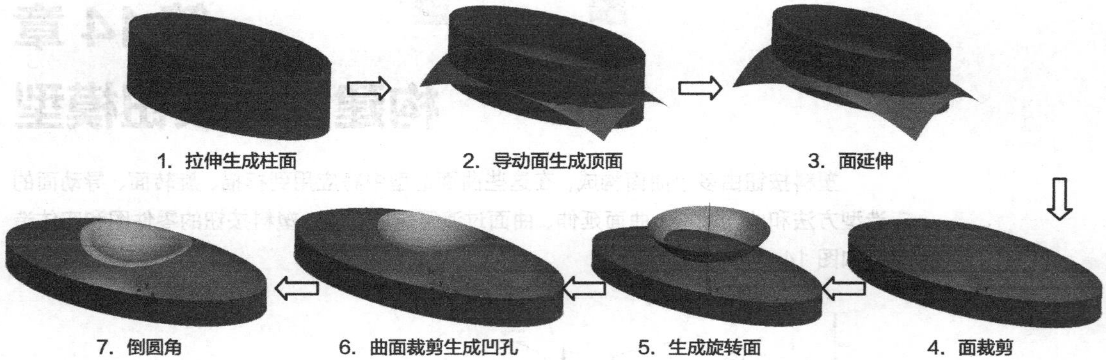

图 14-2 塑料按钮的曲面造型设计步骤

14.1.1 生成按钮的柱面

按钮的柱面需要应用扫描面命令扫描生成。使用扫描面命令时需要注意确定延伸方向、距离以及锥度等参数。

【步骤解析】

① 在空间状态下，按 F5 键进入“平面 XY”或按 F9 键切换到“平面 XY”，在平面 XY 内绘制塑料按钮底面图形，如图 14-3 所示。按 F8 键可以使平面图处于三维状态。

② 单击曲面生成工具栏中的按钮，在特征树下面的立即菜单中设置扫描参数，如图 14-4（a）所示。

③ 按空格键，在弹出的矢量工具菜单中选择“Z 轴正方向”命令，如图 14-4（b）所示，然后拾取按钮底面的特征曲线（即底面轮廓图）完成柱面的造型，如图 14-4（c）所示。

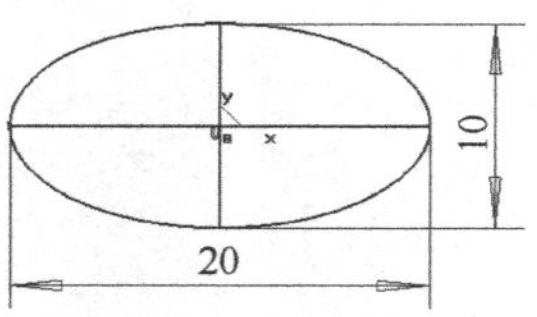

图 14-3 塑料按钮底面形状

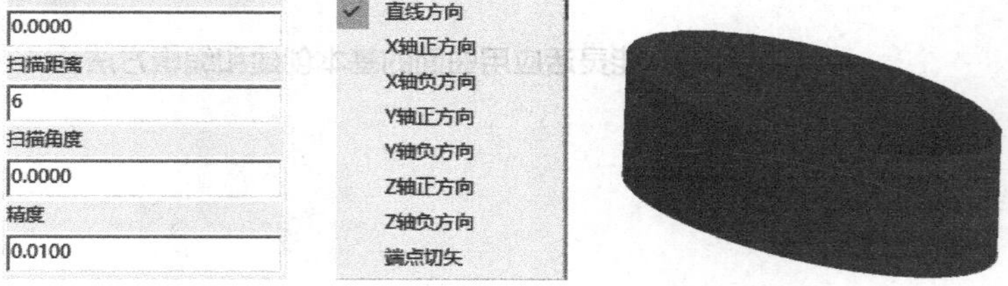

（a）立即菜单 （b）矢量工具菜单 （c）扫描成型柱面

图 14-4 扫描面

14.1.2 生成按钮顶面

按钮的顶面是圆弧形曲面，需要应用曲面的导动面命令构造。

1. 绘制导动线和截面线

绘制导动线和截面线，运用导动面命令生成按钮上半部分弧形结构。

视频 35
构建塑料按钮模型 1

【步骤解析】

① 绘制导动线。

- 按 F9 键将绘制平面切到"平面 XZ"，过曲面左、右轮廓线作直线，线长为 2，如图 14-5（a）所示。
- 单击曲线生成工具栏中的按钮，用"两点_半径"方式绘制圆弧，如图 14-5（b）所示。

② 绘制截面线。

- 按 F9 键将绘图平面切换到"平面 YZ"，过曲面前、后轮廓线作直线，线长为 2。
- 单击曲线生成工具栏中的按钮，过前、后两条直线的上端点和半径为 25 的圆弧顶点作样条曲线，如图 14-6 所示。

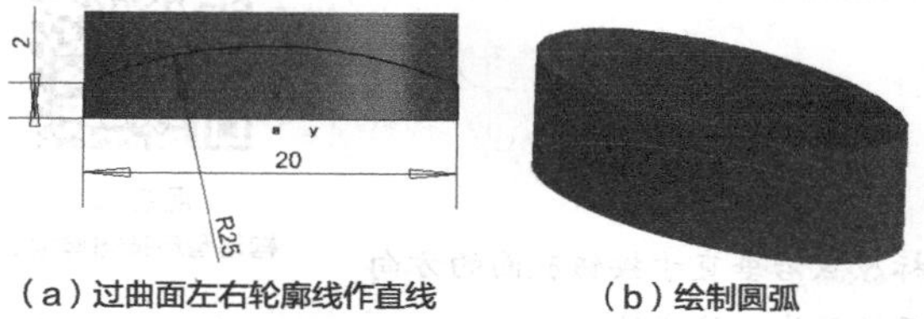

（a）过曲面左右轮廓线作直线　（b）绘制圆弧

图 14-5 绘制导动线

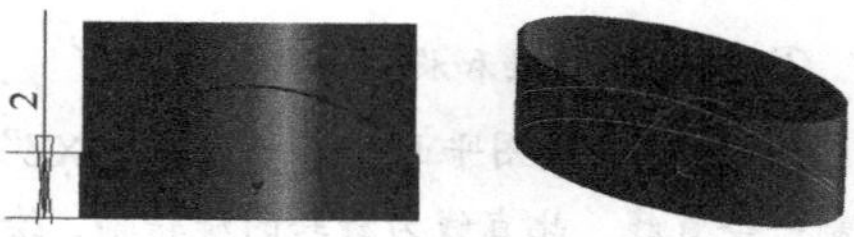

图 14-6 绘制截面线

2. 创建导动面

完成锥形孔的草图，旋转除料生成实体。

【步骤解析】

① 单击几何变换工具栏中的按钮，将截面线移动到导动线的左侧，其移动的基点选择在曲线的中点上，如图 14-7 所示。

② 单击曲线工具栏中的按钮，在立即菜单中选择"平行导动"选项，此时状态栏提示"选择导动线"，用鼠标选择导动线，然后选择导动的方向，状态栏又提示"拾取截面线"，单击截面线后生成一曲面，如图 14-8 所示。

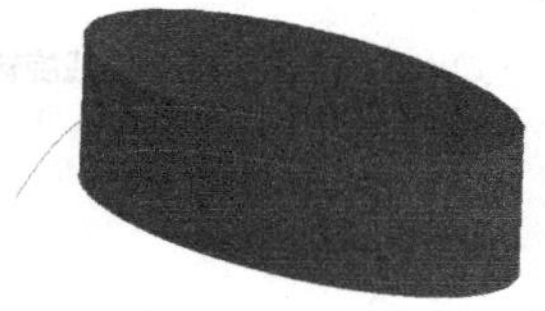

图 14-7 移动截面线

图 14-8 创建导动面

3. 裁剪曲面

【步骤解析】

① 单击线面编辑工具栏中的按钮，在立即菜单中输入延伸长度"1"，如图 14-9（a）所示，用鼠标分别单击曲面的 4 个边界，则曲面向四周延伸，如图 14-9（b）所示。

② 裁剪曲面。单击线面编辑工具栏中的按钮，在立即菜单中选择"面裁剪""裁剪"和"相互裁剪"选项，如图 14-10（a）所示。

③ 单击柱面保留部位，再单击顶面保留的部位，即可将两个曲面的多余部分剪掉，如图 14-10（b）所示。

（a）立即菜单　　（b）边界延伸

图 14-9　曲面延伸

（a）立即菜单　　（b）裁剪完毕

图 14-10　曲面裁剪

14.1.3　创建凹弧面并过渡

1. 创建旋转面

按钮顶部的凹弧面是由旋转面命令造型生成的。应用旋转面命令需创建旋转轴和母线。

视频 36
构建塑料按钮模型 2

【步骤解析】

① 绘制旋转轴和旋转母线。

按 F9 键将绘图平面切换到“平面 XZ”，过坐标原点沿垂直于按钮底面的方向绘制一条直线，此直线为旋转的旋转轴，绘制旋转面的母线，母线的尺寸如图 14-11 所示。

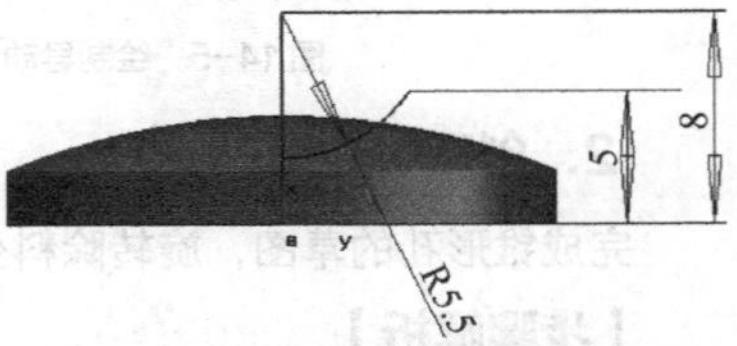

图 14-11　旋转轴和母线

② 创建旋转面。

- 单击曲面生成工具栏中的按钮，激活旋转面造型命令。
- 在立即菜单中输入【起始角】和【终止角】，默认的【起始角】为“0”，【终止角】为“360”，如图 14-12（a）所示，在“拾取旋转轴”的提示下，用鼠标单击旋转轴并选取方向，如图 14-12（b）所示，在“拾取母线”的提示下，用鼠标单击母线，即可生成曲面，如图 14-12（c）所示。

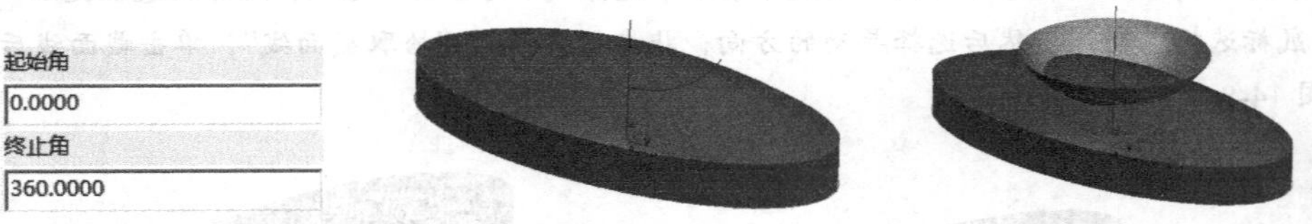

（a）立即菜单　　（b）旋转轴和母线　　（c）生成旋转面

图 14-12　旋转面

2. 裁剪曲面并光滑过渡曲面

旋转面生成之后，需要应用裁剪曲面命令裁剪曲面，将多余的面裁剪掉，并应用曲面过渡命令对曲面的棱边进行光滑过渡。

【步骤解析】

① 裁剪曲面。

- 单击线面编辑工具栏中的按钮，在立即菜单中选择“面裁剪”和“相互裁剪”选项。
- 单击顶面的保留部位，再单击凹弧面保留部位，即可将两个曲面的多余部分裁剪掉，如图 14-13 所示。

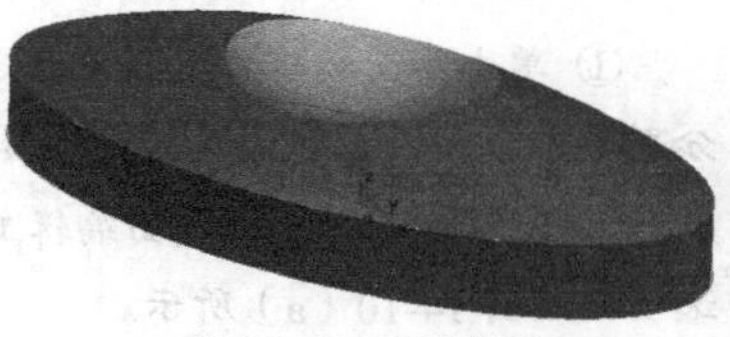

图 14-13　裁剪曲面

② 光滑过渡。

- 单击线面编辑工具栏中的按钮，激活曲面过渡功能。
- 在立即菜单中选择“两面过渡”和“裁剪两面”选项，在【半径】文本框中输入数值“1”，如图 14-14（a）所示，分别拾取两个曲面，确定方向，则在两个曲面之间完成过渡，如图 14-14（b）所示。

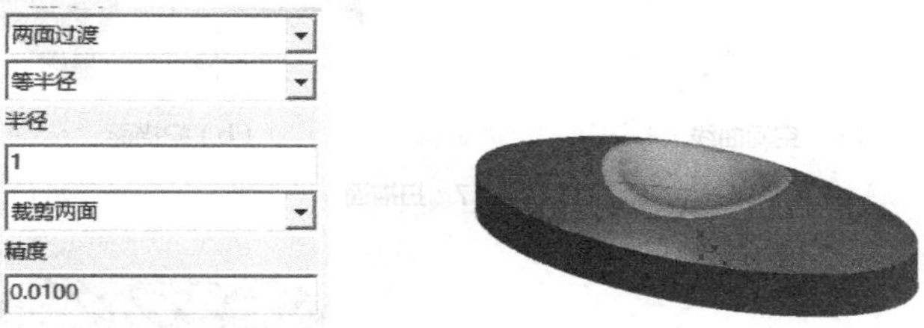

（a）立即菜单　　（b）过渡

图 14-14　曲面过渡

要点提示

选择倒角曲面时，由于曲面的位置或单击的位置不合适，会出现选取失败的提示，需要调整曲面的位置多次选取，或将显示改换成框架形式直接拾取曲面的线架。

14.2 软件功能介绍

1. 扫描面

按照给定的起始位置和扫描距离将曲线沿指定方向以一定的锤度扫描生成的曲面称为扫描面。

【步骤解析】

① 选择【造型】/【曲面生成】/【扫描】命令，或单击曲面工具栏中的按钮。

② 在特征树下方的立即菜单内设置【起始距离】、【扫描距离】、【扫描角度】和【精度】等参数，如图 14-15 所示。

③ 按空格键弹出矢量工具菜单，如图 14-16 所示，选择扫描方向。

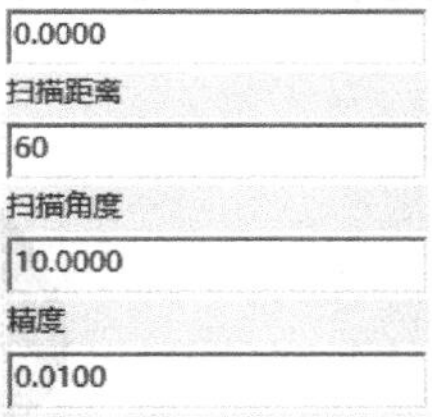

图 14-15　【扫描面】立即菜单

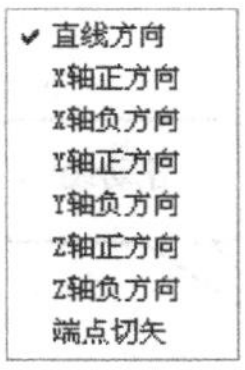

图 14-16　矢量工具菜单

④ 拾取空间曲线，如图 14-17（a）所示。

⑤ 若扫描角度为零，拾取空间曲线之后直接生成扫描面，如图 14-17（b）所示。

⑥ 若扫描角度不为零，选择扫描夹角方向，扫描面生成，如图 14-18 所示。

扫描面的主要参数如表 14-1 所示。

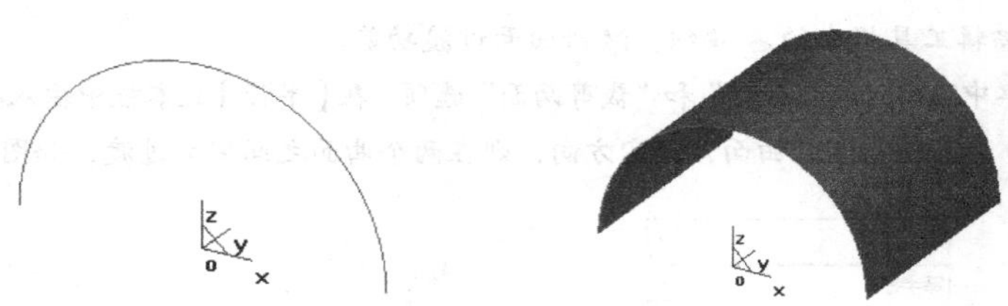

（a）空间曲线　　（b）扫描面

图 14-17　扫描面

（a）选择扫描夹角方向　　（b）扫描面

图 14-18　扫描角度不为零时

表 14-1　扫描面的主要参数

参　数	说　明	图　示
起始距离	生成曲面的起始位置与曲线平面沿扫描方向上的间距	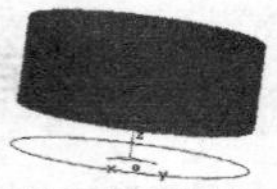
扫描距离	生成曲面的起始位置与终止位置沿扫描方向上的间距	
扫描角度	生成的曲面母线与扫描方向的夹角	

2. 导动面——平行导动

让特征截面线沿着特征轨迹的某一方向扫动生成的曲面称为导动面。平行导动是指截面线沿导动线趋势始终平行它自身的移动而扫描生成曲面，截面线在运动的过程中不发生旋转，如图 14-19 所示。

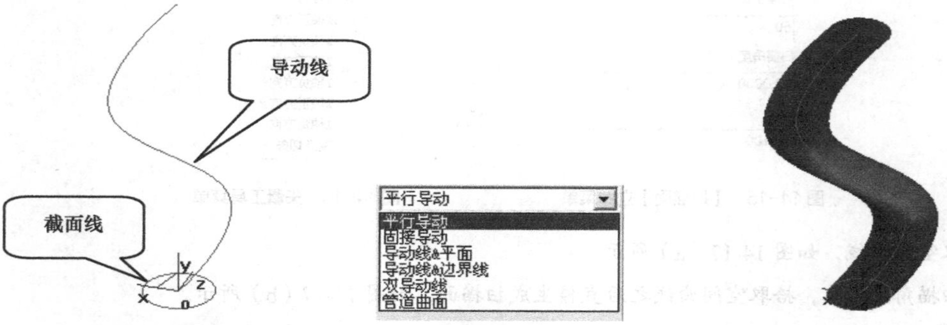

（a）导动线和截面线　　（b）导动方式　　（c）成型

图 14-19　平行导动

【步骤解析】

① 绘制导动线和截面线，如图14-19（a）所示。

② 选择【造型】/【曲面生成】/【导动面】命令，或单击曲面生成工具栏中的按钮。

③ 在立即菜单中选择“平行导动”选项，如图14-19（b）所示。

④ 根据状态栏的命令提示先拾取导动线，再选择方向，最后拾取截面曲线，完成操作，如图14-19（c）所示。

要点提示

截面线和导动线不能在同一坐标平面内。

3. 曲面裁剪——面裁剪

曲面裁剪是对生成的曲面进行修剪，去掉不需要的部分。面裁剪是曲面裁剪的一种方式，它必须用剪刀曲面和被裁剪曲面求交，用求得的交线作为剪刀线来裁剪曲面。

要点提示

（1）裁剪时保留拾取点所在的那部分曲面。
（2）两曲面必须有交线，否则无法裁剪曲面。

【步骤解析】

① 选择【造型】/【曲面编辑】/【曲面裁剪】命令，或者单击线面编辑工具栏中的按钮，激活命令。

② 根据曲面造型的需要在立即菜单中选择面裁剪的选项。

③ 拾取被裁剪的曲面（选取需保留的部分）。

④ 拾取剪刀曲面，完成曲面裁剪的操作。

面裁剪命令主要有以下几个选项。

（1）裁剪。在裁剪方式中，系统只保留用户所需要的曲面部分，其他部分都被裁剪掉。系统根据拾取曲面时鼠标光标的位置来确定用户所需的部分。

- 相互裁剪：两个曲面互为裁剪面，将多余的曲面部分裁剪掉，如图14-20（b）所示。
- 裁剪曲面1：第一个拾取的曲面，被第二个拾取的曲面裁剪，拾取点所在的位置要在曲面保留的部位上，如图14-20（c）所示。

（a）裁剪前　　（b）相互裁剪　　（c）裁剪曲面

图14-20 面裁剪

（2）分裂。分裂的方式是系统用剪刀线将曲面分成多个部分，并保留裁剪生成的所有曲面部分。

4. 曲线延伸

在实际应用中，经常会遇到所做的曲面短了或窄了，无法进行下一步操作的情况。这时就要把曲面从某条边延伸出去。曲面延伸就是针对这种情况，把原曲面按所给长度沿相切的反方向延伸出去，扩大曲面，以帮助用户进行下一步操作。

【步骤解析】

① 选择【造型】/【曲面编辑】/【曲面延伸】命令，或者直接单击线面编辑工具栏中的按钮，激活命令。

② 在立即菜单中选择“长度延伸”或“比例延伸”选项，输入长度或比例值，如图 14-21（a）所示。

③ 状态栏中提示“拾取曲面”，单击要延伸的曲面的边，完成曲面延伸的操作，如图 14-21（c）所示。

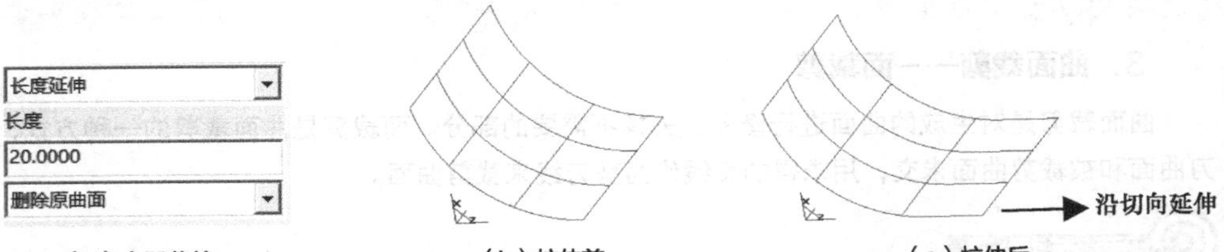

（a）立即菜单　（b）拉伸前　（c）拉伸后

图 14-21　曲面延伸

5. 旋转面

按给定的起始角度、终止角度将曲线绕轴线旋转生成的轨迹曲面称为旋转面。

【步骤解析】

① 在空间内绘制旋转母线和旋转轴，如图 14-22（a）所示。

② 选择【造型】/【曲面线生成】/【旋转面】命令，或者直接单击曲面生成工具栏中的按钮，激活旋转面的造型功能。

③ 在立即菜单中输入起始角和终止角角度值，如图 14-22（b）所示。

④ 拾取空间直线为旋转轴，并选择方向。

⑤ 拾取空间直线为母线，拾取完毕即可生成旋转面，如图 14-22（c）和图 14-22（d）所示。

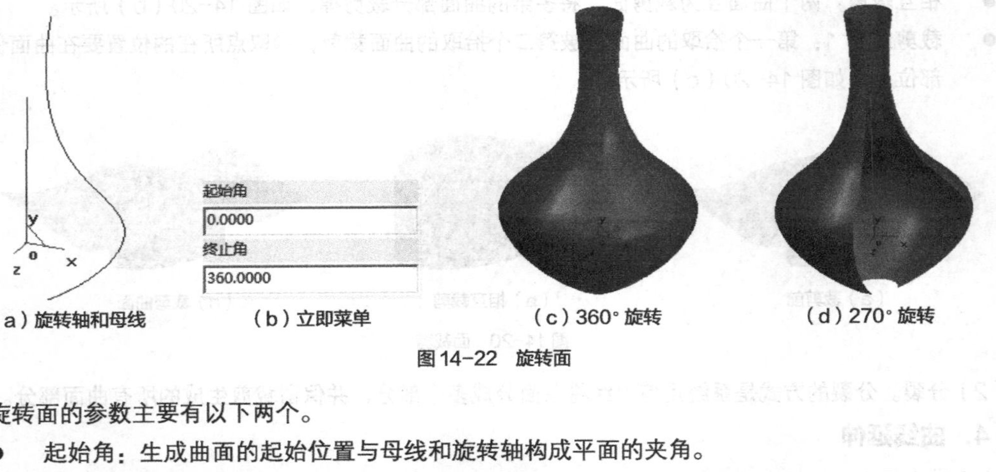

（a）旋转轴和母线　（b）立即菜单　（c）360° 旋转　（d）270° 旋转

图 14-22　旋转面

旋转面的参数主要有以下两个。

- 起始角：生成曲面的起始位置与母线和旋转轴构成平面的夹角。
- 终止角：生成曲面的终止位置与母线和旋转轴构成平面的夹角。

6. 曲面过渡——两面过渡

曲面过渡就是用截面是圆弧的曲面将两张曲面光滑连接起来，而两面过渡是在给定的曲面之间以一定的方式作给定半径规律的圆弧过渡面，以实现曲面之间的光滑过渡。两面过渡有等半径和变半径两种方式，这里只介绍等半径方式。

【步骤解析】

① 选择【造型】/【曲面编辑】/【曲面过渡】命令，或者单击线面编辑工具栏中的按钮，激活命令。

② 在立即菜单中选择“两面过渡”和“等半径”选项，在【半径】文本框中输入数值，根据曲面的需要设置“裁剪两面”或“裁剪曲面 1”，如图 14-23（a）所示。

③ 分别拾取曲面，选择倒角方向，完成倒角操作，如图 14-23（c）所示。

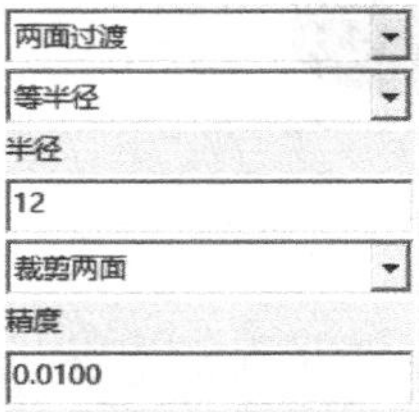

（a）立即菜单

（b）过渡前

（c）过渡后

图 14-23 曲面过渡

要点提示

（1）需正确指定曲面的方向，方向不同会导致完全不同的结果。

（2）进行过渡的两个曲面在指定方向上与距离等于半径的等距面必须相交，否则曲面过渡失败。

（3）若曲面形状复杂，变化过于剧烈，使得曲面的局部曲率小于过渡半径时，过渡面将发生自交，形状难以预料，应尽量避免这种情况。

14.3 课后综合演练

应用曲面生成和曲面编辑命令构造曲面造型。

要求：按照鼠标尺寸构造鼠标造型，如图 14-24 所示。

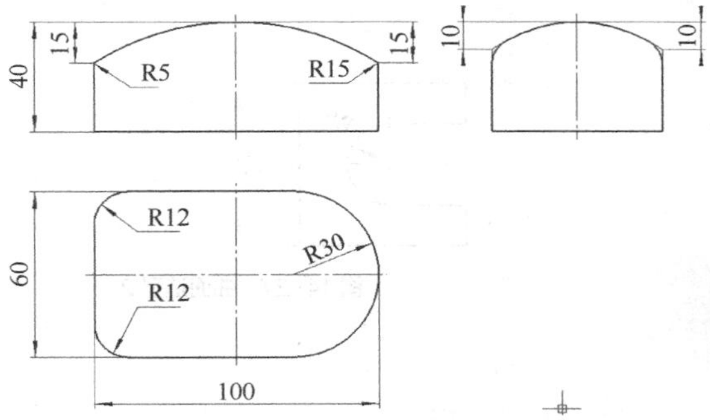

图 14-24 鼠标主要尺寸和造型

【步骤解析】

鼠标造型主要步骤如图 14-25 所示。

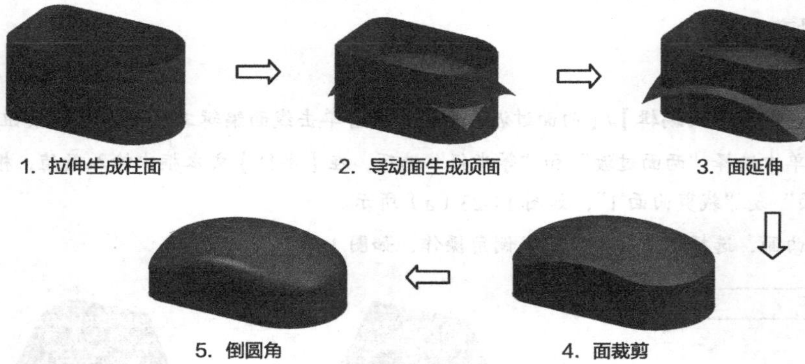

图 14-25 鼠标造型主要步骤

14.4 小结

本章通过构造按钮造型重点介绍了曲面造型命令，曲面造型是指通过丰富的复杂型面、曲面造型手段，生成复杂的三维曲面模型，是三维造型不可缺少的辅助功能。构造曲面的关键在于正确绘制出确定曲面形状的曲线或线框，在这些曲线或线框的基础上，再选用各种曲面的生成和编辑方法。

14.5 习题

1. 根据尺寸，应用曲面命令构造曲面造型，如图 14-26 所示。
2. 应用曲面生成和曲面编辑命令构造曲面造型，如图 14-27 所示。

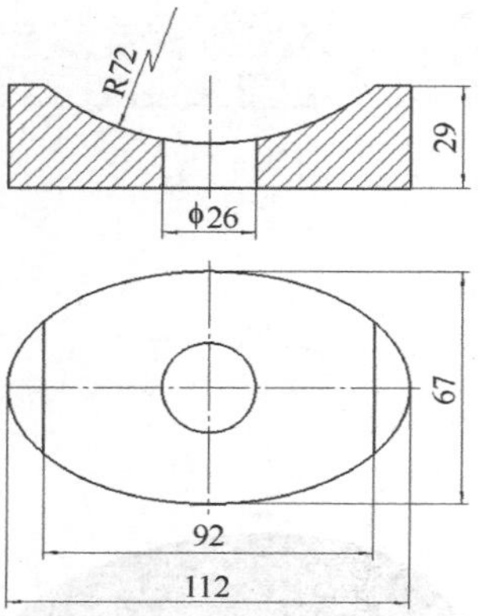

图 14-26 曲面造型 1

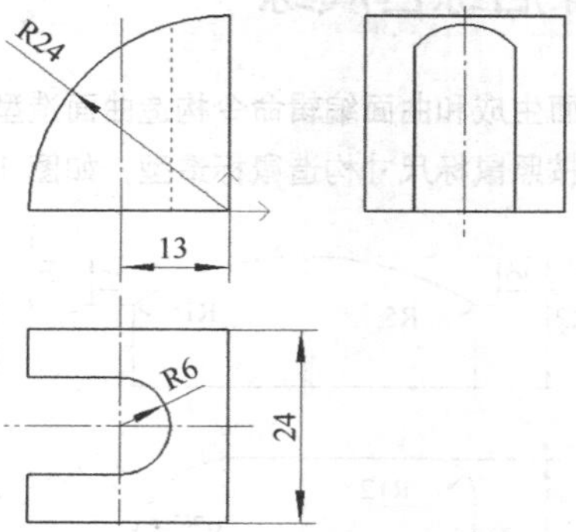

图 14-27 曲面造型 2

Chapter

15

第 15 章 构建风扇模型

本章将通过风扇的曲面造型设计，使读者学会空间曲线的绘制和直纹面、投影裁剪等曲面造型和曲面编辑功能的应用与操作。风扇的造型如图 15-1 所示。

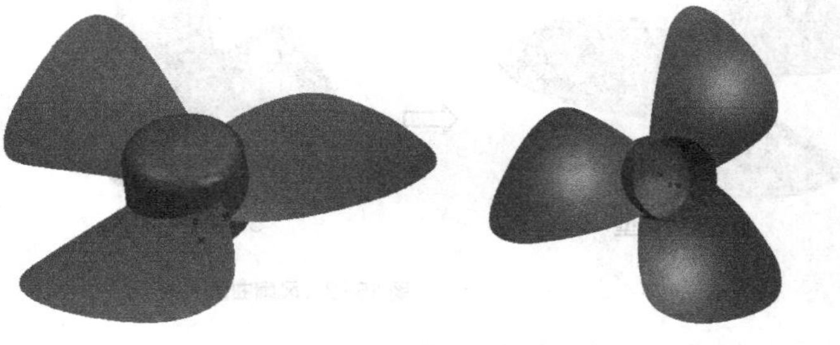

图 15-1 风扇造型

【学习目标】

- 巩固对旋转面命令的应用与操作的掌握。
- 学会直纹面的创建方法。
- 掌握阵列命令的应用与操作。
- 掌握曲面裁剪——投影线裁剪命令的操作与应用。

15.1 课堂实训案例

风扇由叶片和旋转轴两部分构成。风扇各叶片的形状及大小相同，与旋转轴相交并均匀分布，叶面为空间曲面，旋转轴的曲面为旋转面。风扇曲面造型的设计步骤如图 15-2 所示。

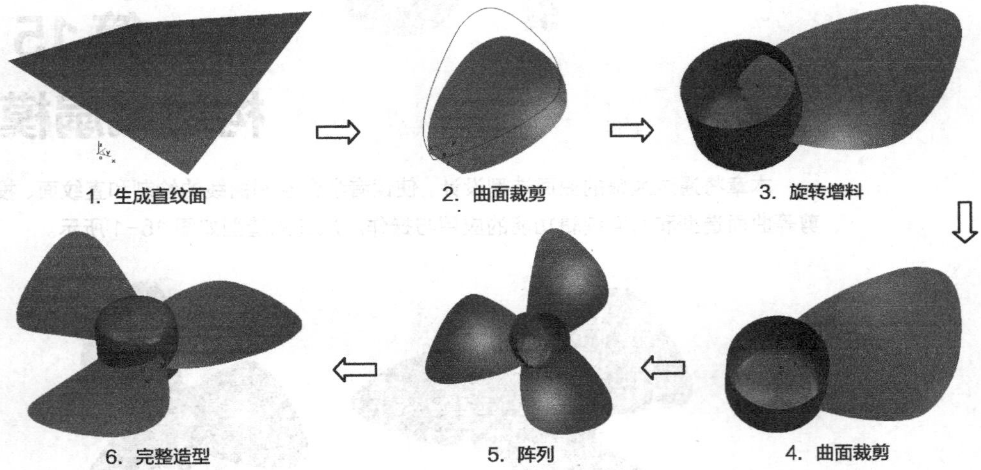

图 15-2 风扇曲面造型步骤

15.1.1 创建风扇的叶片曲面

风扇的叶片曲面是一个不规则的曲面，要完成这种形式的曲面需要运用直纹面命令生成一个直纹面，再运用曲面裁剪命令裁剪出曲面的形状。

【步骤解析】

视频 37
构建风扇模型 1

① 单击按钮，在立即菜单中选择“两点线”“单个”和“非正交”选项。

② 根据状态栏提示，输入第 1 条直线第 1 个端点坐标（-26,0,20），按 Enter 键确定，输入第 2 个端点的坐标（26,0,0），按 Enter 键确定，绘制出第 1 条空间直线。

③ 根据状态栏提示，输入第 2 条直线第 1 个端点坐标（-26,61,6），按 Enter 键确定，输入第 2 个端点的坐标（26,61,20），按 Enter 键确定，绘制出第 2 条空间直线，如图 15-3 所示。

④ 选择【造型】/【曲面生成】/【直纹面】命令，或者单击曲面生成工具栏中的按钮，激活直纹面造型功能，在立即菜单中选择“曲面+曲面”选项。

⑤ 在状态栏的“拾取第 1 条直线”提示下，拾取第 1 条直线，在状态栏的“拾取第 2 条曲线”提示下，拾取另一条直线，注意拾取位置要在两条直线的同一侧。此时创建了一个空间曲面，如图 15-4 所示。

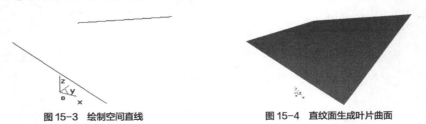

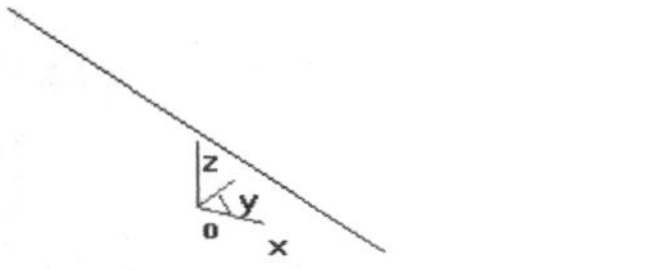

图 15-3 绘制空间直线

图 15-4 直纹面生成叶片曲面

⑥ 生成不规则的空间曲面之后，需要再应用曲面裁剪命令裁剪出叶片的形状。

15.1.2 裁剪叶片曲面形状

在空间曲面上应用曲面裁剪中的投影线裁剪命令裁剪出叶片的形状。应用投影线裁剪命令需要先绘制出裁剪的剪刀线，然后应用剪刀线投影到曲面上的形状裁剪出需要的曲面形状。

1. 绘制剪刀线

将剪刀线绘制成叶片的形状以便裁剪曲面。

【步骤解析】

① 按F5键，将坐标平面切换到“平面XY”，单击曲线生成工具栏中的～按钮，启动绘制样条线的命令，在立即菜单中选择“插值”“缺省切矢”和“闭曲线”选项，如图15-5（a）所示。

② 在状态栏的“拾取点”提示下，分别拾取各点绘制出叶片的轮廓曲线，如图15-5（b）所示。

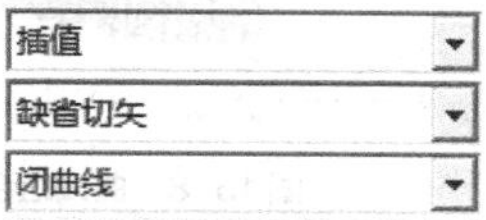

（a）【样条线】立即菜单

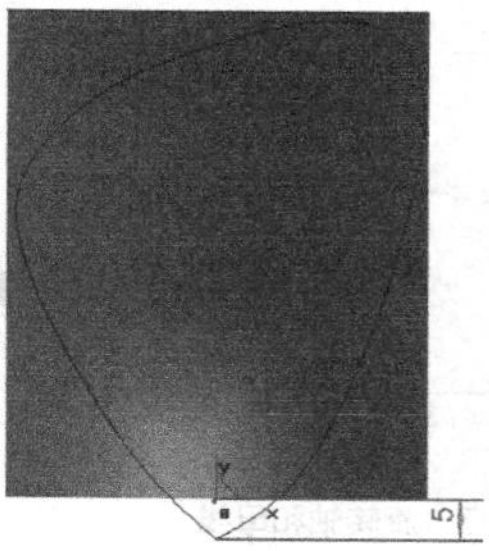

（b）叶片轮廓线

图15-5 绘制风扇叶片轮廓线

2. 裁剪叶片

按剪刀线的形状裁剪曲面，裁剪出叶片轮廓。

【步骤解析】

① 单击线面编辑工具栏中的按钮，在立即菜单中选择“投影线裁剪”“裁剪”选项。

② 状态栏提示“拾取被裁剪的曲面”，用鼠标拾取页面上保留的部位，状态栏又提示“输入投影方向”，按空格键在弹出的矢量工具菜单中选择“Z轴正方向”。

③ 在状态栏的提示下分别拾取叶片轮廓曲线作为剪刀线，拾取链接方向，如图15-6（b）所示。单击鼠标右键，完成叶片轮廓的裁剪。

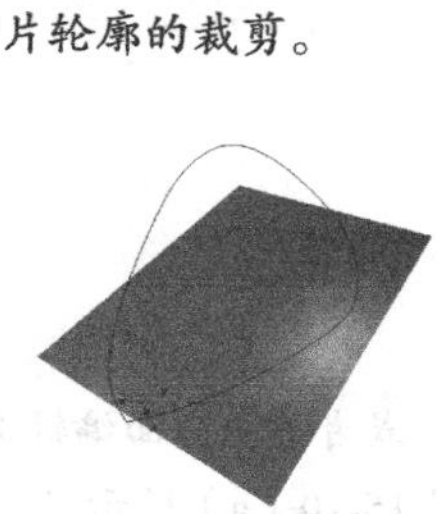

（a）曲面和裁剪线

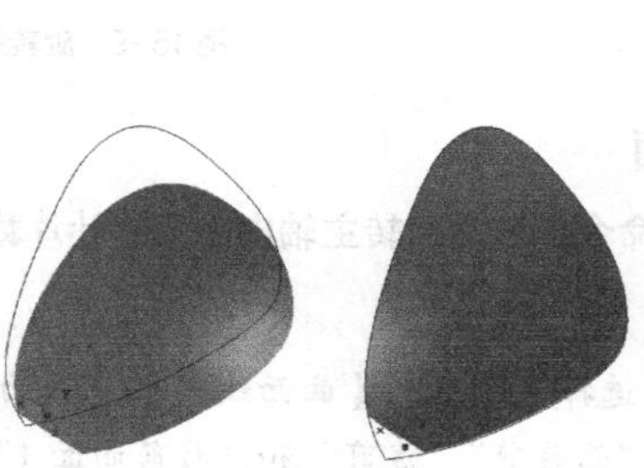

（b）裁剪完毕

图15-6 曲面裁剪生成叶片形状

叶片的形状绘制出来之后，下一步需创建风扇的主轴曲面，然后以主轴为依托作另外两个叶片。

15.1.3 创建风扇旋转主轴曲面

创建风扇的旋转主轴，旋转主轴是一个规则的回转体，因此可以应用旋转面的命令生成。

1. 绘制旋转轴和母线生成旋转曲面

应用旋转面的命令需要绘制旋转的轴线和母线。

【步骤解析】

① 绘制旋转轴和母线。

按 F9 键将绘图平面切换到“平面 YZ”，应用曲线绘制命令，画出旋转轴和旋转母线，尺寸如图 15-7 所示。

视频 38
构建风扇模型 2

② 单击线面编辑工具栏中的按钮，根据状态栏的提示，拾取旋转母线的线段，单击箭头确定链的搜索方向，如图 15-8 所示，将各线段组合成一条曲线。

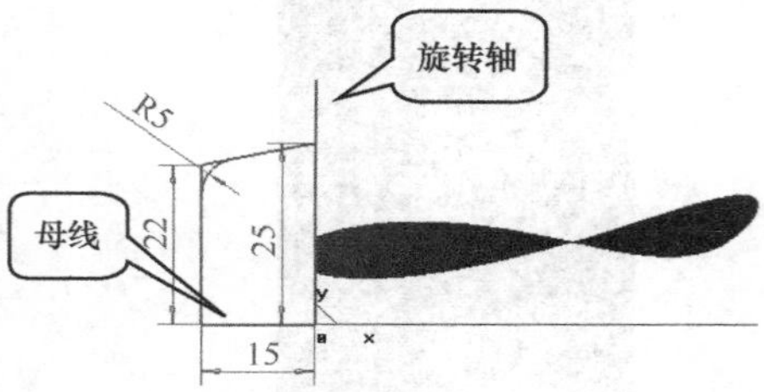

图 15-7 旋转轴和母线

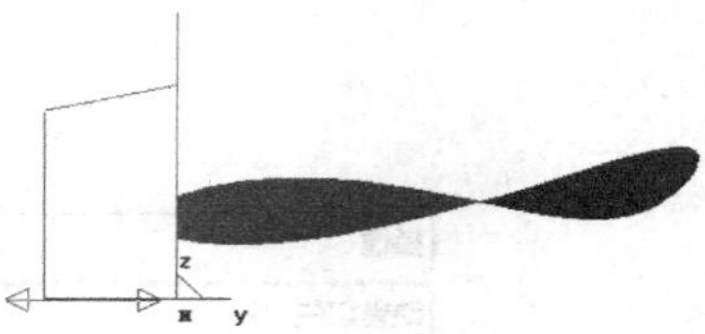

图 15-8 曲线组合

③ 生成旋转轴曲面。单击曲线生成工具栏中的按钮。

④ 在立即菜单中输入起始角和终止角角度，默认的起始角为 0°，终止角为 360°，在“拾取旋转轴”的提示下，用鼠标单击旋转轴并选取方向，在“拾取母线”的提示下，用鼠标单击旋转母线，即可生成旋转轴的曲面，如图 15-9 所示。

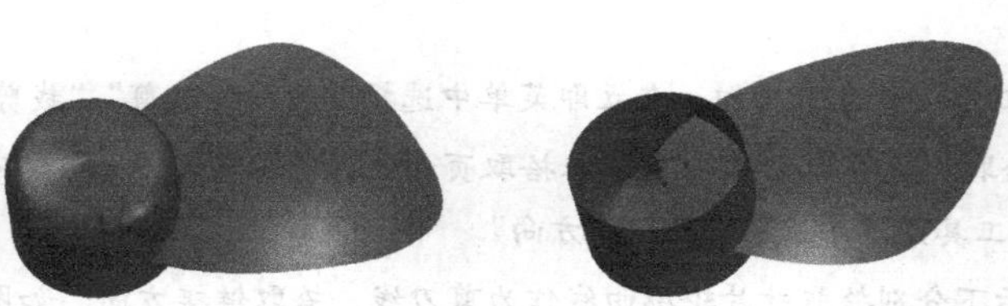

图 15-9 旋转生成风扇主轴

2. 裁剪曲面

应用曲面裁剪命令将风扇回转主轴内多余的叶片裁剪掉。

【步骤解析】

① 裁剪曲面。选择【造型】/【曲面编辑】/【曲面裁剪】命令，或者单击曲面编辑工具栏中的按钮。在立即菜单中选择“面裁剪”“裁剪”和“裁剪曲面 1”选项，如图 15-10（a）所示。

② 在状态栏的“拾取被裁剪曲面”提示下，用鼠标拾取扇叶的保留部分，在状态栏的“拾取剪刀面”提示下，单击旋转轴曲面，将多余的扇叶裁剪掉，结果如图 15-10（b）所示。

回转主轴和一个叶片绘制出之后，另外两个叶片可以应用阵列命令完成。

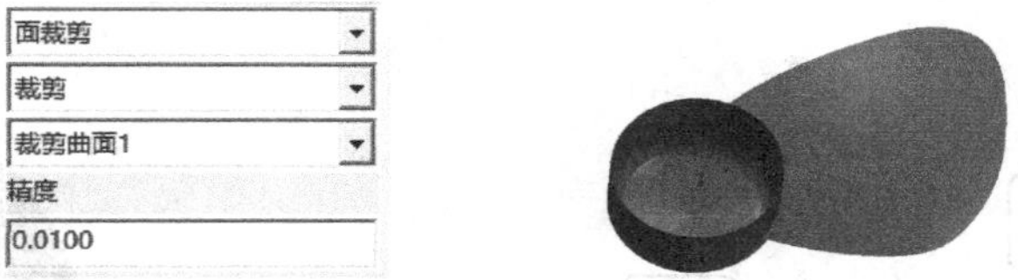

（a）立即菜单　　（b）裁剪结果

图 15-10　裁剪结果

15.1.4　阵列叶片

应用阵列命令生成另外两个风扇叶片。

【步骤解析】

① 选择【造型】/【几何变换】/【阵列】命令，或单击几何变换工具栏中的按钮。

② 在立即菜单中选择“圆形”和“均布”选项，并在【份数】文本框中输入数值“3”，如图 15-11 所示。

③ 按 F9 键，将坐标面切换到“平面 XY”，根据状态栏的“拾取阵列对象”提示，单击扇叶，单击鼠标右键确认，根据状态栏的“输入中心”提示，拾取坐标原点，将扇叶阵列成 3 个，如图 15-12 所示。

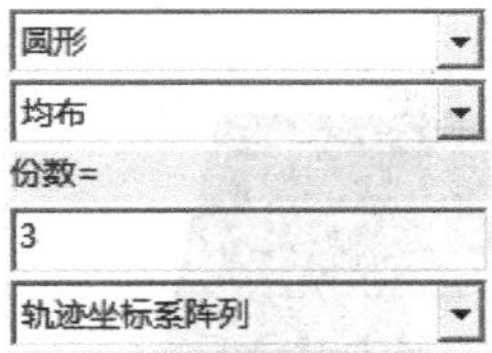

图 15-11　【阵列】立即菜单

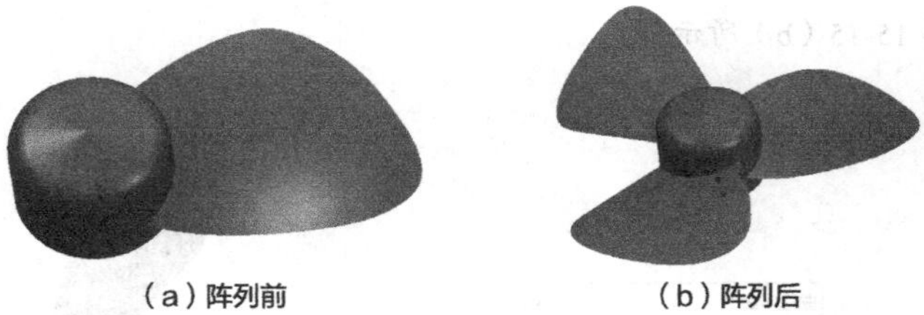

（a）阵列前　　（b）阵列后

图 15-12　阵列叶片

④ 删除多余的作图线。

经过 4 大步骤之后，完成了对风扇曲面造型的设计，其中涉及的命令应灵活应用。构建一个曲面造型的方法很多，希望读者能根据上述内容，探索出更好的方法。

15.2　软件功能介绍

1. 直纹面

直纹面托“曲线+曲线”我们在上一章已经做了介绍，本章我们来介绍直纹面命令另外两个选项。

（1）“点+曲线”。“点+曲线”方式是由一根直线的两个端点分别在 1 个点和 1 条直线上匀速运动而形成轨迹曲面，如图 15-13 所示。

【步骤解析】

① 单击曲面生成工具栏中的按钮，激活直纹面造型功能，在【直纹面】立即菜单中选择“点+曲线”方式。

② 在状态栏的“拾取点”提示下，拾取点，在状态栏的“拾取曲线”提示下，拾取曲线，生成直纹面，

如图 15-13 所示。

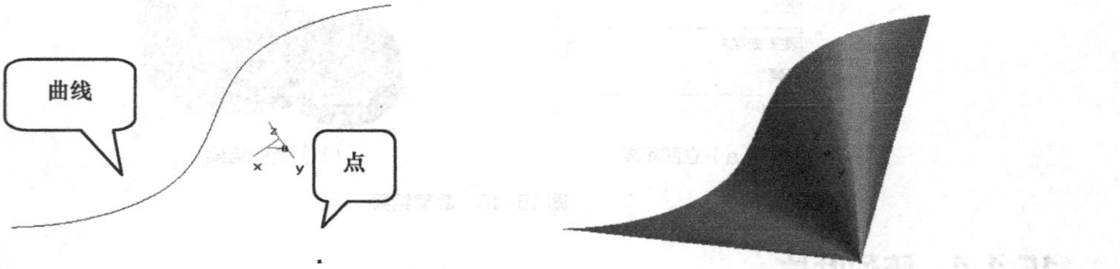

(a) 空间和曲线　　(b) 直纹面

图 15-13 "点+曲线"方式生成的直纹面

(2)"曲线+曲面"。"曲线+曲面"方式是由一根直线的两个端点分别在 1 条直线和这条直线在 1 个曲面的投影上匀速运动而形成的轨迹曲面。

【步骤解析】

① 单击曲面生成工具栏中的按钮，激活直纹面造型功能，在立即菜单中选择"曲线+曲面"选项，如图 15-14 所示。

② 若【角度】为"0"，在状态栏的"拾取曲面"提示下，拾取曲面，在状态栏的"拾取曲线"提示下，拾取曲线，然后按空格键弹出矢量工具菜单，输入投影方向（选择朝向曲面的方向），完成直纹面的创建，如图 15-15（b）所示。

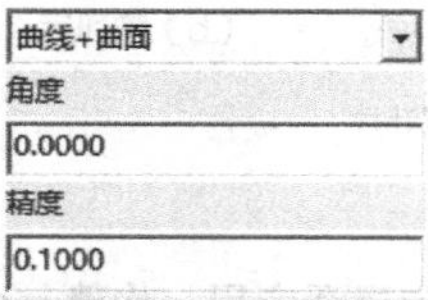

图 15-14 立即菜单

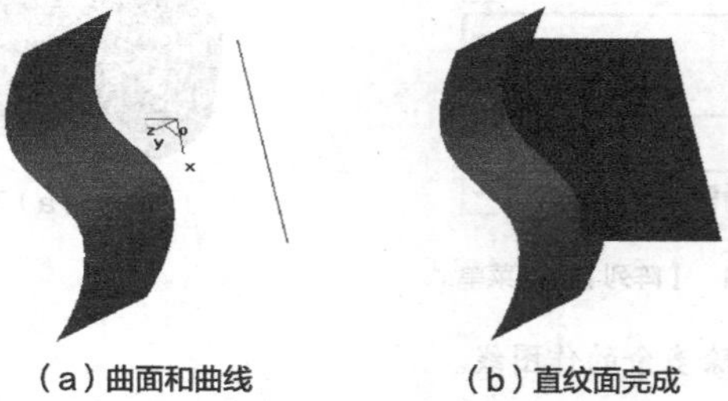

(a) 曲面和曲线　　(b) 直纹面完成

图 15-15 直纹面

③ 若【角度】不为"0"，在输入投影方向之后还要选择锥度方向，如图 15-16（a）所示，选择完锥度方向之后，直纹面生成，如图 15-16（b）所示。

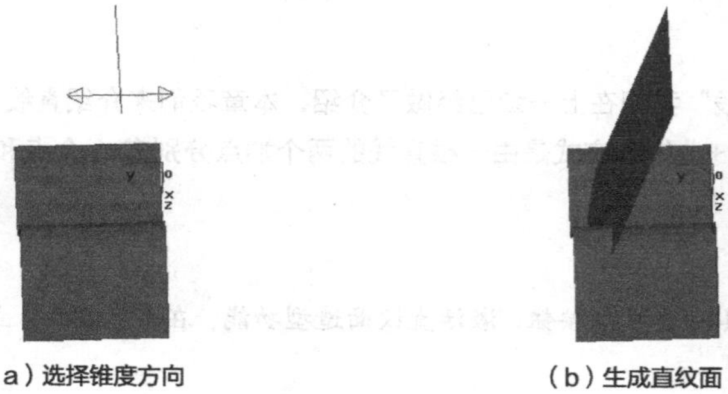

(a) 选择锥度方向　　(b) 生成直纹面

图 15-16 "曲线+曲面"方式生成直纹面

要点提示

在“曲线+曲面”方式中，角度为 0，将创建过曲线且垂直于曲面的直纹面；角度不为 0，将创建过曲线与曲面成一定角度的直纹面。

直纹面必须与曲面相交，即曲线的垂直投影或角度投影必须在曲面上。

2. 曲面裁剪

曲面裁剪中的投影线裁剪是将空间曲线沿给定的固定方向投影到曲面上，形成剪刀线来裁剪曲面。

【步骤解析】

① 单击线面编辑工具栏中的按钮，在立即菜单中选择“投影线裁剪”“裁剪”选项，如图 15-17 所示。

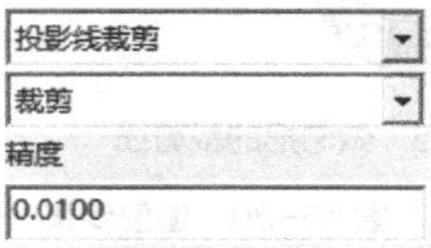

图 15-17 投影线裁剪的立即菜单

② 拾取被裁剪的曲面（选取需保留的部分）。

③ 输入投影方向。按空格键，弹出矢量工具菜单，选择投影方向。

④ 拾取剪刀线。拾取曲线，曲线变红，裁剪完成，如图 15-18（b）所示。

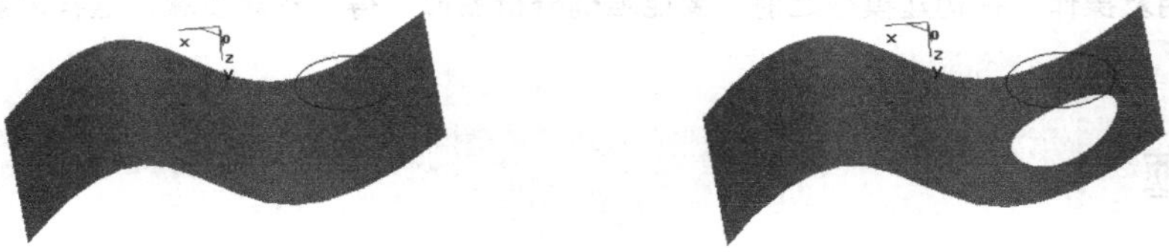

（a）曲面和剪刀线　　（b）裁剪结果

图 15-18 曲面裁剪

15.3 课后综合演练

构造汤勺曲面造型，尺寸根据比例自定，如图 15-19 所示。

图 15-19 汤勺造型

【步骤解析】

汤勺造型的主要步骤如图 15-20 所示。

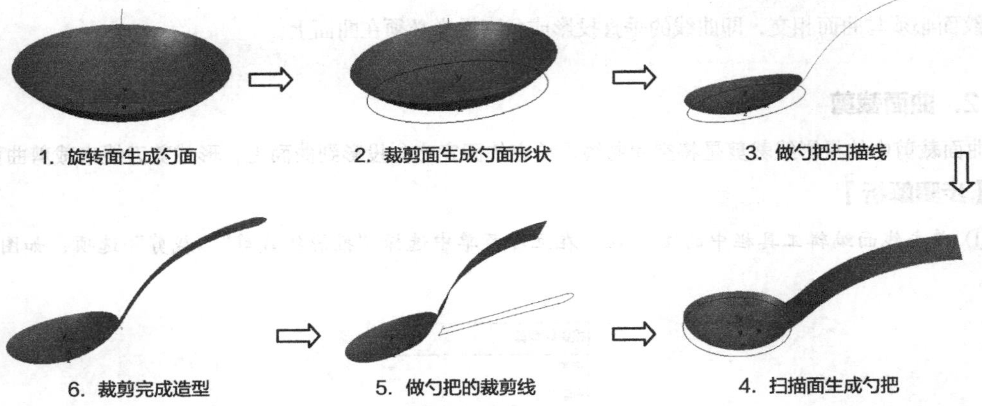

图 15-20 造型步骤

15.4 小结

本章通过风扇的曲面造型设计，重点介绍了空间曲线的绘制和直纹面、投影裁剪等曲面造型和曲面编辑功能的应用及操作。在构建模型之前，要能准确分析图形，得出构建步骤，这样才能起到事半功倍的效果。

15.5 习题

1. 根据尺寸构造曲面造型，如图 15-21 所示。

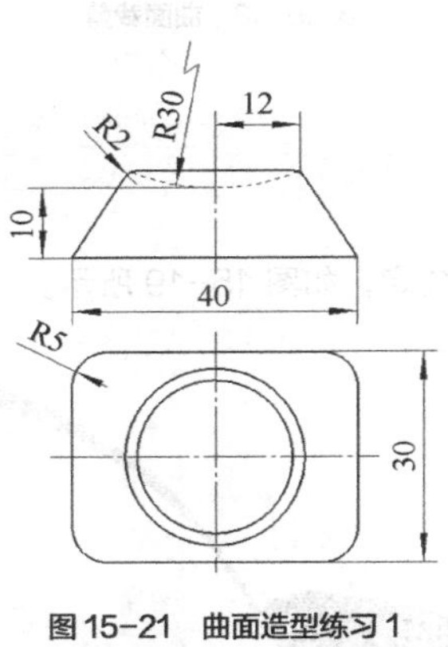

图 15-21 曲面造型练习 1

2. 构造图 15-22 所示的曲面造型，尺寸根据比例自定。

3. 观察家中的门把手造型，估算各部分的比例，应用直纹面、旋转面和裁剪面等命令构造曲面造型。

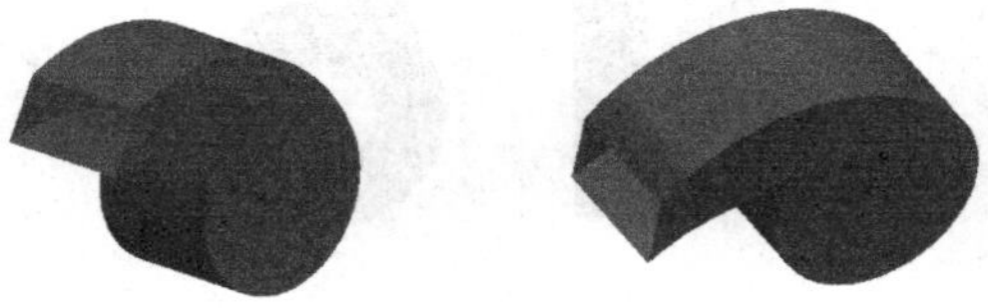

图15-22 曲面造型练习2

Chapter 16

第 16 章 构建台灯座模型

台灯座模型的截面轮廓由一组相互平行、形状相似且方向相同的特征曲线构成，造型时将会应用放样面的曲面造型方法。台灯曲面造型如图 16-1 所示。

图 16-1　台灯的曲面造型

【学习目标】

- 学会放样面的创建方法。
- 掌握平面命令的操作与应用。
- 掌握导动面命令的操作与应用。

16.1 课堂实训案例

台灯座的底部面板采用导动面——平行导动的方法，底部按钮运用扫描面命令，台灯座的底面应用平面命令，最后应用裁剪面命令裁剪曲面得到最终图形。台灯曲面造型设计步骤如图 16-2 所示。

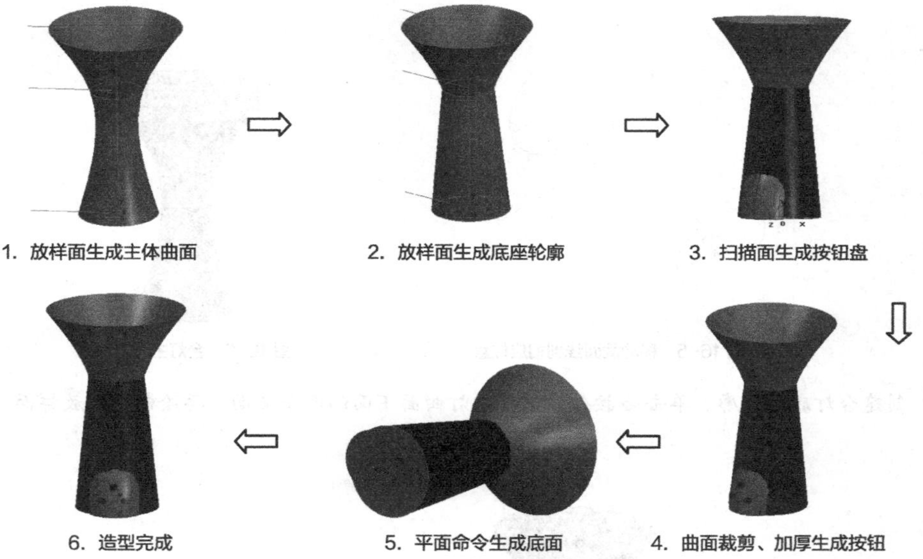

图 16-2 台灯曲面造型步骤

16.1.1 绘制截面线创建台灯主体曲面

台灯的主体应用放样面的曲面造型方法。

【步骤解析】

① 按 F9 键将绘图平面切换到"平面 XZ"，再以坐标原点为圆心，绘制出各个截面图形，各截面线的尺寸如图 16-3 所示。

视频 39
构建台灯座模型 1

② 按 F8 键，将图形显示成三维立体状态。按 F9 键，将绘图平面切换到"平面 XY"，过原点沿 Y 方向绘制一条中心轴线，长度为"60"，然后沿 X 方向绘制一条直线。

③ 单击曲线生成工具栏中的按钮，将沿 X 方向绘制的直线按图 16-4 所示尺寸依次等距，确定各截面线的位置，如图 16-4 所示。

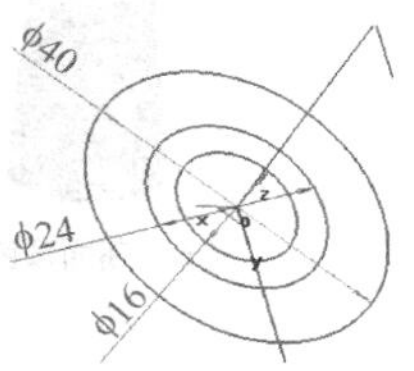

图 16-3 各截面尺寸

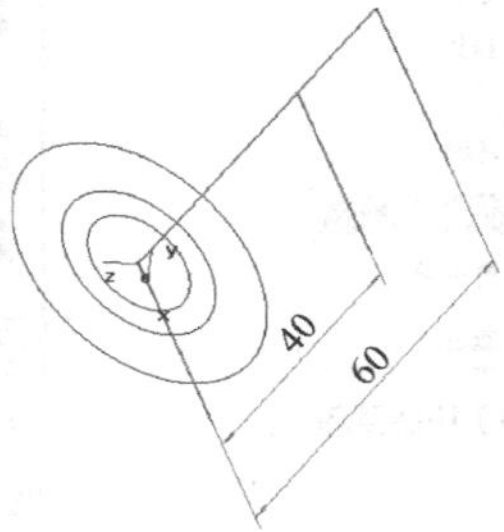

图 16-4 确定各截面线的位置

④ 单击几何变换工具栏中的按钮，选择“两点”“移动”选项，分别拾取各截面线，以圆心为定位基点，将其移动到适当位置，如图 16-5 所示。

⑤ 创建台灯的主体曲面。选择【造型】/【曲面生成】/【放样面】命令，或者直接单击曲面工具栏中的按钮，激活放样面造型命令，分别选择截面曲线，选择完毕之后单击鼠标右键确定，完成台灯主体曲面的创建，如图 16-6 所示。

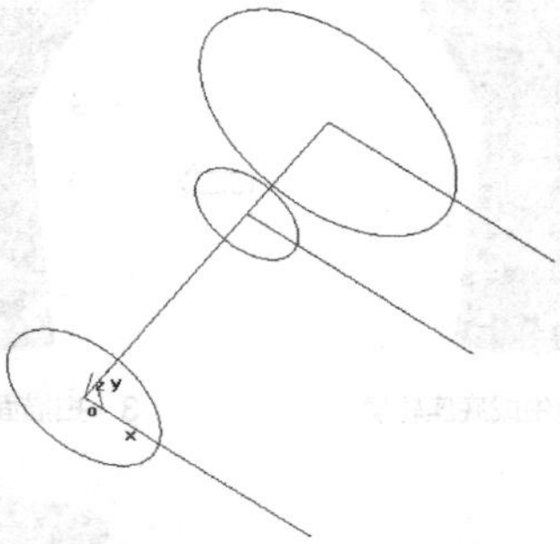

图 16-5　移动截面线到相应位置

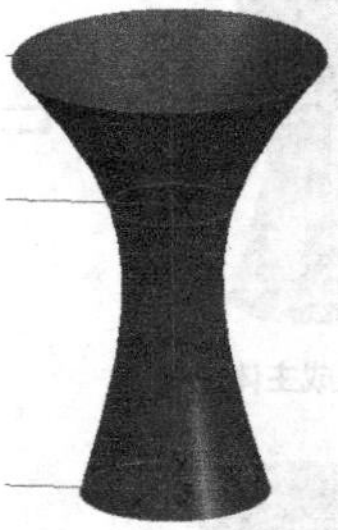

图 16-6　台灯主体曲面

⑥ 创建台灯底座轮廓。单击按钮，选择台灯曲面下面的两个截面，再绘制一个放样面，如图 16-7 所示。

图 16-7　作台灯底部轮廓

⑦ 选择第 2 个放样面并单击鼠标右键，在弹出的快捷菜单中选择“颜色”命令，如图 16-8（a）所示，在弹出的【颜色管理】对话框中，选择黑色，如图 16-8（b）所示，单击 确定 按钮完成操作，如图 16-8（c）所示。

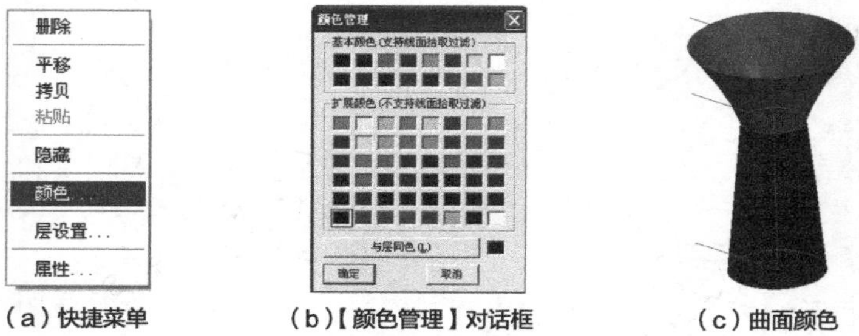

（a）快捷菜单　（b）【颜色管理】对话框　（c）曲面颜色

图 16-8　改变曲面颜色

至此，台灯的主体曲面已经完成，改变台灯下半部分曲面的颜色使曲面更加清楚，造型更加逼真。

16.1.2 创建台灯按钮盘

这个环节是在完成上一环节的基础上进行的。台灯按钮盘是一个圆弧曲面，可以应用导动面命令导动生成。

视频40
构建台灯座模型2

1. 创建按钮盘造型

【步骤解析】

① 绘制截面线。按F9键将绘制平面切到“平面XZ”，在台灯的底部画出按钮盘的导动截面线，截面线的位置和尺寸如图16-9所示。

② 创建导动线。按F9键将绘图平面切到“平面YZ”上，绘制按钮盘的导动线，如图16-10所示。

③ 单击曲面生成工具栏中的按钮，在立即菜单中选择“平行导动”选项，此时状态栏提示“拾取导动线”，选择导动线，并用鼠标选择导动的方向，状态栏又提示“拾取截面线”，单击截面线后生成一曲面，如图16-11所示。

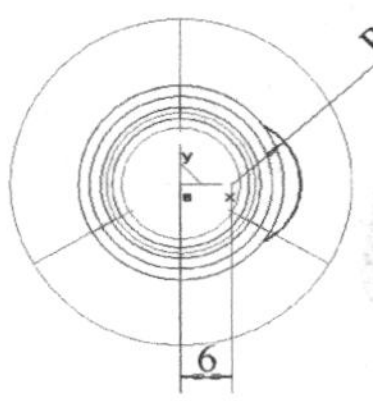

图16-9 按钮盘截面线

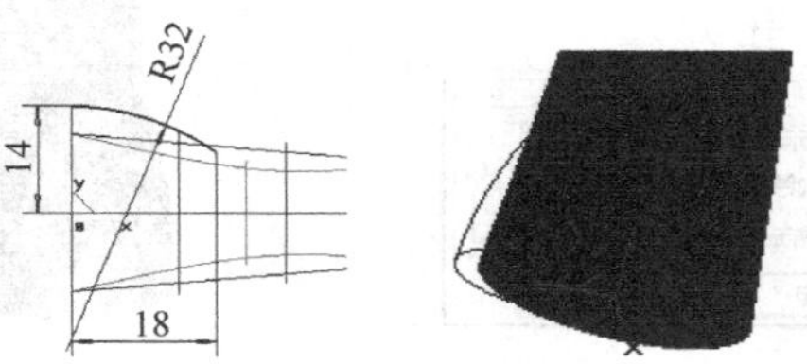

图16-10 按钮盘导动线

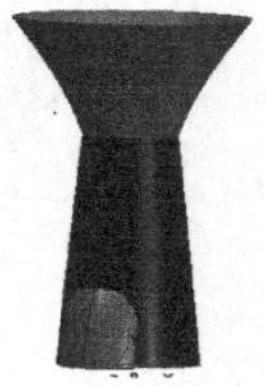
图16-11 生成按钮盘

2. 创建台灯按钮造型

台灯的3个按钮在按钮盘曲面上，应用曲面裁剪——投影面裁剪命令先将按钮的形状裁剪出来，再将按钮形状曲面加厚即可完成造型。

【步骤解析】

① 单击曲面生成工具栏中的按钮，在立即菜单中的【等距距离】文本框中输入“0”，如图16-12（a）所示，然后选择按钮盘曲面，选择任意方向，复制一个按钮盘曲面，如图16-12（b）所示（复制按钮盘曲面是为了用裁剪面命令裁剪生成按钮的形状）。

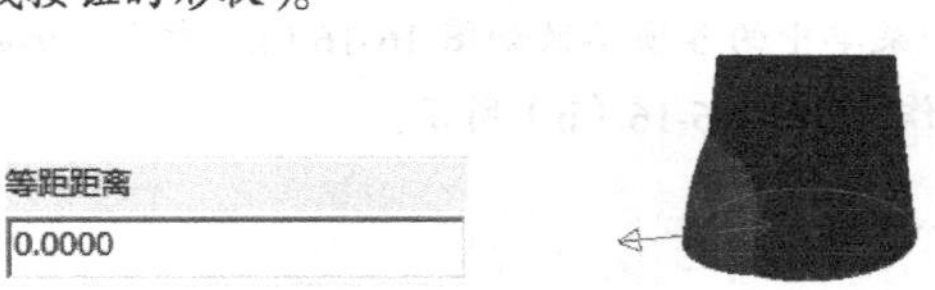

（a）【等距面】立即菜单　（b）选择方向

图16-12 复制按钮盘曲面

② 绘制剪刀线。按F9键，将绘图平面切换到“平面XY”，单击曲线生成工具栏中的按钮，在立即菜单中选择“圆心_半径”选项，绘制出按钮的外形，如图16-13所示。

③ 裁剪叶片。

- 单击线面编辑工具栏中的按钮，在立即菜单中选择“投影线裁剪”和“裁剪”选项。
- 这时，状态栏提示“拾取被裁剪的曲面”，用鼠标拾取曲面上保留的部位，状态栏又提示“输入投影方向”，按空格键在弹出的矢量工具菜单中选择“Z轴正方向”选项，状态栏又提示“拾取剪刀线”，选择按钮的轮廓作为剪刀线，拾取链接方向，单击鼠标右键，完成按钮轮廓的裁剪，其效果如图 16-14 所示。

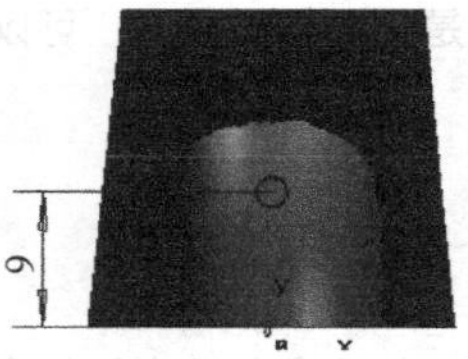

图 16-13　按钮的形状和位置

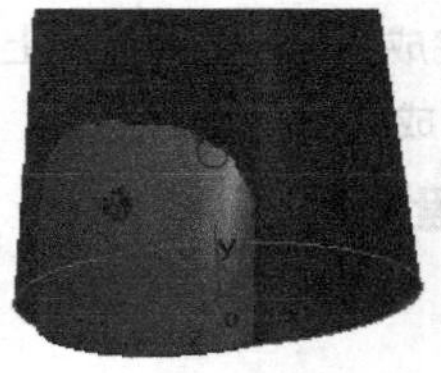

图 16-14　裁剪

④ 选择【造型】/【特征生成】/【增料】/【曲面加厚】命令，或直接单击特征生成工具栏中的按钮，弹出【曲面加厚】对话框，如图 16-15（a）所示，设置【厚度】为“1”，根据状态栏提示，选择加厚曲面和加厚方向，单击确定按钮完成操作，如图 16-15（b）所示。

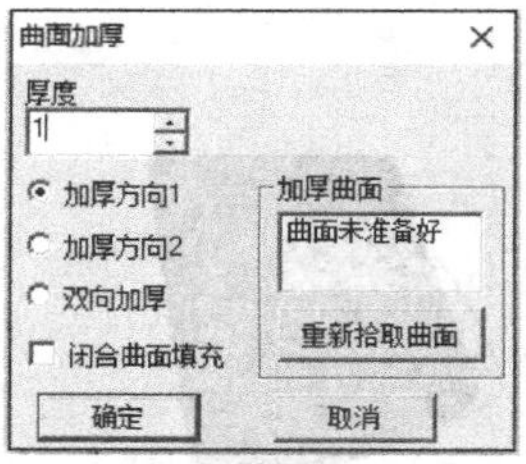

（a）【曲面加厚】对话框

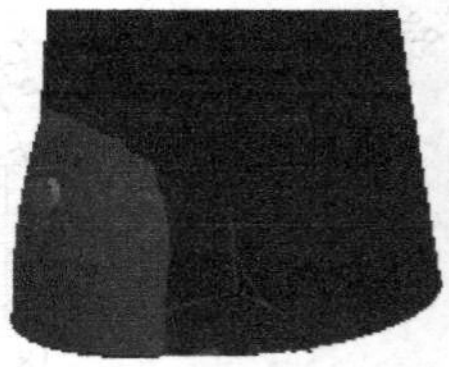

（b）曲面加厚

图 16-15　生成按钮造型

至此，按钮的一个造型创建成功，另外两个按钮可用阵列命令完成。

16.1.3　阵列按钮并创建台灯底面

应用阵列命令阵列生成另外两个按钮，并应用平面命令创建台灯的底面。

视频 41
构建台灯座模型 3

【步骤解析】

① 单击按钮，选择加厚的按钮的各个实体表面，生成按钮表面曲面，以便于阵列。

② 单击按钮，设置立即菜单中的各项参数如图 16-16（a）所示。选择按钮的各个曲面，选择完毕单击鼠标右键确定，完成阵列操作，如图 16-16（b）所示。

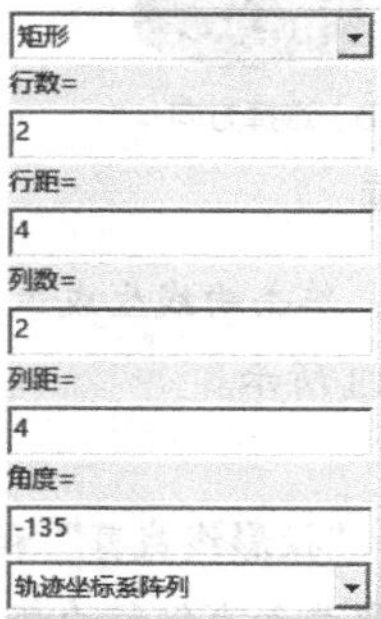

（a）阵列立即菜单

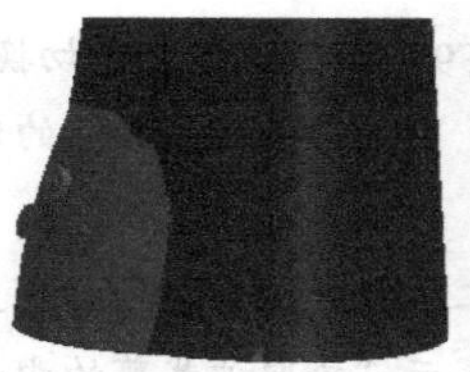

（b）阵列结果

图 16-16　阵列按钮

③ 创建台灯底面。单击曲面生成工具栏中的▱按钮，在立即菜单中选择“裁剪平面”选项。状态栏提示“拾取平面外轮廓线”，选择台灯的底面轮廓线，状态栏又提示“确定链搜索方向”，选择方向，然后单击鼠标右键确定。台灯的底面完成，如图 16-17 所示。将多余的线条删除，台灯的造型也全部完成，如图 16-18 所示。

图 16-17 台灯底面

图 16-18 台灯造型

台灯的曲面造型至此全部完成。

16.2 软件功能介绍

1. 放样面

以一组互不相交、方向相同、形状相似的特征线（或截面线）为骨架进行形状控制，过这些曲线蒙面生成的曲面称为放样曲面。

【步骤解析】

① 选择【造型】/【曲面生成】/【放样面】命令，或者直接单击曲面生成工具栏中的◇按钮，激活放样面造型命令。

② 设置放样面立即菜单中的选项。

③ 按状态栏的命令提示，选择截面曲线或曲面边界，选择完毕之后单击鼠标右键确定，完成放样面操作，如图 16-19 所示。

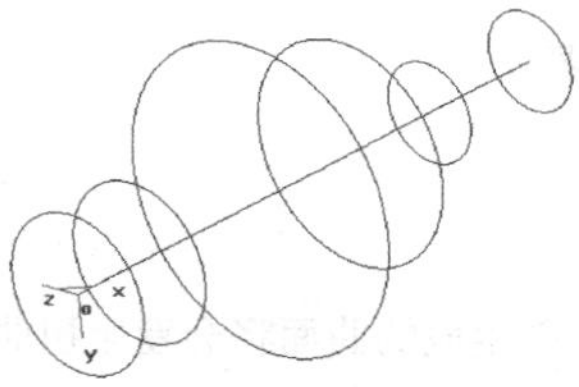

（a）空间截面线

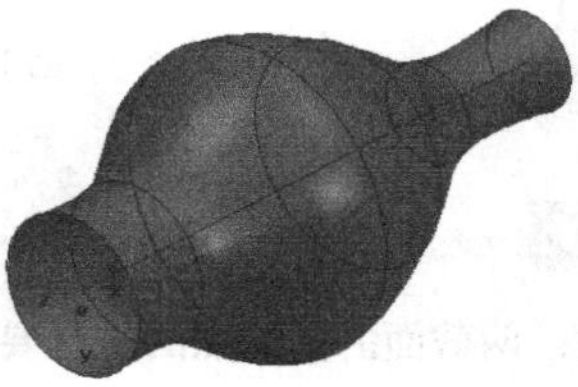

（b）放样面

图 16-19 创建放样面

要点提示

（1）拾取的一组特征曲面必须互不相交、方向一致、形状相似，否则生成结果将发生扭曲，形状不可预料。
（2）截面线需保证其光滑性。
（3）需按截面线摆放的方位顺序拾取曲线。
（4）拾取曲线时需要保证截面线在方向上的一致性。

2. 导动面——固接导动

固接导动是指在导动过程中，截面线和导动线保持固接关系，即让截面线平面与导动线的切矢方向保持相对角度不变，而且截面线在自身相对坐标系中的位置关系保持不变，截面线沿导动线变化的趋势导动生成曲面。

固接导动有单截面线和双截面线两种方式。

（1）单截面线导动。在导动线一端，有一个截面图沿导动所形成曲面的方法是单截面线导动，如图 16-20 所示。

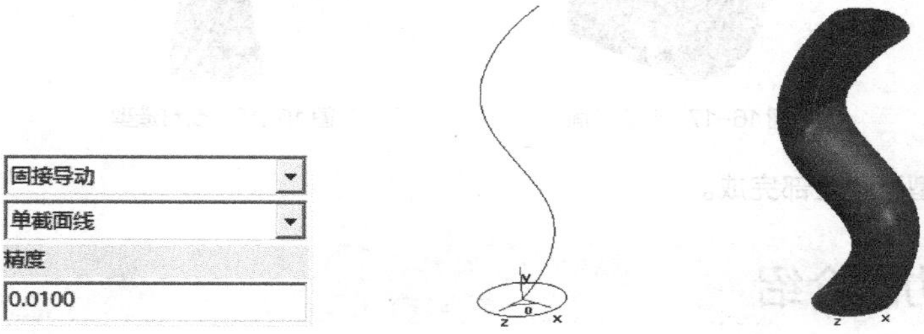

图 16-20　单截面线导动

（2）双截面导动。在导动线的两端，分别由两个截面图沿导动所形成曲面的方法是双截面导动，如图 16-21 所示。

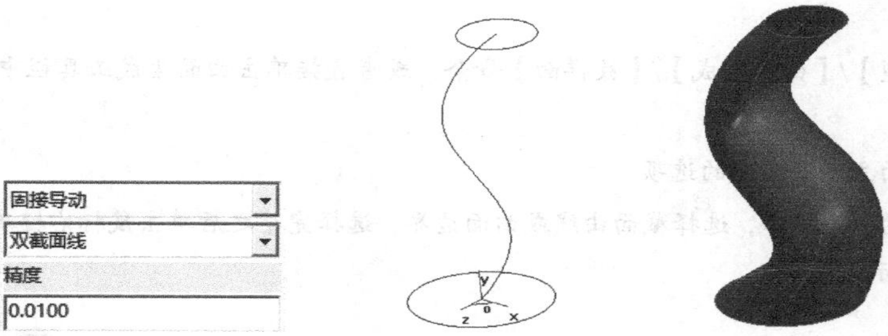

图 16-21　双截面线导动

要点提示

在拾取截面线时，两截面的拾取点的位置要大致相同，否则生成的曲面将会发生扭曲。

3. 曲线组合

曲线组合用于把拾取的多条相连曲线组合成一条样条曲线。如果首尾相连的曲线有尖点，系统会自动生成一条光顺的样条曲线。曲线组合有两种方式：保留原曲线和删除原曲线。

【步骤解析】

① 选择【造型】/【曲线编辑】/【曲线组合】命令，或者直接单击线面编辑工具栏中的按钮，激活曲线编辑命令。

② 按空格键，弹出快捷菜单，选择拾取方式，曲线组合的拾取有链拾取、限制链接拾取和单个拾取 3 种方式。

③ 按状态栏中的提示拾取曲线，单击鼠标右键确认，曲线组合完成。

曲线组合的立即菜单选项主要有下列参数。

- 删除原曲线：选中的曲线进行曲线组合后删除原来的曲线，如图 16-22（b）所示。
- 保留原曲线：选中的曲线组合后保留原来的曲线，如图 16-22（c）所示。

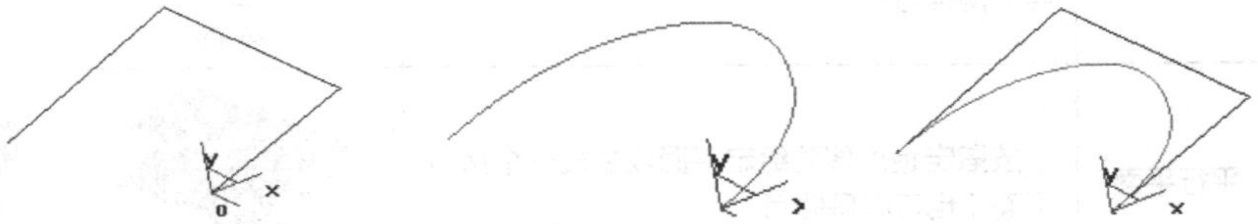

（a）组合前　　（b）删除原曲线　　（c）保留原曲线

图 16-22　曲线组合

4. 平面

可以利用多种方式生成所需平面。平面与基准面的不同之处在于：基准面是绘制草图时的参考面，而平面则是一个实际存在的面。

【步骤解析】

① 选择【造型】/【曲面生成】/【平面】命令，或者直接单击曲面生成工具栏中的按钮，激活平面造型功能。

② 选择裁剪平面或者工具平面。

③ 输入参数并按状态栏提示完成操作。

平面的种类如表 16-1 所示。

表 16-1　平面的种类

种　类		说　明	图　示
裁剪平面		由封闭的内轮廓线进行裁剪形成的有一个或多个边界的平面，封闭的轮廓可以有多个	
工具平面	XOY 平面	绕 X 轴或 Y 轴旋转一定角度生成一个指定长度和宽度的平面	
	YOZ 平面	绕 Y 轴或 Z 轴旋转一定角度生成一个指定长度和宽度的平面	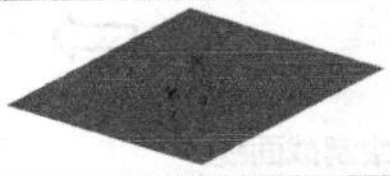
	ZOX 平面	绕 Z 轴和 X 轴旋转一定角度生成一个指定长度和宽度的平面	
	三点平面	按给定 3 点生成一个指定长度和宽度的平面，其中第 1 点为平面中点	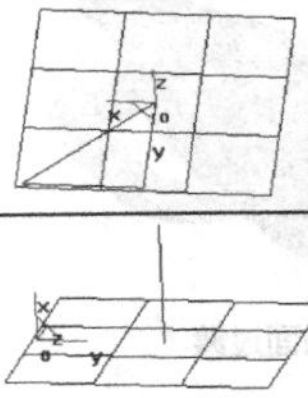
	矢量平面	生成一个指定长度和宽度的平面，其法线的端点为给定的起点和终点	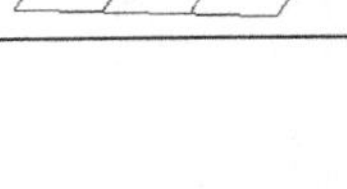

续表

种类		说明	图示
工具平面	曲线平面	在给定曲线的指定点上，生成一个指定长度和宽度的法平面或切平面，有法平面和包络面两种方式	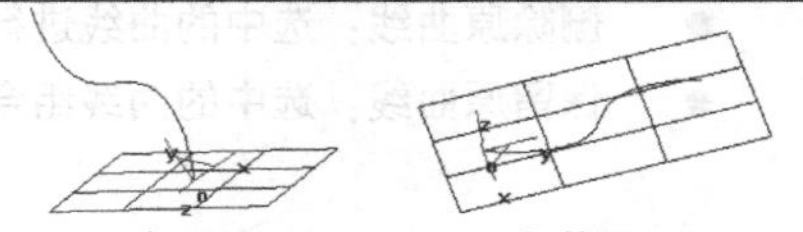 法平面 包络面
	平行平面	按指定距离移动给定平面或生成一个拷贝平面（也可以是曲面）	 平面 曲面

16.3 课堂实战演练

综合运用放样面、导动面——固接导动、曲面裁剪等命令构造油瓶曲面造型。

瓶子的截面轮廓由一组相互平行，形状相似且方向相同的特征曲线构成，造型时将应用放样面的曲面造型方法，对于瓶子把手，将应用导动面中固接导动的曲面造型方法。油瓶曲面造型如图 16-23 所示。

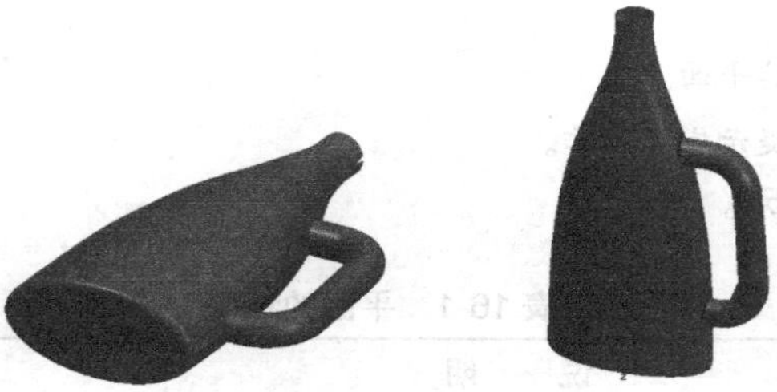

图 16-23　油瓶造型

油瓶曲面造型的设计步骤如图 16-24 所示。

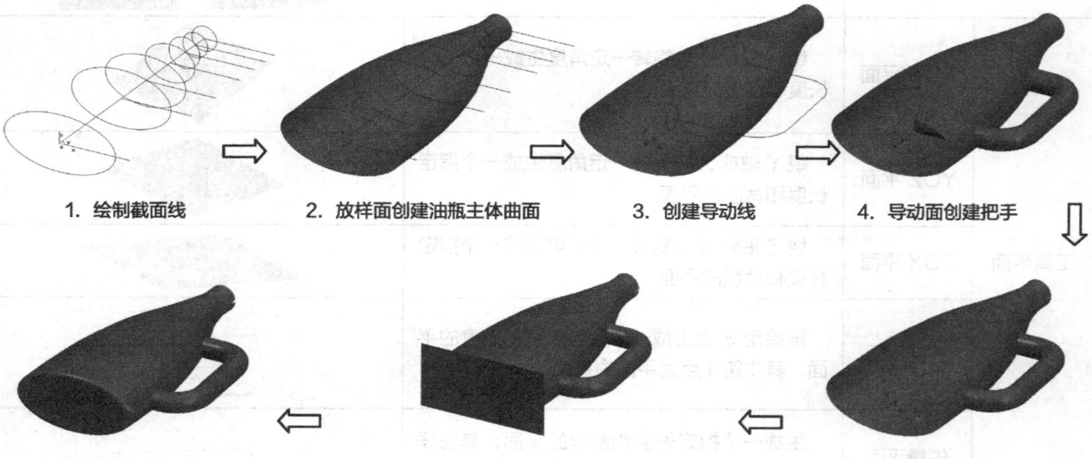

图 16-24　油瓶造型创建步骤

【步骤解析】

① 绘制截面线。

- 按F9键将绘图平面切换到“平面 XZ”，以坐标原点为圆心，绘制出各截面图形，各截面线的尺寸如图16-25所示。
- 按F8键，将图形显示成三维立体状态。按F9键，将绘图平面切换到“平面XY”，单击按钮，在立即菜单中选择“两点线”“单个”和“正交”选项，过原点沿Y轴正方向绘制一条中心轴线，长度为“160”，然后再绘制一条X方向的直线，如图16-26所示。

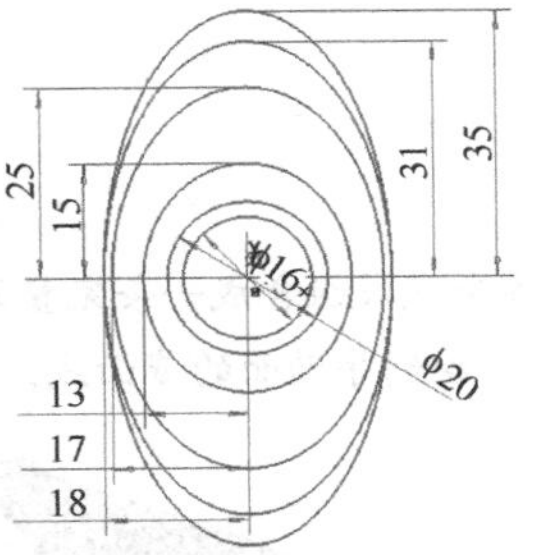

图16-25 截面线尺寸

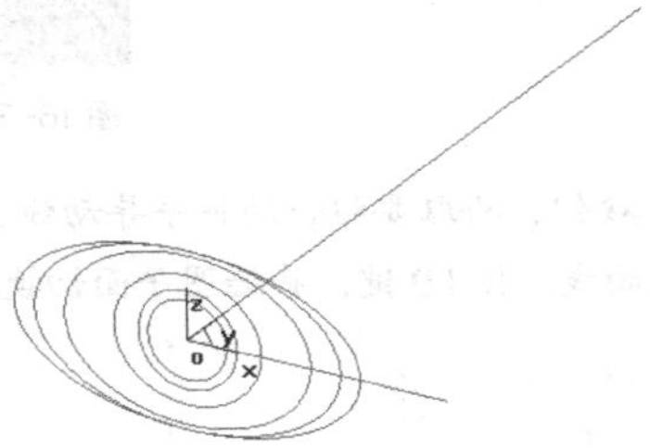
图16-26 X、Y两个方向上的线

- 单击曲线生成工具栏中的按钮，将X方向的直线按图16-27所示尺寸依次等距，确定各截面线的位置，如图16-27所示。
- 单击几何变换工具栏中的按钮，选择“两点”和“移动”方式，分别拾取各截面线，将其移动到适当位置，如图16-28所示。

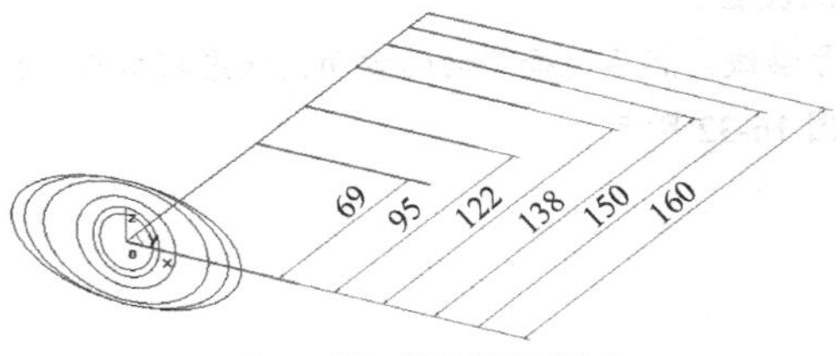

图16-27 截面线位置尺寸

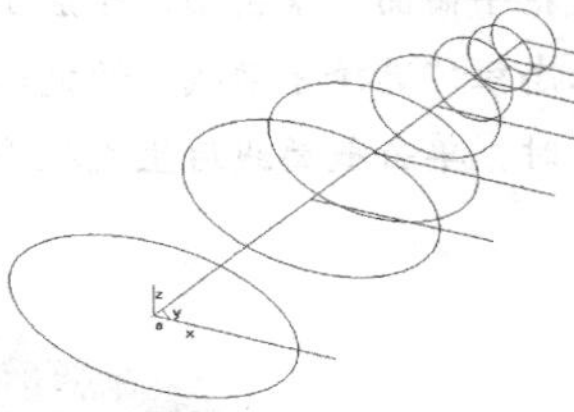
图16-28 截面线位置

② 创建瓶子的主体曲面。

- 选择【造型】/【曲面生成】/【放样面】命令，或者直接单击曲面生成工具栏中的按钮，激活放样面造型功能，立即菜单设置如图16-29（a）所示。
- 分别选择截面曲线，完成瓶子主体的曲线操作，如图16-29（b）所示。

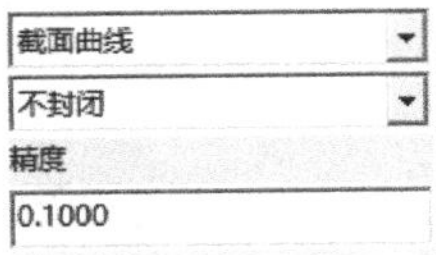

（a）立即菜单

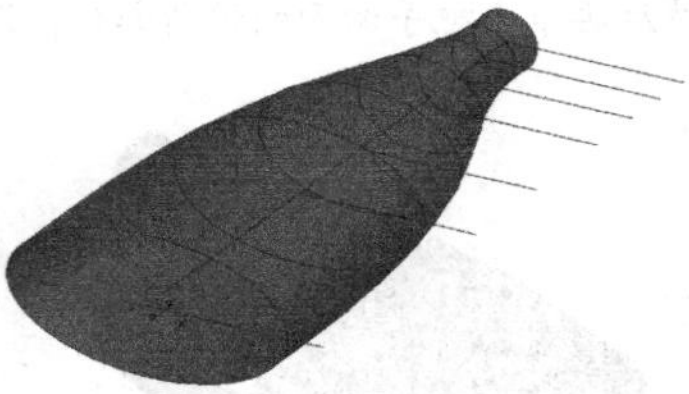
（b）瓶子主体曲面

图16-29 放样面生成瓶子主体曲面

③ 绘制导动线。

- 按 F9 键，将绘图平面切换到“平面 XY”，绘制导动线，导动线的尺寸如图 16-30 所示。

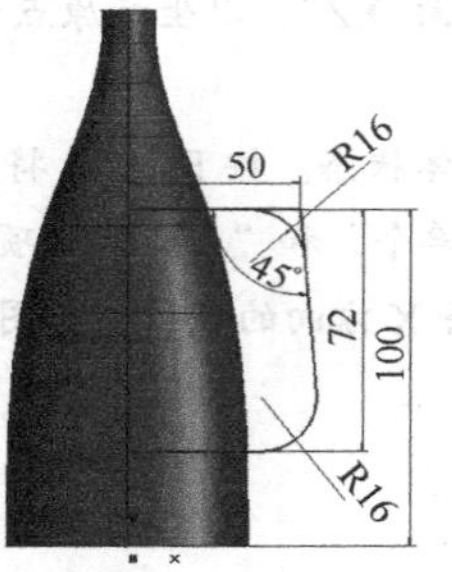

图 16-30　绘制导动线

- 单击按钮，拾取要组合的把手导动线，将导动线的各条线段组合成一条完整的曲线。
- 绘制截面线。按 F9 键，将绘图平面切换到“平面 YZ”，绘制导动面的截面线，如图 16-31 所示。

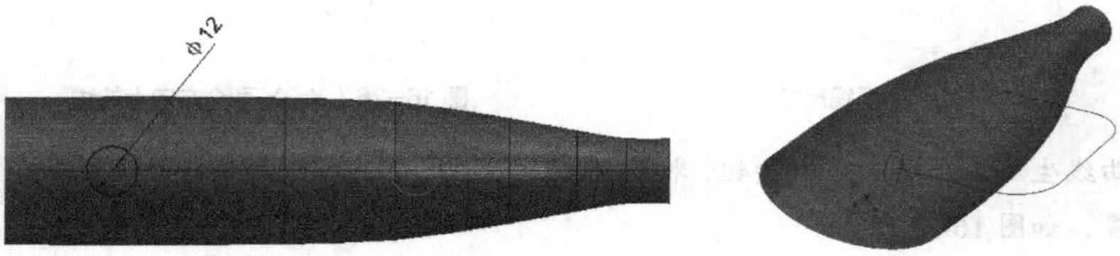

图 16-31　导动线和截面线

④ 创建瓶子把手。

- 生成把手曲面。单击曲面生成工具栏中的按钮。
- 在状态栏“选择导动线”的提示下，单击导动线，然后选择导动的方向，状态栏提示“拾取截面线”时，单击截面线后生成把手曲面，如图 16-32 所示。

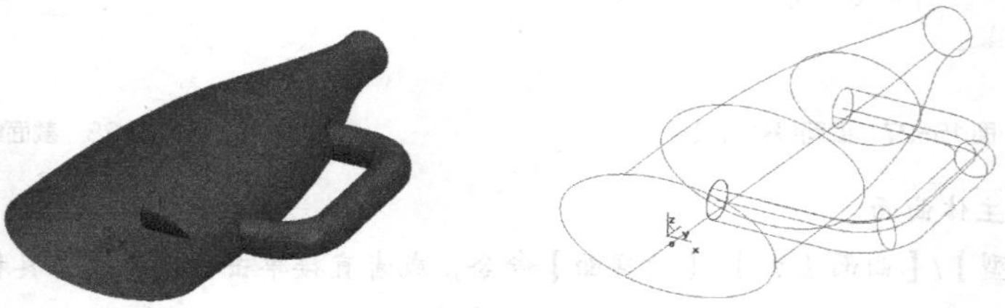

图 16-32　导动面生成把手曲面

- 曲面裁剪。单击按钮，在立即菜单中选择“面裁剪”“裁剪”和“相互裁剪”选项，单击顶面的瓶体部位，然后再单击把手曲面的保留部位，即可将两个曲面的多余部分裁掉，如图 16-33 所示。

图 16-33　裁剪曲面

⑤ 生成瓶子底面。

- 选择【造型】/【曲面生成】/【平面】命令，或者直接单击曲面生成工具栏中的按钮。
- 在立即菜单中选择“工具平面”和“ZOX 平面”选项，如图 16-34（a）所示。
- 在立即菜单的【长度】文本框中输入参数“80”,【宽度】文本框中输入参数“40”，选择坐标原点为平面的中心点生成一个平面，如图 16-34（b）所示。

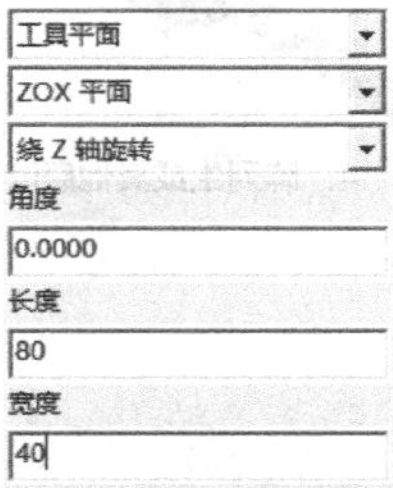

（a）【平面】立即菜单

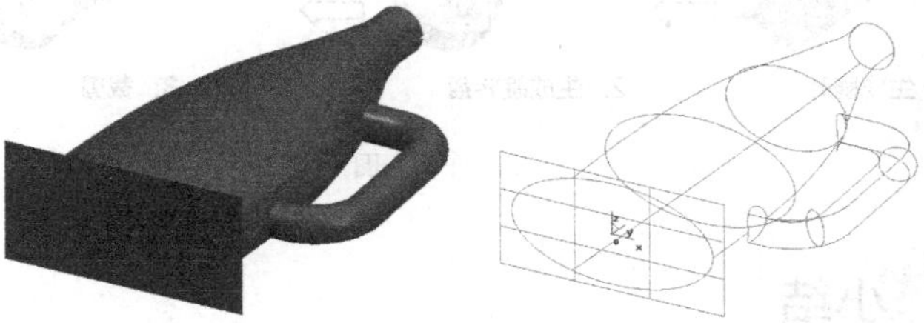

（b）创建平面

图 16-34　创建瓶子底面

- 光滑过渡两个曲面。单击线面编辑工具栏中的按钮。
- 在立即菜单中选择“两面过渡”“等半径”和“裁剪两面”选项，在【半径】文本框中输入数值“3”，如图 16-35 所示，分别拾取两个曲面，确定方向，则在瓶子底面和瓶体之间创建一个圆角，使两个曲面光滑过渡，如图 16-36 所示。

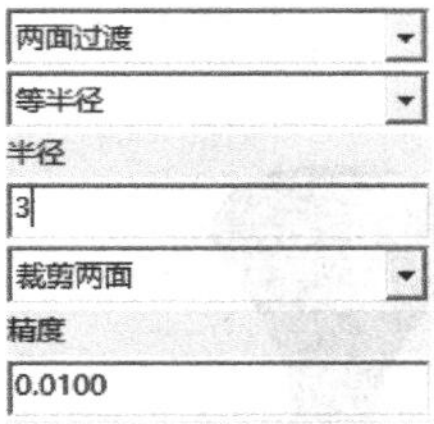

图 16-35　【曲面过渡】立即菜单

图 16-36　最终成型结果

油瓶的曲面造型全部完成，该造型过程涉及一个新的命令——曲线组合，在曲面造型中应用较多，应掌握。

16.4 课后综合演练

应用扫描面、裁剪面等命令构造吊扇造型。

要求：根据曲面造型按照比例创建，如图 16-37 所示。

图 16-37　吊扇造型

【步骤解析】

主要造型步骤如图 16-38 所示。

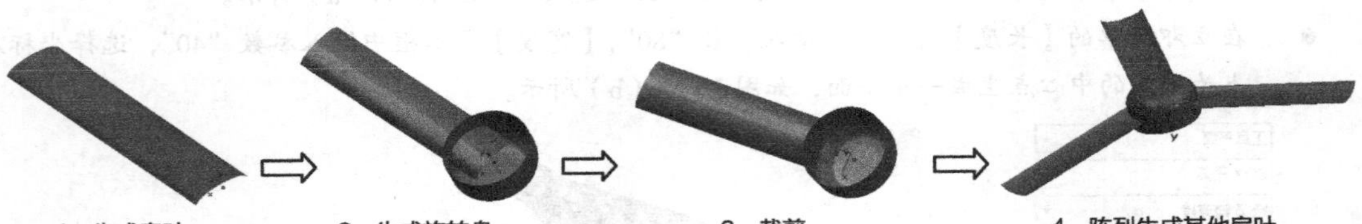

图 16-38　吊扇造型步骤

16.5 小结

本章通过介绍台灯和油瓶的曲面造型重点介绍了放样面、平面、导动面——固接导动、曲线组合等曲面生成和编辑方式。其中，放样面、导动面是比较常用的曲面造型方法。曲线组合在曲面造型中也比较常用，掌握好这些方法就可以创建出基本的曲面造型了。

16.6 习题

1. 按照图 16-39 所示的尺寸构造曲面造型。
2. 按照曲面造型形状构造图 16-40 所示的图形。

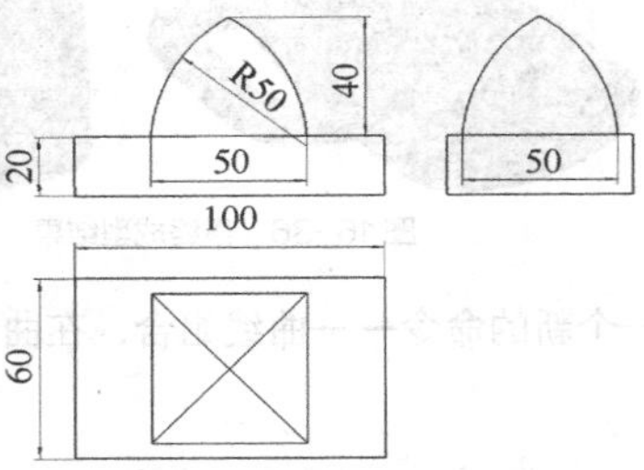

图 16-39　曲面造型尺寸

图 16-40　曲面造型

3. 观察常见工具和用品，从中找出曲面造型的位置，并从中选择两件进行曲面造型练习。

Chapter

17

第17章 加工凸台

零件设计造型的目的是构造零件的完整结构形状，零件的加工造型则是以加工需要为目的，零件的所有几何要素要通过造型表达出来。

设计造型的基本类型为曲面造型和实体造型。加工造型的基本类型为线框造型、曲面造型和实体造型。

凸台零件图如图17-1所示，凸台属于箱体类零件，其零件的加工底面均为平面，应用轮廓偏置加工和平面区域粗加工的方法进行加工，4个通孔应用钻孔的方法加工。

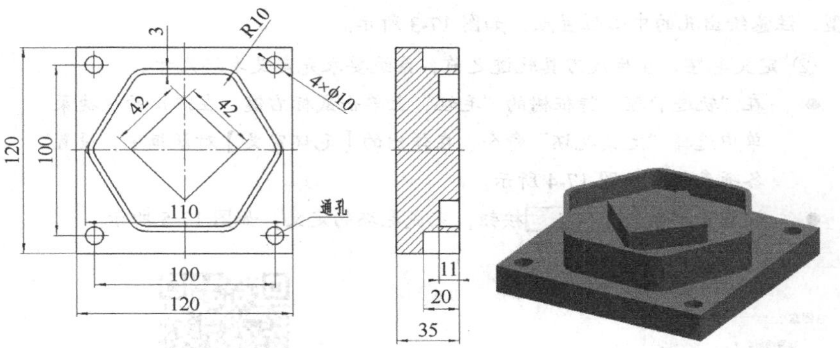

图17-1 零件图

【学习目标】

- 了解零件加工的一般步骤。
- 学会轮廓偏置加工的方法。
- 掌握平面区域粗加工和孔的加工方法。

17.1 课堂实训案例

凸台加工的基本步骤如图 17-2 所示。

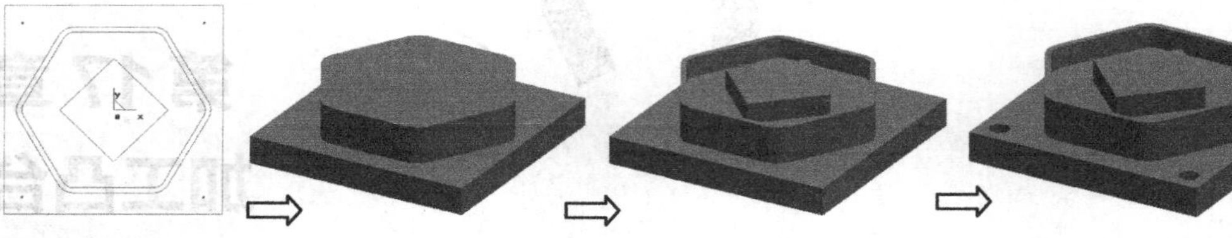

图 17-2 凸台加工主要步骤

17.1.1 定义加工毛坯

在生成刀具轨迹前，要先定义毛坯的大小。

【步骤解析】

① 线框造型。凸台的加工造型为线框造型。应用曲线工具完成凸台加工造型，注意绘出孔的中心位置点，如图 17-3 所示。

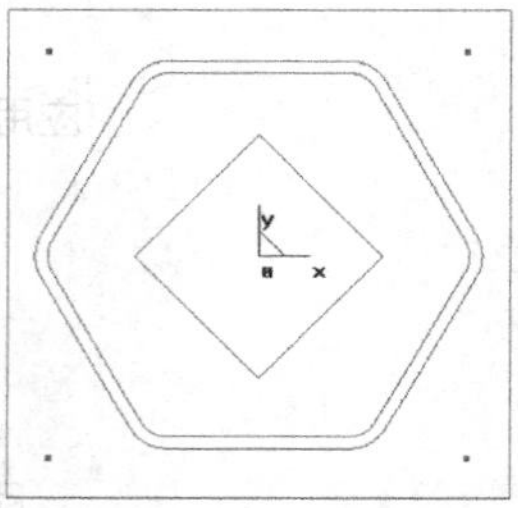

图 17-3 凸台线框造型

② 定义毛坯。在生成刀具轨迹之前，系统要求先定义毛坯尺寸。

- 在“轨迹管理”特征树的“毛坯”上单击鼠标右键，在弹出的快捷菜单中选择“定义毛坯”命令，在弹出的【毛坯定义】对话框中，设置各项参数，如图 17-4 所示。
- 设置完毕单击 确定 按钮，完成毛坯的定义，如图 17-5 所示。

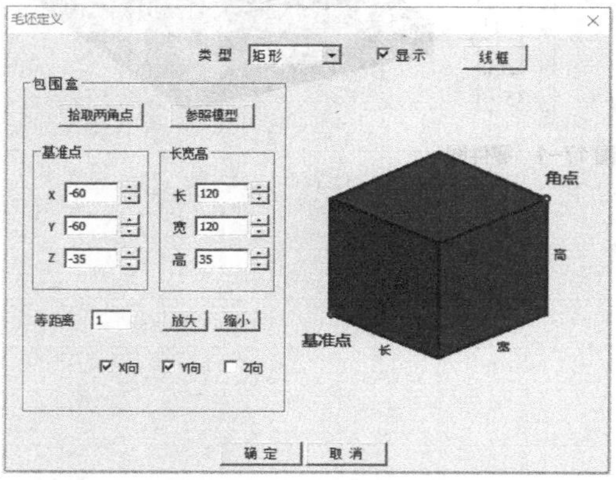

图 17-4 设置参数

视频 42
加工凸台——定义毛坯

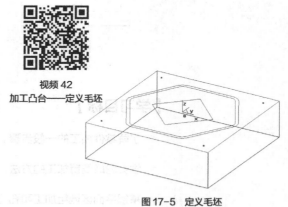

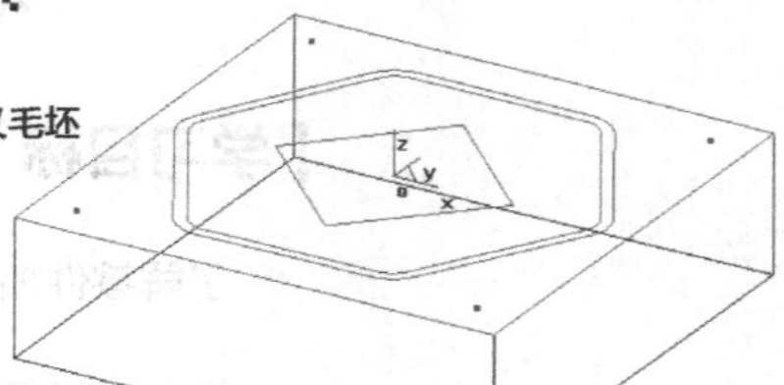

图 17-5 定义毛坯

17.1.2 轮廓偏置加工外台轮廓

毛坯定义完毕之后，就可以对凸台进行加工了，首先加工凸台的外台轮廓，主要使用轮廓偏置加工方法。

视频 43
加工凸台——平面轮廓线精加工

【步骤解析】

① 设置轮廓偏置加工参数，采用轮廓偏置加工的方法加工外台。单击

按钮，在弹出的【轮廓偏置加工】对话框中设置各项参数，应用直径为20的端刀加工，根据零件大小设置各项加工参数，轮廓偏置加工参数设置对话框如图17-6所示。

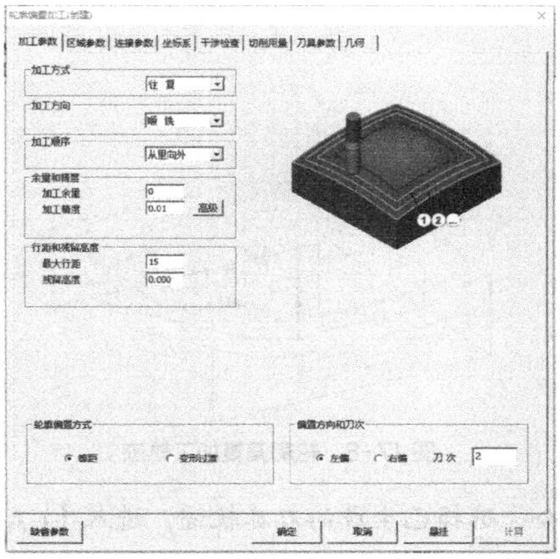

（a）【加工参数】设置

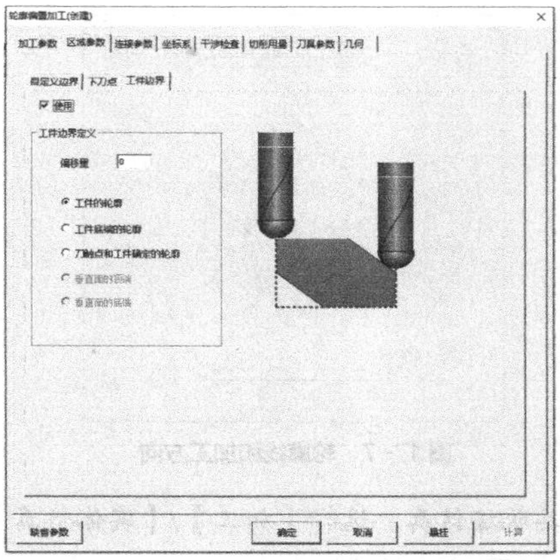

（b）【区域参数】设置

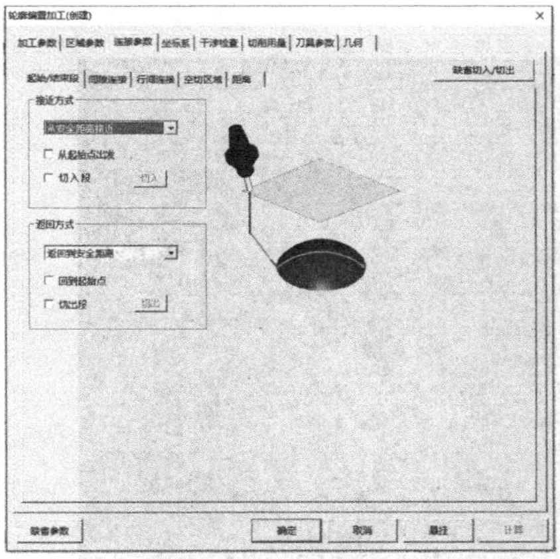

（c）【连接参数】设置

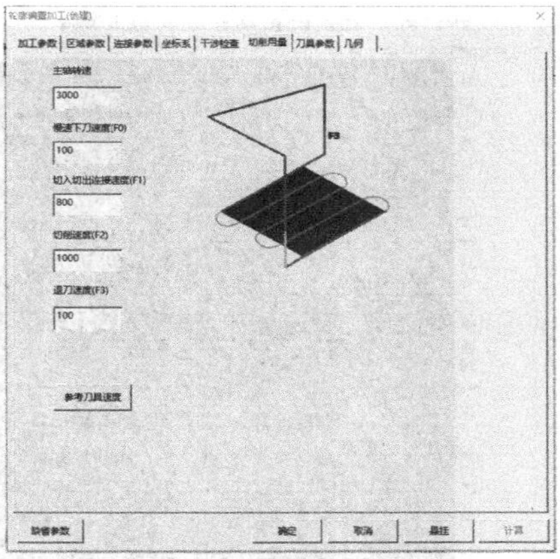

（d）【切削用量】设置

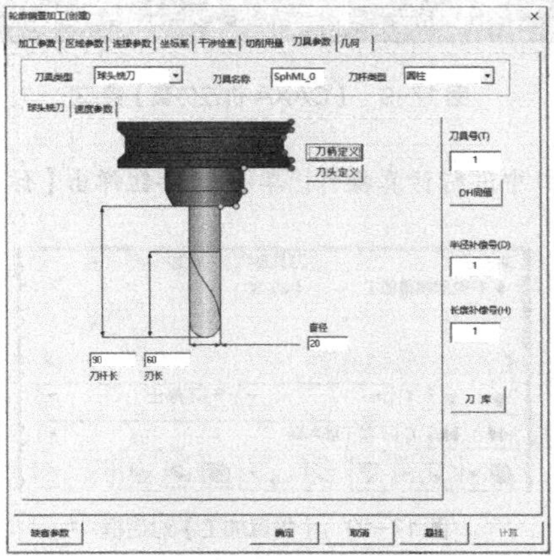

（e）【刀具参数】设置

图17-6　轮廓偏置加工参数设置对话框

② 生成轮廓加工刀具轨迹。选择六边形外圈加工轮廓，加工方向为顺时针方向，如图 17-7 所示。选择完毕单击鼠标右键确定，刀具轨迹计算生成，如图 17-8 所示。

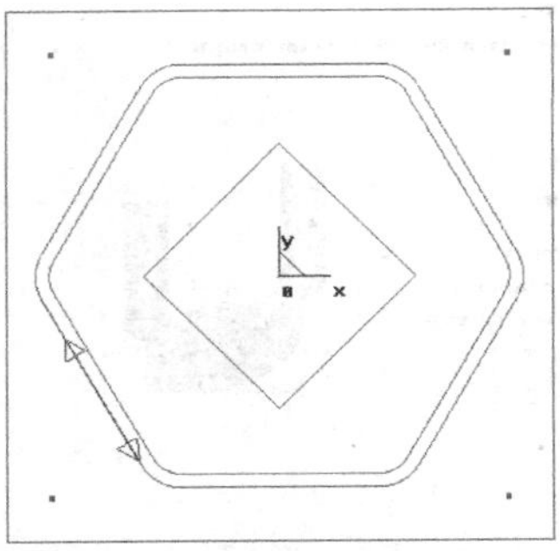

图 17-7　轮廓线和加工方向

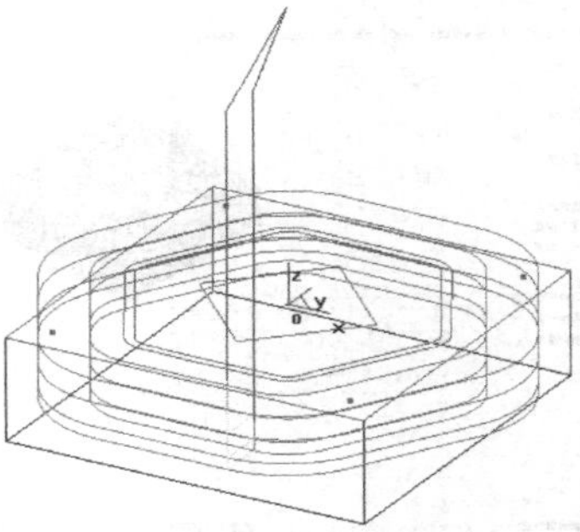

图 17-8　轮廓偏置加工轨迹

③ 刀具轨迹仿真。选择【加工】/【实体仿真】命令，选择已生成的刀具轨迹，进入【CAXA 轨迹仿真】窗口，如图 17-9 所示。

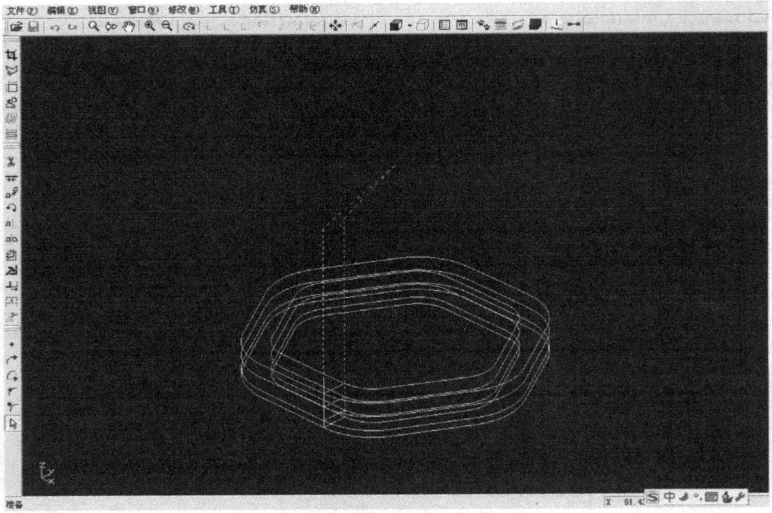

图 17-9　【CAXA 轨迹仿真】窗口

④ 在【CAXA 轨迹仿真】窗口中进行仿真操作。单击按钮弹出【仿真加工】对话框，如图 17-10 所示。

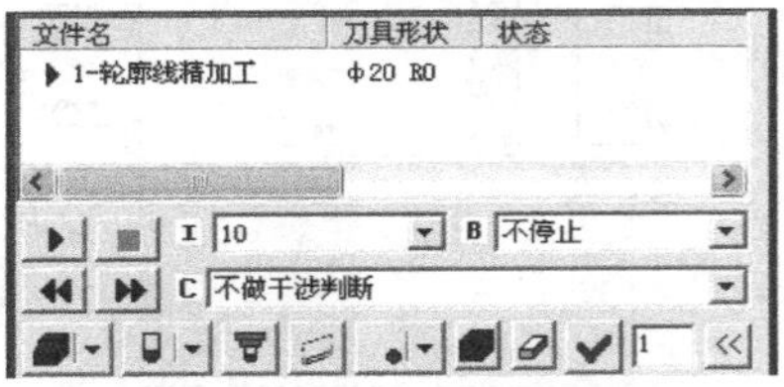

图 17-10　【仿真加工】对话框

⑤ 单击按钮，轨迹仿真开始，加工结果如图 17-11 所示。关闭【仿真加工】对话框，关闭【CAXA 轨迹仿真】窗口，外台轮廓刀具轨迹设置完成。

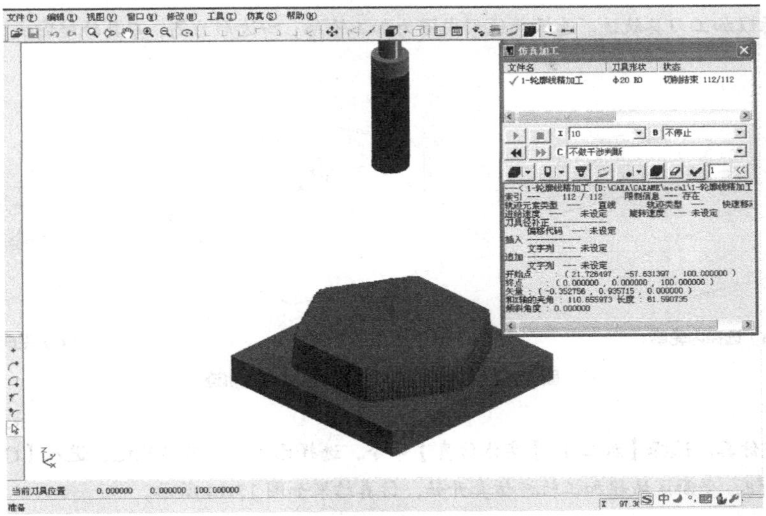

图 17-11 【CAXA 轨迹仿真】窗口

⑥ 为了便于后续刀具轨迹的设置，可以用鼠标右键单击特征树中的加工轨迹，在弹出的快捷菜单中选择“隐藏”命令，将轨迹隐藏。

17.1.3 平面区域粗加工内腔

外轮廓加工完毕之后，开始加工凸台内腔，内腔应用平面区域粗加工。

【步骤解析】

视频 44
加工凸台——区域孔加工

① 设置区域式加工的粗加工参数。采用平面区域粗加工的方法加工内腔时，将加工余量设置为“0”，可以完成内腔的精加工，应用直径为“10”的短刀加工。

② 选择【加工】/【常用加工】/【平面区域粗加工】命令，或在加工工具栏中单击按钮，在弹出的图 17-12 所示的对话框中设置各项参数。

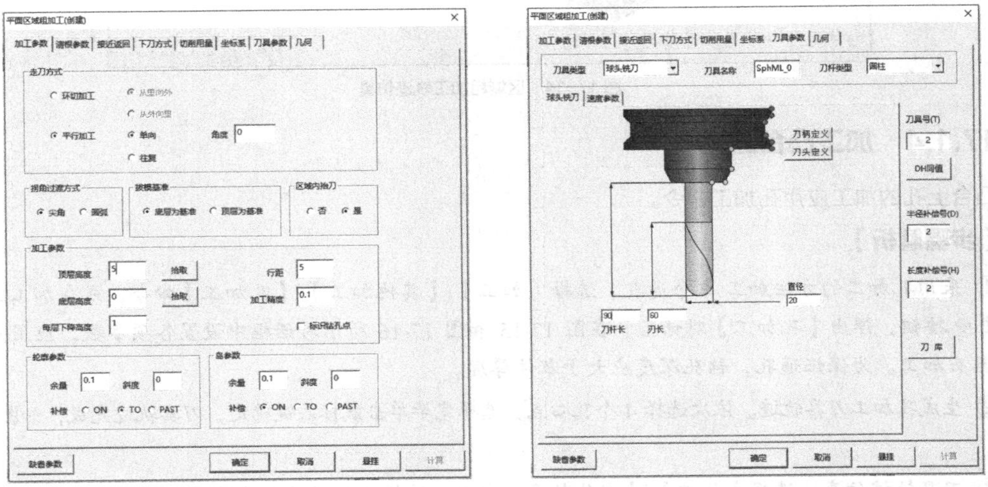

（a）【加工参数】设置　　（b）【刀具参数】设置

图 17-12 【平面区域粗加工】对话框参数设置

③ 生成轮廓线加工刀具轨迹。选择六边形内圈为加工轮廓，四边形为岛，刀具轨迹完成，如图 17-13 所示。

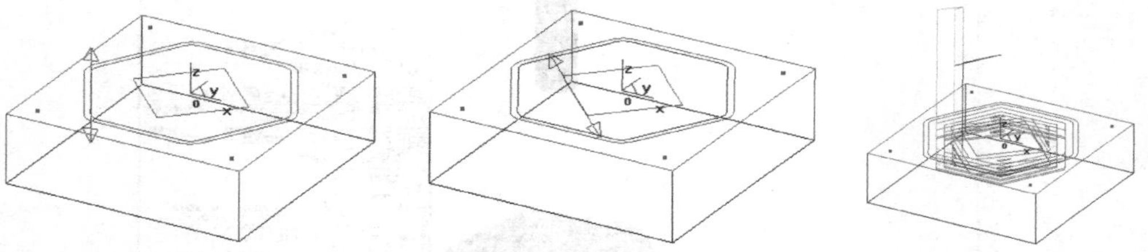

（a）选择内轮廓　　（b）选择岛　　（c）生成刀具轨迹

图 17-13　选择加工轮廓和岛生成刀具轨迹

④ 刀具轨迹仿真。选择【加工】/【实体仿真】命令，选择已生成的刀具轨迹，进入【CAXA 轨迹仿真】窗口。单击▶按钮，平面区域粗加工轨迹仿真开始，仿真结果如图 17-14 所示。

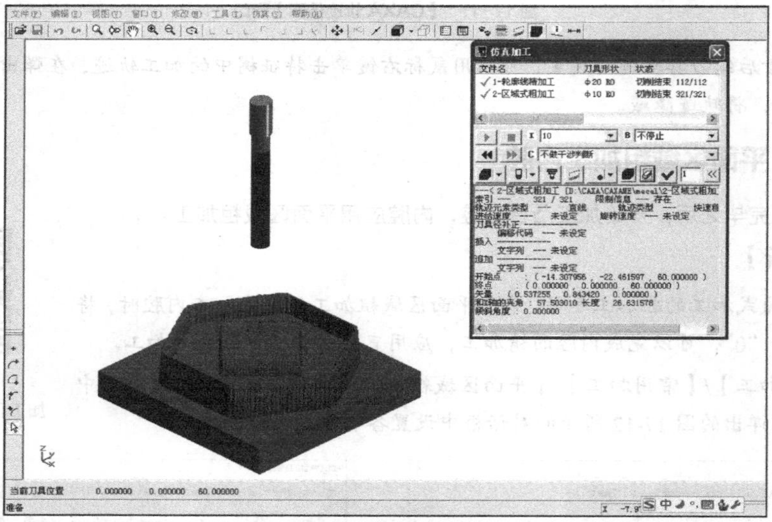

图 17-14　区域粗加工轨迹仿真

17.1.4　加工凸台通孔

凸台上孔的加工应用孔加工命令。

【步骤解析】

① 采用孔加工的方法加工 4 个通孔。选择【加工】/【其他加工】/【孔加工】命令，或在加工工具栏中单击按钮，弹出【孔加工】对话框。在图 17-15 和图 17-16 所示对话框中设置各项参数，应用直径为 10 的钻头加工。为保证通孔，钻孔深度应大于零件厚度。

② 生成孔加工刀具轨迹。依次选择 4 个孔心点，选择完毕单击鼠标右键确定，刀具轨迹完成，如图 17-17 所示。

③ 刀具轨迹仿真。选择【加工】/【实体仿真】命令，选择已生成的刀具轨迹，进入【CAXA 轨迹仿真】窗口。单击▶按钮，孔加工轨迹仿真开始，仿真结果如图 17-18 所示。

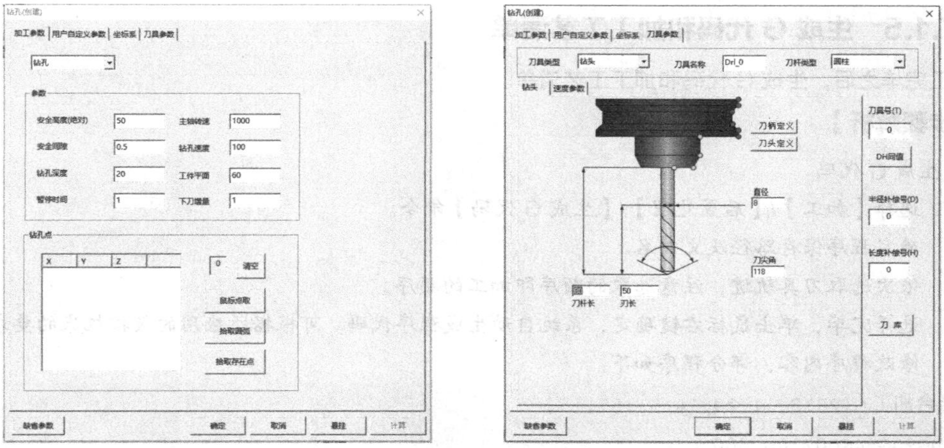

图 17-15　【孔加工】对话框参数设置

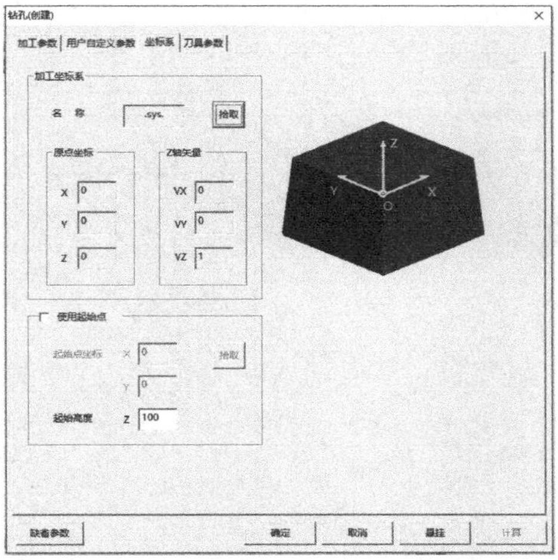

图 17-16　【孔加工】对话框参数设置

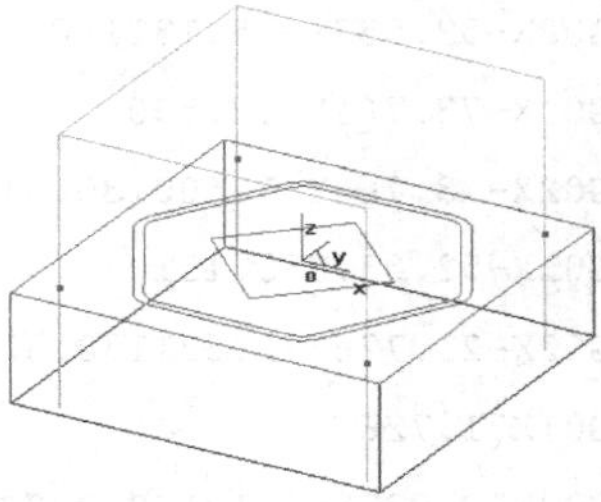

图 17-17　生成刀具轨迹

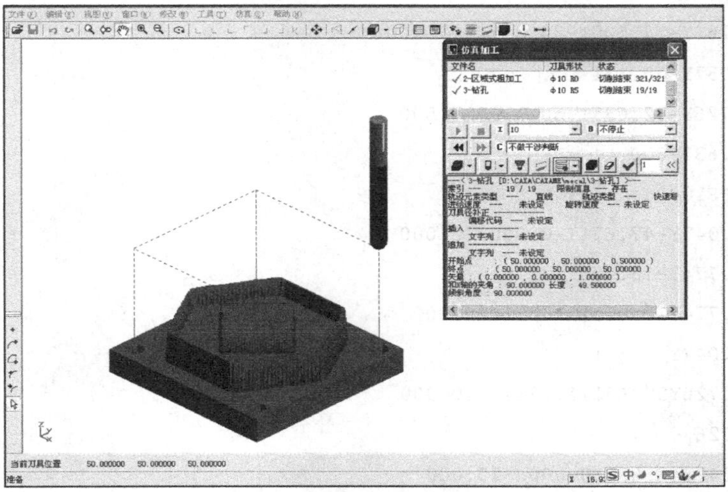

图 17-18　孔加工轨迹仿真

17.1.5 生成 G 代码和加工工艺清单

加工完毕之后，生成 G 代码和加工工艺清单。

【步骤解析】

① 生成 G 代码。

- 选择【加工】/【后置处理】/【生成 G 代码】命令。
- 确定程序保存路径及文件名。
- 依次选取刀具轨迹，注意选取的顺序即加工的顺序。
- 选择完毕，单击鼠标右键确定，系统自动生成程序代码。可根据所应用的数控机床的要求，适当修改程序内容，部分程序如下。

```
(凸台加工 G,2013.11.29,14:51:51.15)
N10G90G54G00Z100.000
N12S3000M03
N14X0.000Y0.000Z100.000
N16X21.726Y-72.631
N18Z10.000
N20G01Z0.000F100
N22X-21.726F1000
N24G02X-52.037Y-55.131I-0.000J35.000
N26G01X-73.764Y-17.500
N28G02X-73.764Y17.500I30.311J17.500
N30G01X-52.037Y55.131
N32G02X-21.726Y72.631I30.311J-17.500
N34G01X21.726
N36G02X52.037Y55.131I0.000J-35.000
N38G01X73.764Y17.500
N40G02X73.764Y-17.500I-30.311J-17.500
N42G01X52.037Y-55.131
N44G02X21.726Y-72.631I-30.311J17.500
N46G01Y-57.631F800
N48X-21.726F1000
N50G02X-39.047Y-47.631I-0.000J20.000
N52G01X-60.774Y-10.000
N54G02X-60.774Y10.000I17.321J10.000
N56G01X-39.047Y47.631
N58G02X-21.726Y57.631I17.321J-10.000
N60G01X21.726
N62G02X39.047Y47.631I0.000J-20.000
……
```

② 生成加工工艺清单。

- 选择【加工】/【工艺清单】命令，弹出【工艺清单】对话框，如图 17-19 所示。
- 指定工艺清单保存路径。
- 分别输入零件名称、零件图图号、零件编号、设计、工艺和校核等内容。
- 指定使用模板中的模板形式，一般选择“sample01”模板。
- 单击生成清单按钮，进入工艺清单界面，如图 17-20 所示。

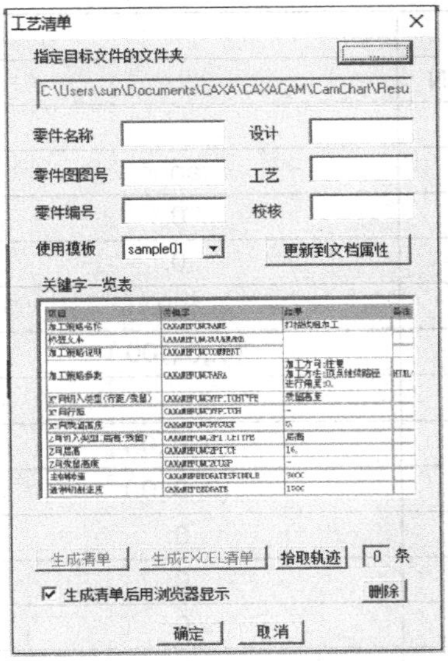

图 17-19 【工艺清单】对话框

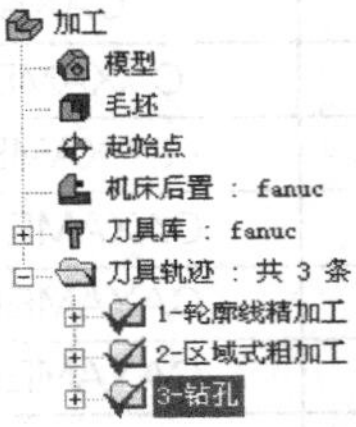

图 17-20 特征树中选择轨迹

- 单击生成清单按钮后，打开【工艺清单——关键字一览表】窗口，如图 17-21 所示。

图 17-21 【工艺清单——关键字一览表】窗口

部分工艺清单如图 17-22 所示。

关键字——明细表、机床、起始点、模型、毛坯。

general. html

项目	关键字	结果	备注
零件名称	CAXAMEDETAILPARTNAME	凸台	
零件图图号	CAXAMEDETAILPARTID	1010	
零件编号	CAXAMEDETAILDRAWINGID	A4	
生成日期	CAXAMEDETAILDATE	2013.11.29	
设计人员	CAXAMEDETAILDESIGNER		
工艺人员	CAXAMEDETAILPROCESSMAN		
校核人员	CAXAMEDETAILCHECKMAN		
机床名称	CAXAMEMACHINENAME	fanuc	
全局刀具起始点 X	CAXAMEMACHHOMEPOSX	0.	
全局刀具起始点 Y	CAXAMEMACHHOMEPOSY	0.	
全局刀具起始点 Z	CAXAMEMACHHOMEPOSZ	100.	
全局刀具起始点	CAXAMEMACHHOMEPOS	(0.,0.,100.)	
模型示意图	CAXAMEMODELIMG		HTML 代码
模型框最大	CAXAMEMODELBOXMAX	(0.,0.,0.)	
模型框最小	CAXAMEMODELBOXMIN	(0.,0.,0.)	
模型框长度	CAXAMEMODELBOXSIZEX	0.	
模型框宽度	CAXAMEMODELBOXSIZEY	0.	
模型框高度	CAXAMEMODELBOXSIZEZ	0.	
模型框基准点 X	CAXAMEMODELBOXMINX	0.	
模型框基准点 Y	CAXAMEMODELBOXMINY	0.	
模型框基准点 Z	CAXAMEMODELBOXMINZ	0.	
模型注释	CAXAMEMODELCOMMENT	–	
模型示意图所在路径	CAXAMEMODELFFNAME	D:\CAXA\CAXAME\camchart\Result\model.jpg	
毛坯示意图	CAXAMEBLOCKIMG		HTML 代码
毛坯框最大	CAXAMEBLOCKBOXMAX	(60.,60.,0.)	
毛坯框最小	CAXAMEBLOCKBOXMIN	(−60.,−60.,−35.)	
毛坯框长度	CAXAMEBLOCKBOXSIZEX	120.	
毛坯框宽度	CAXAMEBLOCKBOXSIZEY	120.	
毛坯框高度	CAXAMEBLOCKBOXSIZEZ	35.	
毛坯框基准点 X	CAXAMEBLOCKBOXMINX	−60.	
毛坯框基准点 Y	CAXAMEBLOCKBOXMINY	−60.	
毛坯注释	CAXAMEBLOCKCOMMENT	–	
毛坯类型	CAXAMEBLOCKSOURCE	铸件	
毛坯示意图所在路径	CAXAMEBLOCKFFNAME	D:\CAXA\CAXAME\camchart\Result\\block.jpg	

图 17-22　部分工艺清单

17.2 软件功能介绍

1. 定义毛坯

CAXA 制造工程师 2013 系统所定义的毛坯为长方体形状。

【步骤解析】

① 在“轨迹管理”特征树“毛坯”上单击鼠标右键，如图 17-23 所示，在弹出的快捷菜单中选择“定义毛坯”命令，弹出【定义毛坯-世界坐标系（.sys.）】对话框，如图 17-24 所示。

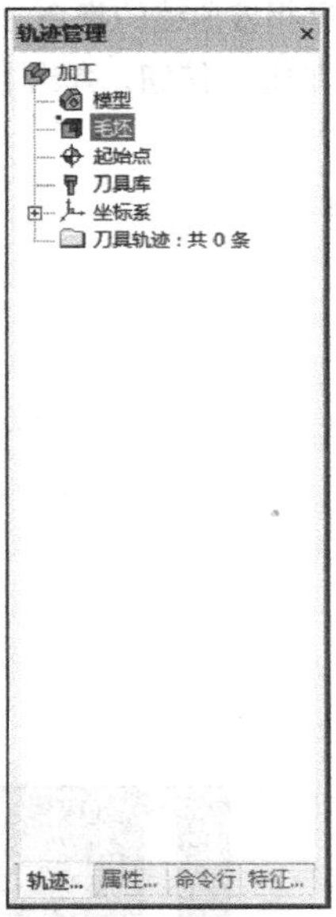

图 17-23 “轨迹管理”特征树

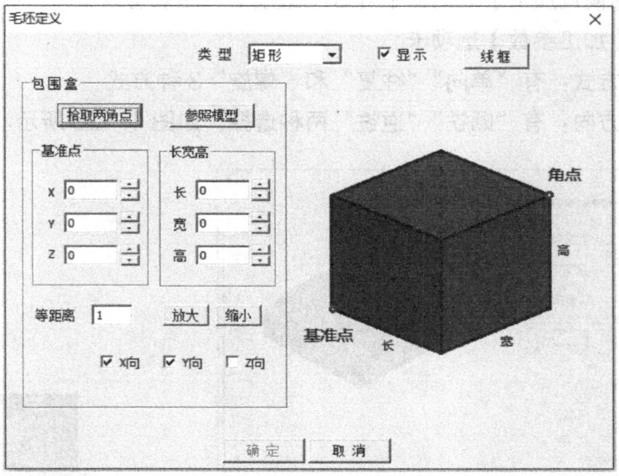

图 17-24 【定义毛坯——世界坐标系】对话框

② 在对话框中根据需要设置各项参数。

③ 单击 确定 按钮，完成毛坯定义。

定义毛坯对话框的选项内容如表 17-1 所示。

表 17-1 定义毛坯选项内容

选 项	说 明	
锁定	单击此按钮，用户将不能设定毛坯的基准点、大小和毛坯类型等。为了防止设定好的毛坯数据被改变，可选择此项	
毛坯定义	两点方式	通过拾取毛坯长方体的两个对角点（与顺序、位置无关）来定义毛坯
	三点方式	通过拾取基准点和拾取定义毛坯大小长方体的两个对角点（与顺序、位置无关）来定义毛坯
	参照模型	系统自动计算模型的包围盒，以作为毛坯
基准点	毛坯在世界坐标系（.sys.）中的长方体的左下角点	
大小	毛坯的大小，毛坯在 X 方向、Y 方向和 Z 方向的尺寸	

续表

选　　项	说　　明
毛坯类型	系统提供了“铸件”“精铸件”“棒料冷作件”“冲压件”“标准件”“外购件”和“外协件”等毛坯的类型，主要用于生成工艺清单时
毛坯精度设定	设定毛坯的网络间距，主要用于仿真时
显示毛坯	设定是否在工作区中显示毛坯
透明度	设定毛坯显示时的透明程度

2. 轮廓偏置加工

轮廓偏置加工可以加工封闭和不封闭的平面轮廓线。轮廓线是一系列首尾相接曲线的集合。

选择【加工】/【常用加工】/【轮廓偏置加工】命令，或在加工工具栏中单击按钮，弹出【轮廓偏置加工】对话框，如图 17-25 所示。

【轮廓偏置加工】对话框中有 8 个选项卡，主要有以下一些参数需要设置。

(1)【加工参数】选项卡

加工方式：有“单向”“往复”和“螺旋”3 种方式。

加工方向：有“顺铣”“逆铣”两种选择。如图 17-26 所示。

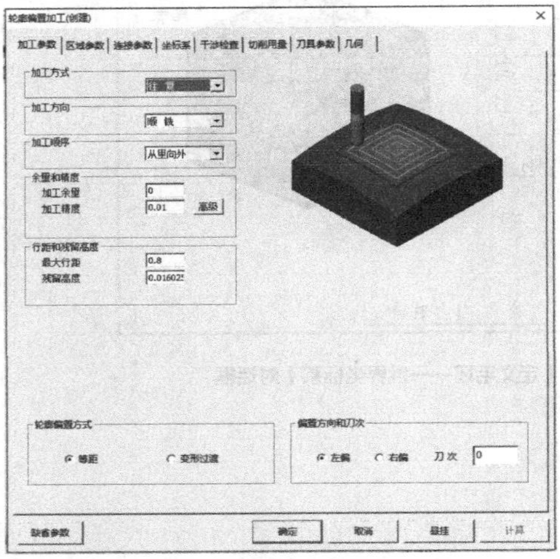

图 17-25 【轮廓偏置加工】对话框

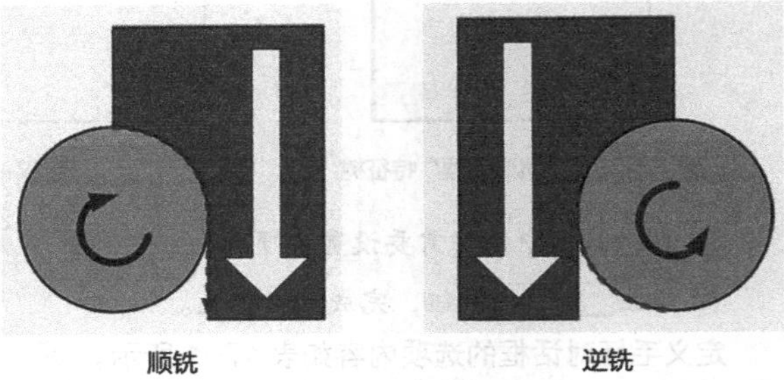

图 17-26 加工方向

加工顺序：有“从里向外”“从外向里”两种选择。如图 17-27 所示。

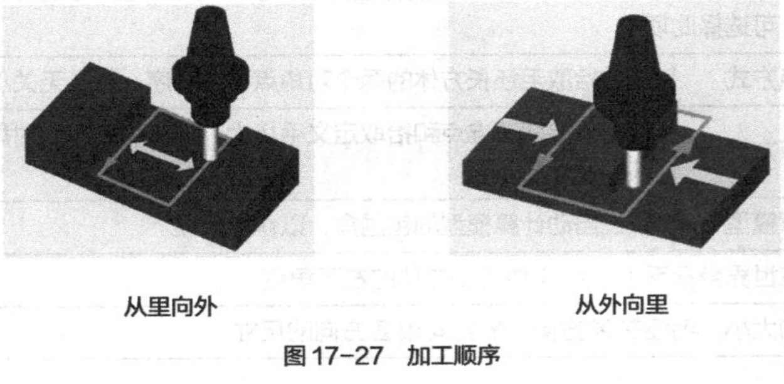

图 17-27 加工顺序

生成半径补偿轨迹：选择是否生成半径补偿轨迹。不生成半径补偿轨迹时，在偏移位置生成轨迹；生成半径补偿轨迹时，对于偏移的形状再做一次偏移。这次轨迹生成在加工边界位置上，在拐角部附加圆弧。圆弧半径为所设定刀具的半径，如图 17-28 所示。

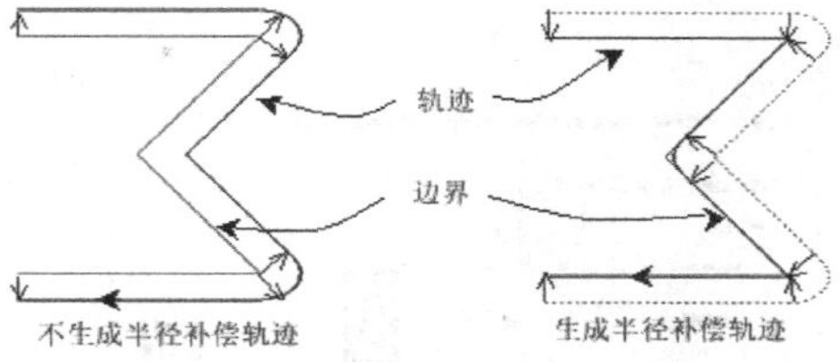

图 17-28 半径补偿轨迹

偏移插补方法：在【偏移类型】选择为【偏移】时设定。在生成偏移加工边界轨迹时有以下两种插补功能，如图 17-29 所示。

- 圆弧插补：生成圆弧插补轨迹。
- 直线插补：生成直线插补轨迹。

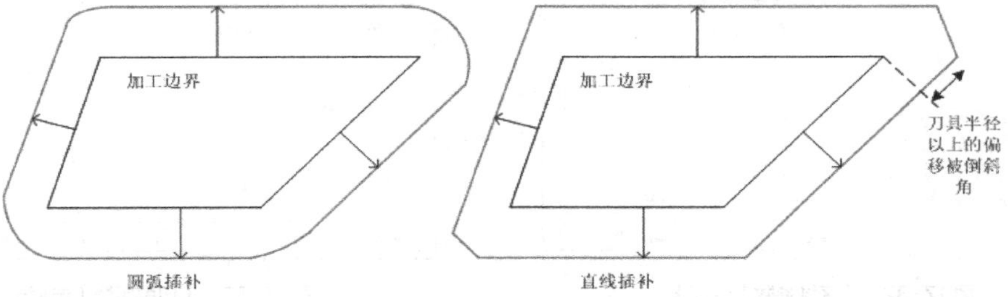

图 17-29 偏移插补

加工精度：输入模型的加工精度。计算模型的轨迹的误差小于此值。加工精度越大，模型形状的误差也增大，模型表面越粗糙；加工精度越小，模型形状的误差也减小，模型表面越光滑。但是，随着轨迹段数目的增多，轨迹数据量也会变大，如图 17-30 所示。

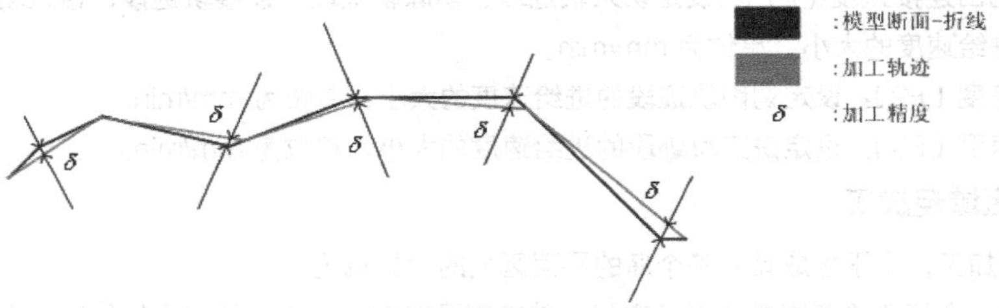

图 17-30 加工精度

加工余量：相对模型表面的残留高度，可以为负值，但不要超过刀角半径，如图 17-31 所示。

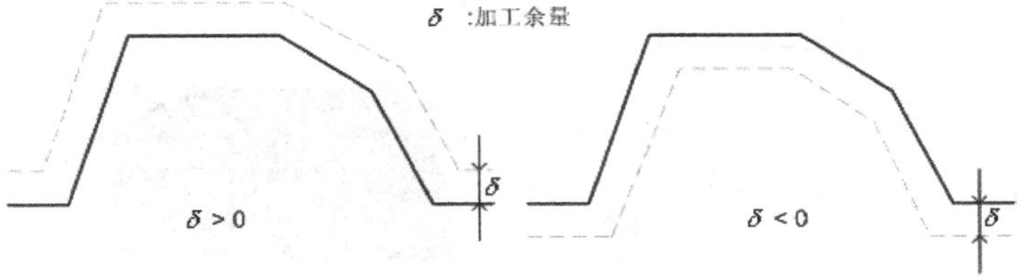

图 17-31 加工余量

（2）【区域参数】选项卡

【区域参数】选项卡如图 17-32 所示。

（3）【切削用量】选项卡

【切削用量】选项卡如图 17-33 所示。

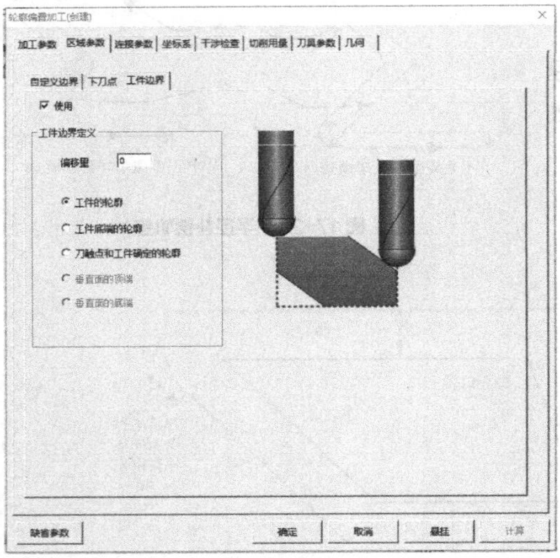

图 17-32 【区域参数】选项卡

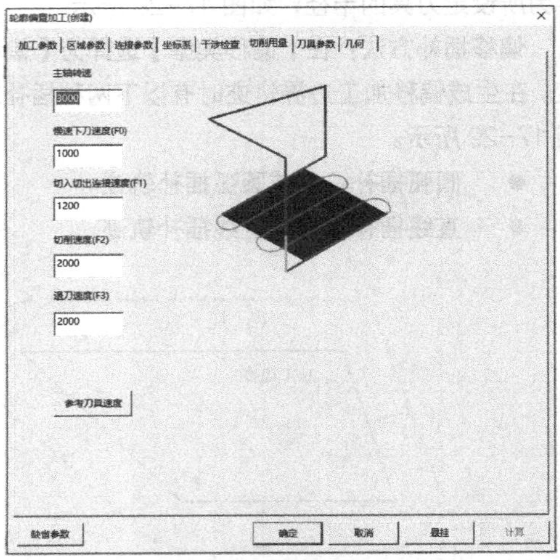

图 17-33 【切削用量】选项卡

【切削用量】选项卡中各参数的含义如下。

- 速度值：设定轨迹各位置的相关进给速度及主轴转速。
- 主轴转速：设定主轴转速的大小，单位为 rad/min（转/分）。
- 慢速下刀速度（F0）：设定慢速下刀轨迹段的进给速度的大小，单位为 mm/min。
- 切入切出连接速度（F1）：设定切入轨迹段、切除轨迹段、连接轨迹段、接近轨迹段和返回轨迹段的进给速度的大小，单位为 mm/min。
- 切削速度（F2）：设定切削轨迹段的进给速度的大小，单位为 mm/min。
- 退刀速度（F3）：设定退刀轨迹段的进给速度的大小，单位为 mm/min。

3. 平面区域粗加工

平面区域粗加工，用于生成具有多个岛的平面区域的刀具轨迹。

区域是只由一个闭合轮廓围成的内部空间，其内部可以有岛。岛也是闭合的轮廓。区域指岛和轮廓之间的部分。由外轮廓和岛共同指定待加工的区域。外轮廓用来指定加工区域的外部边界，岛用来屏蔽其内部不需要加工的部分，如图 17-34 所示。

图 17-34 平面区域粗加工

【步骤解析】

① 选择【加工】/【常用加工】/【平面区域粗加工】命令，或在加工工具栏中单击按钮，弹出【平

面区域粗加工】对话框，在对话框中设置各项参数。【平面区域粗加工】对话框如图 17-35 所示。

② 设置完成之后，单击 确定 按钮完成参数设置，选择加工轮廓，选择加工方向生成加工刀具轨迹。

【平面区域粗加工】对话框有 8 个选项卡，其中有些参数与【轮廓偏置加工】对话框相同，这里将其特有的参数介绍如下。

在【加工参数】选项卡中有以下几个参数需要注意。

加工方向：加工方向设定有以下两种选择，如图 17-36 所示。

- 顺铣：生成顺铣的轨迹。
- 逆铣：生成逆铣的轨迹。

XY 切入设置区中的参数。

- 行距：XY 方向的相邻扫描行的距离。
- 残留高度：由球刀铣削时，输入铣削通过时的残余量（残留高度）。当指定残留高度时，会提示 XY 切削量，如图 17-37 所示。

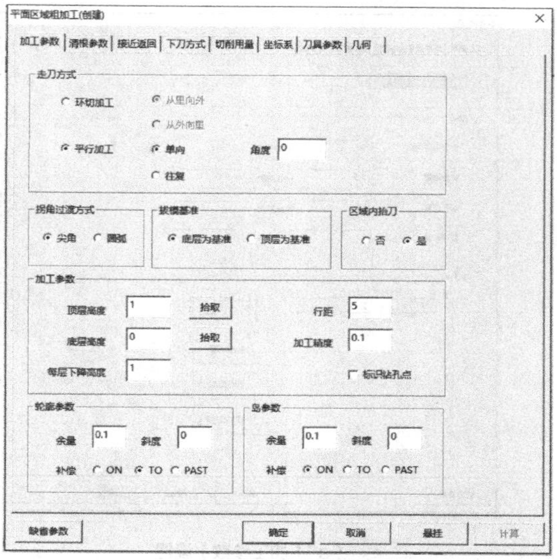

图 17-35 【加工参数】选项卡

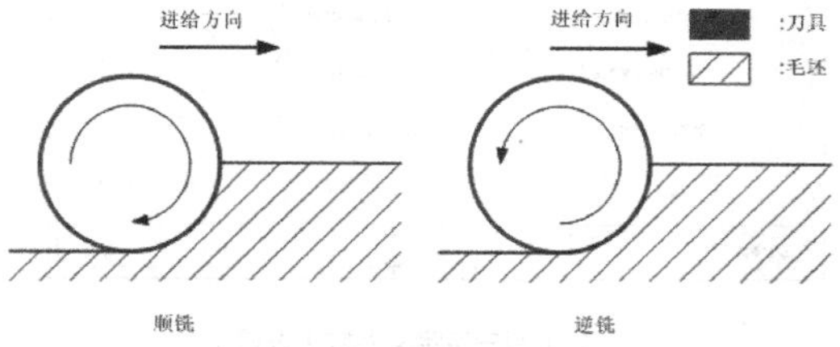

图 17-36 顺铣与逆铣

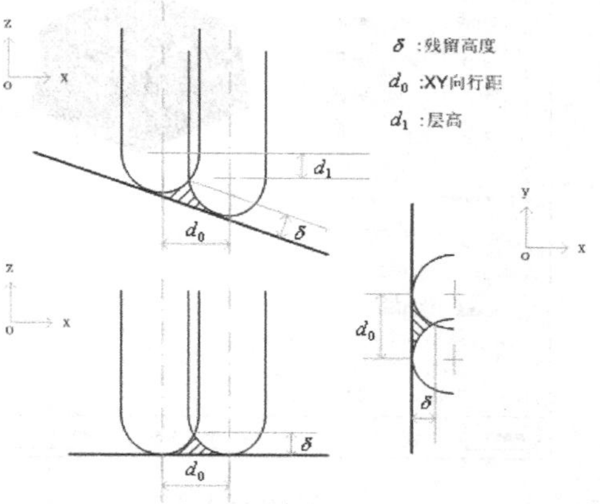

图 17-37 XY 切入

4. 孔加工

孔加工的功能是生成钻孔的刀具轨迹。

【步骤解析】

① 选择【加工】/【其他加工】/【孔加工】命令，或在加工工具栏中单击按钮，弹出【孔加工】对话框，在对话框中设置各项参数。

② 设置完成之后，单击 确定 按钮。依次选择孔的中心点，选择完毕单击鼠标右键确定，加工刀具轨迹完成。

【孔加工】对话框如图 17-38 所示。该对话框有 4 个选项卡。

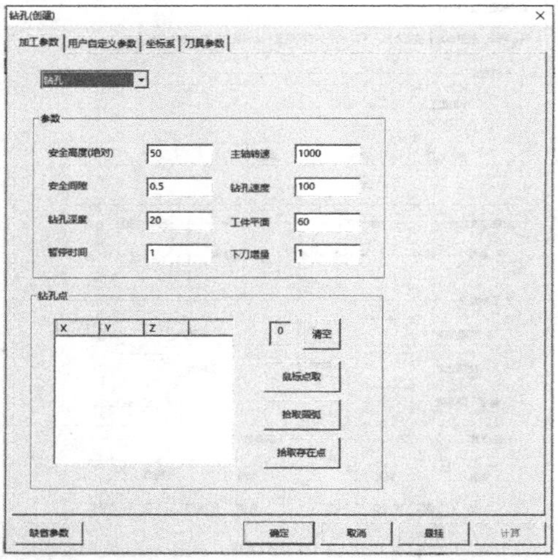

（a）【加工参数】设置

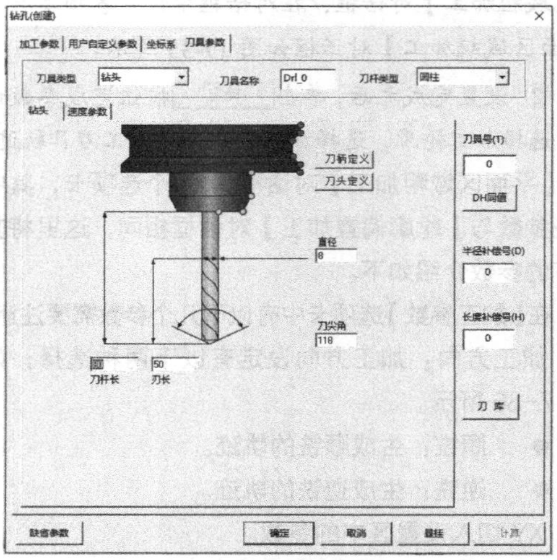

（b）【刀具参数】设置

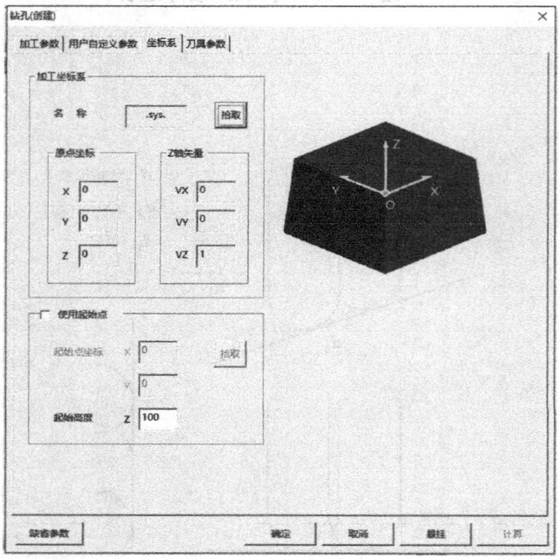

（c）【坐标系】设置

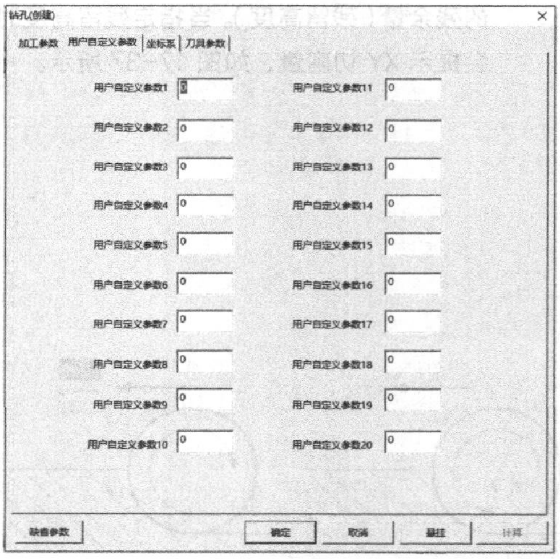

（d）【用户自定义参数】设置

图 17-38 【孔加工】对话框

【孔加工】对话框中的各项参数含义如表 17-2 所示。

表 17-2 【孔加工】对话框中的参数含义

<table>
<tr><td colspan="6">钻孔模式</td></tr>
<tr><td>高速啄式钻孔 G73</td><td>左攻丝 G74</td><td>精镗孔 G76</td><td>钻孔 G81</td><td>钻孔+反镗孔 G82</td><td>啄式钻孔 G83</td></tr>
<tr><td>逆攻丝 G84</td><td>镗孔 G85</td><td>镗孔（主轴停）G86</td><td>反镗孔 G87</td><td>镗孔（暂停+手动）G88</td><td>镗孔（暂停）G89</td></tr>
<tr><td>参数</td><td colspan="5">说明</td></tr>
<tr><td>安全高度</td><td colspan="5">刀具在此高度以上的任何位置，均不会碰伤工件和夹具</td></tr>
<tr><td>主轴转速</td><td colspan="5">机床主轴的转速</td></tr>
</table>

续表

参数	说明	
工件平面	刀具初始位置	
钻孔速度	钻孔刀具的进给速度	
钻孔深度	孔的加工深度	
安全间隙	钻孔时，钻头快速下刀到达的位置，即距离工件表面的距离，由这一点开始按钻孔速度进行钻孔	
暂停时间	攻丝时刀在工件底部的停留时间	
下刀增量	钻孔时每次钻孔深度的增量值	
钻孔位置定义	输入点位置	用户可以根据需要，输入点的坐标，确定孔的位置
	拾取存在点	拾取屏幕上的存在点，确定孔的位置

5. 工艺清单

【工艺清单】对话框中有下列主要参数，如图 17-39 所示。

指定目标文件的文件夹：设定生成工艺清单文件的位置。

（1）明细表参数：包括零件名称、零件图图号、零件编号、设计、工艺和校核明细表参数。

（2）使用模板：在其下拉列表中，提供了 8 个模板供用户选择。

- sample01：关键字一览表，提供了几乎所有与生成加工轨迹相关的参数的关键字，包括明细表参数、模型、机床、刀具起始点、毛坯、加工策略参数、刀具、加工轨迹和 NC 数据等。
- sample02：NC 数据检查表（几乎与关键字一览表同，只是少了关键字说明）。
- sample03 ~ sample08：系统默认的用户模板区，用户可以自行制定自己的模板。

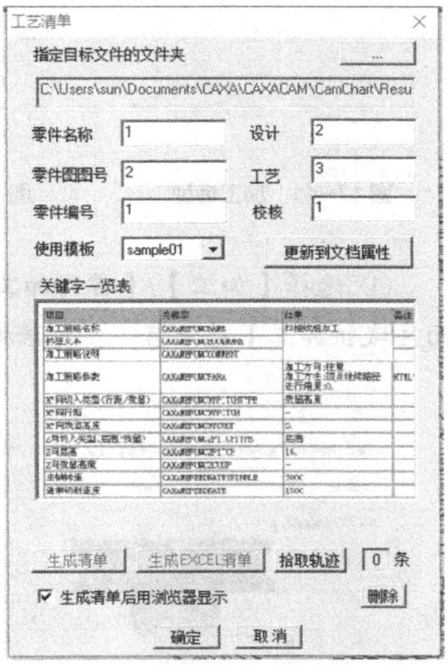

图 17-39 工艺清单

（3）拾取轨迹：单击拾取轨迹按钮后，可以从工作区或 Explorer 导航区选取相关的若干条加工轨迹，拾取后单击鼠标右键确认，会重新弹出【工艺清单】主对话框。

（4）生成清单：注意到 Explorer 导航区有选中的轨迹，单击生成清单按钮后，系统会自动计算生成工艺清单。

17.3 课后综合演练

应用平面区域粗加工命令进行加工，巩固对平面区域粗加工命令的掌握程度。

17.3.1 应用平面区域粗加工命令加工平台

应用平面区域粗加工命令，加工图 17-40 所示的零件，大正方形边长为 140，正六边形轮廓边长为 60，小正方形边长为 20，圆的直径为 20。

【步骤解析】

① 此零件的加工造型为线框造型。在空间平面中，应用曲线生成栏中的工具完成零件的加工造型，如图 17-41 所示。

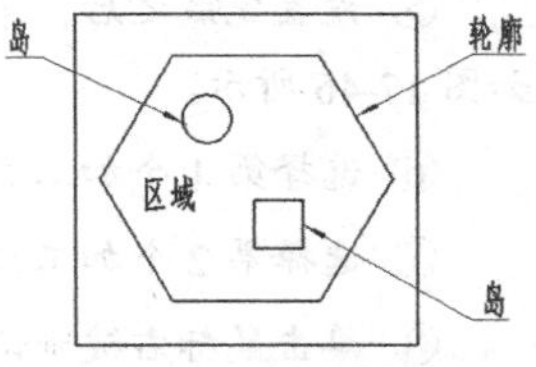

图 17-40 平面区域粗加工

② 在生成刀具轨迹之前，需要先设定毛坯尺寸。零件毛坯尺寸为 140×140×16。在【轨迹管理】特征树中，在“毛坯”图标上单击鼠标右键，在弹出的快捷菜单中选择“定义毛坯”命令，如图 17-42 所示。

③ 选择“定义毛坯”之后，弹出【毛坯定义】对话框，设置【基准点】和【长宽高】栏中的内容，如图 17-43 所示，设置完成后单击 确定 按钮。

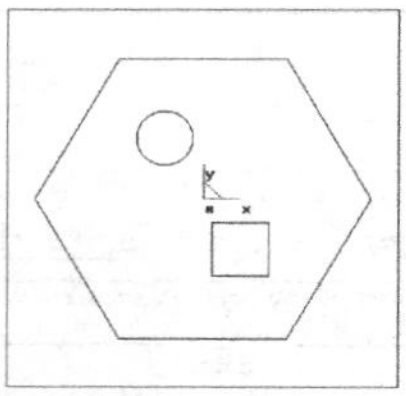

图 17-41 加工造型

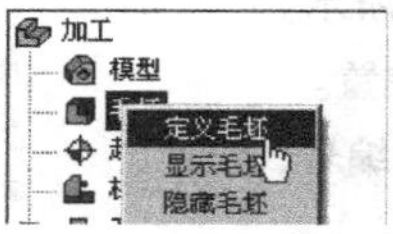

图 17-42 定义毛坯

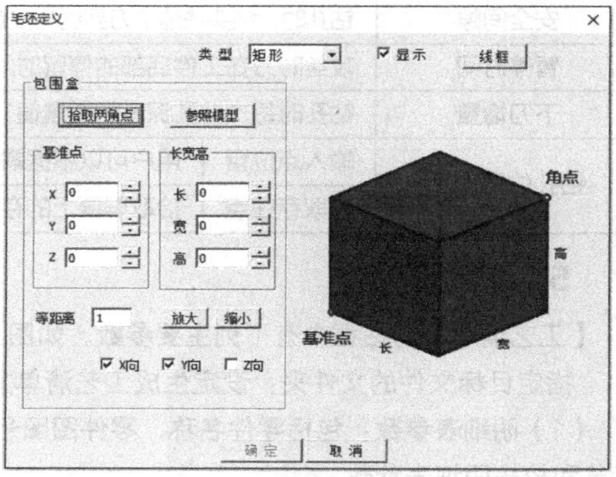

图 17-43 【毛坯定义】参数设置

④ 选择【加工】/【常用加工】/【平面区域粗加工】命令，或单击加工工具栏中的 按钮，弹出【平面区域粗加工】对话框。在对话框中设置各项参数，如图 17-44 和图 17-45 所示。

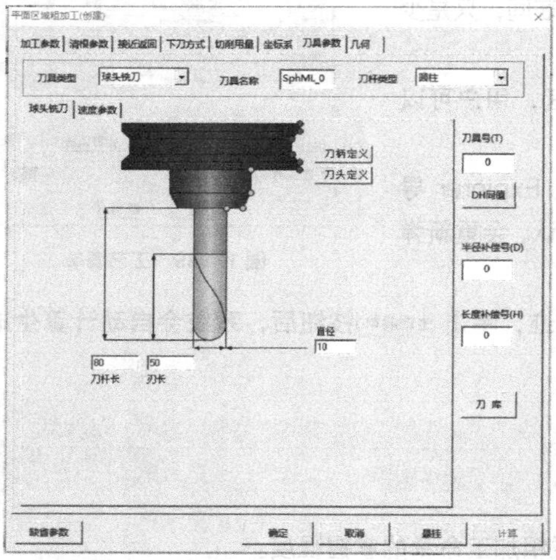

图 17-44 【平面区域粗加工-刀具参数】对话框

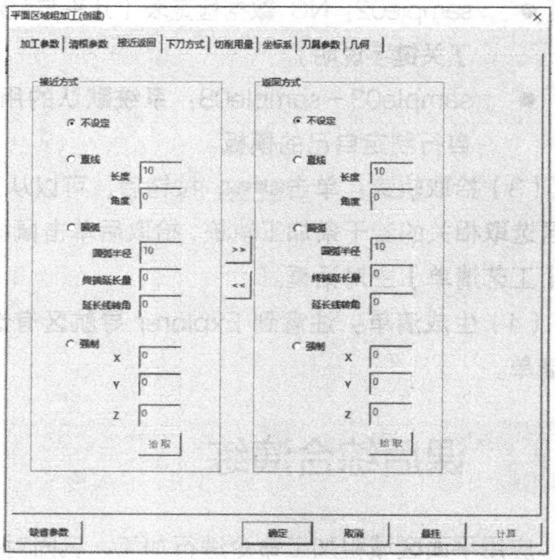

图 17-45 【平面区域粗加工-接近返回】对话框

⑤ 设置完成之后，单击 确定 按钮。根据状态栏的命令提示，先选择加工外轮廓，选择加工方向，如图 17-46 所示。

⑥ 选择第 1 个加工岛，选择方向，如图 17-47 所示。

⑦ 选择第 2 个加工岛，选择方向，如图 17-48 所示。

⑧ 单击鼠标右键确认，完成选择，生成零件的加工刀具轨迹，如图 17-49 所示。

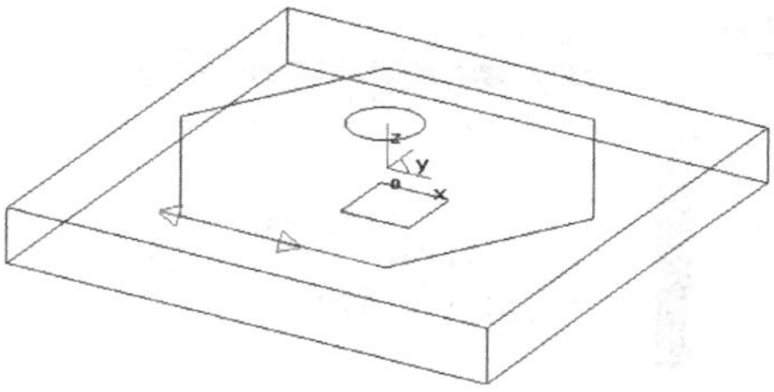

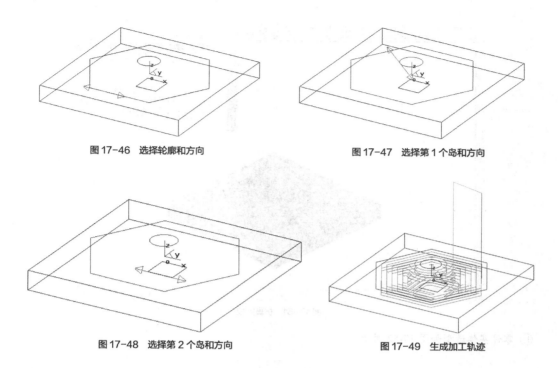

图17-46 选择轮廓和方向

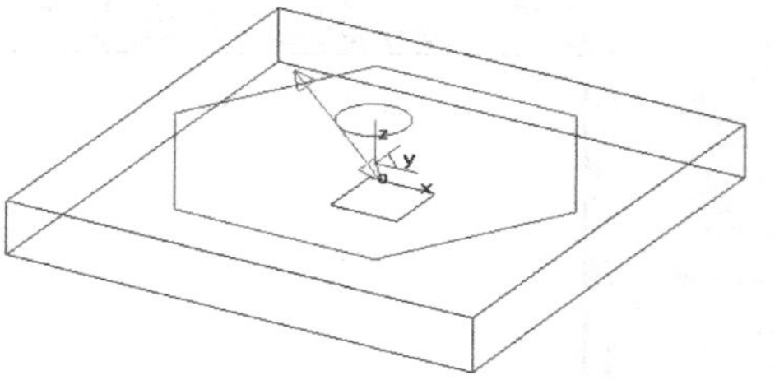

图17-47 选择第1个岛和方向

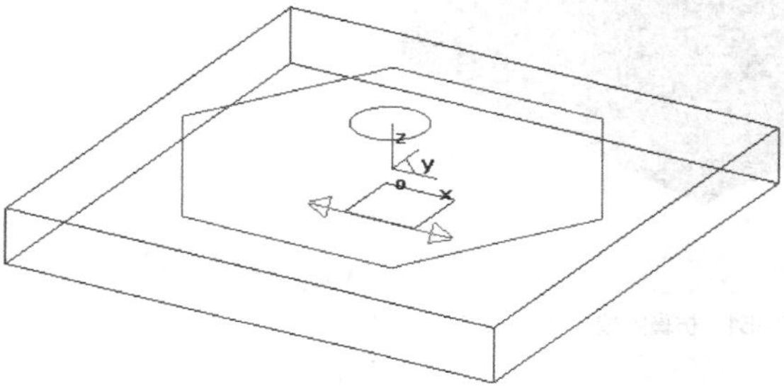

图17-48 选择第2个岛和方向

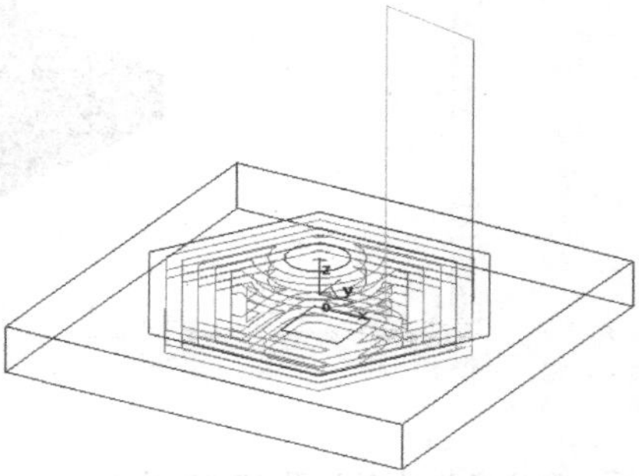

图17-49 生成加工轨迹

⑨ 刀具轨迹仿真。选择【加工】/【实体仿真】命令，选择已生成的刀具轨迹，进入【CAXA 轨迹仿真】界面，如图17-50所示。

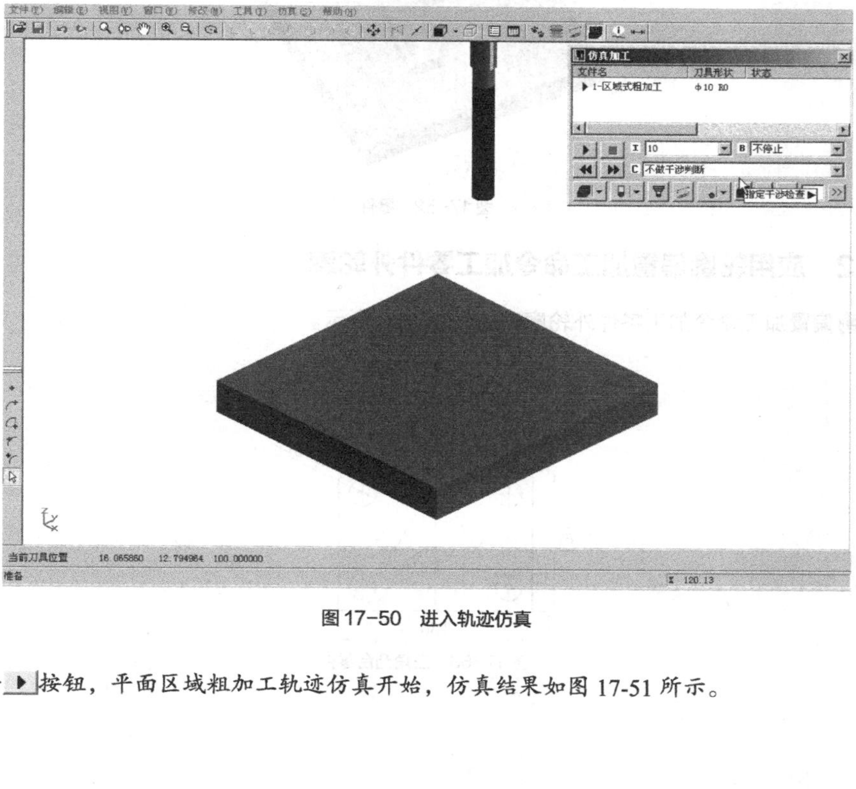

图17-50 进入轨迹仿真

⑩ 单击按钮，平面区域粗加工轨迹仿真开始，仿真结果如图17-51所示。

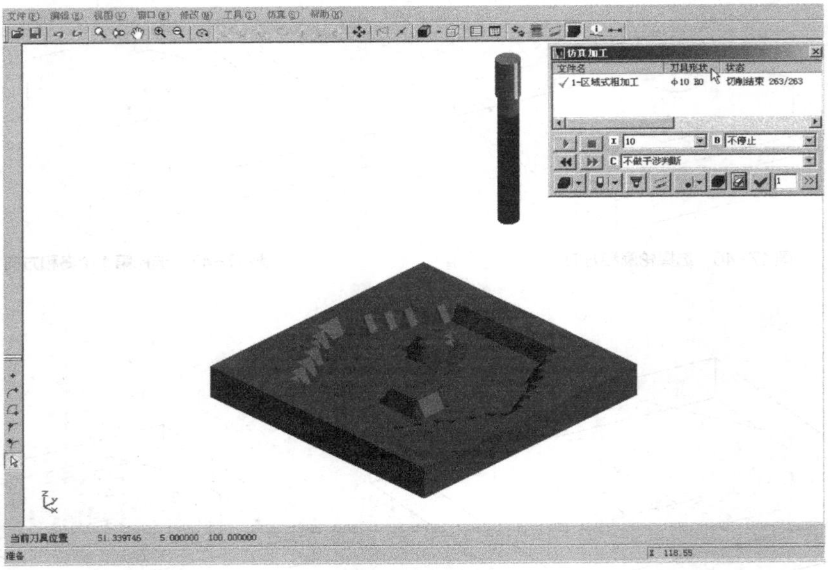

图 17-51　仿真完成

⑪ 零件实体造型如图 17-52 所示。

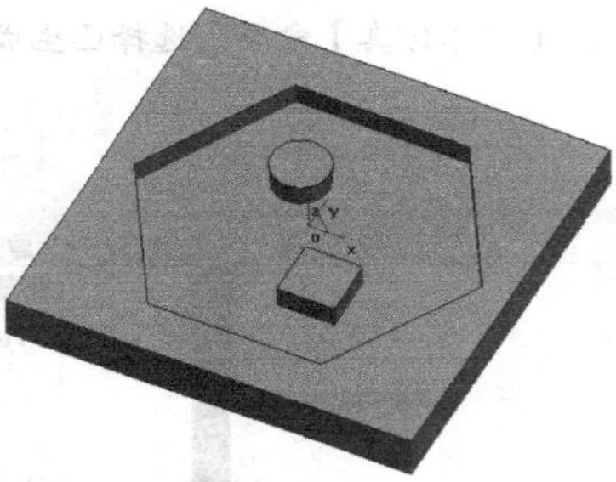

图 17-52　零件

17.3.2　应用轮廓偏置加工命令加工零件外轮廓

应用轮廓偏置加工命令加工零件外轮廓，如图 17-53 所示。

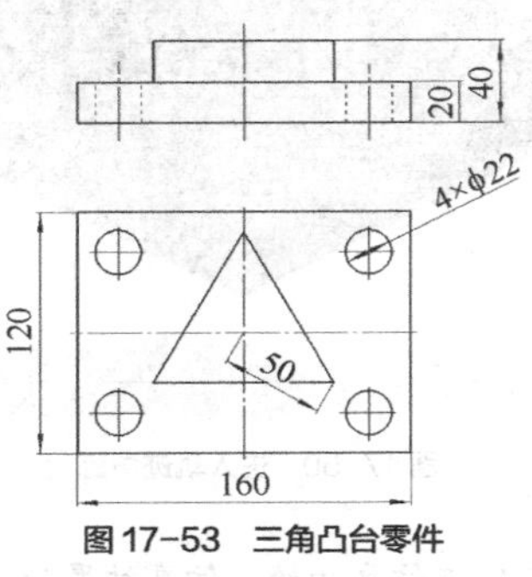

图 17-53　三角凸台零件

【步骤解析】

① 线框造型。凸台的加工造型为线框造型。应用曲线工具完成凸台加工造型，注意作孔的中心位置点，如图 17-54 所示。

② 定义毛坯。在生成刀具轨迹之前，系统要求先定义毛坯尺寸。

③ 在“轨迹管理”特征树中，在“毛坯”图标上单击鼠标右键，在弹出的快捷菜单中选择“定义毛坯”命令，在弹出的【毛坯定义】对话框中，设置各项参数，如图 17-55 所示。

④ 设置完毕之后单击 确定 按钮，完成毛坯的定义，如图 17-56 所示。

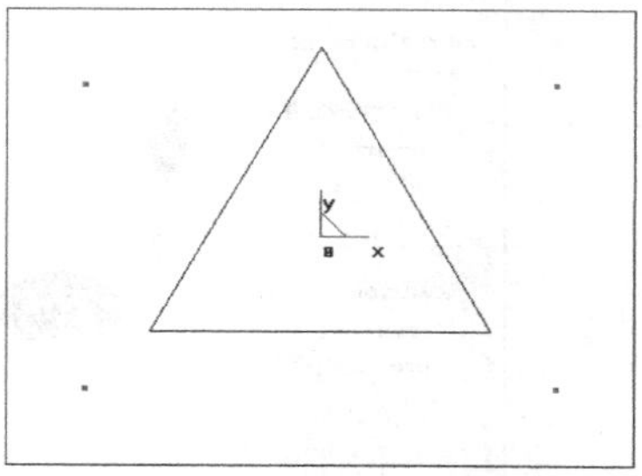

图 17-54 凸台线框造型

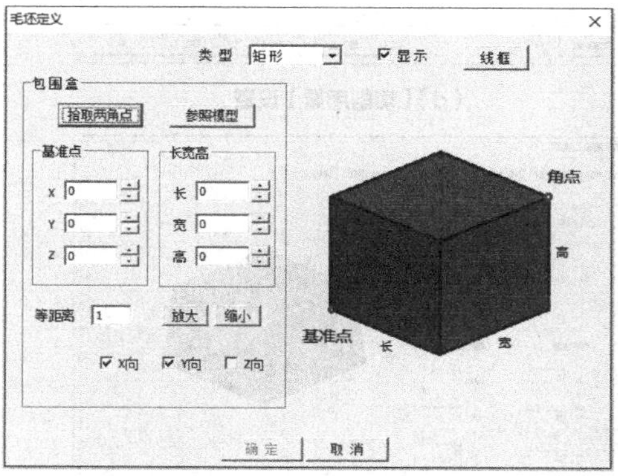

图 17-55 【毛坯定义】对话框

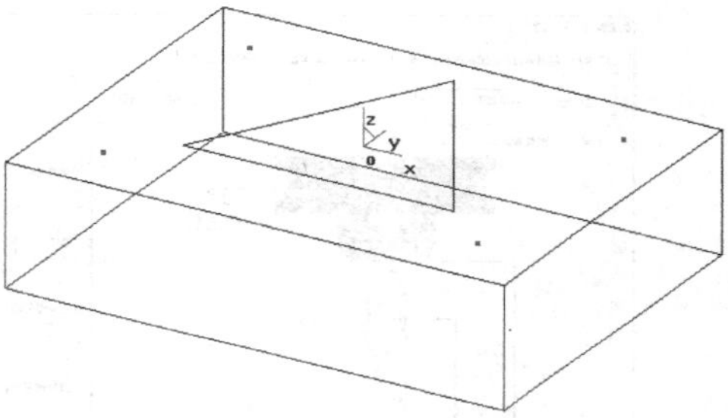

图 17-56 定义毛坯

⑤ 设置轮廓偏置加工参数，采用轮廓线加工的方法加工外台。单击加工工具栏中的按钮，在弹出的图 17-57 所示【轮廓偏置加工】对话框中设置各项参数，应用直径为 20 的端刀加工。

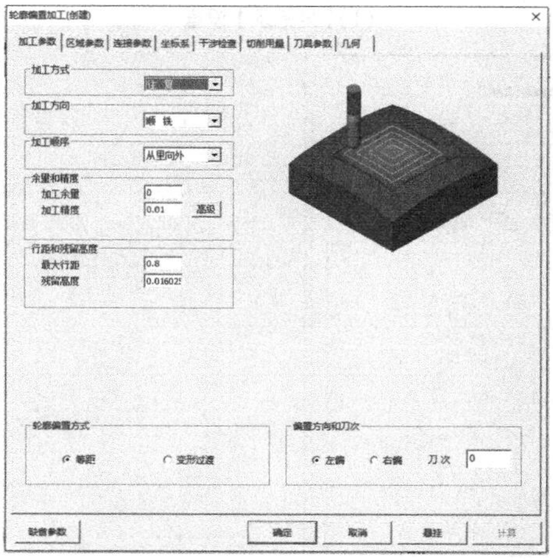

(a)【加工参数】设置

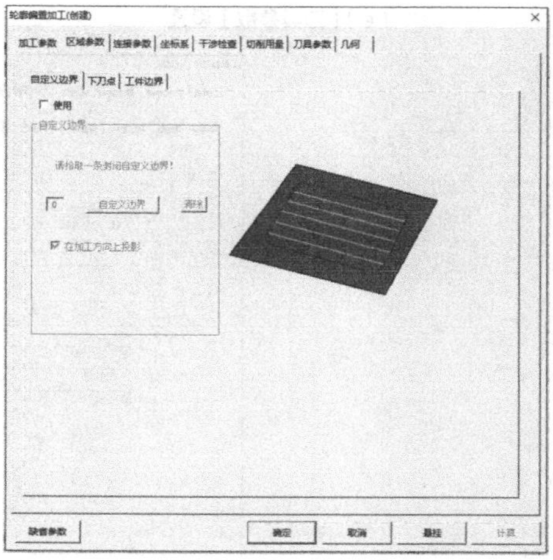

(b)【区域参数】设置

图 17-57 轮廓偏置加工参数设置

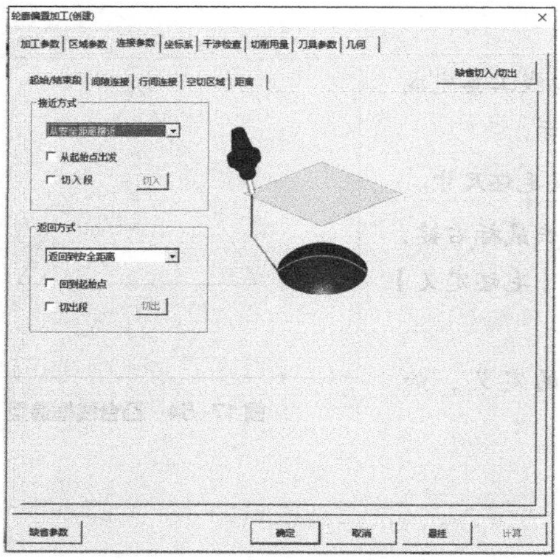

(c)【连接参数】设置

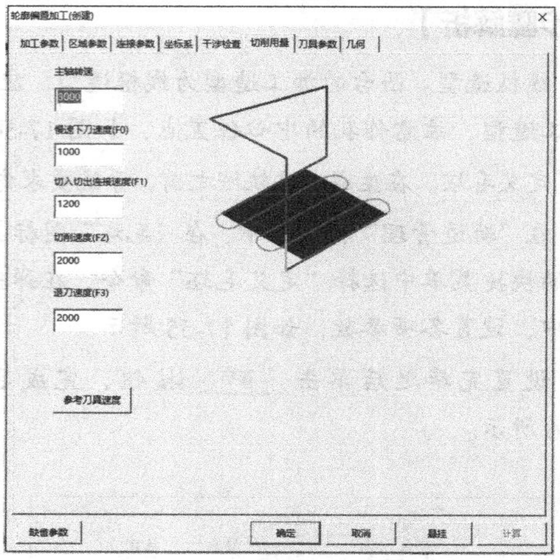

(d)【切削用量】设置

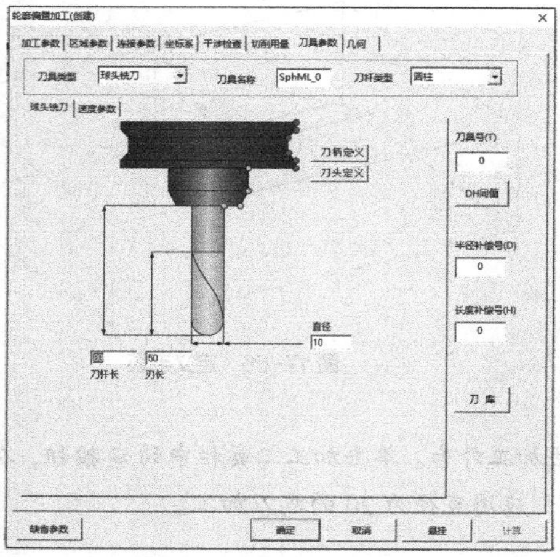

(e)【刀具参数】设置

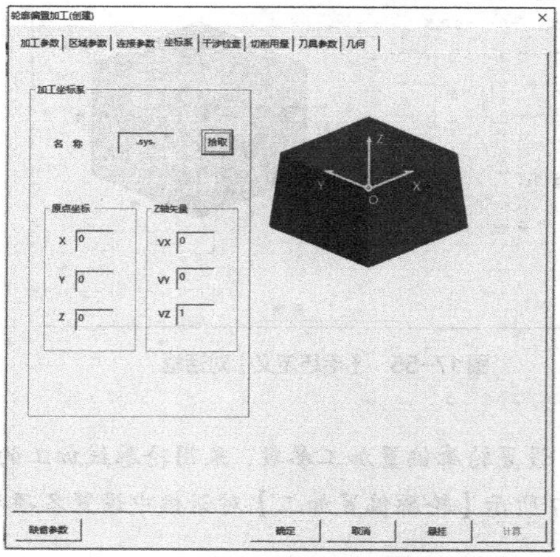

(f)【坐标系】设置

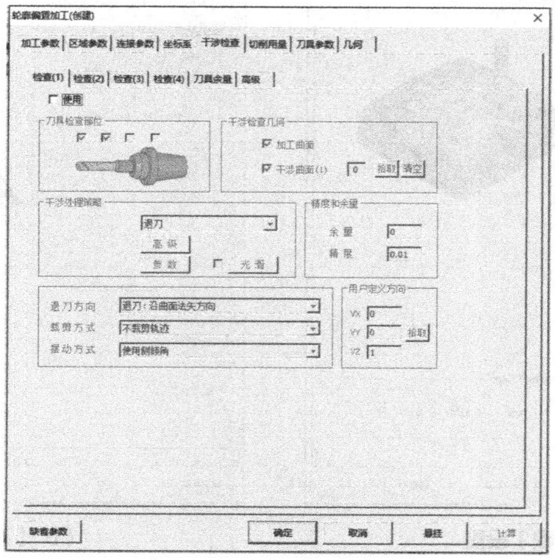

(g)【干涉检查】设置

图 17-57 轮廓偏置加工参数设置（续）

⑥ 生成轮廓加工刀具轨迹。选择三角形外圈加工轮廓，加工方向为顺时针方向，如图 17-58 所示。选择完毕之后单击鼠标右键确定，刀具轨迹计算生成，如图 17-59 所示。

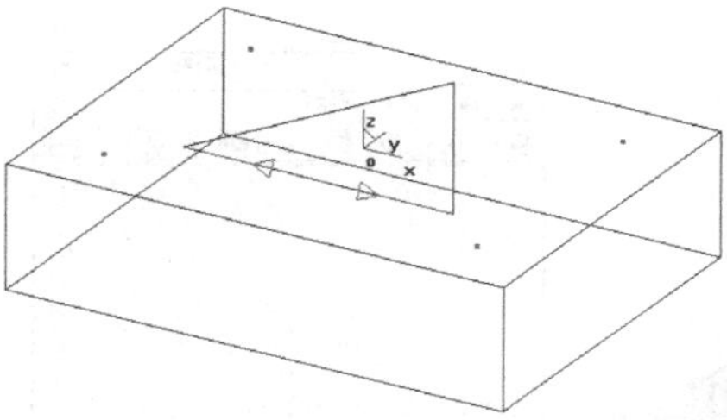

图 17-58 轮廓线和加工方向

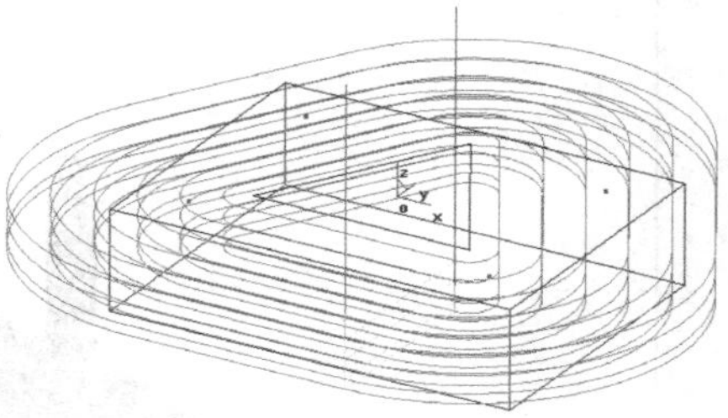

图 17-59 轮廓偏置加工轨迹

⑦ 刀具轨迹仿真。选择【加工】/【实体仿真】命令，选择已生成的刀具轨迹，进入【CAXA 轨迹仿真】界面，如图 17-60 所示。

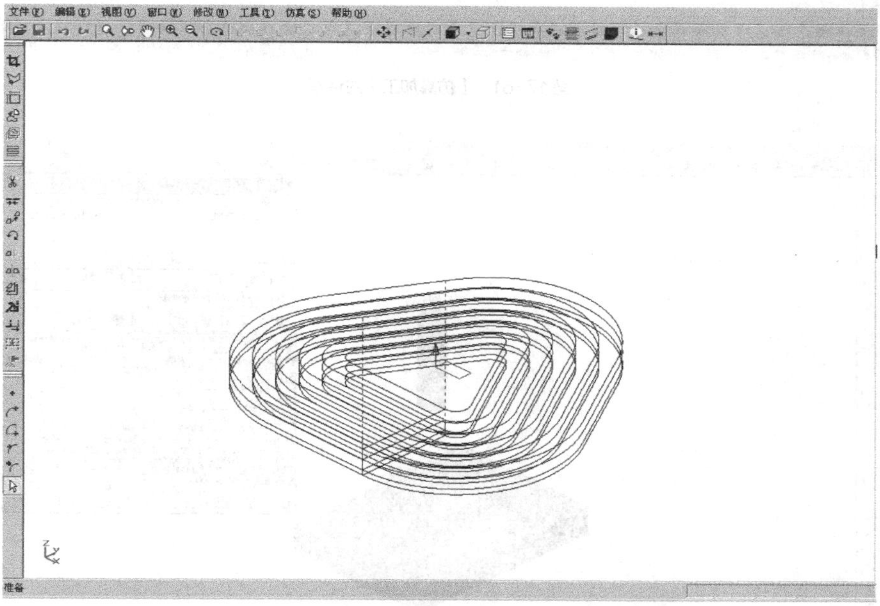

图 17-60 【CAXA 轨迹仿真】界面

⑧ 在【CAXA 轨迹仿真】界面中进行仿真操作。单击按钮弹出【仿真加工】对话框，如图 17-61 所示。

⑨ 单击按钮，轨迹仿真开始，加工结果如图 17-62 所示。关闭【仿真加工】对话框，关闭【CAXA 轨迹仿真】界面，外台轮廓刀具轨迹设置完成。

⑩ 为了便于后续刀具轨迹的设置，可以在特征树中的“加工轨迹”图标上单击鼠标右键，在弹出的快捷菜单中选择“隐藏”命令，将轨迹隐藏。

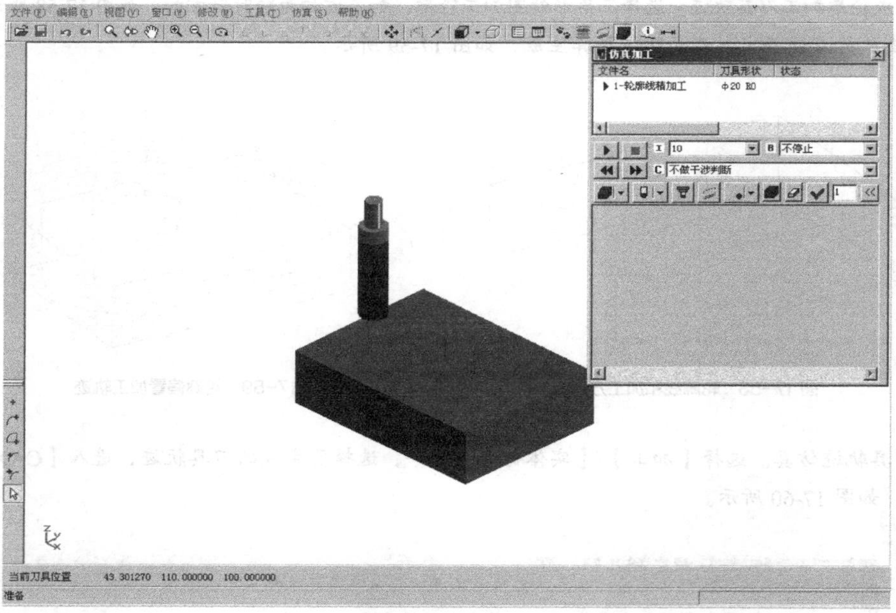

图 17-61 【仿真加工】对话框

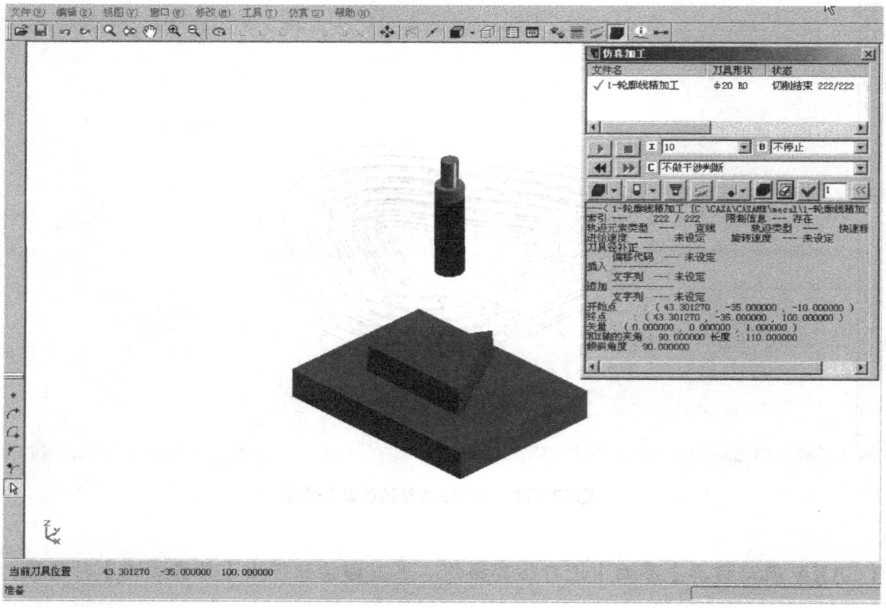

图 17-62 加工结果

⑪ 采用孔加工的方法加工 4 个通孔。选择【加工】/【其他加工】/【孔加工】命令，或在加工工具栏中单击按钮，弹出图 17-63 和图 17-64 所示的【孔加工】对话框。在对话框中设置各项参数，应用直径为 22 的钻头加工。为保证通孔，钻孔深度应大于零件厚度。

⑫ 生成孔加工刀具轨迹。依次选择 4 个孔心点，选择完毕之后单击鼠标右键确定，生成刀具轨迹。如

图 17-65 所示。

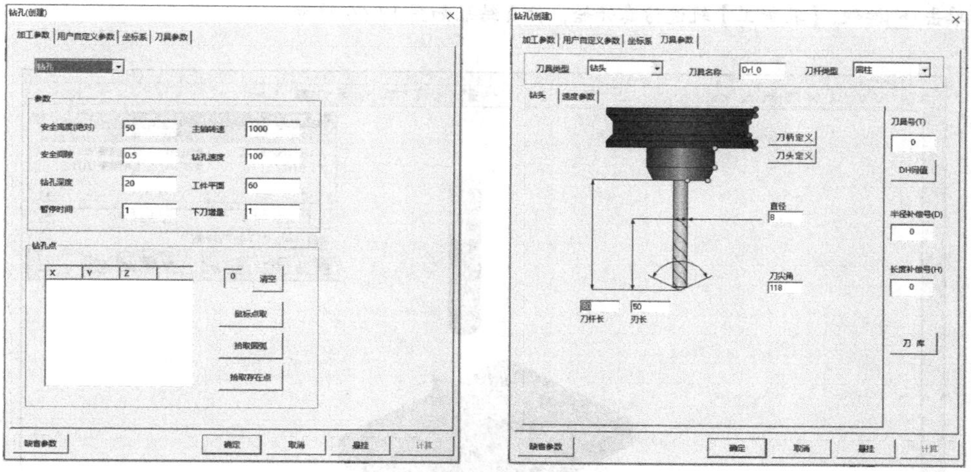

图 17-63　【孔加工】参数设置

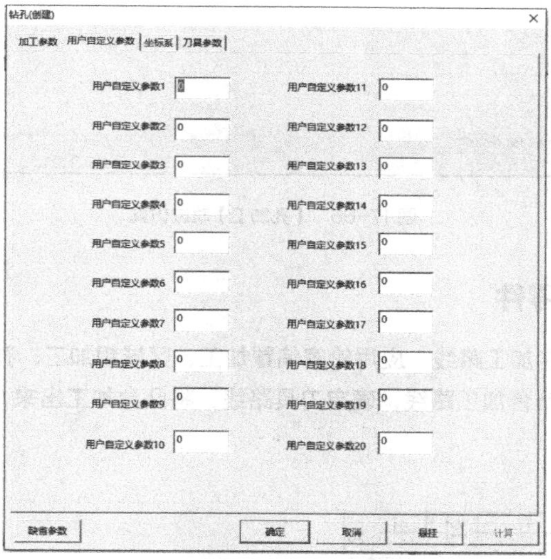

图 17-64　【孔加工】参数设置

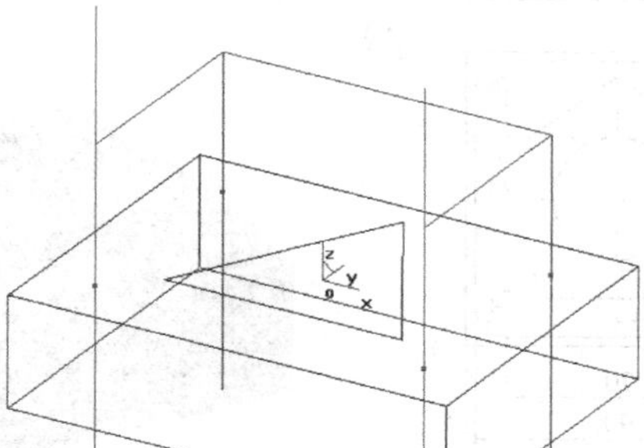

图 17-65　生成刀具轨迹

⑬ 刀具轨迹仿真。选择【加工】/【实体仿真】命令，选择已生成的刀具轨迹，进入【CAXA 轨迹仿真】界面。单击 ▶ 按钮，【孔加工】轨迹仿真开始，仿真结果如图 17-66 所示。

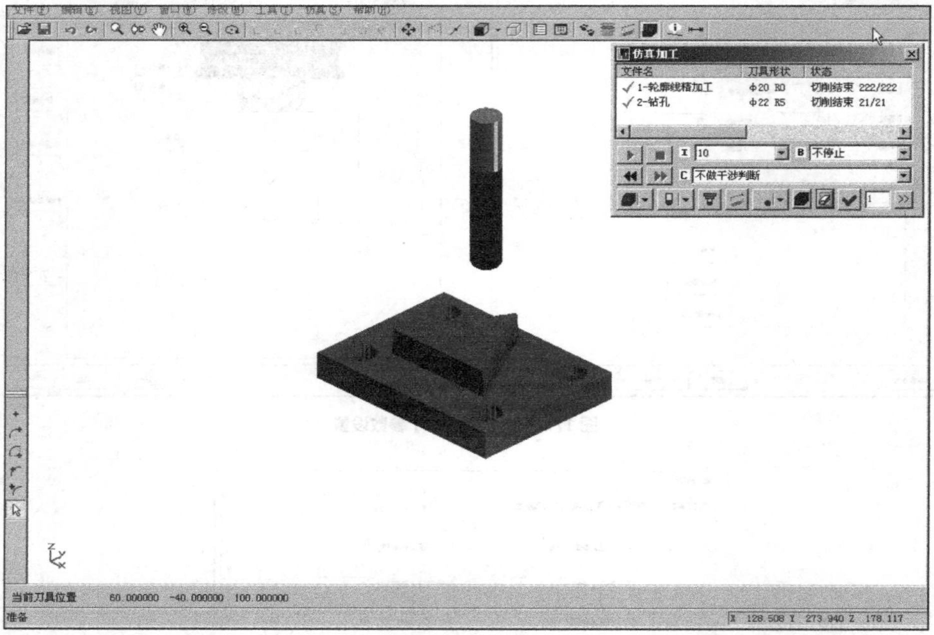

图 17-66 【孔加工】轨迹仿真

17.3.3 加工凸台零件

选择零件加工命令，确定加工路线，应用轮廓偏置加工、区域粗加工、孔加工等命令加工凸台零件。

分析凸台零件图，确定凸台加工路线，确定刀具路线，将凸台加工出来，并进行实体仿真。凸台零件图如图 17-67 所示。

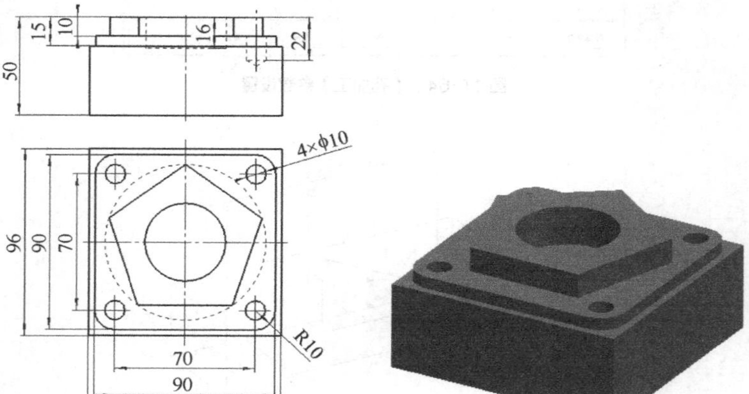

图 17-67 凸台零件图

【步骤解析】

主要加工步骤如图 17-68 所示。

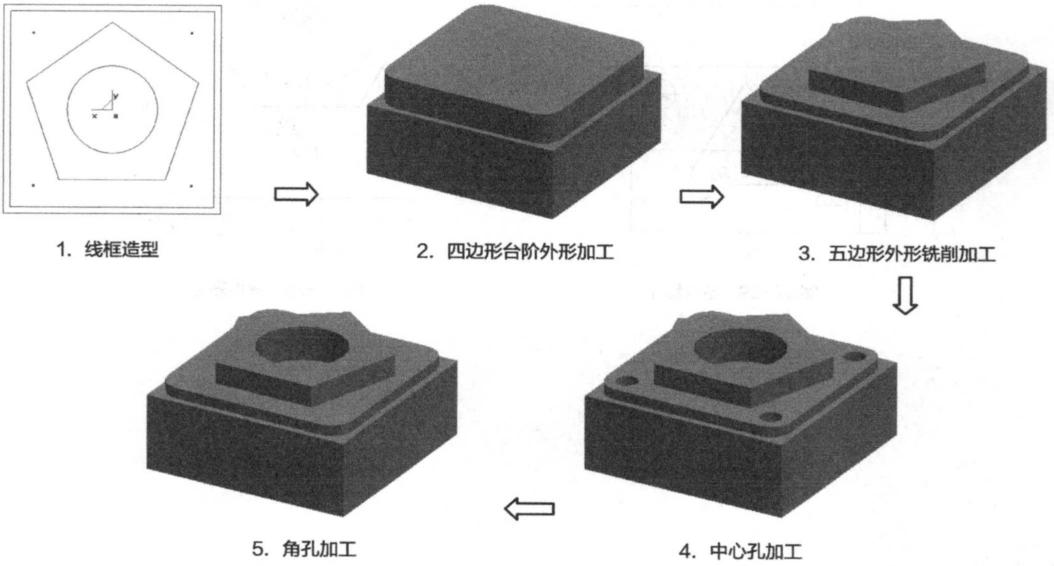

图 17-68 凸台加工步骤

17.4 小结

零件的加工造型是以加工需要为目的，零件上与加工相关的几何要素要通过造型表达出来。本章通过凸台加工重点介绍了轮廓偏置加工、平面区域粗加工、孔加工等加工方法，这些加工方法是零件加工的基础也是比较常用的方法，掌握好这些方法对以后的学习非常有帮助。

应用 CAXA 制造工程师 2013 软件进行零件加工的基本步骤如下。

（1）根据零件图，绘制刀具轨迹，设置所需要的加工造型——曲线、曲面或实体。

（2）生成零件毛坯。

（3）综合考虑机床性能、零件形状特征等，选择加工方式，生成刀具轨迹。

（4）刀具轨迹仿真加工。

（5）根据使用机床的实际情况，设置机床及参数。

（6）生成数控程序代码。

（7）生成加工工艺清单。

17.5 习题

1. 完成零件加工造型，设计零件的加工轨迹，如图 17-69 所示。
2. 完成零件加工造型，设计零件的加工轨迹，如图 17-70 所示。
3. 自己设计一个凸台或其他平面造型，选择合适的加工方法，设计加工轨迹。

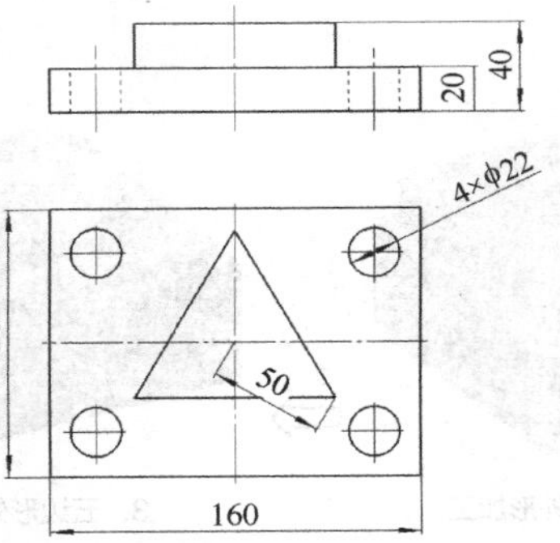

图 17-69　零件图 1

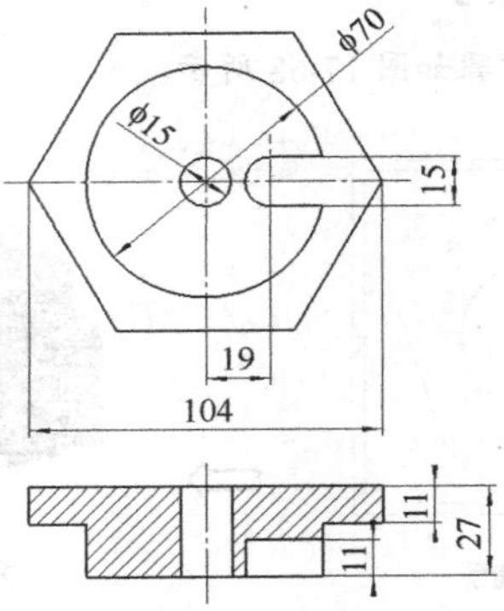

图 17-70　零件图 2

Chapter

18

第 18 章 加工花瓶凸模

花瓶为回转体零件，应用数控铣床或加工中心进行加工时，以半个瓶为单位进行加工。作为模具设计，根据花瓶生产工艺的要求，本节介绍花瓶凸模的制作方法。

花瓶凸模加工要增加下半部分的托体，加工造型要增加下部分的托体。分别应用等高线粗加工和参数线精加工两种方法进行加工，花瓶零件图和实体图如图 18-1 所示。

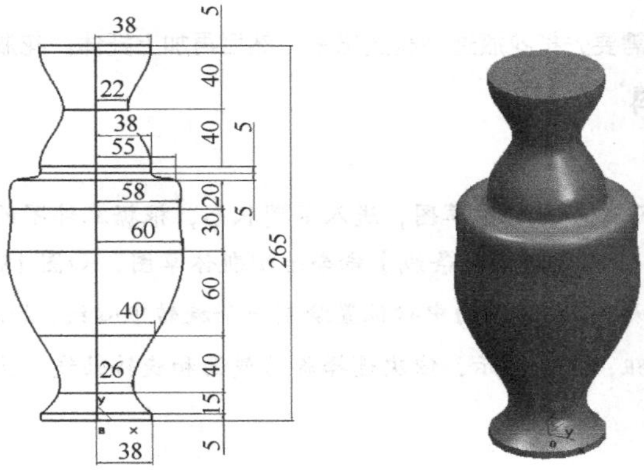

图 18-1　花瓶零件图和实体造型

【学习目标】

- 学会等高线粗加工的方法。
- 掌握参数线精加工的操作与应用。
- 掌握扫描线精加工和等高线精加工的操作与应用。

18.1 课堂实训案例

创建花瓶造型的基本步骤如图 18-2 所示。

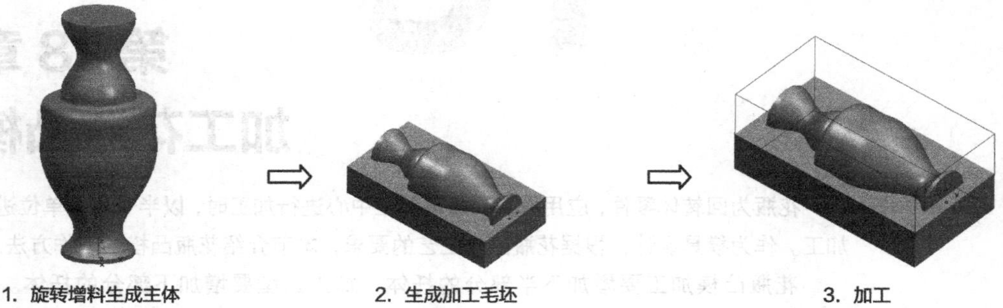

1. 旋转增料生成主体　　2. 生成加工毛坯　　3. 加工

图 18-2　花瓶造型的基本步骤

18.1.1 花瓶凸模加工造型

加工花瓶凸模需要先把花瓶造型构造出来，然后再加上托体。花瓶的具体尺寸如图 18-3 所示。

1. 拉伸除料

视频 45
加工花瓶凸模——造型

【步骤解析】

① 选择“平面 YZ”，创建草图，进入草图状态，根据零件图的尺寸，应用曲线生成工具栏中的【直线】和【样条线】命令绘制瓶体草图，如图 18-4（a）所示。

② 退出草图状态，在草图的中心位置绘制一条旋转中心线，如图 18-4（b）所示。

③ 单击按钮，根据提示，依次选择旋转截面和旋转轴线，生成瓶体的实体造型，如图 18-4（c）所示。

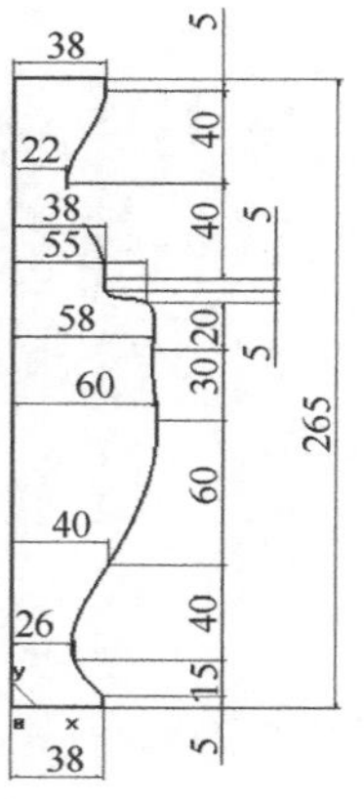

图 18-3　花瓶草图尺寸

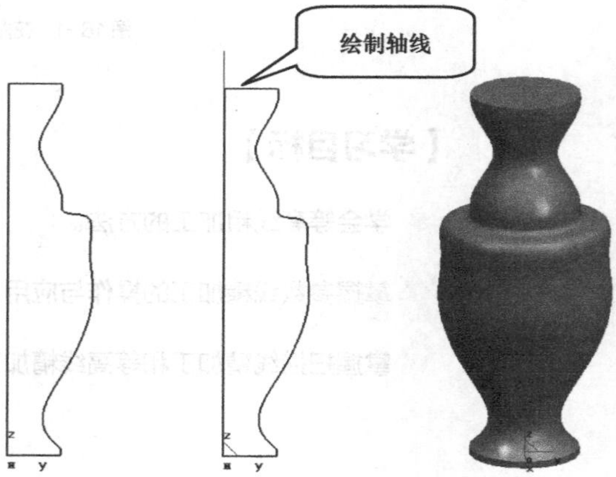

（a）草图　（b）绘制旋转轴　（c）旋转成型

图 18-4　瓶体旋转成型

④ 选择“平面 YZ”，进入草图状态，在“平面 YZ”内绘制草图，如图 18-5（a）所示。

⑤ 单击特征生成工具栏中的按钮，设置拉伸厚度为“60”，生成托体。花瓶凸模加工造型如图 18-5（b）所示。

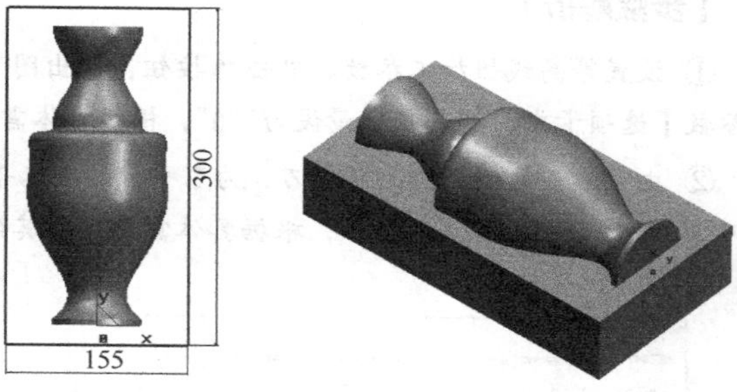

（a）托体草图　　（b）成型托体

图 18-5　拉伸生成托体

2. 定义加工毛坯

【步骤解析】

① 在空间状态，按 F9 键，将绘图平面切换到“平面 XZ”，应用【直线】命令的“两点线”和“正交”选项，在花瓶凸模托体的边上加一棱线，高度高于瓶体，如图 18-6 所示。

② 选择特征树中的“轨迹管理”，在【加工】/【毛坯】上单击鼠标右键，在弹出的快捷菜单中选择“毛坯定义”命令，在弹出的【毛坯定义】对话框中单击 拾取两角点 按钮，如图 18-7 所示。

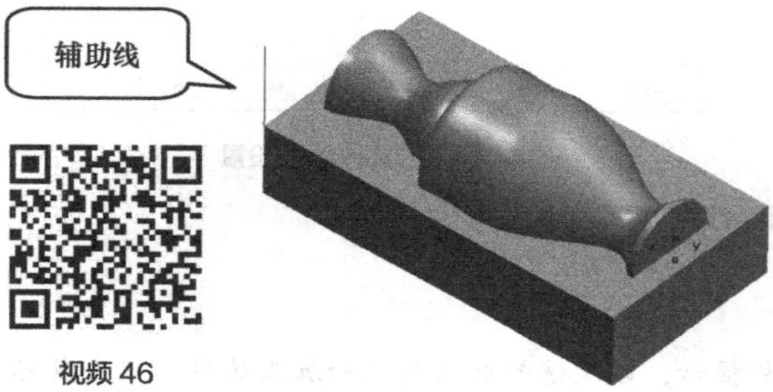

视频 46
加工花瓶凸模——定义毛坯

图 18-6　做毛坯辅助线

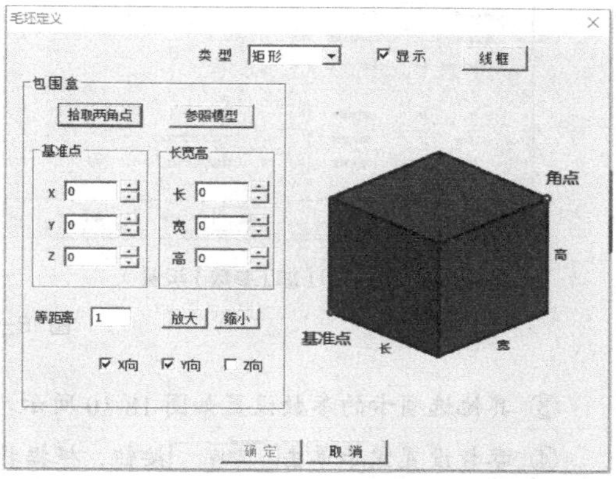

图 18-7　【毛坯定义】对话框

③ 拾取长方体的两个对角点，此时又出现【毛坯定义-世界坐标系】对话框，单击 确定 按钮，毛坯定义完成。毛坯图形如图 18-8 所示。

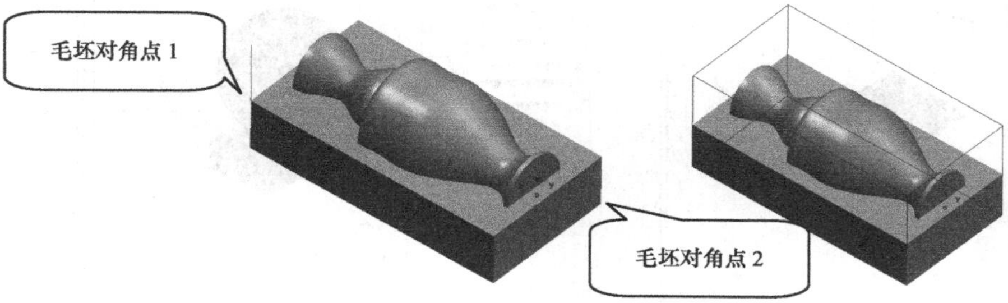

图 18-8　定义毛坯

18.1.2 等高线粗加工花瓶凸模

使用等高线粗加工完成花瓶凸模加工，需要设置好各项参数。

视频 47
加工花瓶凸模——等高线造型

【步骤解析】

① 设置等高线粗加工参数。单击按钮，弹出图 18-9（a）所示的【等高线粗加工】对话框，在【加工参数】选项卡中，将加工余量设为“0”，根据具体需要完成其余参数设置。

② 由于端刀的切削力大于球刀，为了平台的加工平整，在【刀具参数】选项卡中选择直径为“20”的端刀加工，如图 18-9（b）所示，根据具体需要完成其余参数设置。

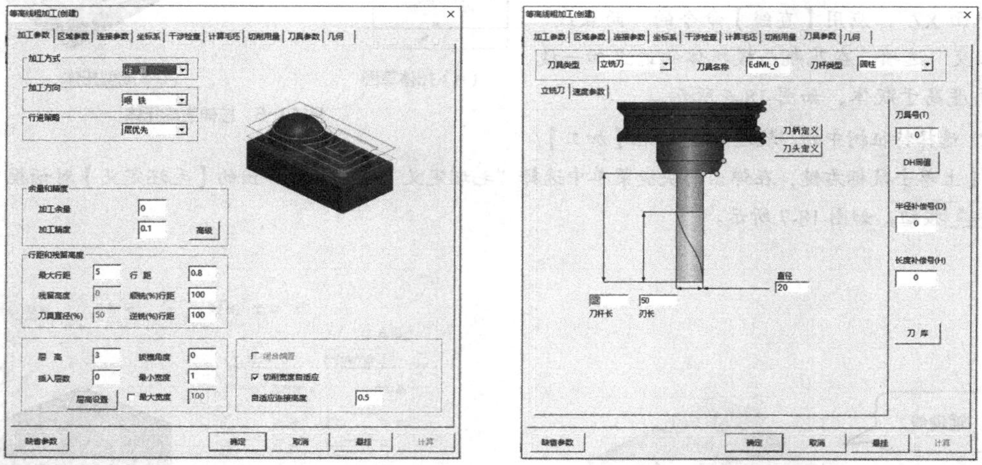

（a）【加工参数】设置　　（b）【刀具参数】设置

图 18-9　参数设置对话框

③ 其他选项卡的参数设置如图 18-10 所示。

④ 参数设置完毕单击 确定 按钮，根据状态栏提示，依次选择加工对象和加工边界，单击鼠标右键确定，生成等高线粗加工刀具轨迹。

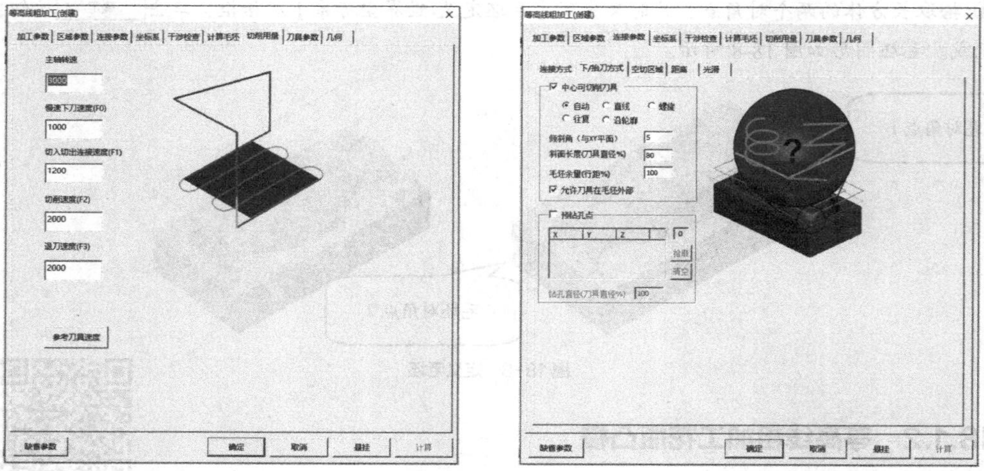

（a）【切削用量】设置　　（b）【下刀方式】设置

图 18-10　加工参数设置

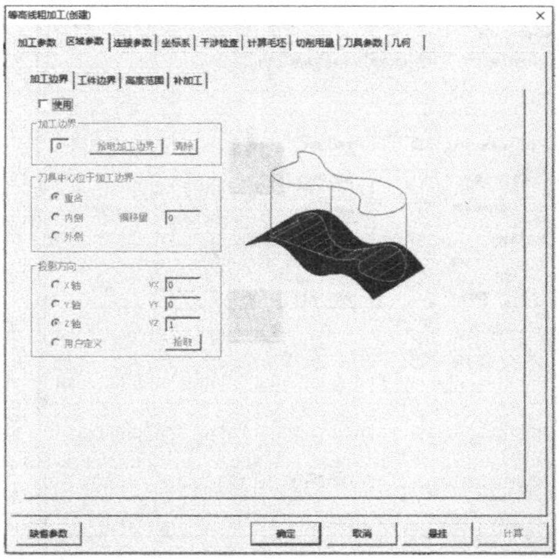

（c）【加工边界】设置

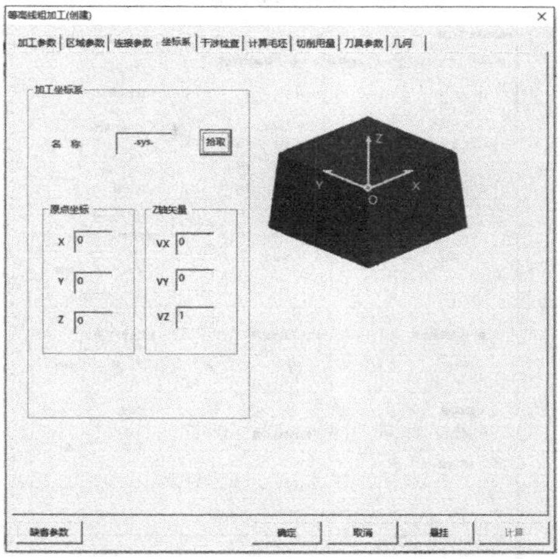

（d）【坐标系】设置

图 18-10　加工参数设置（续）

⑤ 选择【加工】/【实体仿真】命令，选择已生成的刀具轨迹，进入【CAXA 轨迹仿真】窗口进行运动仿真。

18.1.3　参数线精加工花瓶凸模

使用参数线精加工完成花瓶凸模加工。

【步骤解析】

① 单击加工工具栏中的按钮，在弹出的【参数线精加工】对话框中设置各项参数，在【刀具参数】选项卡中选用直径为 10 的球刀加工。【参数线精加工】对话框如图 18-11 所示。

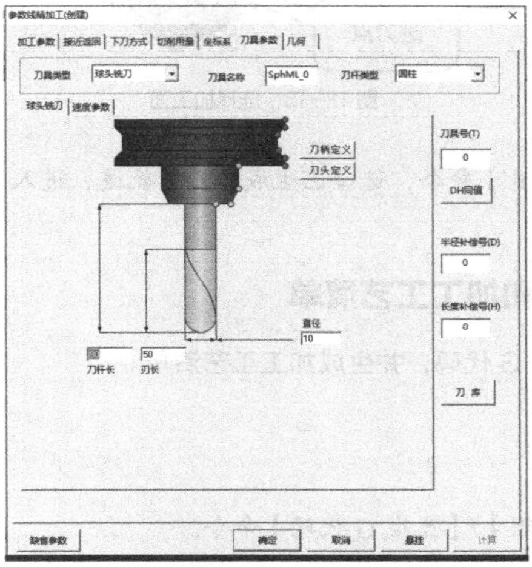

图 18-11　【刀具参数】选项卡

② 在【加工参数】选项卡中将【行距】设置为“1”（行距越小加工精度越高，但计算时间和加工时间却会越长），将【加工余量】设置为“0”，可以完成瓶体的精加工，如图 18-12 所示。

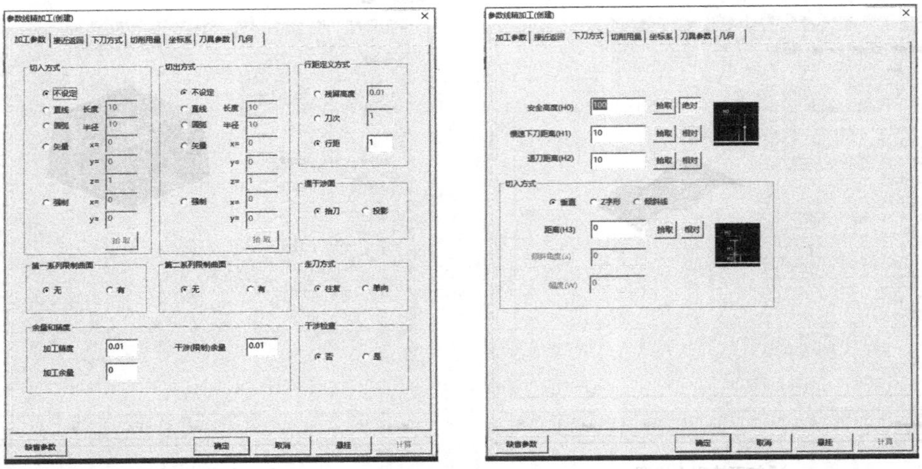

图 18-12　参数设置

③ 参数设置完毕，依次选择瓶体曲面为加工对象，指定进刀点和加工方向，干涉面选择为平面，以防止刀具切削到平面，如图 18-13 所示。选择完毕单击鼠标右键确定，生成刀具轨迹。

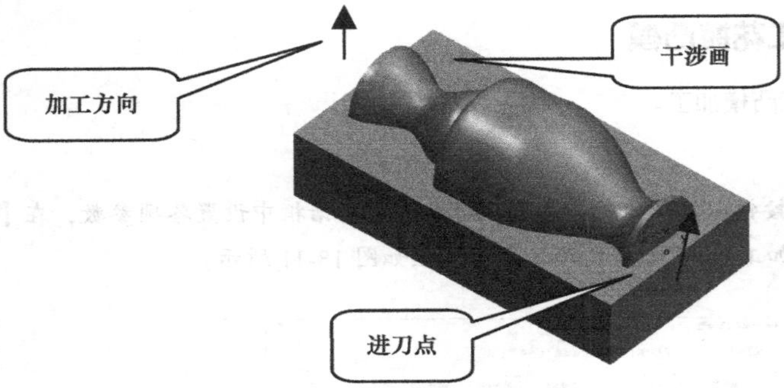

图 18-13　选择加工面

④ 选择【加工】/【实体仿真】命令，选择已生成的刀具轨迹，进入【CAXA 轨迹仿真】窗口，进行轨迹仿真。

18.1.4　生成 G 代码和加工工艺清单

刀具轨迹生成之后即可生成 G 代码，并生成加工工艺清单。

1. 生成 G 代码

【步骤解析】

① 选择【加工】/【后置处理】/【生成 G 代码】命令。

② 确定程序保存路径及文件名。

③ 依次选取刀具轨迹，注意选取的顺序即加工的顺序。

④ 选择完毕，单击鼠标右键确定，系统自动生成程序代码。可根据所应用的数控机床的要求，适当修改程序内容。部分程序如下。

```
(花瓶凸模加工G,2013.11.29,18:27:51.15)
N10G90G54G00Z100.00
N12S3000M03
N14X0.000Y0.000Z0.000
N16X-65.775Y270.000
N18Z10.100
N20G01Z0.100F100
N22X65.775F1000
N24Y265.000F800
N26X-65.775F1000
N28Y260.000F800
……
```

2. 生成加工工艺清单

【步骤解析】

① 选择【加工】/【工艺清单】命令，弹出【工艺清单】对话框，如图 18-14 所示。

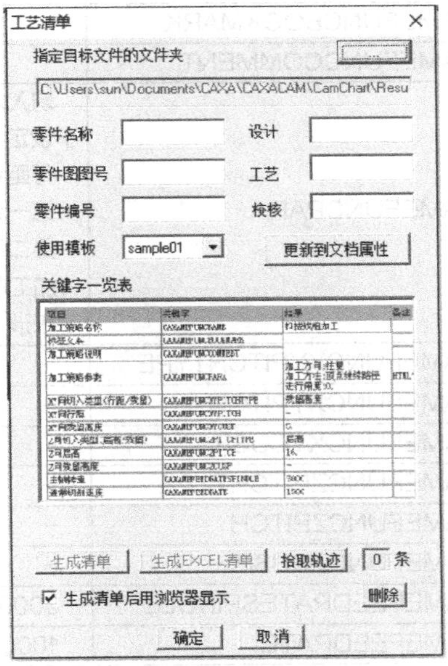

图 18-14 【工艺清单】对话框

② 指定工艺清单保存路径。

③ 分别输入零件名称、零件图图号、零件编号、设计、工艺和校核等内容。

④ 单击拾取轨迹按钮，按加工顺序点取刀具轨迹。

⑤ 指定【使用模板】中的模板形式，一般选择“sample01”模板。

⑥ 单击生成清单按钮，进入工艺清单界面。

⑦ 根据需要，打开工艺清单输出结果，打开需要的工艺清单，如图 18-15 所示。

项目	关键字	结果	备注
XY 向切入类型（行距/残留）	CAXAMEFUNCXYPITCHTYPE	行距	
XY 向行距	CAXAMEFUNCXYPITCH	10	
XY 向残留高度	CAXAMEFUNCXYCUSP	–	
Z 向切入类型（层高/残留）	CAXAMEFUNCZPITCHTYPE	层高	
Z 向层高	CAXAMEFUNCZPITCH	5	
Z 向残留高度	CAXAMEFUNCZCUSP	–	
主轴转速	CAXAMEFEEDRATESPINDLE	3000	
通常切削速度	CAXAMEFEEDRATE	1000	
行间连接速度	CAXAMEFEEDRATELINK	800	
返回速度	CAXAMEFEEDRATEBACK	100	
慢速切削速度	CAXAMEFEEDRATEAIRCUT	–.	
二次慢速切削速度	CAXAMEFEEDRATESUBAIRCUT	–	
起止高度	CAXAMEAIRCLEARANCE	100	
起止高度模式	CAXAMEAIRCLEARANCEMODE	绝对	
加工余量	CAXAMESTOCKALLOWANCE	0	
加工精度	CAXAMETOLERANCE	0.1	
加工策略顺序号	CAXAMEFUNCNO	2.	
加工策略名称	CAXAMEFUNCNAME	参数线精加工.	
标签文本	CAXAMEFUNCBOOKMARK		
加工策略说明	CAXAMEFUNCCOMMENT		
加工策略参数	CAXAMEFUNCPARA	切入方式：不设定；切出方式：不设定 行距定义方式：行距=1 第一系列限制面：无 第二系列限制面：无 加工方向：往复；干涉检查：否 干涉（限制）余量：1.e-002	HTML 代码
XY 向切入类型（行距/残留）	CAXAMEFUNCXYPITCHTYPE	–	
XY 向行距	CAXAMEFUNCXYPITCH	–	
XY 向残留高度	CAXAMEFUNCXYCUSP	–	
Z 向切入类型（层高/残留）	CAXAMEFUNCZPITCHTYPE	–	
Z 向层高	CAXAMEFUNCZPITCH	–	
Z 向残留高度	CAXAMEFUNCZCUSP	–	
主轴转速	CAXAMEFEEDRATESPINDLE	3000	
通常切削速度	CAXAMEFEEDRATE	1000	
行间连接速度	CAXAMEFEEDRATELINK	800	
返回速度	CAXAMEFEEDRATEBACK	100	
慢速切削速度	CAXAMEFEEDRATEAIRCUT	–.	
二次慢速切削速度	CAXAMEFEEDRATESUBAIRCUT	–	
起止高度	CAXAMEAIRCLEARANCE	100	
起止高度模式	CAXAMEAIRCLEARANCEMODE	绝对	
加工余量	CAXAMESTOCKALLOWANCE	0	
加工精度	CAXAMETOLERANCE	1.e-002	

图 18-15　工艺清单

18.2 软件功能介绍

等高线粗加工是生成大量去除毛坯材料的一种粗加工方法，按照设置的高度，层层加工去除毛坯。针对加工造型为实体造型和曲面造型的零件。

18.2.1 等高线粗加工

选择【加工】/【常用加工】/【等高线粗加工】命令，或单击加工工具栏中的按钮，弹出【等高线粗加工】对话框，如图 18-16 所示。对话框中重要参数含义如下。

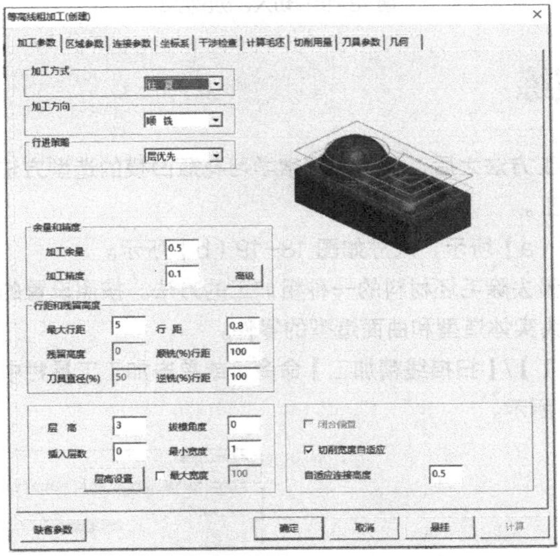

图 18-16 【等高线粗加工】对话框

18.2.2 参数线精加工

参数线精加工是沿曲面的参数线方向产生刀具轨迹的方法。可以对单个或多个曲面行进的刀具轨迹。针对加工造型为实体造型上的曲面和曲面造型的零件。

选择【加工】/【常用加工】/【参数线精加工】命令，或在加工工具栏中单击按钮，弹出【参数线精加工】对话框，如图 18-17 所示。对话框中的一些重要参数含义如下。

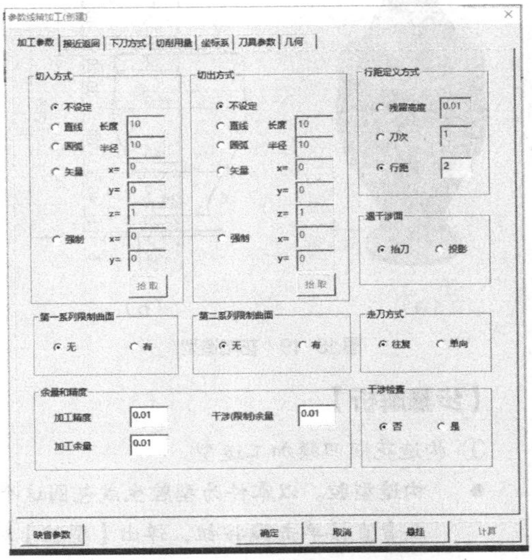

图 18-17 【参数线精加工】对话框

【加工参数】选项卡中的【切入方式】和【切出方式】设置区的加工方向设定有以下几种选择。

- 不设定：不使用切入、切出。
- 直线：沿直线垂直切入、切出，长度指直线切入、切出的长度。
- 圆弧：沿圆弧切入、切出，半径指圆弧切入、切出的半径。

- 矢量：沿矢量指定的方向和长度切入、切出，X、Y、Z 指矢量的 3 个分量。
- 强制：强制从指定点直线水平切入到切削点，或强制从切削点直线水平切出到指定点，X、Y 指在与切削点相同高度的指定点的水平位置分量。

切入、切出方式如图 18-18 所示。

（a）直线　（b）圆弧　（c）矢量　（d）强制

图 18-18　切入、切出方式

18.3 课堂实战演练

在学习了花瓶凸模的加工方法之后，下面来探索学习花瓶凹模的造型方法，并应用扫描线精加工和等高线精加工的方法来进行加工。

花瓶造型图如图 18-19（a）所示，尺寸如图 18-19（b）所示。

扫描线精加工是生成大量去除毛坯材料的一种粗加工的方法。按照设置的高度，沿扫描线方向，层层去除毛坯，针对的加工造型为实体造型和曲面造型的零件。

选择【加工】/【常用加工】/【扫描线精加工】命令，或单击加工工具栏中的按钮，弹出【扫描线精加工】对话框，如图 18-20 所示。

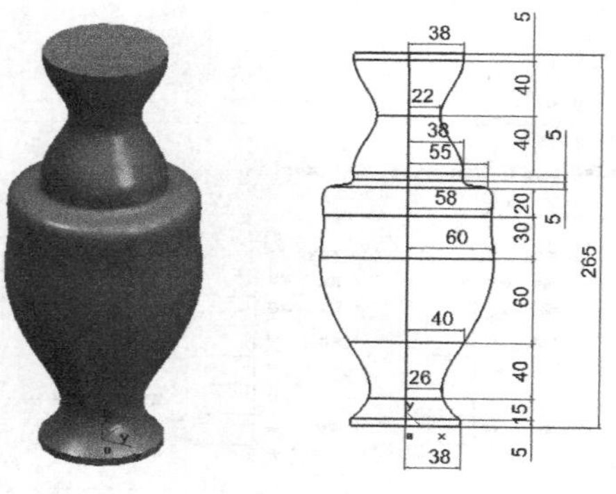

（a）　（b）

图 18-19　花瓶造型

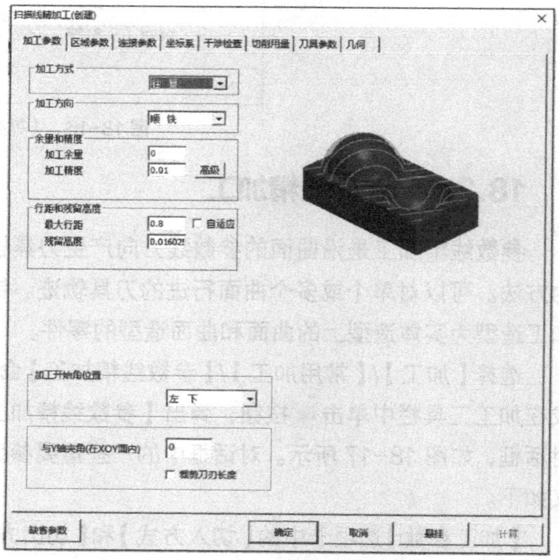

图 18-20　【扫描线精加工】对话框

【步骤解析】

① 构造花瓶凹模加工造型。

- 构造型腔。以零件为型腔生成包围这个零件的模具。选择【造型】/【特征生成】/【型腔】命令，或者直接单击按钮，弹出【型腔】对话框，如图 18-21（a）所示。

  按对话框所示进行设置，生成型腔，如图 18-21（b）所示。

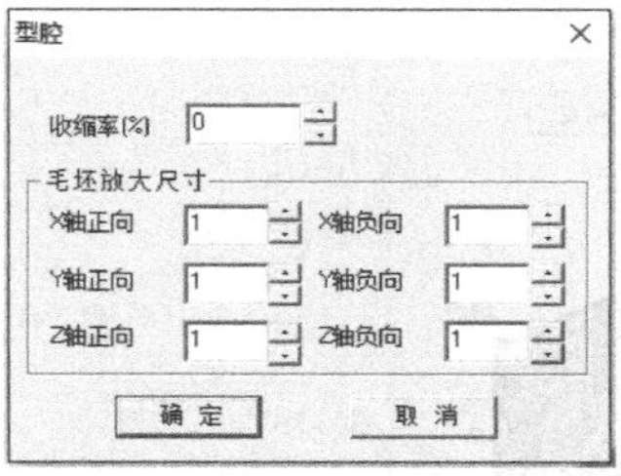

（a）【型腔】对话框

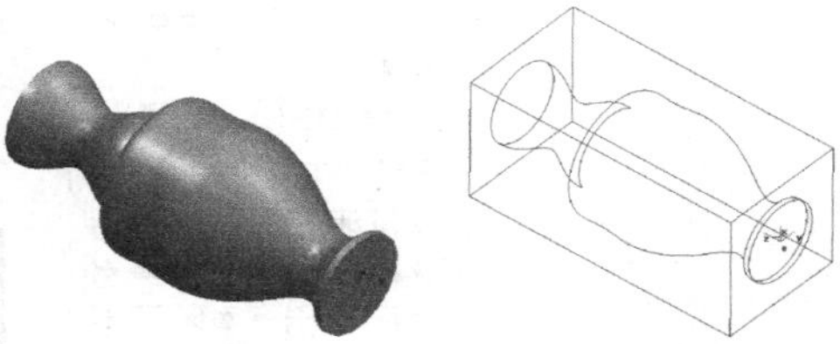
（b）生成型腔

图 18-21 生成型腔

- 分模。选择型腔底面作为草图平面，作一条草图线，作为分模的界限，如图 18-22 所示。选择【造型】/【特征生成】/【分模】命令，或者直接单击按钮，弹出【分模】对话框，如图 18-23 所示，选择【草图分模】单选钮，选择分模方向，分模完成，如图 18-24 所示。

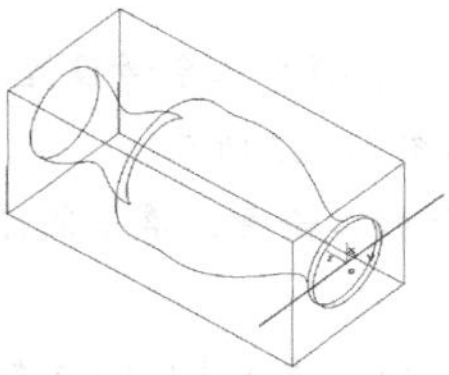
图 18-22 作草图线

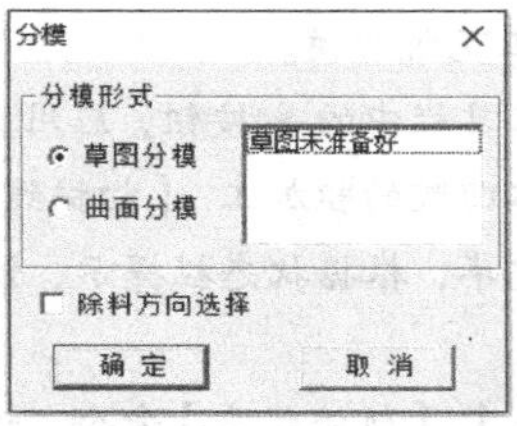

图 18-23 【分模】对话框

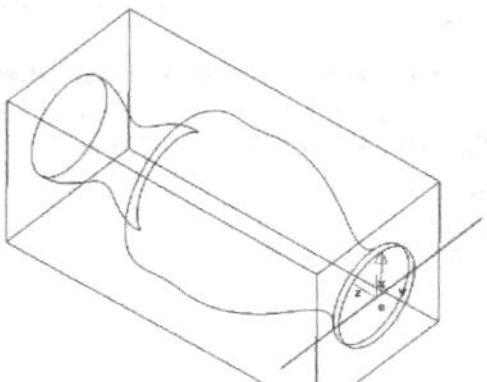
（a）选择分模方向

（b）分模完成

图 18-24 分模

- 定义毛坯。选择特征树中的“轨迹管理”，在【加工】/【毛坯】上单击右键，在弹出的快捷菜单中选择“毛坯定义”命令，在弹出的【毛坯定义】对话框中单击拾取两点...按钮。

  然后选择长方体的两个对角点，毛坯定义完成，毛坯图形如图 18-25 所示。【毛坯定义】对话框中的参数设置如图 18-26 所示。

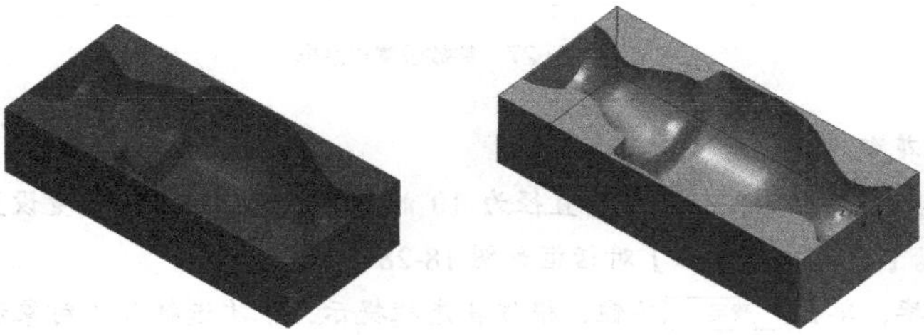
图 18-25 定义毛坯

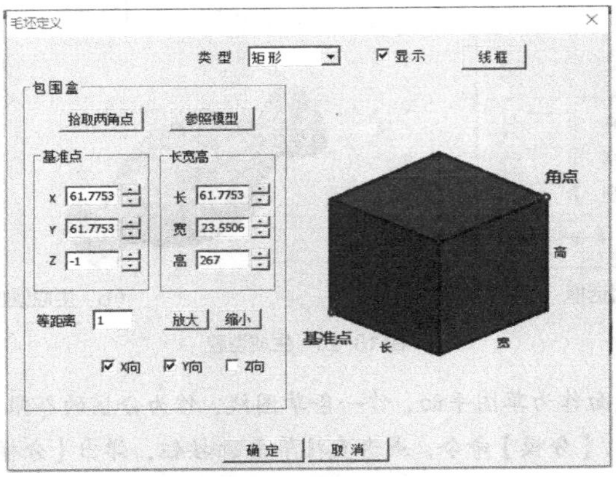

图 18-26 【毛坯定义】对话框

② 扫描线精加工花瓶凹模。

- 单击加工工具栏中的按钮，应用直径为 10 的端刀加工，将加工余量设置为“0.1”，用该加工方法完成瓶体凹腔的粗加工。【扫描线精加工】对话框如图 18-27 所示。
- 参数设置完毕，根据状态栏提示，依次选择加工对象和加工轮廓，单击鼠标右键确定，刀具轨迹完成。
- 选择【加工】/【轨迹仿真】命令，选择已生成的刀具轨迹，进入【CAXA 轨迹仿真】窗口，进行轨迹仿真。

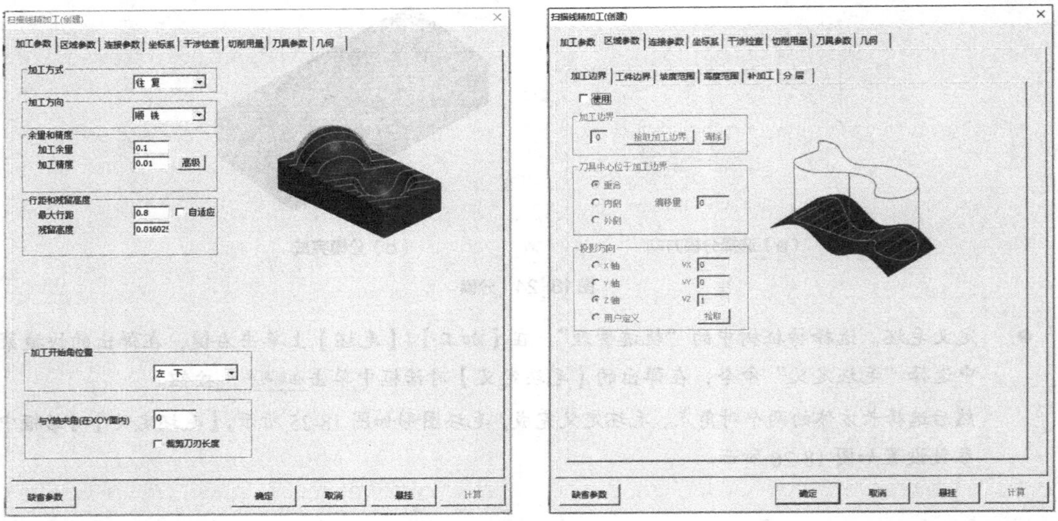

图 18-27 参数设置对话框

③ 等高线精加工花瓶凹模。

- 单击加工工具栏中的按钮，应用直径为 10 的球刀加工。将加工余量设置为“0”，完成瓶体凹腔的精加工。【等高线精加工】对话框如图 18-28 所示。
- 参数设置完毕，单击 确定 按钮，根据状态栏提示，依次选择加工对象和加工轮廓，单击鼠标右键确定，刀具轨迹完成。

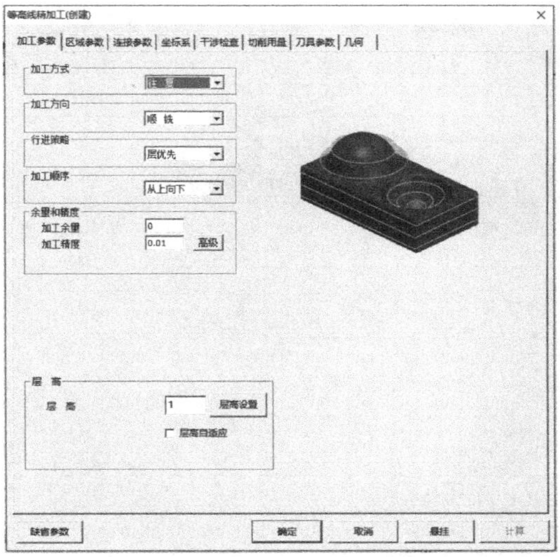

（a）【加工参数】设置

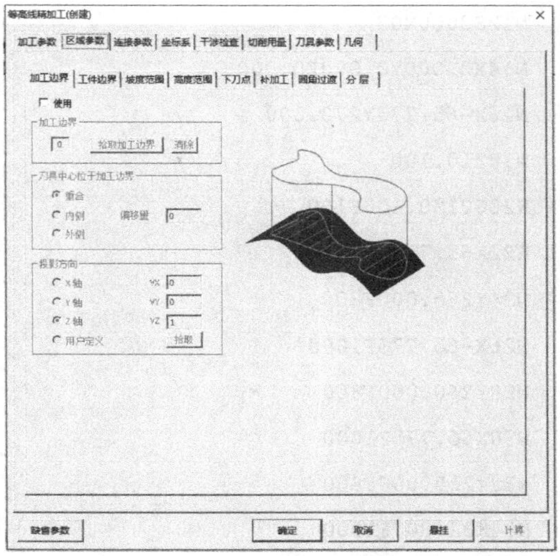

（b）【区域参数】设置

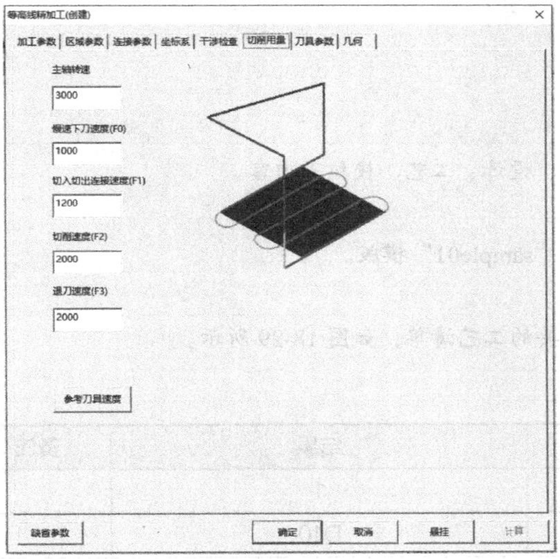

（c）【切削用量】设置

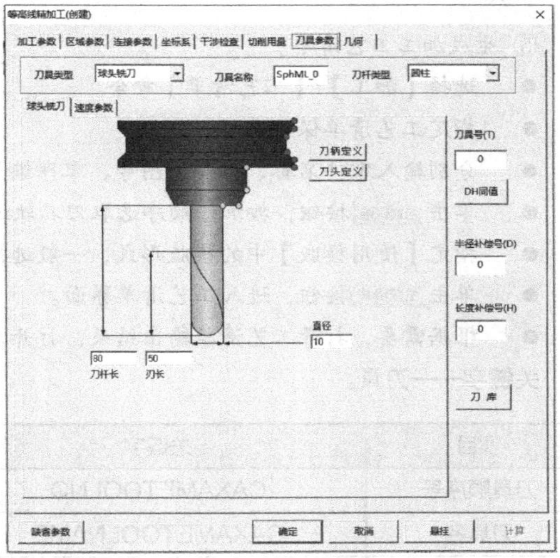

（d）【刀具参数】设置

图18-28 【等高线精加工】对话框参数设置

- 选择【加工】/【轨迹仿真】命令，选择已生成的刀具轨迹，进入【CAXA轨迹仿真】窗口，进行轨迹仿真。

④ 生成G代码。

- 选择【加工】/【后置处理】/【生成G代码】命令。
- 确定程序保存路径及文件名。
- 依次选取刀具轨迹，注意选取的顺序，即加工的顺序。
- 系统自动生成程序代码。可根据所应用的数控机床的要求，适当修改程序内容。部分程序如下。

```
（花瓶凹模加工G,2013.11.30,18:26:44.18）
N10G90G54G00Z100.00
```

```
N12S3000M03
N14X0.000Y0.000Z0.000
N16X-65.775Y270.000
N18Z10.100
N20G01Z0.100F100
N22X65.775F1000
N24Y265.000F800
N26X-65.775F1000
N28Y260.000F800
N30X65.775F1000
N32Y255.000F800
N34X32.007F1000
N36X31.713Z0.044
……
```

⑤ 生成加工工艺清单。

- 选择【加工】/【工艺清单】命令。
- 指定工艺清单保存路径。
- 分别输入零件名称、零件图图号、零件编号、设计、工艺、校核等内容。
- 单击拾取轨迹按钮，按加工顺序选取刀具轨迹。
- 指定【使用模版】中的模版形式，一般选择“sample01”模版。
- 单击生成清单按钮，进入工艺清单界面。
- 根据需要，打开工艺清单输出结果，打开需要的工艺清单，如图 18-29 所示。

关键字——刀具。

项目	关键字	结果	备注
刀具顺序号	CAXAMETOOLNO	1	
刀具名	CAXAMETOOLNAME	D10	
刀具类型	CAXAMETOOLTYPE	铣刀	
刀具号	CAXAMETOOLID	1	
刀具补偿号	CAXAMETOOLSUPPLEID	1	
刀具直径	CAXAMETOOLDIA	10	
刀具半径	CAXAMETOOLCORNERRAD	5	
刀尖角度	CAXAMETOOLENDANGLE	120	
刀刃长度	CAXAMETOOLCUTLEN	60	
刀杆长度	CAXAMETOOLTOTALLEN	90	
刀具示意图	CAXAMETOOLIMAGE	–.	HTML
刀具顺序号	CAXAMETOOLNO	2	

图 18-29 部分工艺清单

项目	关键字	结果	备注
刀具名	CAXAMETOOLNAME	D10	
刀具类型	CAXAMETOOLTYPE	铣刀	
刀具号	CAXAMETOOLID	2	
刀具补偿号	CAXAMETOOLSUPPLEID	2	
刀具直径	CAXAMETOOLDIA	10	
刀具半径	CAXAMETOOLCORNERRAD	5	
刀尖角度	CAXAMETOOLENDANGLE	120	
刀刃长度	CAXAMETOOLCUTLEN	60	
刀杆长度	CAXAMETOOLTOTALLEN	90	
刀具示意图	CAXAMETOOLIMAGE	–.	HTML

图 18-29　部分工艺清单（续）

18.4 课后综合演练

应用等高线粗加工方式加工实体零件。

18.4.1　等高线粗加工球体

应用等高线粗加工方式加工半径为 50 的球体，如图 18-30 所示。

【步骤解析】

① 选择“平面 XY”，进入草图状态。在“平面 XY”内绘制草图，如图 18-31 所示。

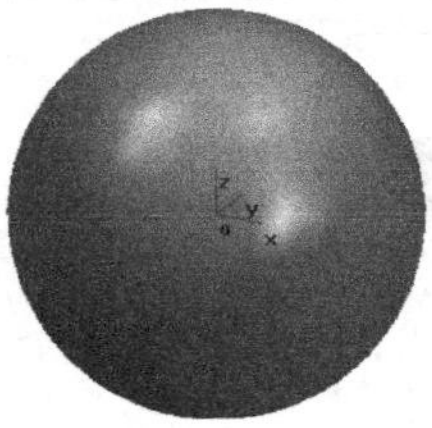

图 18-30　球体

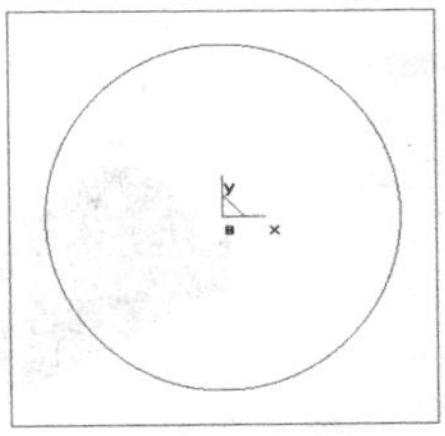

图 18-31　草图

② 单击特征工具栏中的按钮，设置拉伸厚度为“50”，生成托体，如图 18-32 所示。

③ 在空间状态，按 F9 键，将绘图平面切换到“XZ 平面”，应用直线命令的“两点线”和“正交”选项，在球体凸模托体的边上加一棱线，高度高于托体，如图 18-33 所示。

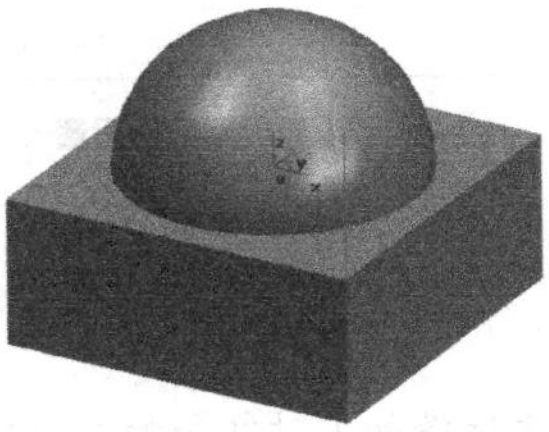

图 18-32　生成托体

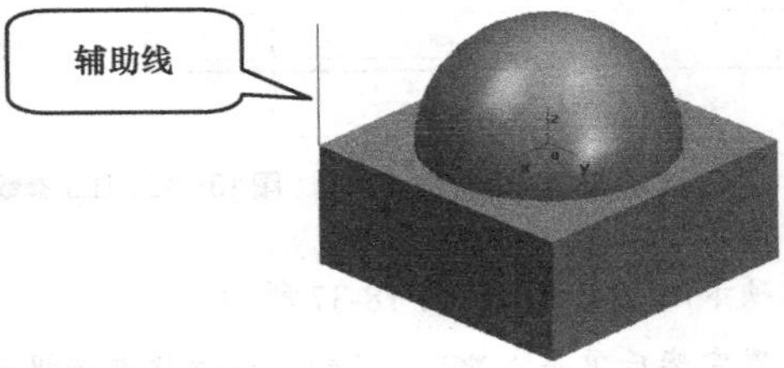

图 18-33　作毛坯辅助线

④ 在“轨迹管理”特征树中的“毛坯”图标上单击鼠标右键，在弹出的快捷菜单中选择“毛坯定义”命令，弹出【毛坯定义】对话框，在该对话框中单击 拾取两角点 按钮，如图 18-34 所示。

⑤ 拾取长方体的两个对角点，此时又出现【毛坯定义】对话框，单击 确定 按钮，毛坯定义完成，毛坯图形如图 18-35 所示。

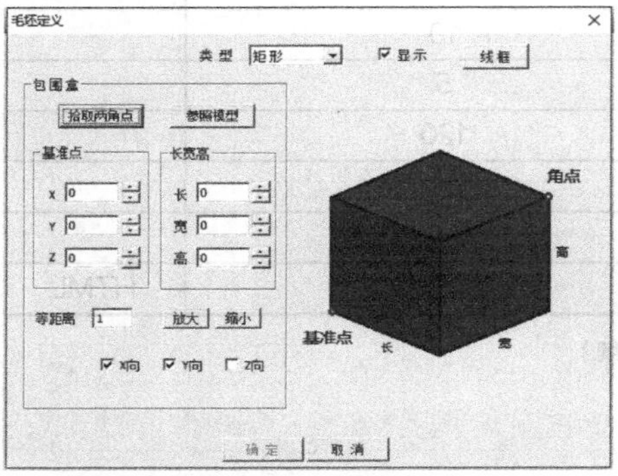

图 18-34 【毛坯定义】对话框

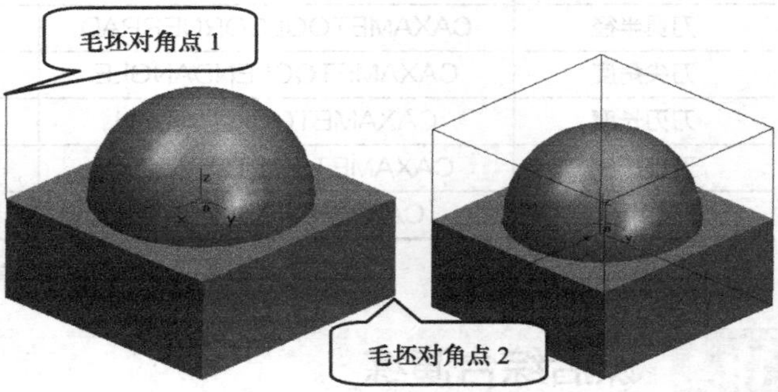

图 18-35 定义毛坯

⑥ 设置等高线粗加工参数。单击加工工具栏中的按钮，弹出【等高线粗加工】对话框，在【加工参数】选项卡中，输入加工余量“0”，可以完成球体的粗加工，如图 18-36（a）所示。

⑦ 由于端刀的切削力大于球刀，为了平台的加工平整，在【刀具参数】选项卡中选择直径为 20 的端刀加工，如图 18-36（b）所示。

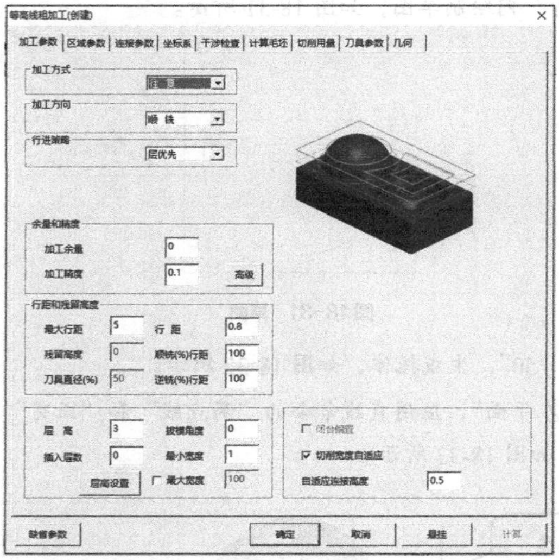

（a）【加工参数】设置

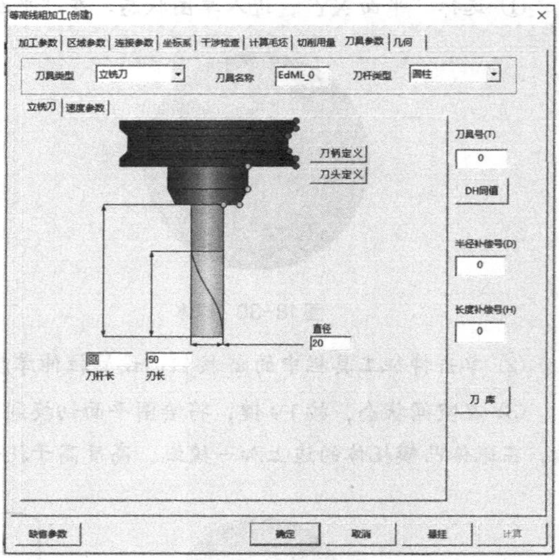

（b）【刀具参数】设置

图 18-36 加工参数设置

⑧ 其他选项卡的参数设置如图 18-37 所示。

⑨ 参数设置完毕后单击 确定 按钮，根据状态栏提示，依次选择加工对象和加工边界，单击鼠标右键确定。生成等高线粗加工刀具轨迹，如图 18-38 所示。

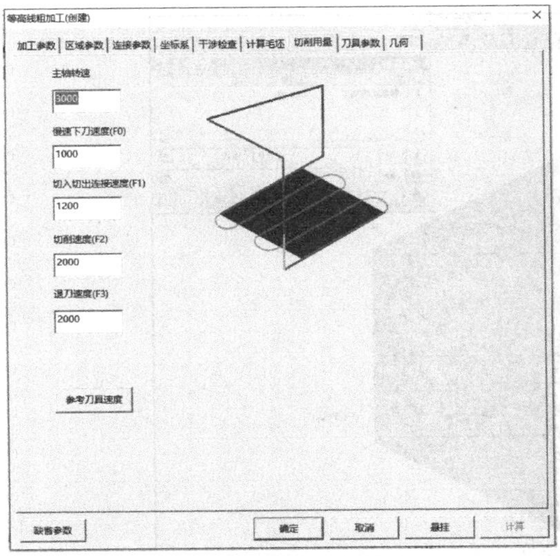

（a）【切削用量】设置

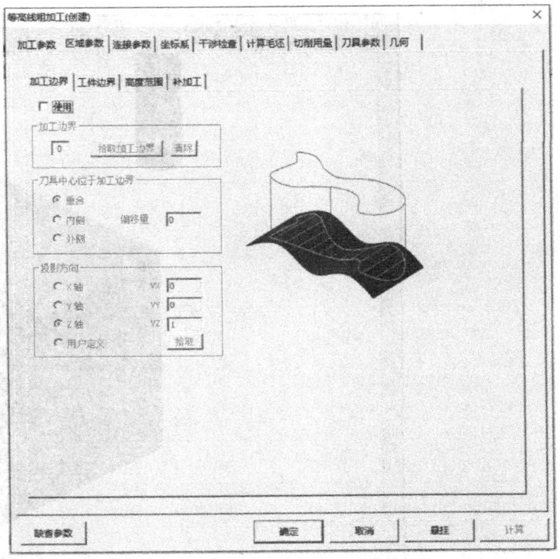

（b）【区域参数】设置

图 18-37 加工参数设置

⑩ 选择【加工】/【实体仿真】命令，选择已生成的刀具轨迹，进入【CAXA 轨迹仿真】界面进行运动仿真，如图 18-39 所示。

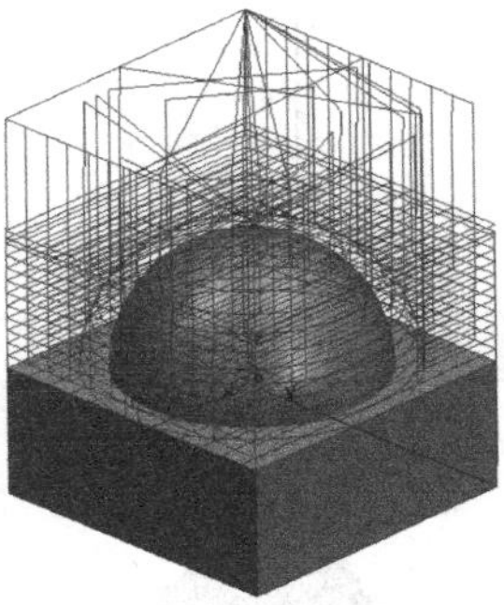

图 18-38 加工轨迹

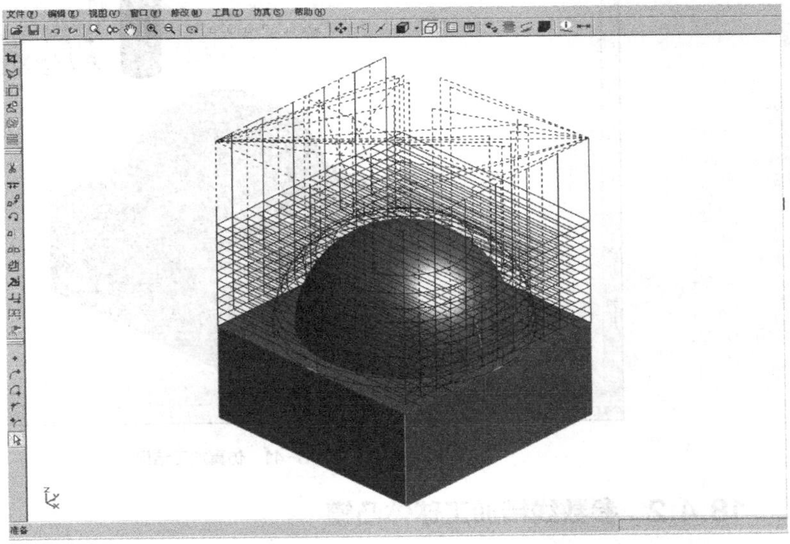

图 18-39 仿真界面

⑪ 单击■按钮弹出【仿真加工】对话框，如图 18-40 所示。

⑫ 单击▶按钮，轨迹仿真开始，加工结果如图 18-41 所示。关闭【仿真加工】对话框，关闭【CAXA 轨迹仿真】界面，等高线粗加工轨迹设置完成。

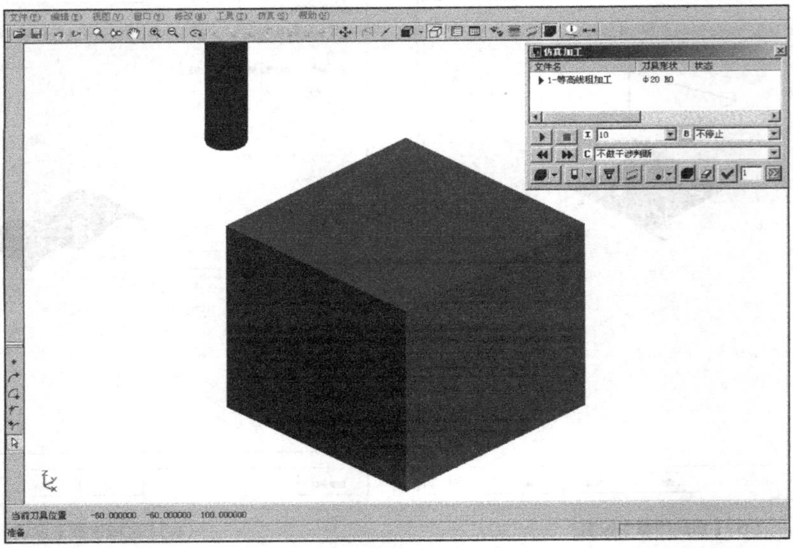

图 18-40 仿真加工

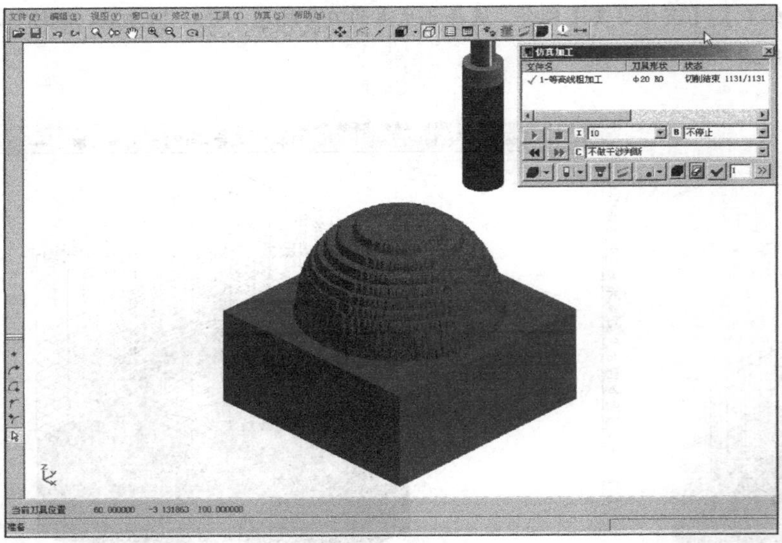

图 18-41 仿真加工结果

18.4.2 参数线精加工球体凸模

已知经过等高线粗加工的球体，如图 18-42 所示，要求使用参数线精加工完成球体表面的加工。

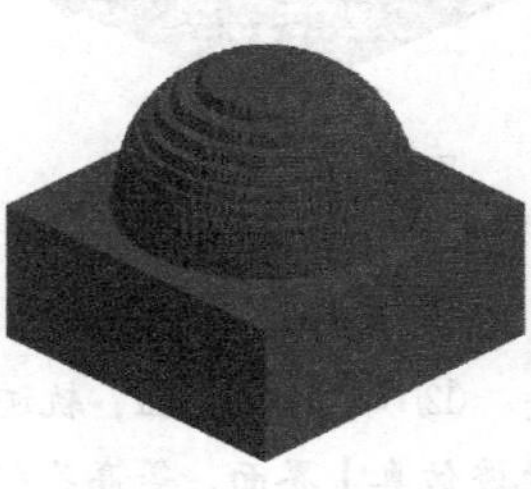

图 18-42 球体

【步骤解析】

① 单击加工工具栏中的按钮，在弹出的对话框中设置各项参数。在【刀具参数】选项卡中选用直径为 10 的球刀加工，如图 18-43 所示。

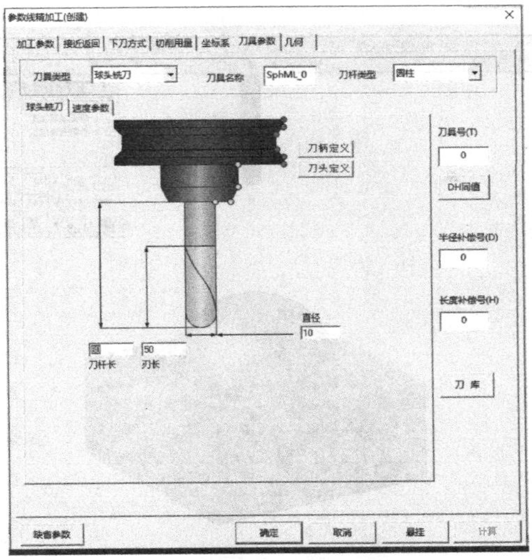

图18-43 【刀具参数】选项卡

② 在【加工参数】选项卡中将行距设置为“1”(行距越小加工精度越高，但计算时间和加工时间却会延长)，将加工余量设置为“0”，可以完成球体的精加工，根据具体需要设置好其他参数，如图18-44所示。

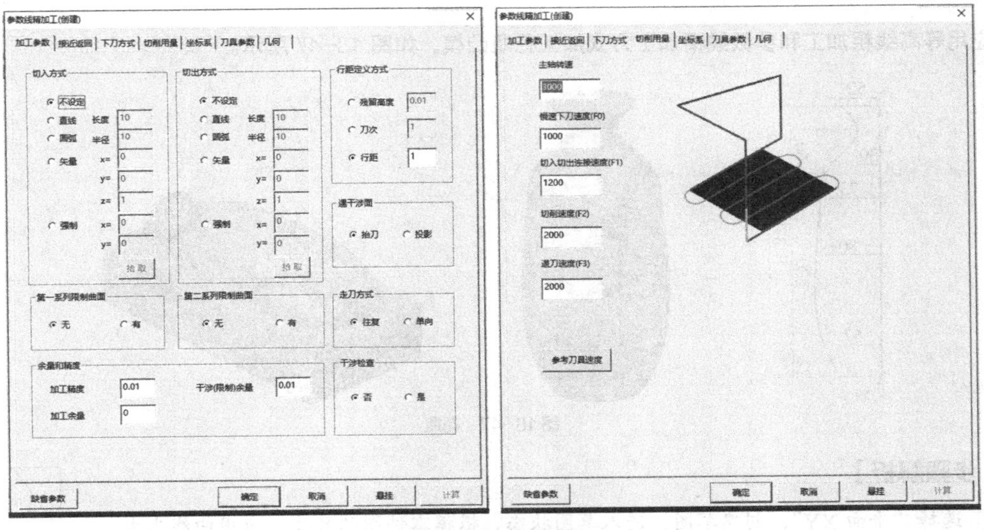

图18-44 参数设置

③ 参数设置完毕后，依次选择球体曲面为加工对象，指定进刀点和加工方向，干涉面选择为平面，以防止刀具切削到平面，如图18-45所示。选择完毕后单击鼠标右键确定，生成刀具轨迹。

④ 选择【加工】/【实体仿真】命令，选择已生成的刀具轨迹，进入【CAXA轨迹仿真】界面进行轨迹仿真，仿真结果如图18-46所示。

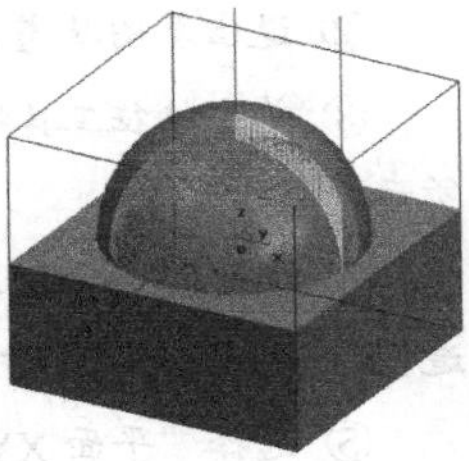

图18-45 选择加工面

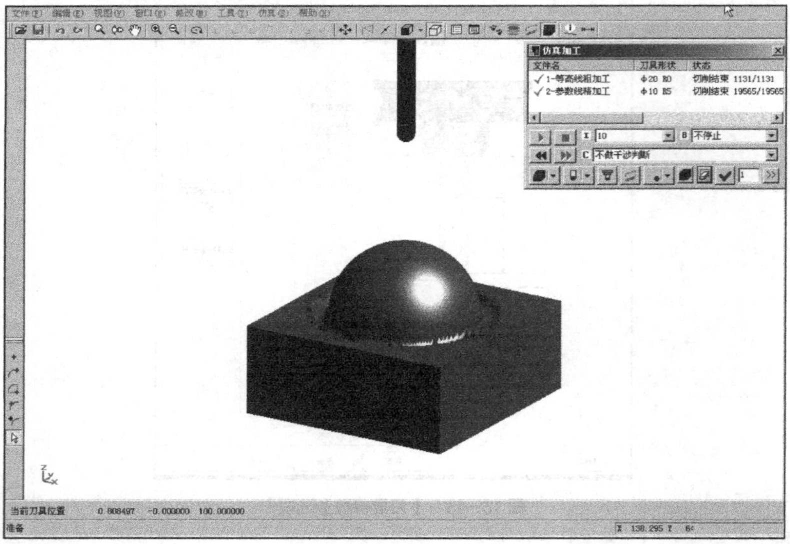

图 18-46 仿真完成

18.4.3 加工花瓶凸模

应用等高线粗加工和参数线精加工方式加工花瓶凸模，如图 18-47 所示。

图 18-47 花瓶

【步骤解析】

① 选择“平面 XY”，创建草图，进入草图状态，根据零件图的尺寸，应用曲线生成栏中的/和~按钮绘制瓶体草图，如图 18-48 所示。

② 退出草图状态，在草图的中心位置绘制一条旋转中心线，如图 18-49 所示。

③ 单击特征工具栏中的按钮，在【旋转】对话框中选择旋转类型和角度，如图 18-50 所示。

④ 根据提示，依次选择旋转截面和旋转轴线，单击 确定 按钮，完成瓶体的实体造型，如图 18-51 所示。

⑤ 选择“平面 XY”，进入草图状态。在“平面 XY”内绘制草图，如图 18-52 所示。

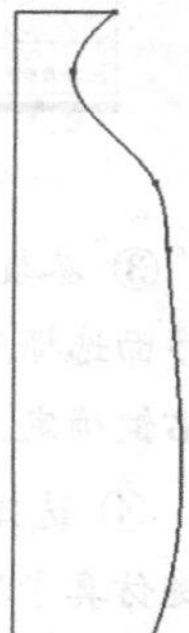

图 18-48 草图

⑥ 单击特征生成栏中的按钮，设置拉伸厚度为“95”，生成托体，花瓶凸模加工

造型如图 18-53 所示。

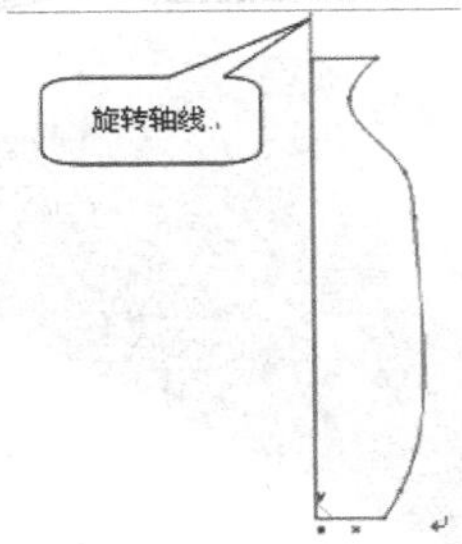

图 18-49 绘制旋转轴

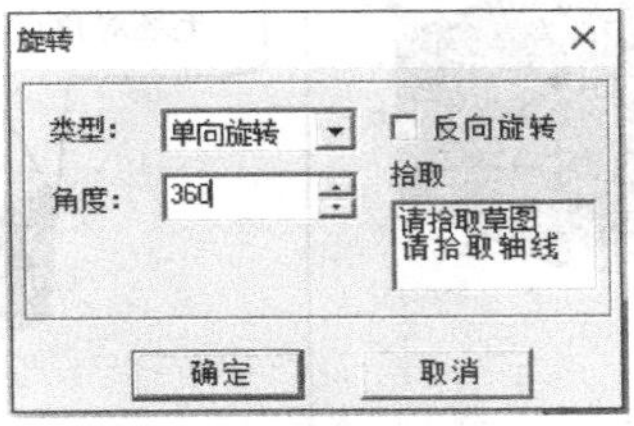

图 18-50 【旋转】对话框

图 18-51 旋转成型

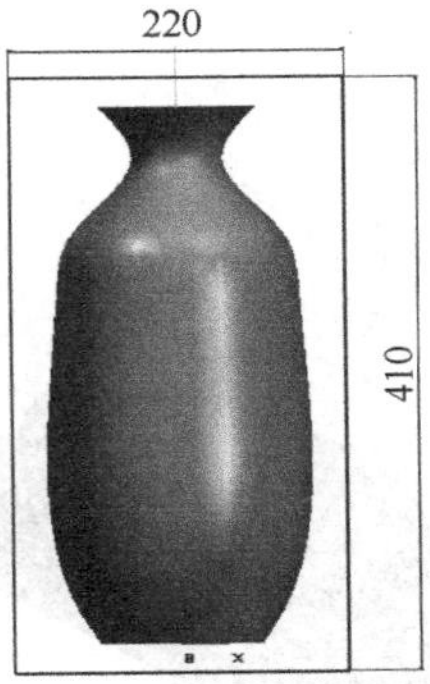

图 18-52 托体草图

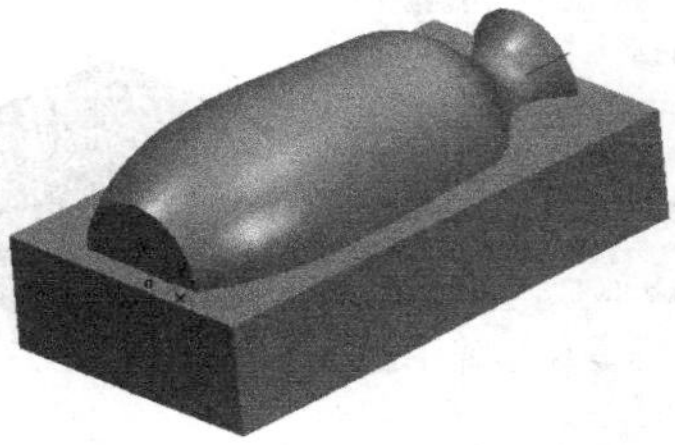

图 18-53 成型托体

⑦ 在空间状态，按 F9 键，将绘图平面切换到“YZ 平面”，应用直线命令的“两点线”和“正交”选项，在花瓶凸模托体的边上加一辅助线，其高度应高于瓶体，如图 18-54 所示。

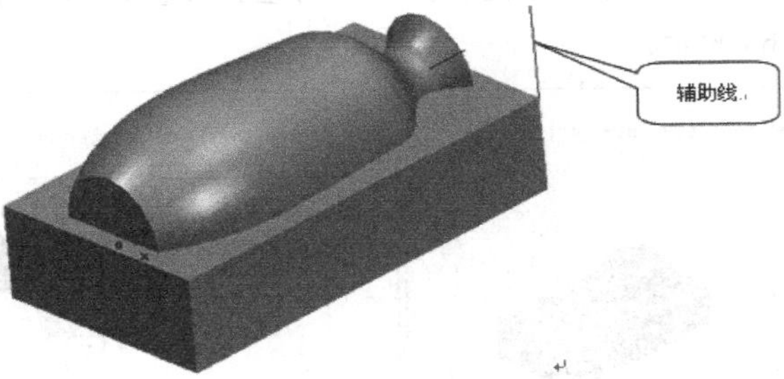

图 18-54 作毛坯辅助线

⑧ 在“轨迹管理”特征树中“毛坯”图标上单击鼠标右键，在弹出的快捷菜单中选择“毛坯定义”命令，弹出【毛坯定义】对话框，如图 18-55（a）所示。

⑨ 单击 拾取两角点 按钮，拾取长方体的两个对角点，如图 18-55（b）所示。

⑩ 此时又出现【毛坯定义】对话框，如图 18-56（a）所示。单击 确定 按钮，毛坯定义完成，生成毛坯图形如图 18-56（b）所示。

⑪ 设置等高线粗加工参数。单击加工工具栏中的按钮，弹出图 18-57（a）所示对话框，在【加工参数】选项卡中，将加工余量设置为“0”，可用来完成瓶体的粗加工和平台的精加工，如图 18-57（a）所示。

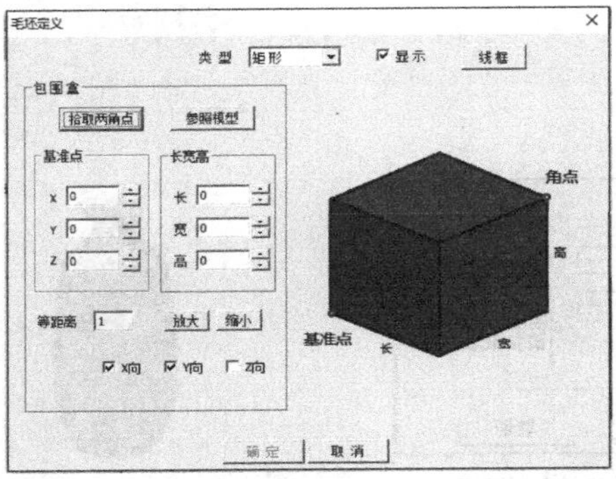

（a）定义毛坯前

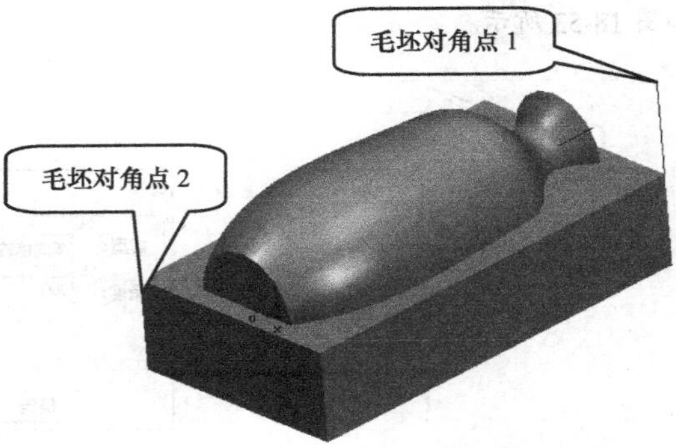

（b）选择毛坯对角点

图 18-55 【毛坯定义】对话框

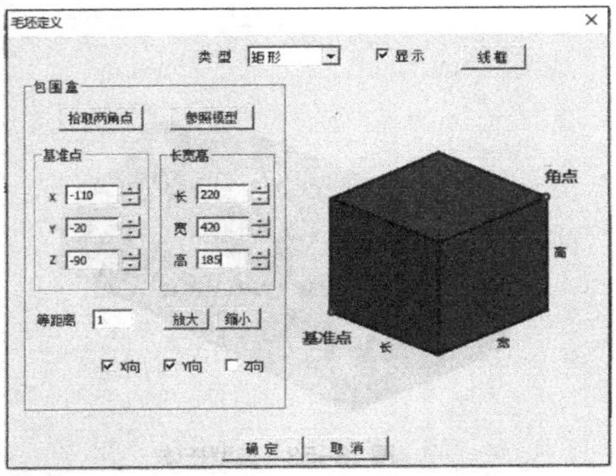

（a）拾取两点定义毛坯后

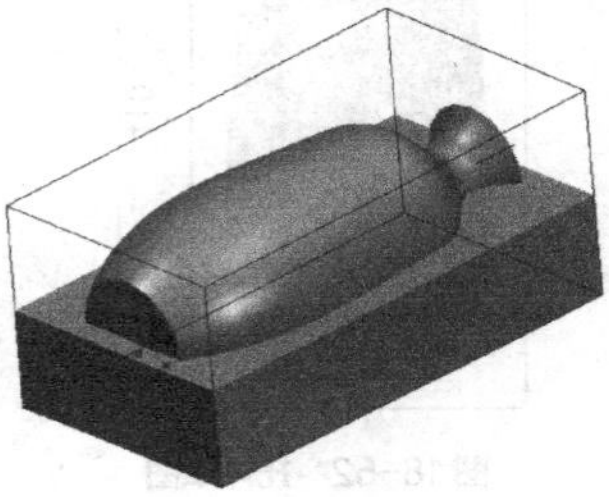

（b）生成毛坯

图 18-56 定义毛坯

⑫ 由于端刀的切削力大于球刀，为了使平台的加工平整，在【刀具参数】选项卡中选择直径为 20 的端刀加工，如图 18-57（b）所示。

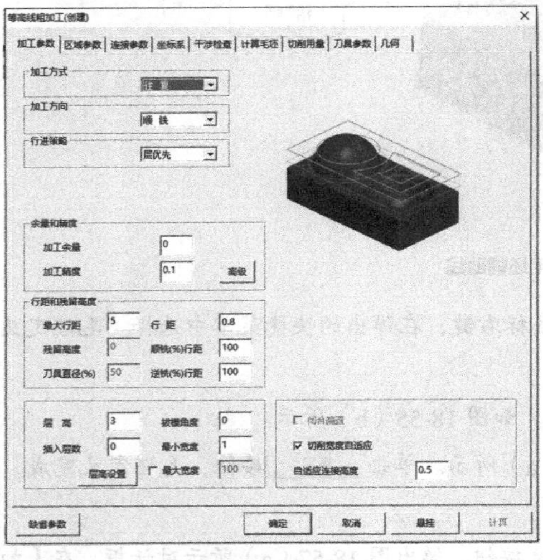

（a）【加工参数】设置

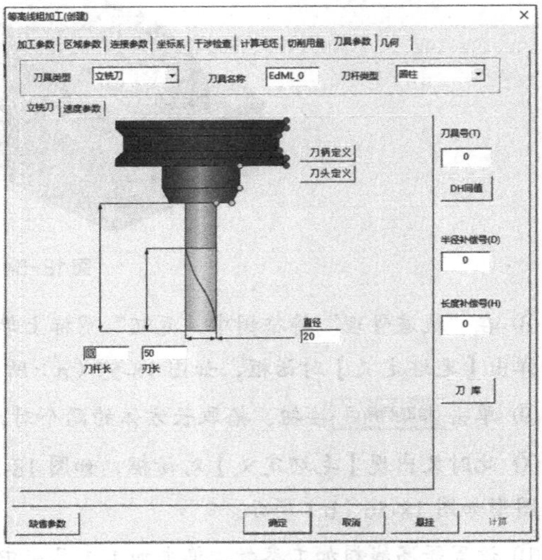

（b）【刀具参数】设置

图 18-57 参数设置

⑬ 其他选项卡的参数设置如图 18-58 所示。

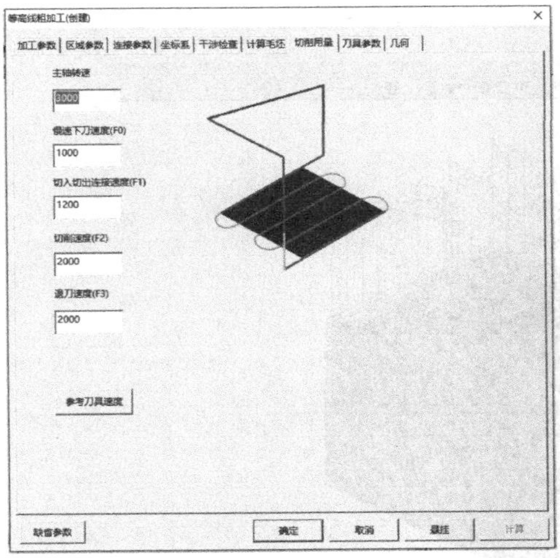

（a）【切削用量】设置

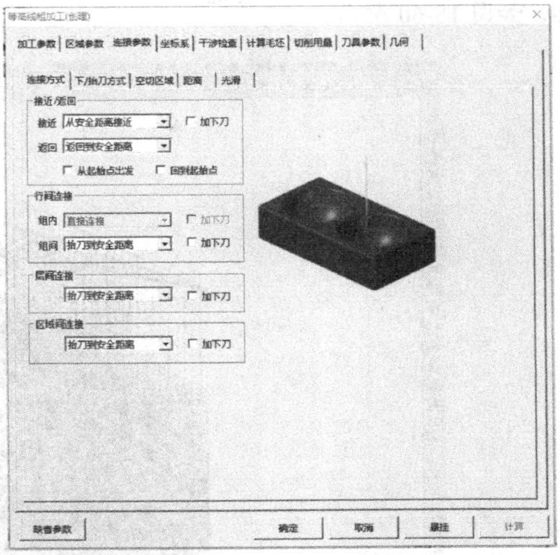

（b）【连接参数】设置

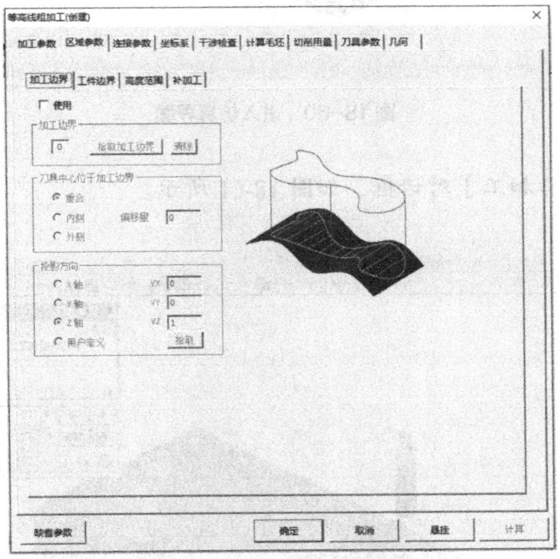

（c）【区域参数】设置

图 18-58 其他加工参数设置

⑭ 参数设置完毕后单击 确定 按钮，根据状态栏提示，依次选择加工对象和加工边界，最后单击鼠标右键确定。生成等高线粗加工刀具轨迹，如图 18-59 所示。

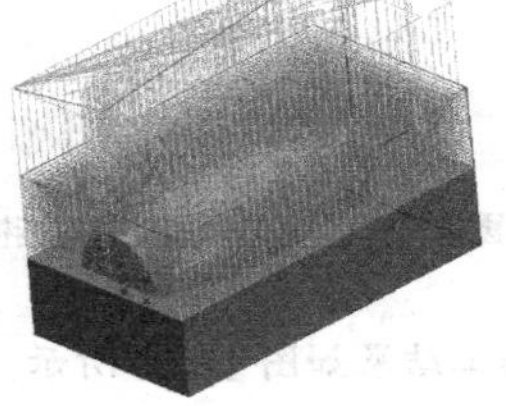

图 18-59 等高线粗加工刀具轨迹

⑮ 选择【加工】/【实体仿真】命令，选择已生成的刀具轨迹，进入【CAXA 轨迹仿真】界面进行运动仿真，如图 18-60 所示。

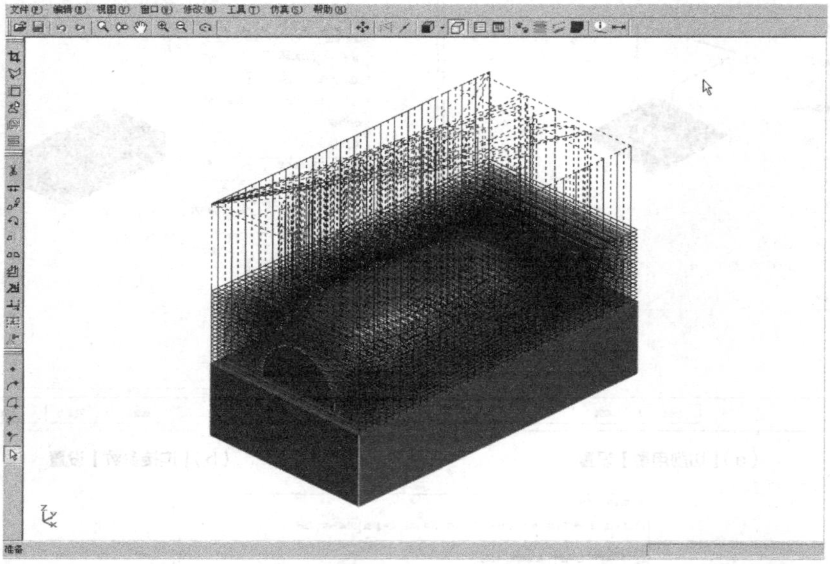

图 18-60　进入仿真界面

⑯ 单击按钮弹出【仿真加工】对话框，如图 18-61 所示。

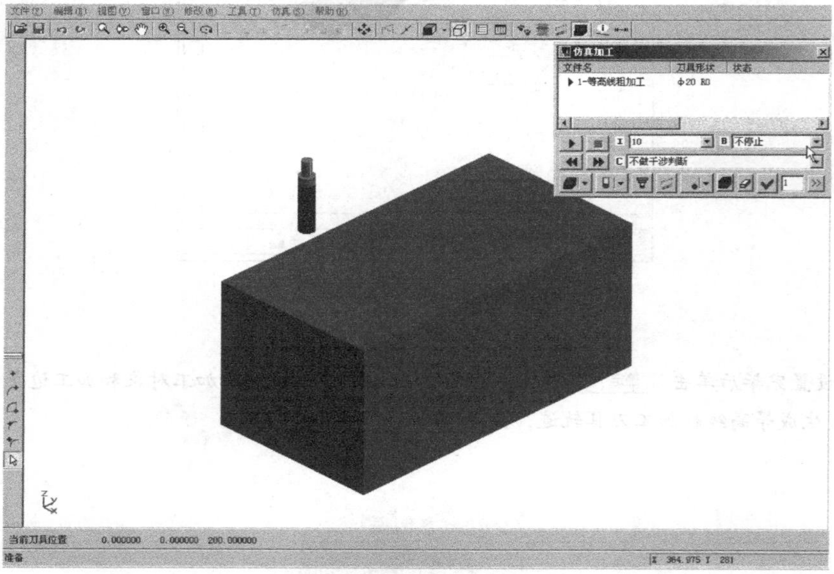

图 18-61　【仿真加工】对话框

⑰ 单击按钮，轨迹仿真开始，加工结果如图 18-62 所示。关闭【仿真加工】对话框，关闭【CAXA 轨迹仿真】界面，等高线粗加工轨迹设置完成。

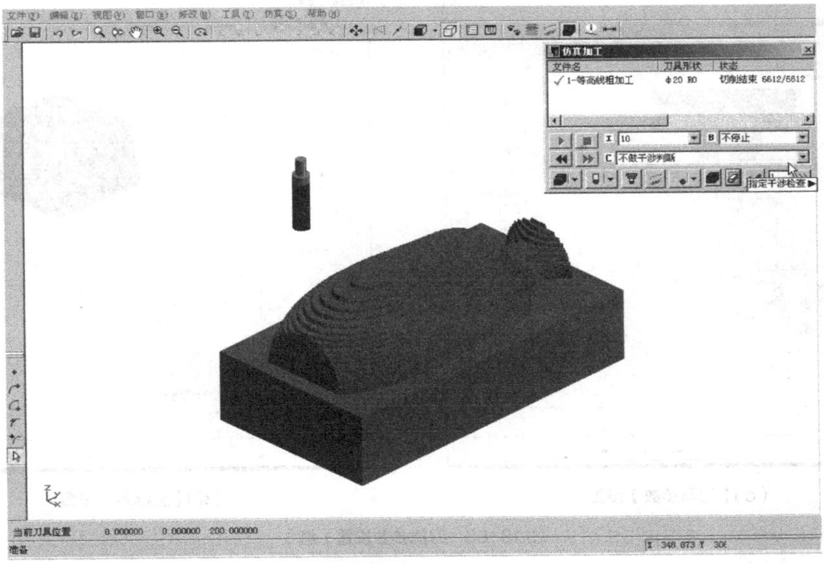

图 18-62　仿真结果

⑱ 单击加工工具栏中的按钮，在弹出的【参数线精加工】对话框中设置各项参数。在【刀具参数】选项卡中选用直径为 10 的球刀加工。

⑲ 在【加工参数】选项卡中将行距设置为“1”（行距越小加工精度越高，但计算时间和加工时间却会延长），将加工余量设置为“0”，可以完成瓶体的精加工。各参数具体设置如图 18-63 所示。

⑳ 参数设置完毕后，依次选择瓶体曲面为加工对象，指定进刀点和加工方向，干涉面选择为平面，以防止刀具切削到平面，如图 18-64 所示。

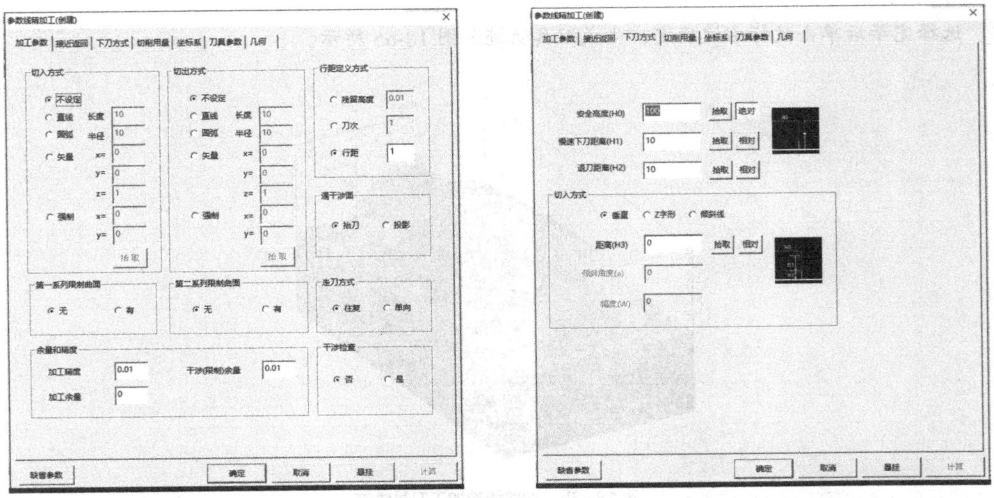

（a）【加工参数】设置　　（b）【下刀方式】设置

图 18-63　刀具参数设置

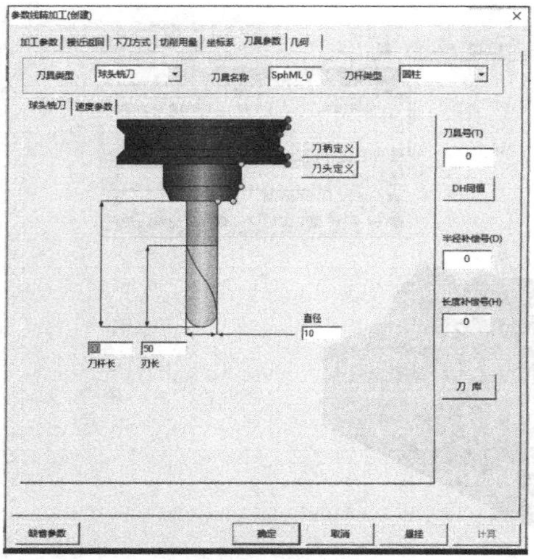

（c）【刀具参数】设置

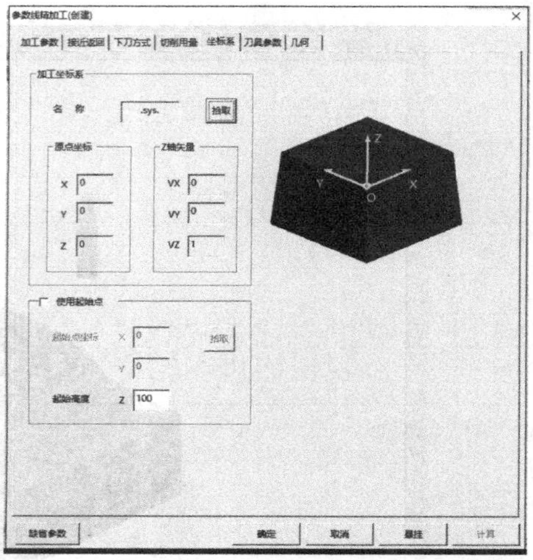

（d）【坐标系】设置

图 18-63 刀具参数设置（续）

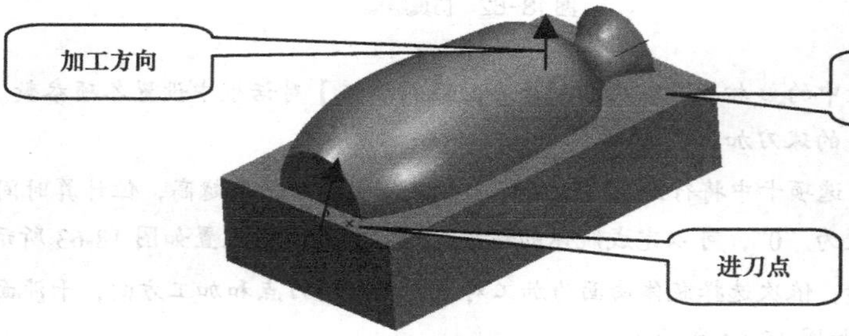

图 18-64 选择加工对象

㉑ 选择完毕后单击鼠标右键确定，生成刀具轨迹如图 18-65 所示。

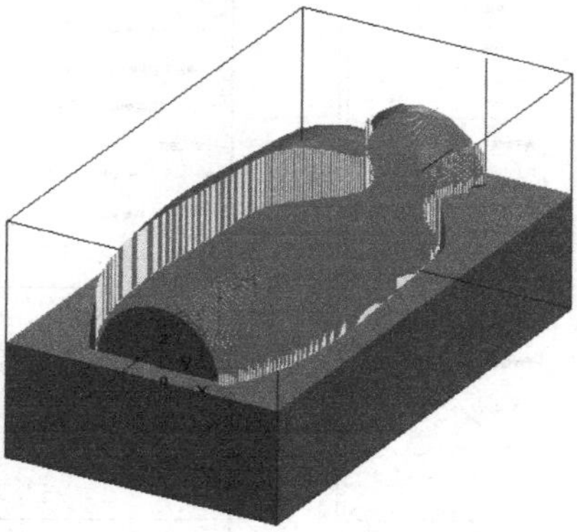

图 18-65 参数线精加工刀具轨迹

㉒ 选择【加工】/【实体仿真】命令，选择已生成的刀具轨迹，进入【CAXA 轨迹仿真】界面进行轨迹仿真，如图 18-66 所示。

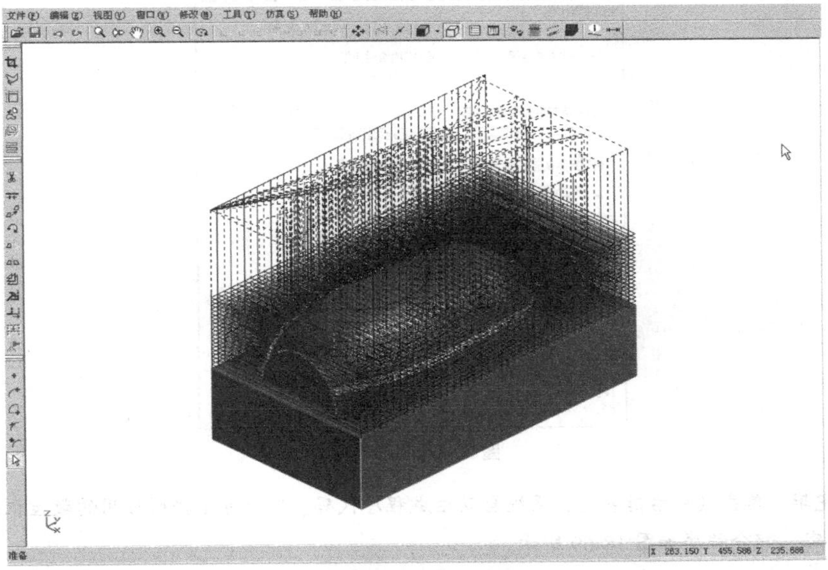

图18-66 进入仿真界面

㉓ 单击按钮弹出【仿真加工】对话框。

㉔ 单击按钮，轨迹仿真开始，加工结果如图18-67所示。关闭【仿真加工】对话框，关闭【CAXA轨迹仿真】界面，参数线精加工轨迹设置完成。

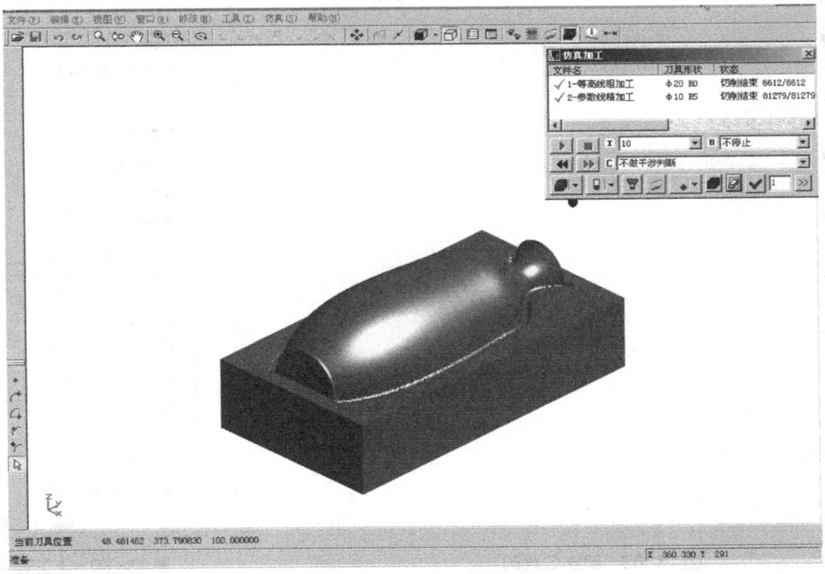

图18-67 仿真完成

㉕ 选择【加工】/【后置处理】/【生成G代码】命令，弹出【生成后置代码】对话框，确定程序保存路径及文件名，如图18-68所示。

㉖ 依次选择刀具轨迹，注意选择的顺序即加工的顺序。

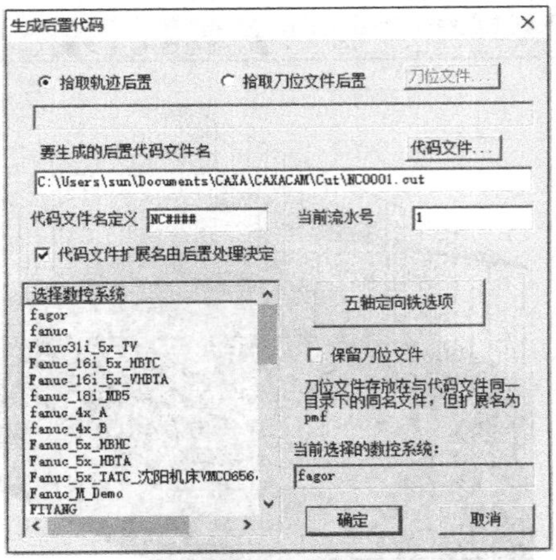

图 18-68 保存路径

㉗ 选择完毕，单击鼠标右键确定，系统自动生成程序代码。用户可根据所应用的数控机床的要求，适当修改程序内容。部分程序如图 18-69 所示。

㉘ 选择【加工】/【工艺清单】命令，弹出【工艺清单】对话框，如图 18-70 所示。

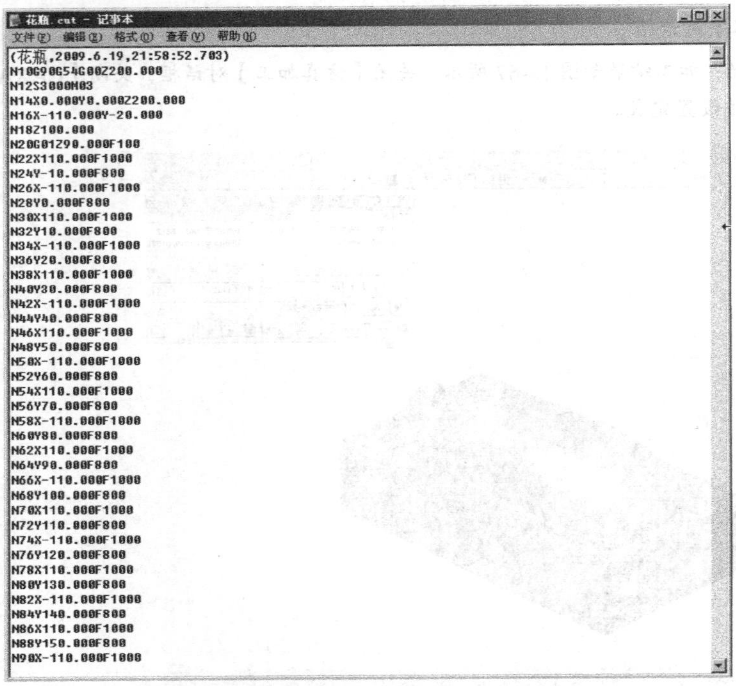


```
(花瓶,2009.6.19,21:58:52.703)
N10G90G54G00Z200.000
N12S3000M03
N14X0.000Y0.000Z200.000
N16X-110.000Y-20.000
N18Z100.000
N20G01Z90.000F100
N22X110.000F1000
N24Y-10.000F800
N26X-110.000F1000
N28Y0.000F800
N30X110.000F1000
N32Y10.000F800
N34X-110.000F1000
N36Y20.000F800
N38X110.000F1000
N40Y30.000F800
N42X-110.000F1000
N44Y40.000F800
N46X110.000F1000
N48Y50.000F800
N50X-110.000F1000
N52Y60.000F800
N54X110.000F1000
N56Y70.000F800
N58X-110.000F1000
N60Y80.000F800
N62X110.000F1000
N64Y90.000F800
N66X-110.000F1000
N68Y100.000F800
N70X110.000F1000
N72Y110.000F800
N74X-110.000F1000
N76Y120.000F800
N78X110.000F1000
N80Y130.000F800
N82X-110.000F1000
N84Y140.000F800
N86X110.000F1000
N88Y150.000F800
N90X-110.000F1000
```

图 18-69 部分 G 代码

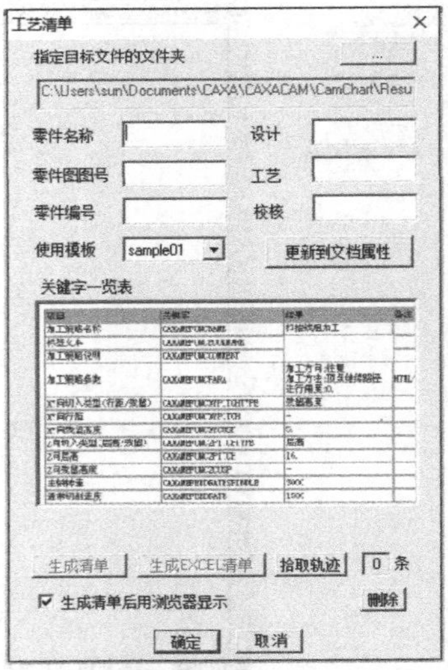

图 18-70 【工艺清单】对话框

㉙ 指定工艺清单保存路径。

㉚ 分别输入零件名称、图号、编号、设计、工艺、校核等内容。

㉛ 单击拾取轨迹按钮，按加工顺序点取刀具轨迹，最后单击鼠标右键确定。

㉜ 指定【使用模板】选项中的模板形式，一般选择“sample01”模板。

㉝ 单击 生成清单 按钮，进入工艺清单界面，如图 18-71 所示。

图 18-71　工艺清单一览表

㉞ 根据需要，打开工艺清单输出结果，打开需要的工艺清单，如图 18-72 所示。
关键字——明细表、机床、起始点、模型、毛坯。

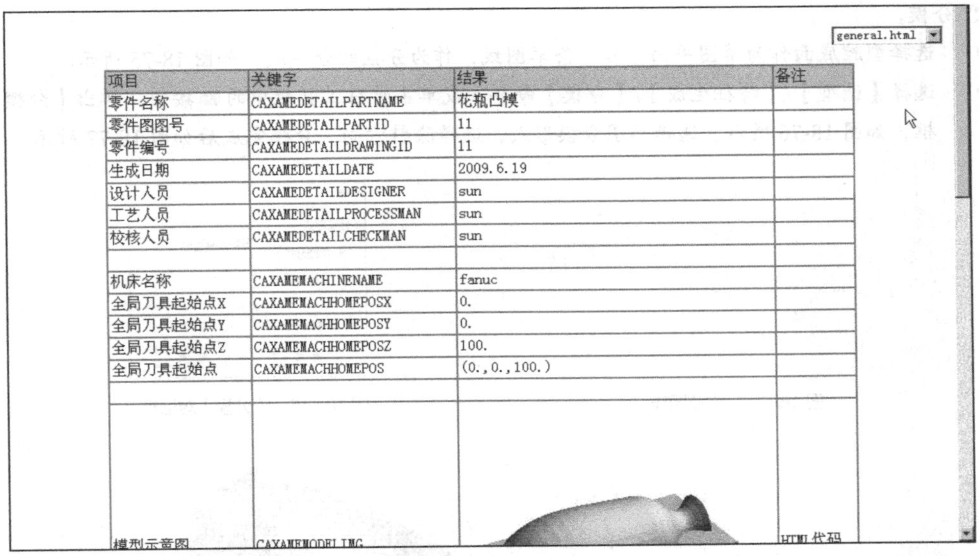

项目	关键字	结果	备注
零件名称	CAXAMEDETAILPARTNAME	花瓶凸模	
零件图图号	CAXAMEDETAILPARTID	11	
零件编号	CAXAMEDETAILDRAWINGID	11	
生成日期	CAXAMEDETAILDATE	2009.6.19	
设计人员	CAXAMEDETAILDESIGNER	sun	
工艺人员	CAXAMEDETAILPROCESSMAN	sun	
校核人员	CAXAMEDETAILCHECKMAN	sun	
机床名称	CAXAMEMACHINENAME	fanuc	
全局刀具起始点X	CAXAMEMACHHOMEPOSX	0.	
全局刀具起始点Y	CAXAMEMACHHOMEPOSY	0.	
全局刀具起始点Z	CAXAMEMACHHOMEPOSZ	100.	
全局刀具起始点	CAXAMEMACHHOMEPOS	(0.,0.,100.)	
模型示意图	CAXAMEMODELIMG		HTML代码

图 18-72　工艺清单

18.4.4　扫描线精加工花瓶凹模

应用扫描线精加工命令加工花瓶的凹模，如图 18-73 所示。

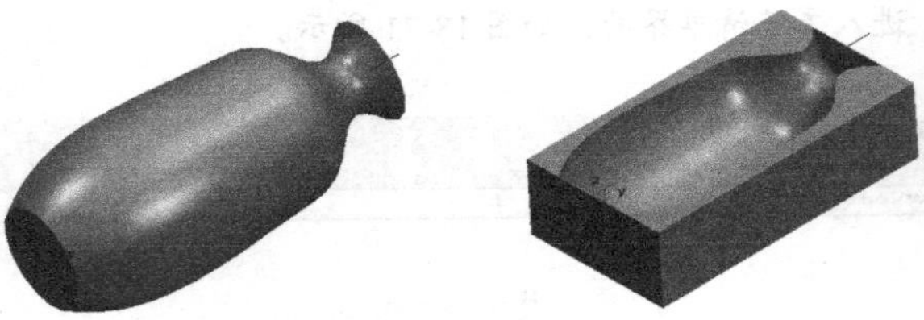

图 18-73　花瓶凹模

【步骤解析】

① 构造型腔。

- 以零件为型腔生成包围这个零件的模具。选择【造型】/【特征生成】/【型腔】命令，或单击特征工具栏中的按钮，弹出【型腔】对话框，如图 18-74（a）所示。
- 按对话框所示进行设置，生成型腔，如图 18-74（b）所示。

（a）【型腔】对话框　　（b）生成型腔

图 18-74　生成型腔

② 分模。

- 选择型腔底面作为草图平面，作一条草图线，作为分模的分界线，如图 18-75 所示。
- 选择【造型】/【特征生成】/【分模】命令，或单击特征工具栏中的按钮，弹出【分模】对话框，如图 18-76 所示。选择草图分模形式，选择除料方向，分模完成后如图 18-77 所示。

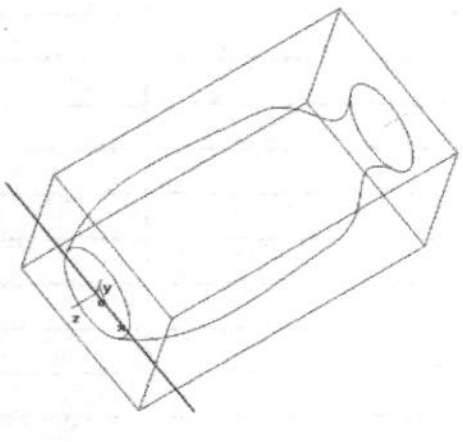

图 18-75　作草图线

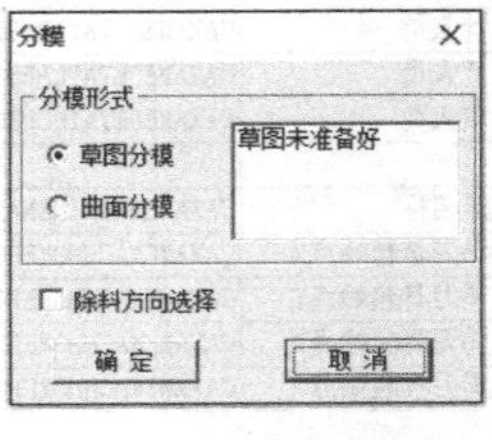

图 18-76　【分模】对话框

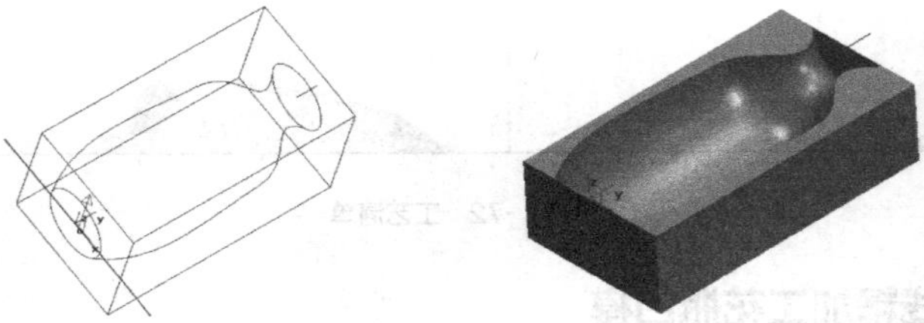

（a）选择分模方向　　（b）分模完成

图 18-77　分模

③ 定义毛坯。

- 在加工管理特征树中的“毛坯”图标上单击鼠标右键，在弹出的快捷菜单中选择“毛坯定义”命令，在弹出的【毛坯定义】对话框中单击 拾取两点... 按钮。
- 选择长方体的两个对角点，毛坯定义完成，毛坯图形如图 18-78 所示。毛坯定义参数设置如图 18-79 所示。

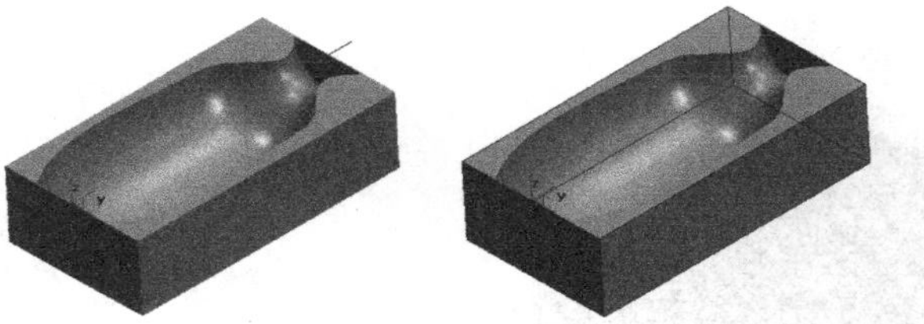

图 18-78 定义毛坯

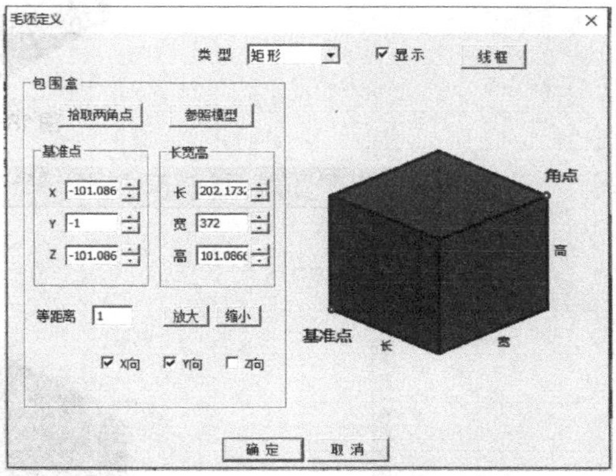

图 18-79 【毛坯定义】参数设置

④ 扫描线精加工花瓶凹模。

- 单击加工工具栏中的 按钮，应用直径为 10 的端刀加工，将加工余量设置为“0.1”，用该加工方法完成瓶体凹腔的粗加工。【扫描线精加工】对话框如图 18-80 所示。

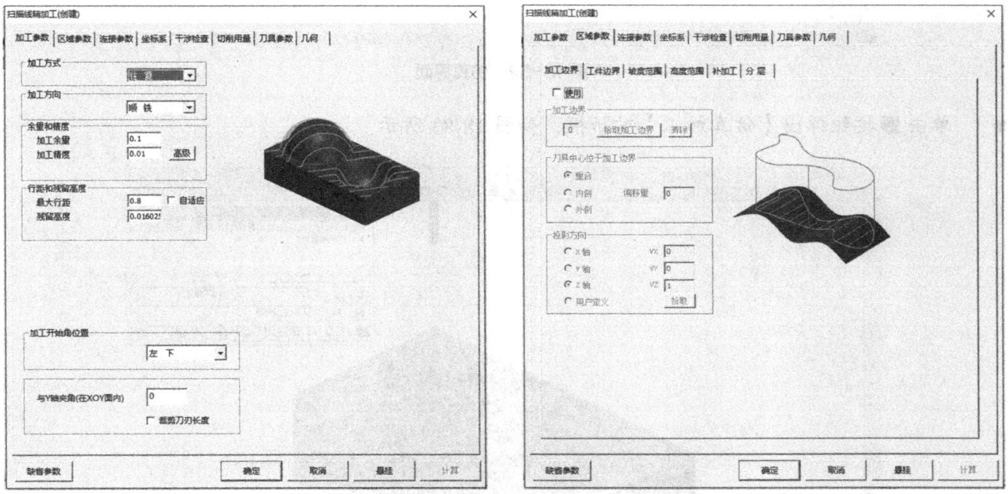

图 18-80 参数设置

- 参数设置完毕后，单击 确定 按钮。根据状态栏提示，依次选择加工对象和加工轮廓，然后单击鼠标右键确定。生成刀具轨迹如图 18-81 所示。
- 选择【加工】/【轨迹仿真】命令，选择已生成的刀具轨迹，进入【CAXA 轨迹仿真】界面，进行轨迹仿真，如图 18-82 所示。

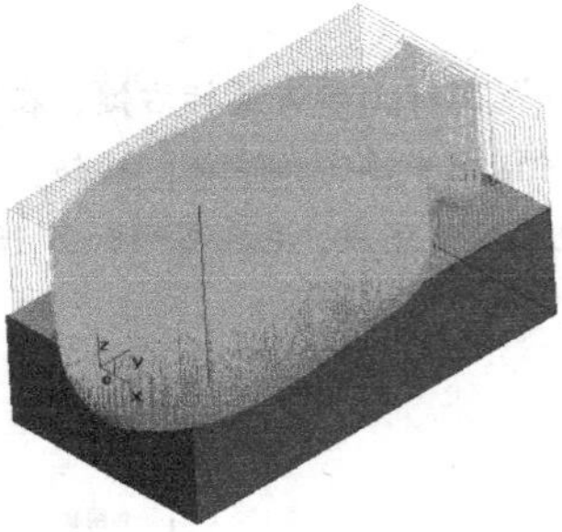

图 18-81　生成刀具轨迹

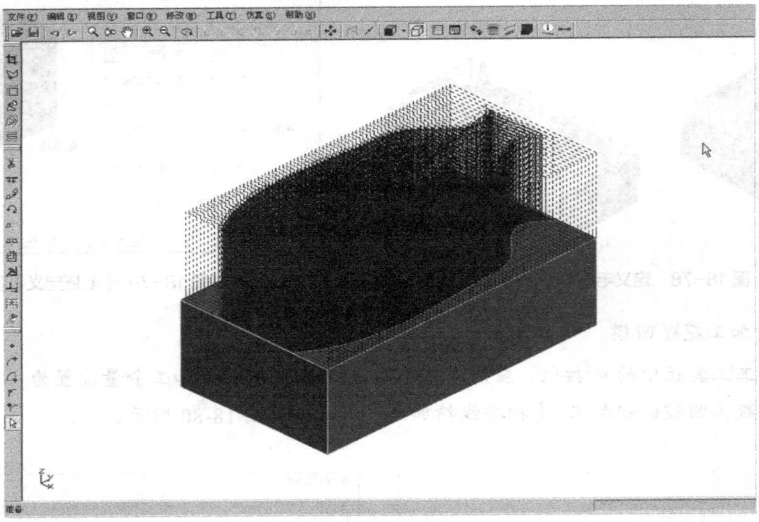

图 18-82　仿真界面

● 单击■按钮弹出【仿真加工】对话框，如图 18-83 所示。

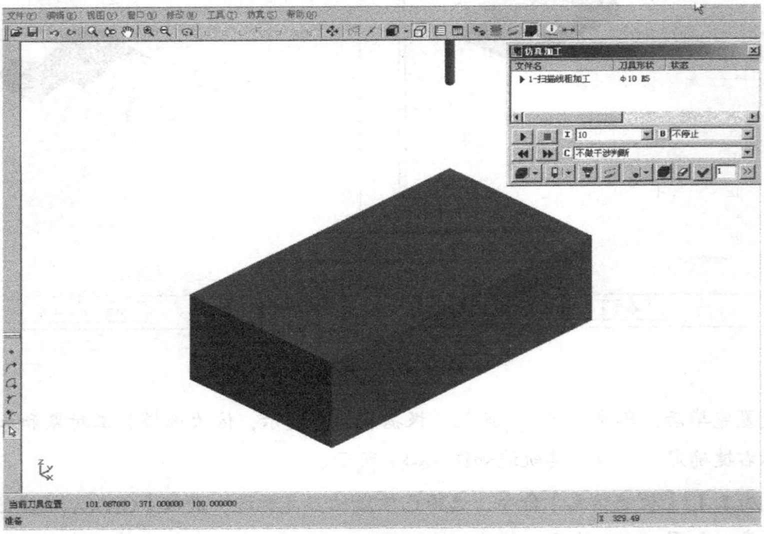

图 18-83　【仿真加工】对话框

- 单击▶按钮，轨迹仿真开始，加工结果如图 18-84 所示。关闭【仿真加工】对话框，关闭【CAXA 轨迹仿真】界面，扫描线精加工轨迹设置完成。

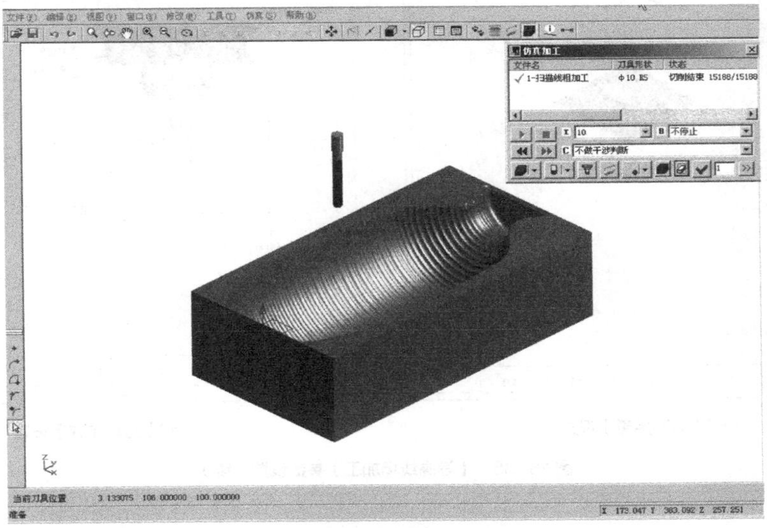

图 18-84 仿真完成

⑤ 等高线精加工花瓶凹模。

- 单击加工工具栏中的按钮，应用直径为 10 的球刀加工。将加工余量设置为“0”，完成瓶体凹腔的精加工。【等高线精加工】对话框中其余参数设置如图 18-85 所示。
- 参数设置完毕后，单击确定按钮。根据状态栏提示，依次选择加工对象和加工轮廓，单击鼠标右键确定。等高线精加工轨迹如图 18-86 所示。
- 选择【加工】/【轨迹仿真】命令，选择已生成的刀具轨迹，进入【CAXA 轨迹仿真】界面进行轨迹仿真，如图 18-87 所示。

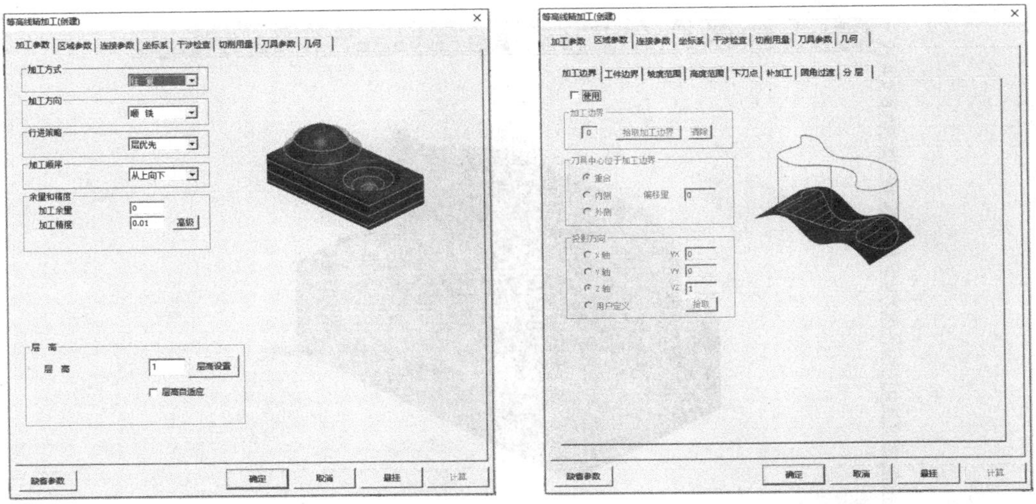

（a）【加工参数】设置　　（b）【区域参数】设置

图 18-85 【等高线精加工】参数设置

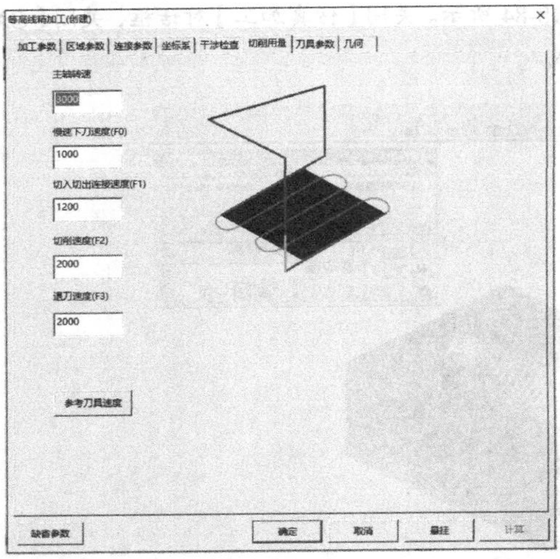

（c）【切削用量】设置

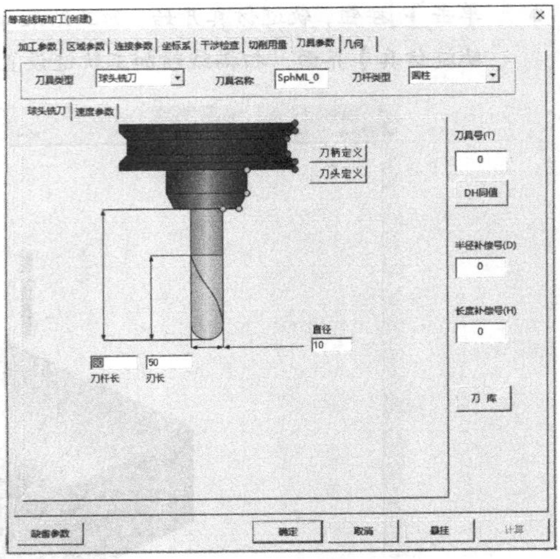

（d）【刀具参数】设置

图 18-85 【等高线精加工】参数设置（续）

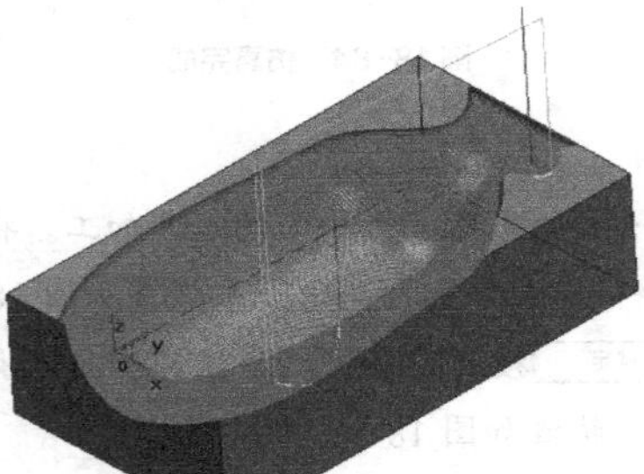

图 18-86 等高线精加工轨迹

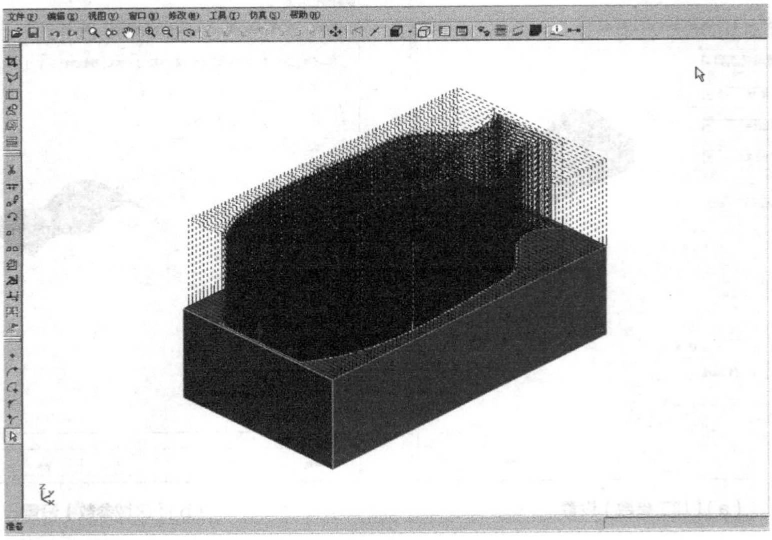

图 18-87 仿真界面

- 单击■按钮弹出【仿真加工】对话框，如图 18-88 所示。

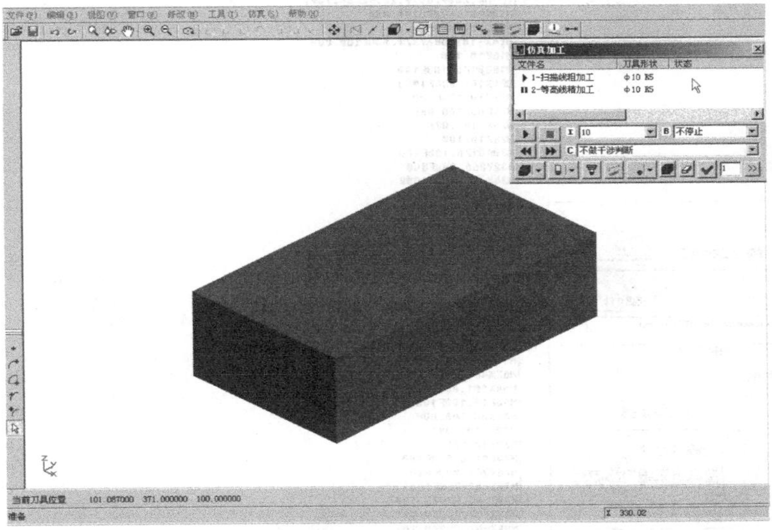

图 18-88 【仿真加工】对话框

- 单击▶按钮，轨迹仿真开始，加工结果如图 18-89 所示。关闭【仿真加工】对话框，关闭【CAXA 轨迹仿真】界面，等高线精加工轨迹设置完成。

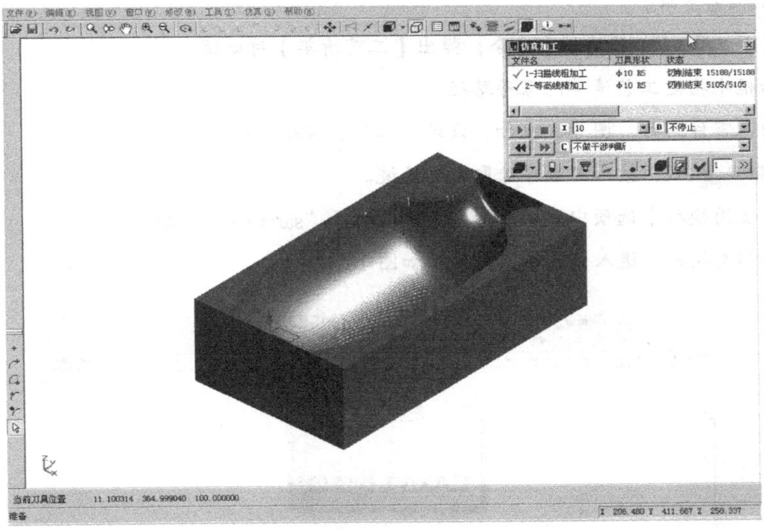

图 18-89 仿真完成

⑥ 生成 G 代码。

- 选择【加工】/【后置处理】/【生成 G 代码】命令，弹出【生成后置代码】对话框，确定程序保存路径及文件名，如图 18-90 所示。
- 依次选择刀具轨迹，注意选择的顺序，即加工的顺序。
- 选择完毕，单击鼠标右键确定，系统自动生成程序代码。用户可根据所应用的数控机床的要求，适当修改程序内容。部分程序如图 18-91 所示。

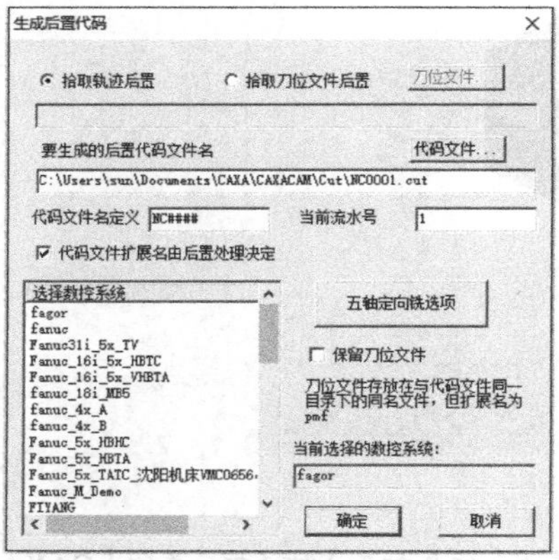

图 18-90 【生成后置代码】对话框

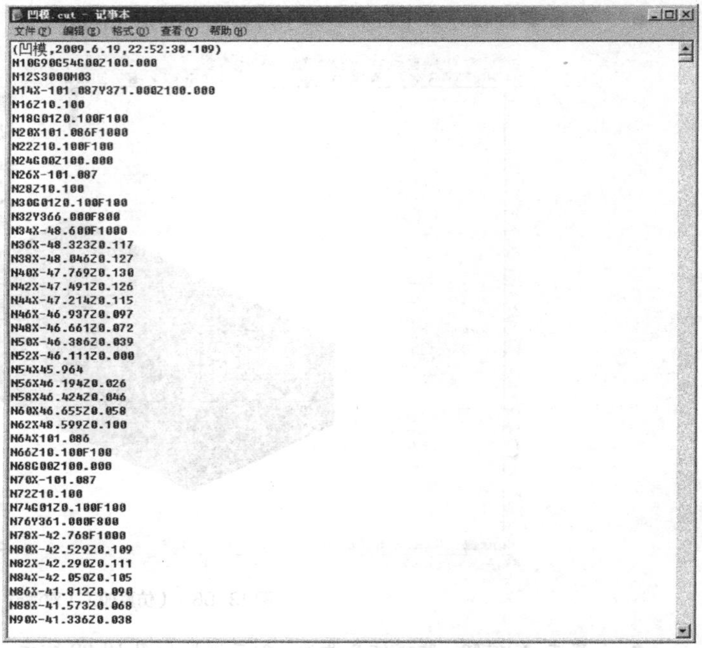

图 18-91 部分 G 代码

⑦ 生成加工工艺清单。

- 选择【加工】/【工艺清单】命令，弹出【工艺清单】对话框。
- 在对话框中指定工艺清单的保存路径。
- 分别输入零件名称、图号、编号、设计、工艺、校核等内容。
- 单击拾取轨迹按钮，按加工顺序选取刀具轨迹。
- 指定【使用模板】选项中的模板形式，一般选择“sample01”模板。
- 单击生成清单按钮，进入工艺清单界面，如图 18-92 所示。

图 18-92 工艺清单界面

● 根据需要，打开工艺清单输出结果，打开需要的工艺清单，如图 18-93 所示。

关键字——刀具。

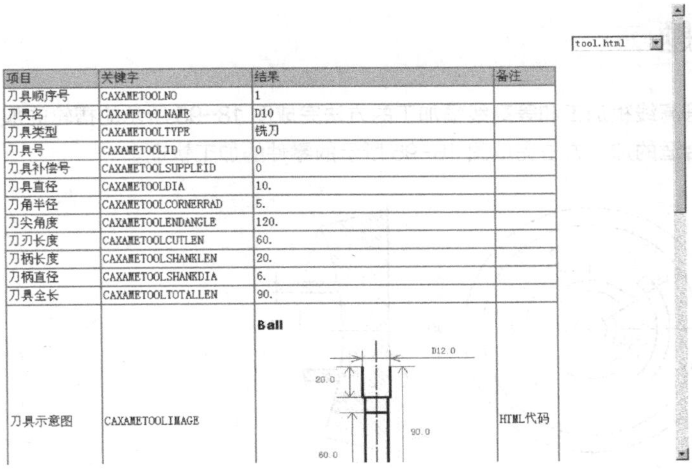

项目	关键字	结果	备注
刀具顺序号	CAXAMETOOLNO	1	
刀具名	CAXAMETOOLNAME	D10	
刀具类型	CAXAMETOOLTYPE	铣刀	
刀具号	CAXAMETOOLID	0	
刀具补偿号	CAXAMETOOLSUPPLEID	0	
刀具直径	CAXAMETOOLDIA	10.	
刀角半径	CAXAMETOOLCORNERRAD	5.	
刀尖角度	CAXAMETOOLENDANGLE	120.	
刀刃长度	CAXAMETOOLCUTLEN	60.	
刀柄长度	CAXAMETOOLSHANKLEN	20.	
刀柄直径	CAXAMETOOLSHANKDIA	6.	
刀具全长	CAXAMETOOLTOTALLEN	90.	
刀具示意图	CAXAMETOOLIMAGE	Ball D12.0 20.0 90.0 60.0	HTML代码

图 18-93　部分工艺清单

18.4.5　加工鼠标的凹模和凸模

应用所学的粗加工和精加工方法加工鼠标的凹模和凸模，鼠标尺寸和造型如图 18-94 所示。

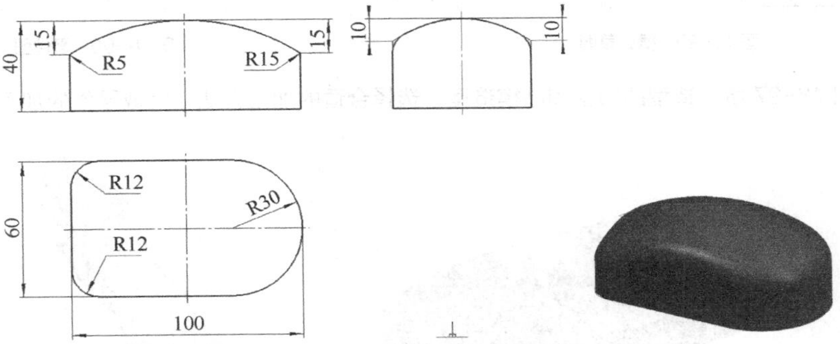

图 18-94　鼠标尺寸和造型

【步骤解析】

① 构建鼠标凸模模型。

② 用直径为 8 的端铣刀进行等高线粗加工。

③ 用直径为 10、圆角为 $R2$ 的圆角铣刀进行等高线精加工。

18.5　小结

本章重点介绍了花瓶凹模和凸模的加工方法，通过这两种零件的加工对本软件的粗加工和精加工命令进行讲解，读者可以应用这些命令练习加工常见的曲面零件，这对以后的继续学习是非常有帮助的。

加工造型构建的几何模型不一定与零件的形状和尺寸完全一致，有时加工需要按照工序来逐渐改变毛坯的形状，加工造型仅针对本工序造型，为本工序服务。因此，有时加工造型为零件加工过程中的中间形状，例如曲面沟槽零件，加工工序先加工曲面，再加工凹槽，所以在加工曲面时，只对曲面部分造型。

18.6 习题

1. 应用等高线粗加工和等高线精加工的方法完成图 18-95 所示的槽轮的加工轨迹。
2. 选择合适的加工方法完成图 18-96 所示的零件的加工轨迹。

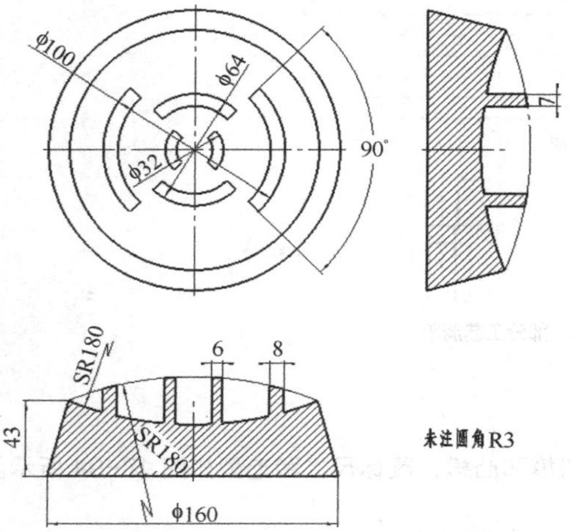

图 18-95 槽轮草图

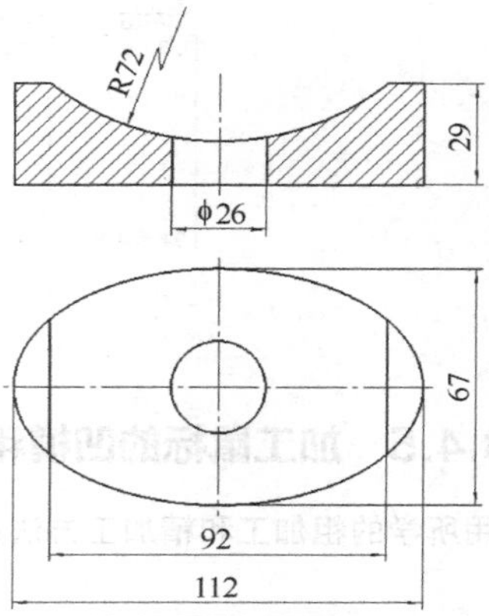

图 18-96 零件图

3. 设计图 18-97 所示造型的凹模和凸模造型，选择合适的加工方法，完成零件的加工轨迹。

图 18-97 实体造型

4. 自己设计一个实体造型，选择合适的加工方法，完成零件的加工轨迹。